普通高等教育“十一五”国家级规划教材

工程爆破

（第二版）

王海亮　蓝成仁◎主　编

王景春◎主　审

中国铁道出版社有限公司

2021年·北　京

内 容 简 介

本书为普通高等教育"十一五"国家级规划教材,修编时结合《爆破安全规程》(GB 6722—2014)以及爆破器材的产品标准和试验方法标准,针对工程爆破的特点,系统地阐述了爆破工程技术人员应该掌握和了解的基本知识。内容包括炸药与爆炸的基本理论、工业炸药、起爆方法和起爆器材、岩石爆破的作用原理、隧道爆破施工技术、露天爆破、地下采场爆破、拆除爆破、爆破安全技术、爆破施工机械以及爆破工程造价。为方便教学,本书在附录部分列出了常用爆破术语汉英对照以及常见爆破器材的实物照片等资料。

本书为高等学校土木工程、采矿工程等专业工程爆破课程的教材,可作为含能材料、火工烟火、安全工程、弹药和爆炸应用类专业本科生和研究生的选修课教材,也可作为相关领域工程技术人员的爆破技术培训教材或参考书。

图书在版编目(CIP)数据

工程爆破/王海亮,蓝成仁主编.—2版.—北京:
中国铁道出版社,2018.10(2021.7重印)
普通高等教育"十一五"国家级规划教材
ISBN 978-7-113-25016-4

Ⅰ.①工… Ⅱ.①王…②蓝… Ⅲ.①爆破技术-
高等学校-教材 Ⅳ.①TB41

中国版本图书馆CIP数据核字(2018)第227428号

书　　名:工程爆破
作　　者:王海亮　蓝成仁

策　　划:陈美玲
责任编辑:陈美玲　　**编辑部电话:**(010)51873240　　**电子信箱:**992462528@qq.com
封面设计:王镜夷
责任校对:王　杰
责任印制:高春晓

出版发行:中国铁道出版社有限公司(100054,北京市西城区右安门西街8号)
网　　址:http://www.tdpress.com
印　　刷:三河市荣展印务有限公司
版　　次:2008年1月第1版　2018年10月第2版　2021年7月第2次印刷
开　　本:787 mm×1 092 mm　1/16　印张:16　插页:3　字数:416千
书　　号:ISBN 978-7-113-25016-4
定　　价:52.00元

第二版前言

本书从2008年出版至今，共印刷6次，印数达17000册，并于2011年荣获山东省高等学校优秀教材一等奖。如今，我国工程爆破行业从起爆器材到施工技术，从相关的国家标准、技术规范到爆破行业的安全管理要求都发生了重大的变化，特别是《爆破安全规程》(GB 6722—2014)的颁布和实施，引领我国的民用爆破行业进入了一个新的阶段。2008年出版的《工程爆破》的内容已显陈旧，其中涉及的很多安全、技术指标已经发生了变化，教材已无法满足高等院校相关专业的教学需要，因而促成了本书的再版工作。

本次再版，根据《爆破安全规程》(GB 6722—2014)和2008年以后颁布实施的新的国家标准、行业标准及规范对2008年出版的《工程爆破》进行了较大的修改。删除了已经淘汰的铵梯炸药、浆状炸药、药壶法爆破和震动爆破的内容；在对硐室爆破的内容进行大幅删节的基础上将其并入第六章露天爆破；增加了地下采场爆破和爆破施工机械两章内容，附录中增加了实验教学中应用较多的常见爆破器材辨识和导爆管起爆网路连接实验的实验指导书；根据《民用爆破器材术语》(GB/T 14659—2015)、《工业炸药分类和命名规则》(GB/T 17582—2011)对专业术语进行了修订；根据《工业炸药通用技术条件》(GB 28286—2012) 对工业炸药的性能指标进行了修订；考虑到教学体系的完整性，保留了导火索起爆法，同时引入"基础雷管"的概念；根据《工业电雷管》(GB 8031—2015)对电雷管的性能参数指标进行了修订；除此之外，教材采用了《铁路隧道设计规范》(TB 10003—2016)中的围岩分级方法。本书继承了上版教材的编写体系和风格，内容侧重于爆破工程关系密切的基本概念、基本理论、基本实验以及常见的设计和施工方法。教学过程中，各专业可根据不同情况对本书的内容适当取舍。

全书由山东科技大学王海亮、河北工程大学蓝成仁担任主编，石家庄铁道大学王景春担任主审。具体编写分工如下：第一～四章，第六章的第一节，第九章，附录及各章习题由王海亮撰写；第五章由石家庄铁道大学田运生撰写；第六章的第二～三节由石家庄铁道大学李宏建撰写；第六章的第四～六节，第八章由蓝成仁撰写；第七章由山东理工大学崔崙撰写；第十章由山东理工大学褚夫蛟撰写；第十一章由石家庄铁道大学王振彪撰写。

本书在编写过程得到了山东科技大学的资助。抚顺矿业集团有限责任公司十一厂高级工程师包玉刚，河北卫星化工股份有限公司高级工程师杨政委、中金拓极采矿服务有限公司高级工程师薛世忠、牛丹江、贾双斌对教材的部分内容也进行了审定。山东科技大学博士研究生王相，硕士研究生陈吉辉、李梓源、王亚朋、王文强、张旭阳、魏栋栋等对新增及修订内容的检索、校对做了大量的工作，在此表示诚挚的感谢。

由于编者水平有限，疏漏失误之处在所难免，恳请同行和兄弟院校的师生把发现的缺点和错误通过电子信箱 a405405@263.net 及时通知编者，以便再版时加以修改或更正。

编　者

2018 年 6 月

第一版前言

本书是根据教育部教高[2006]9号文件《教育部关于印发普通高等教育“十一五”国家级教材规划选题的通知》，为普通高等院校交通土木工程专业编写的工程爆破教材。

本书内容侧重于与爆破工程关系密切的基本概念、基本理论、基本实验以及常见的设计和施工方法，编写时注意了基本概念的准确性，严格按照国家标准对专业术语进行规范和定义。

本书内容主要包括炸药与爆炸的基本理论、工业炸药、起爆器材与起爆方法、岩石爆破作用原理、隧道爆破、深孔爆破、硐室爆破、拆除爆破、爆破安全技术和工程爆破造价等内容。各专业可根据不同情况对本书的内容适当取舍。为达到良好的教学效果，在本教材的使用过程中，教师应指导学生认真学习《爆破安全规程》，并在实验、实习和实际工程中自觉贯彻和执行。

本教材的前身是中国铁道出版社出版的“九五”国家级重点教材《铁路工程爆破》。《铁路工程爆破》出版后，先后在北京理工大学、石家庄铁道学院、山东科技大学、解放军军械工程学院、河北工程大学、武汉理工大学、武汉化工学院、河北警察职业学院等十余所高等院校作为教材使用。用于教学的专业涉及土木工程、铁道工程、采矿工程、安全工程、工程力学、弹药工程、侦查学等20多个专业，用于教学的学生学历涵盖了专科、本科和硕士研究生等不同层次。教材使用单位对教材质量普遍反映良好，取得了较好的社会效益。《铁路工程爆破》教材于2004年获得河北省优秀教学成果三等奖。

《铁路工程爆破》教材主要是为了满足当时铁路院校的教学需要而编写的，行业特色明显。目前应用该教材的院校已大大超出铁路系统的范围。各院校对淡化该教材行业特色的呼声也较高。另外，2004年我国开始实施新的《爆破安全规程》(GB 6722—2003)。《铁路工程爆破》一书的部分内容已无法适应新规程的要求，急需修订，因此，在《铁路工程爆破》的基础上，编写了这本较为通用、能满足新规程要求、适合不同行业的工程爆破教材。

根据《爆破安全规程》(GB 6722—2003)和2001年以后发布实施的新的国家标准、行业标准及规范对本教材各章相应内容进行了全面修订，删除了“既有线及复线建设中的爆破施工”一章的内容，重新编写了“隧道爆破施工技术”和“爆破安全技术”两章的内容。

本书由山东科技大学王海亮，河北工程大学蓝成仁和石家庄铁道学院田运生、李宏建、王振彪编写。其中第一、二、三、四章,第六章的第三、六节、第九章,附录及各章习题由王海亮撰写,第五章由田运生撰写,第六章的一、二、四、五、七节由李宏建撰写,第七、八章由蓝成仁撰写,第十章由王振彪撰写。本书由王海亮主编,负责全书的统稿和定稿,石家庄铁道学院王景春主审。

本书的编写得到了山东科技大学矿山灾害预防控制省部共建教育部重点实验室的资助。在编写过程中得到了河北卫星化工厂、抚顺矿务局十一厂、山西兴安化学材料厂、辽宁华丰化工厂、山西江阳化工厂、西安庆华电器制造厂、北京矿冶研究总院、澳瑞凯澳大利亚有限公司、安徽雷鸣科化股份有限公司的大力协助和支持,自始至终得到了山东科技大学各级领导和同事们的鼓励和支持,在此表示诚挚的谢意。

由于编者水平有限,疏漏失误之处在所难免,恳请同行和兄弟院校的师生把发现的缺点和错误通过电子信箱 a405405@263.net 及时通知编者,以便再版时加以修改或更正。

为便于教学,编者在本教材的基础上还编辑、整理了一些电教材料。如有需要者,请直接与编者联系。

编 者

2007 年 7 月

目　录

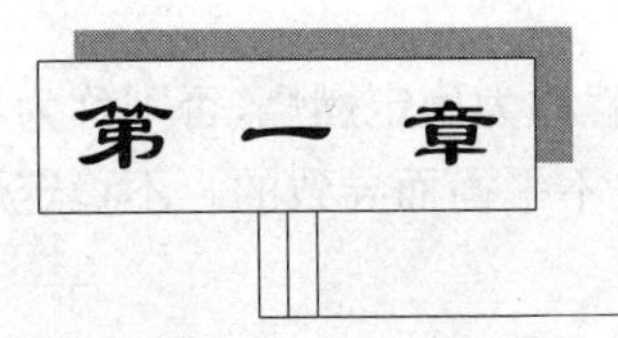

第一章 炸药与爆炸的基本理论

炸药作为一种特殊的能源，在铁路、公路、水利水电、矿业、石油、农业、金属加工等民用领域和国防建设中得到广泛地应用。研究炸药的爆轰理论，熟悉炸药的物理、化学性质，了解炸药化学反应的基本规律，掌握炸药的爆炸性能和爆炸作用特征，对于安全、正确地使用炸药，有效地提高炸药能量利用率有着重要意义。

本章主要介绍炸药和爆炸的基本概念，炸药的热化学参数，冲击波与爆轰波的基本知识，炸药的感度和起爆，炸药的性能参数、沟槽效应和聚能效应等内容，为后续章节的学习奠定基础。

第一节　炸药和爆炸

一、爆炸现象

广义地讲，爆炸(explosion)是物质能量急剧地释放过程。在此过程中，系统的势能极为迅速地转变为机械功和声、光、热等多种形式。爆炸时，在爆炸点周围介质中发生急剧的压力突跃，这种压力突跃是爆炸产生破坏作用的直接原因。

根据爆炸变化过程的不同，可将其分为三类：一类是由物理变化引起的爆炸，如锅炉等高压容器的爆炸，称为物理爆炸；另一类是由核裂变或核聚变引起的爆炸，称为核爆炸；第三类是由化学变化引起的爆炸，称为化学爆炸，如瓦斯或煤尘的爆炸、炸药的爆炸都是化学爆炸。一般将能够发生化学爆炸反应的物质统称为炸药。如不加说明，本书提到的"爆炸"均指化学爆炸。工程爆破则是指利用炸药能量对介质做功，以达到预定工程目标的作业。

二、炸药化学变化的形式

爆炸并不是炸药唯一的化学变化形式。由于反应方式和引起化学变化的环境条件不同，一种炸药可能有三种不同形式的化学变化：缓慢分解、燃烧和爆炸。

1. 缓慢分解(slow decomposition)

缓慢分解是一种缓慢的化学变化。其特点是化学变化在整个炸药中展开，反应速度与环境温度有关，炸药的分解速度随着温度的增加而呈指数增加。当通风散热条件不好时，分解热不易散失，很容易使炸药温度自动升高，进而促成炸药自动催化反应而导致炸药的燃烧或爆炸。

2. 燃烧(combustion)

燃烧是一种伴随有发光、发热的剧烈氧化反应。与其他可燃物一样，炸药在一定的条件下也会燃烧，不同的是炸药的燃烧不需要外界提供氧。也就是说，炸药可以在无氧环境中正常燃烧。与缓慢分解不同，炸药的燃烧过程只是在炸药的局部区域(即反应区)内进行并在炸药内一层层地传播。反应区的传播速度称为燃烧线速度,通常称为燃烧速度。炸药的快速燃烧(每秒数百米)又称爆燃(deflagration)。

炸药在燃烧过程中,若燃烧速度保持定值,不发生波动,就称为稳定燃烧,否则称为不稳定燃烧。不稳定燃烧一般是由于燃烧过程中的热量传导或散失不平衡而导致的。不稳定燃烧可导致燃烧的熄灭、震荡或转变为爆炸。

3. 爆炸

炸药的爆炸过程与燃烧过程类似,化学反应也只是在反应区内进行并在炸药内按一定速度一层层地自行传播。反应区的传播速度称为爆速。在炸药的爆炸过程中,若爆速保持定值,就称为稳定爆炸,否则称为不稳定爆炸。稳定爆炸又称为爆轰(detonation)。

燃烧和爆炸是两种性质不同的化学变化过程,其区别主要表现在以下几个方面:①燃烧是通过热传导、热辐射及燃烧气体产物来传递能量和激起化学反应的,受环境条件的影响较大,而爆炸则是借助于冲击波对炸药一层层的强烈冲击压缩作用来传递能量和激起化学反应的,基本上不受环境条件的影响。②燃烧产物的运动方向与反应区的传播方向相反,而爆炸产物的运动方向则与反应区的传播方向相同,故燃烧产生的压力较低,而爆炸则可产生很高的压力。③爆炸反应比燃烧反应更为激烈,放出的热量和达到的温度也高。④燃烧速度是亚音速的,爆炸速度则是超音速的。

在一定条件下,炸药的上述三种变化形式是能够相互转化的:缓慢分解可因热量不能及时散失而发展为燃烧、爆炸;反之,爆炸也可以转化为燃烧、缓慢分解。

三、炸药爆炸三要素

炸药爆炸必须具备以下三个基本条件,即放出热量、生成气态产物和反应的高速度。这是构成爆炸的必要条件,缺一不可,故称为爆炸反应三要素。

1. 放出热量

放出热量是爆炸得以进行的首位必要条件。下面以硝酸铵的不同化学反应为例。

常温下分解: $NH_4NO_3 \longrightarrow NH_3 + HNO_3 - 170.7\ kJ$

加热至200℃左右: $NH_4NO_3 \longrightarrow 0.5N_2 + NO + 2H_2O + 36.1\ kJ$

或 $NH_4NO_3 \longrightarrow N_2O + 2H_2O + 52.4\ kJ$

用起爆药柱引爆: $NH_4NO_3 \longrightarrow N_2 + 2H_2O + 0.5O_2 + 126.4\ kJ$

常温下,硝酸铵的分解是一个吸热反应,不能发生爆炸;但加热到200 ℃左右时,分解反应变为放热反应。如果放出的热量不能及时散失,炸药温度就会不断升高,促使反应速度不断加快和放出更多的热量,最终引起炸药的燃烧和爆炸。如果用起爆药柱(primer cartridge)引爆时,硝酸铵发生剧烈的放热反应,即刻爆炸。可见,只有放热反应才可能具有爆炸性。

2. 生成气体产物

炸药爆炸放出的热量必须借助气体介质才能转化为机械功。因此,生成气体产物是炸药做功不可缺少的条件。如果物质的反应热很大,但没有气体产物形成,就不会具有爆炸性。例如铝热剂反应:

$$2Al + Fe_2O_3 \longrightarrow Al_2O_3 + 2Fe + 841\ kJ$$

此反应的速度很快,反应的热效应可以使产物温度升到3 000 ℃,使其呈熔融状态,但因为没有气态产物生成,而不发生爆炸,只是高温产物逐渐地将热量传导到周围介质中去,慢慢冷却凝固。

炸药爆炸放出的热量不可能全部转化为机械功,但生成气体数量越多,热量利用率也越高。

3. 反应的高速度

反应的高速度是爆炸过程区别于一般化学反应过程的重要标志。化学反应具备了放热性但并不一定能够发生爆炸。例如1 kg煤完全燃烧时放出的热量可以达到8 912 kJ,但因燃烧速度太低而不可能形成爆炸;1 kg梯恩梯炸药爆炸时放出的热量虽然只有4 226 kJ,但其化学反应的时间只需十几到几十微秒,因而形成爆炸反应。

由于爆炸反应的速度极高,反应结束瞬间,其能量几乎全部聚集在炸药爆炸前所占据的体积内,因而能够达到很高的能量密度。炸药发生爆炸变化所达到的能量密度比一般燃料燃烧时达到的能量密度要高数百至数千倍。正是由于这个原因,爆炸过程才具有巨大的做功能力和强烈的破坏效应。

可见,放出热量、生成气体产物和反应的高速度是形成爆炸反应的充要条件。这里可以给出炸药爆炸的定义:炸药爆炸是一种高速进行的,能自动传播的化学反应,在此反应过程中放出大量的热,并生成大量的气态产物。

四、炸药的分类

炸药的品种繁多,它们的组成、物理性质、化学性质和爆炸性能各不相同。根据炸药的一些特点,对它们进行归纳分类,对于更好地研究和使用炸药是十分必要的。常见炸药的分类方法有以下几种。

1. 按炸药组成分类

根据组成成分的不同,常把炸药分为单质炸药和混合炸药两大类。

(1)单质炸药(explosive compound)。单质炸药是指由单一化合物组成的炸药,又称单体炸药或化合炸药,如梯恩梯[三硝基甲苯(2,4,6－Trinitrotoluene),符号 TNT]、黑索今(Hexogen,符号 RDX)、太安(Pentaerythritol tetranitrate,符号 PETN)等。在民用爆破器材中,单质炸药大多用作混合炸药的组分或火工品(例如雷管、导爆索等)装药,很少单独用来进行爆破作业。

(2)混合炸药(composite explosive)。混合炸药是指由两种或两种以上的物质组成的炸药,如黑火药(black powder)、铵梯炸药(ammonite)、水胶炸药(water gel explosive)和乳化炸药(emulsion)等。混合炸药在炸药领域中占有极其重要的地位。

2. 按作用特性和用途分类

根据炸药作用特性和用途的不同,可分为起爆药、猛炸药、火药和烟火剂四大类。

(1)起爆药(primary explosive)。起爆药是指在较弱的初始冲能作用下即能发生爆炸,且爆炸速度变化大,易于由燃烧转爆轰的炸药。起爆药一般都是单质炸药,如二硝基重氮酚(diazodinitrophenol,符号 DDNP)、D·S共沉淀起爆药、K·D复盐起爆药、叠氮化铅(lead azide,符号 LA)等。起爆药主要用于引发其他炸药发生爆炸反应,常用于各种雷管、火帽的初级装药,因此又称为始发炸药或第一炸药。

(2)猛炸药(high explosive)。猛炸药是指那些利用爆轰所释放的能量对介质做功的炸药。猛炸药因其对周围介质有猛烈的破坏作用而得名。这类炸药对热和冲击的感度较低,通常需要用雷管或起爆药激发起爆,因此又称为次发炸药或第二炸药。

常见的猛炸药有:梯恩梯、黑索今、太安、特屈儿(Tetryl)、奥克托今(Octogen,符号 HMX)以及各类混合炸药。无论军用还是民用,大量使用的仍是由混合炸药组成的猛炸药。不同的是民用混合炸药以廉价的硝酸铵为主要成分,而军用混合炸药则很少使用硝酸铵,只是在特定条件下将其当做一种代用品。

(3)火药(powder)。火药化学变化的主要形式是燃烧。它可以在无氧环境中稳定而有规律地燃烧,放出大量的气体和热能,对外做抛射功或推射功,因此又称为发射药或固体推进剂。其主要代表有黑火药、单基火药、双基火药、高分子复合火药等。其中民用爆破器材中大量使用的是黑火药,主要用于制作导火索。单基火药、双基火药和高分子复合火药则主要用作发射弹药的能源,如火炮的发射药、火箭发动机的推进剂等。

(4)烟火剂(pyrotechnic composition)。烟火剂是由氧化剂和可燃剂为主体制成的,在燃烧时能产生声、光、热、烟等特定效应的炸药。烟火剂包括照明剂、燃烧剂、烟幕剂、信号剂和曳光弹等,通常用于装填特种弹药或烟火材料,产生特定的烟火效应。

起爆药、猛炸药、火药和烟火剂四种药剂都具有爆炸性质,在一定条件下都能产生爆炸以至爆轰,因此统称为炸药。不过习惯上称谓的炸药主要是指猛炸药。

另外根据炸药的物理状态,可将其分为固体炸药、液体炸药、气体炸药和多相炸药。其中多相炸药是指由固体与液体、固体与气体或液体与气体所组成的炸药。如含硝化甘油和硝酸铵的胶质炸药、铵油炸药、乳化炸药、水胶炸药以及可燃粉尘与空气的混合物等,其中以固液体系最有实际意义。为了便于理论研究,通常把除气体炸药以外的液体炸药、固体炸药等统称为凝聚炸药(condensed-phase explosives)。

第二节 爆炸反应的热化学

一、炸药的氧平衡

绝大多数炸药由碳、氢、氧、氮四种元素组成,某些炸药还含有氯、硫、金属及其盐类。对于由碳、氢、氧、氮四种元素组成的炸药,可以用通式 $C_aH_bO_cN_d$ 表示。单质炸药的通式通常按1 mol写出,混合炸药的通式则按1 kg写出。大多数炸药的爆炸反应为氧化反应,其特点是反应所需的氧元素由炸药本身提供。放热量最大、生成产物最稳定的氧化反应称为理想的氧化反应。若炸药内含有足够的氧量,按理想氧化反应生成的产物应为:H_2O、CO_2、其他元素的高级氧化物、氮和多余的游离氧;若氧量不足,则除生成 H_2O、CO_2、N_2 外,还生成 H_2、CO、固体碳和其他氧化不完全的产物。

氧平衡(oxygen balance)是指炸药中所含的氧完全用以氧化其所含的可燃元素后,所多余或不足的氧量。氧平衡用每克炸药中剩余或不足氧量的克数或百分数来表示。氧平衡大于零时为正氧平衡,等于零时为零氧平衡,小于零时为负氧平衡。

对于通式为 $C_aH_bO_cN_d$(a、b、c、d 分别表示一个炸药分子中碳、氢、氧、氮的原子个数)的单质炸药,其氧平衡按下式计算:

$$OB=\frac{[c-(2a+0.5b)]\times 16}{M} \tag{1-1}$$

对于混合炸药,其氧平衡按下式计算:

$$OB=OB_1m_1+OB_2m_2+\cdots+OB_nm_n \tag{1-2}$$

式中　OB——炸药的氧平衡，g/g；

16——氧的相对原子质量，g；

M——炸药的相对分子质量，g；

OB_1、OB_2、…、OB_n——混合炸药中各组分的氧平衡值；

m_1、m_2、…、m_n——混合炸药中各组分所占的百分率。

常见单质炸药和混合炸药常用组分的氧平衡列于表1—1中。

表1—1　单质炸药和混合炸药常用组分的氧平衡

名　称	分子式（或实验式）	氧平衡 /$g\cdot g^{-1}$	名　称	分子式（或实验式）	氧平衡 /$g\cdot g^{-1}$
梯恩梯(TNT)	$C_6H_2(NO_2)_3CH_3$	−0.740	铝　粉	Al	−0.889
黑索今(RDX)	$(CH_2N-NO_2)_3$	−0.216	木　粉	$C_{15}H_{22}O_{10}$	−1.370
特屈儿(Te)	$C_6H_2(NO_2)_4NCH_3$	−0.474	石蜡、凡士林	$C_{18}H_{38}$	−3.465
奥克托今(HMX)	$(CH_2N-NO_2)_4$	−0.216	沥　青	$C_{10}H_{18}O$	−2.909
硝化甘油(NG)	$C_3H_5(ONO_2)_3$	+0.035	氯化钠	NaCl	0.000
太安(PETN)	$C_5H_8(ONO_2)_4$	−0.101	硝酸钾	KNO_3	+0.396
硝酸铵(AN)	NH_4NO_3	+0.200	田菁胶	$(C_6H_{10}O_5)_n$	−1.185
二硝基重氮酚	$C_6H_2(NO_2)_2NON$	−0.610	硝酸钠	$NaNO_3$	+0.470
亚硝酸钠	$NaNO_2$	+0.348	轻柴油	$C_{16}H_{32}$	−3.429
乳化剂	$C_{24}H_{44}O_6$	−2.39	水	H_2O	0

[例1—1]　计算硝酸铵(NH_4NO_3)的氧平衡值。

解：硝酸铵的炸药通式为$C_0H_4O_3N_2$，$M=80$，则

$$OB=\frac{[3-(0+4/2)]\times 16}{80}=+0.2\ (g/g)$$

[例1—2]　已知某品牌乳化炸药的配方为硝酸铵60%，硝酸钠19%，水15%，油0.5%，蜡4.5%，乳化剂1%。计算该乳化炸药的氧平衡值。

解：由表1—1查得，硝酸铵、硝酸钠、水、油、蜡、乳化剂的氧平衡分别为0.2、0.47、0、−3.429、−3.465、−2.39。

由式(1—2)得 $OB=0.2\times 0.6+0.47\times 0.19-3.429\times 0.005-3.465\times 0.045-2.39\times 0.01=0.0123\ (g/g)$。

根据氧平衡的值，可将炸药分为正氧平衡炸药、负氧平衡炸药和零氧平衡炸药。

负氧平衡炸药因氧量欠缺，不能充分氧化可燃元素，爆炸产物中含有H_2和有毒的CO气体，甚至出现固体碳。由于可燃元素不能充分氧化，不能放出最大热量。但是，负氧平衡炸药的生成产物中含双原子气体较多，能够增加生成气体的数量。

正氧平衡炸药不能充分消耗其中的氧量，而且多余的氧和游离氮化合时，产生吸热反应，生成具有强烈毒性、并对瓦斯与煤尘爆炸起催化作用的氮氧化合物。

零氧平衡炸药，因氧和可燃元素都得到了充分反应，故在理想反应条件下，能放出最大热量，而且不会生成有毒气体。

由此可见，氧平衡对炸药爆炸时放出的热量，生成气体的组成和体积，有毒气体含量，二次火焰(例如CO和H_2，在有外界氧供给时，可以再次燃烧形成二次火焰)等有着多方面的影响。

混合炸药的氧平衡可由其组成和配比来调节。对于工业炸药,一般应使其氧平衡接近于零氧平衡。

二、爆　热

在规定条件下,单位质量炸药爆炸时放出的热量称为炸药的爆热(heat of explosion)。通常以1 mol或1 kg炸药爆炸所释放的热量表示(kJ/mol 或 kJ/kg)。炸药的爆炸变化极为迅速,可以看作是在定容条件下进行的,而且定容热效应可以更直接地表示炸药的能量性质,因此炸药的爆热均指定容爆热。

炸药的爆热是在实验室使用一种专门的装置——爆热弹进行测定,并经实验和计算得到的。表1－2列出了几种常见炸药的爆热值。

表1－2　几种常见炸药的爆热值

炸药名称	装药密度 /g·cm^{-3}	爆　热 /kJ·kg^{-1}	炸药名称	装药密度 /g·cm^{-3}	爆　热 /kJ·kg^{-1}
梯恩梯	0.85	3 389.0	特屈儿	1.0	3 849.3
梯恩梯	1.50	4 225.8	特屈儿	1.55	4 560.6
黑索今	0.95	5 313.7	煤矿许用水胶炸药	1.05～1.30	2 883～3 066
黑索今	1.50	5 397.4	乳化炸药	1.0～1.30	3 822～5 438
太　安	0.85	5 690.2	铵油炸药	0.85～1.05	3 840
太　安	1.65	5 690.2	硝化甘油	1.60	6 192.3

提高炸药的爆热对于提高炸药的做功能力具有重要的意义。通常用来提高炸药爆热的途径主要有以下两个方面。

1. 改善炸药的氧平衡

为使炸药内可燃元素或可燃剂完全氧化放出最大热量,应使炸药尽量接近于零氧平衡。不过同属于零氧平衡的炸药所放出的能量也不相同,一般含氢量高的炸药能量较大,这是由于氢完全氧化为水所放出的热量较高的缘故。此外,零氧平衡炸药放出的热量还与炸药化学反应的完全程度有关,而后者又决定于炸药粒度、混药质量、装药条件和爆炸条件等许多因素。

2. 加入高能元素或高能量的可燃剂

在单质炸药中引入铍、铝等高能元素可以适量提高其爆热。例如,在黑索今中加入适量的镁粉,爆热可提高50%。在混合炸药中加入铝粉、镁粉等是获得高爆热炸药常用的方法。这是因为这些金属粉末不仅能与氧元素进行氧化反应放出大量的热,而且还可以和炸药爆炸产物中的CO_2、H_2O产生二次反应,而这些反应都是剧烈的放热反应,从而可以增大爆热。

三、爆　温

炸药爆炸时放出的热量使爆炸产物定容加热所达到的最高温度称为爆温(explosion temperature)。爆温取决于爆热和爆炸产物的组成。单质炸药的爆温一般在3 000～5 000 ℃之间,工业炸药一般为2 000～2 500 ℃。

爆温是炸药的重要参数之一。它对炸药的研究不仅有理论意义,而且有实际意义。例如在具有瓦斯与煤尘爆炸危险的环境中实施爆破作业时,为防止炸药爆温过高而引爆瓦斯或煤尘,必须按规定使用爆温较低的煤矿许用炸药。另一方面,为了达到一定的军事目的,则需要研制和使用爆温较高的军用炸药。

为了达到降低爆温的目的，一般采用在炸药中加入附加物的办法，煤矿许用炸药中加入的附加物主要是氯化钠。相反为了提高炸药的爆温，则常在炸药中加入铝粉和镁粉等高热剂，在许多弹药中，如鱼雷、水雷和对空导弹中装填的就是含铝炸药。

由于爆炸过程具有高温、高压、高速的特点，加上爆炸的破坏性，给爆温的测定造成困难。迄今为止，用实验的方法精确测定爆温的问题尚未完全解决。为了得到炸药爆温的具体数值，一般采用理论方法计算，有关的计算方法详见参考文献1。

四、爆　　容

爆容(specific volume)又称比容，是单位质量炸药爆炸时生成的气体产物在标准状况(0 ℃、1个大气压)下所占的体积，常用的单位是L/kg。爆炸产物中的水在炸药爆炸时为气态，而在常温下为液态。在不考虑液态水占有的体积时，其余气体产物在标准状况下的体积称为干比容。如果假设标准状况下水仍为气态，则爆炸气体产物的体积之和称为全比容，即爆容。

气态产物是炸药爆炸做功的工质。气态产物越多，爆炸反应热变为机械功的效率越高，因此它与炸药做功能力有密切关系。爆容通常按爆炸反应方程式计算，即

$$V_0=\frac{22.4n}{M} \tag{1-3}$$

式中　V_0——炸药的爆容，L/kg；

n——爆炸反应方程式中各气态产物物质的量之总和，mol；

M——爆炸反应方程式中炸药的质量，kg。

[例1-3]　已知梯恩梯的爆炸反应方程式为

$$C_7H_5O_6N_3=2.5H_2O+3.5CO+1.5N_2+3.5C$$

求梯恩梯的爆容。

解：因为$n=2.5+3.5+1.5=7.5$，$M=227$，所以

$$V_0=\frac{22.4\times 7.5}{227}\times 1\,000=740\ (\mathrm{L/kg})$$

五、爆炸压力

炸药在爆炸过程中，产物内的压力分布是不均匀的，并随时间而变化。爆炸结束时爆炸产物在炸药初始体积内达到热平衡后的流体静压值称为爆压(explosion pressure)。爆压与后面讲到的爆轰压(detonation pressure)概念不同，按理想气体状态方程近似计算爆压，其值约为爆轰压的二分之一①。

第三节　冲击波的基本知识

一、波

空气、水、岩体、炸药等物质的状态可以用压力、密度、温度、移动速度等参数表征。物质在

---

①　王文龙，钻眼爆破，北京：煤炭工业出版社，1984. 第77页。

外界的作用下状态参数会发生一定的变化,物质局部状态的变化称为扰动。如果外界作用只引起物质状态参数发生微小的变化,这种扰动称为弱扰动。如果外界作用引起物质状态参数发生显著的变化,这种扰动称为强扰动。

扰动在介质中的传播称为波。在波的传播过程中,介质原始状态与扰动状态的交界面称为波阵面(或波头)。波阵面的移动方向就是波的传播方向,波的传播方向与介质质点振动方向平行的波称为纵波(longitudinal waves),波的传播方向与介质质点振动方向垂直的波称为横波(transverse wave)。波阵面在其法线方向上的位移速度称为波速。按波阵面形状不同,波可分为平面波、柱面波、球面波等。

所谓音波即介质中传播的弱扰动纵波,音速则是弱扰动在介质中的传播速度。在这里,不能把音波只理解为听觉范围内的波动。

二、压缩波和稀疏波

受扰动后波阵面上介质的压力、密度均增加的波称为压缩波(pressure wave);受扰动后波阵面上介质的压力、密度均减小的波称为稀疏波(expansion wave)或膨胀波。压缩波和稀疏波的产生和传播过程可以形象地用活塞在气缸中的运动过程加以说明,如图1—1和图1—2所示。在图1—1和图1—2中,R表示气缸内某一点距活塞的距离,P表示气缸内气体的压力,t表示活塞运动的时间。在瞬时t_0,活塞处于初始位置R_0,缸内压力均为P_0。

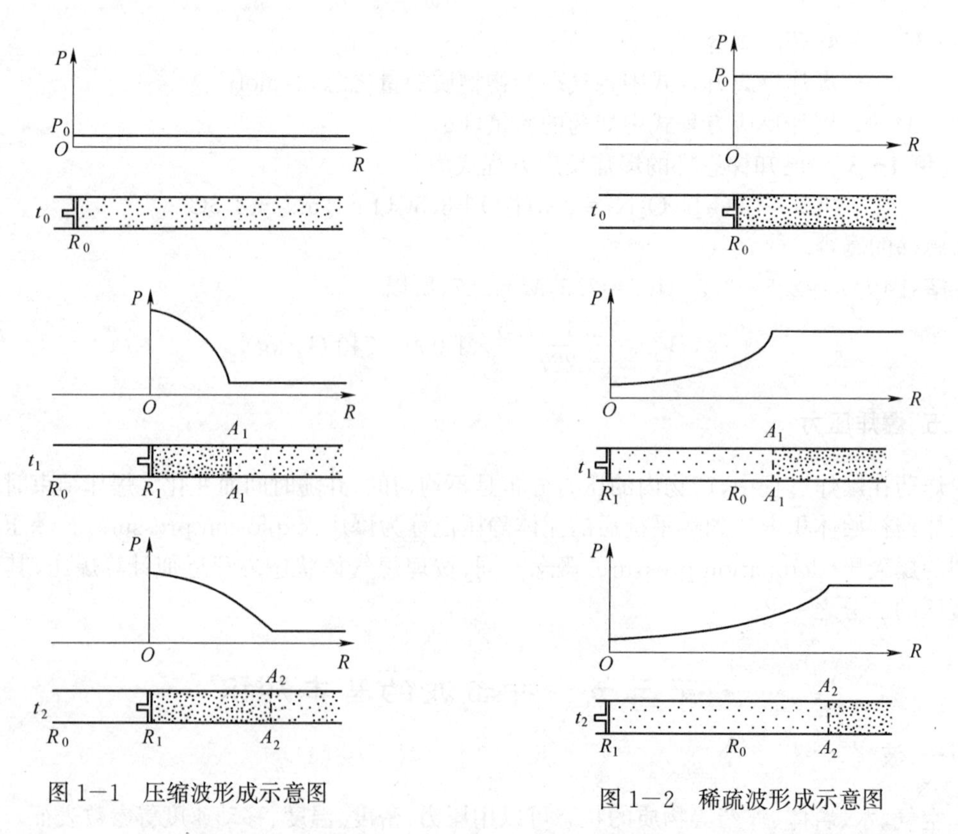

图1—1 压缩波形成示意图

图1—2 稀疏波形成示意图

现假设活塞向右加速运动,在瞬时t_1,活塞移至R_1(图1—1),活塞右边的气体被压缩,使区间R_1—A_1内的气体压力和密度都升高,A_1点右边气体仍保持初始状态,因此,在该瞬时,

波阵面在 $A_1—A_1$ 处。假定活塞停在 R_1 处，则至瞬时 t_2，由于压力差的存在，造成气体继续由高压区向低压区运动，波阵面由 $A_1—A_1$ 移至 $A_2—A_2$。随着时间的推移，波阵面在气缸中逐层向右传播，就形成压缩波。

从压缩波的形成过程可以看到：在压缩波中，波阵面到达之处，介质的压力和密度等参数均增加，介质运动的方向与波传播的方向是一致的。需要注意的是，这二者既有联系又有区别。这里介质的移动是指物质的分子或质点发生位移，而波的传播则是指上一层介质状态的改变引起下一层介质状态的改变。可见，波的传播总要超前于介质的位移。换句话说，波的传播速度总是大于介质的位移速度。

如果在瞬时 t_0，活塞处于 R_0，缸内压力为 P_0（图1—2），活塞不是向右移动，而是向左移动，则缸内气体发生膨胀。在瞬时 t_1，活塞从 R_0 左移至 R_1，原来在 R_0 附近的气体移动到 $R_0—R_1$ 区间，使邻近 R_0 右边气体的压力和密度都下降，该瞬间的波阵面在 $A_1—A_1$。假定活塞停在 R_1 处，则至瞬时 t_2，由于气缸内存在压力差，所以 $A_1—A_1$ 右边的高压气体要继续向 R_1 方向移动，使邻近 $A_1—A_1$ 面气体的压力和密度下降，波阵面由 $A_1—A_1$ 移至 $A_2—A_2$。这种压力和密度持续衰减的传播就形成了稀疏波。

从稀疏波的形成过程也能看到：稀疏波是由于介质的压力和密度的下降而引起的，波阵面所到之处，介质的压力和密度等参数是下降的。稀疏波的传播方向与波阵面的传播方向相同，与介质的运动方向相反。需要注意的是：通常压缩波和稀疏波是伴生的，即压缩波的后面一般都跟随有稀疏波，而稀疏波产生的同时也会伴有压缩波的产生。

三、冲击波的形成

冲击波(shock wave)是一种在介质中以超声速传播的并具有压力突然跃升然后慢慢下降特征的高强度压力波。

飞机和弹丸在空气中的超音速飞行，炸药爆炸产物在空气中的膨胀，都是产生冲击波的典型例子。下面仍借助活塞在气缸中的运动来说明冲击波的形成原理，在图1—3中把冲击波的形成过程分解成若干阶段。

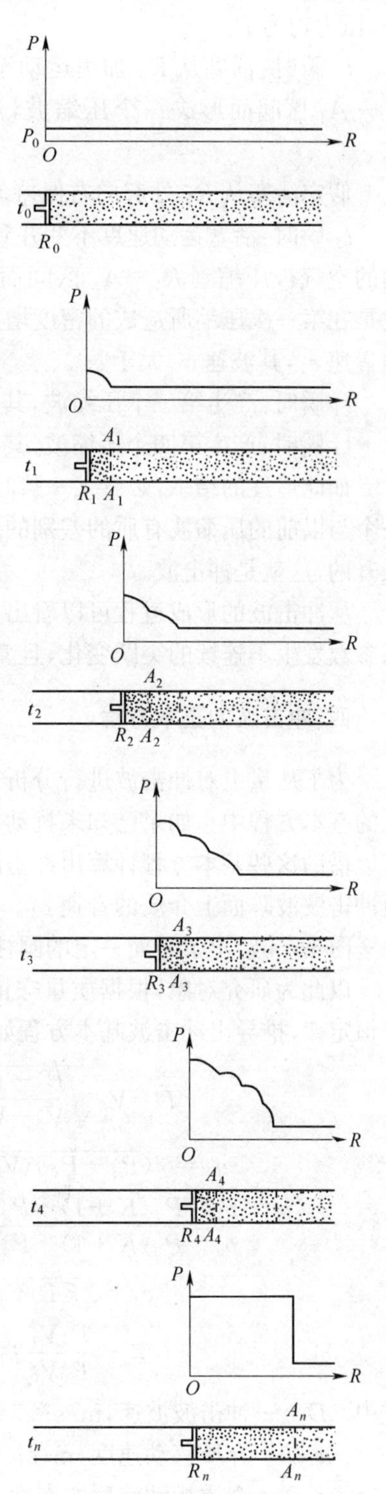

图1—3　冲击波形成原理示意图
R—活塞与气体的界面；A—各个瞬时的波阵面；P—管中空气压力

t_0 瞬时：假设活塞静止于 R_0 处，缸内气体未受扰动,压力均为 P_0。

t_1 瞬时:活塞从 R_0 加速运动至 R_1,占据了 R_0—R_1 区间,原来该区间的空气被压缩到 R_1—A_1 区间而形成一个压缩波,波阵面在 A_1—A_1,波速等于原来未被扰动时空气的音速 c_0。

假定活塞从 R_1 处起向右保持匀速运动。

t_2 瞬时:活塞运动速度不变并到达 R_2,使活塞前端的气体继续受到压缩,原来 R_1—R_2 区间的空气被压缩到 R_2—A_2 区间而形成第二个压缩波,波阵面在 A_2—A_2。由于第二个压缩波是在第一次压缩所造成的密度增大了的空气中传播的,它的波速就等于密度加大了的空气的音速 c_1,其波速 c_1 大于 c_0。

t_3 瞬时:产生第三个压缩波,其波速 c_2 大于 c_1。

t_4 瞬时:产生第四个压缩波,其波速 c_3 大于 c_2。

如此追逐的结果,必有某一瞬时如 t_n,后面的压缩波都赶上了第一个压缩波,彼此叠加成一个与以前的压缩波有质的差别的强压缩波,波阵面在 A_n—A_n,面上各个介质参数都是突然跃升的,这就是冲击波。

从冲击波的形成过程可以看出:冲击波的波阵面是一个突跃面,在这个突跃面上介质的状态参数发生不连续的突跃变化,且变化梯度非常大。

四、冲击波的基本方程

为了从量上对冲击波进行分析,就要确立冲击波的参数,这些参数之间的关系表现在冲击波的基本方程中。如果已知未扰动介质的压力、密度、温度、介质位移速度(P_0、ρ_0、T_0、u_0),则可以借助这些基本方程计算出冲击波波阵面上的相应参数 P_1、ρ_1、T_1、u_1 和冲击波波速 D,以及冲击波波阵面上介质的音速 c_1。

图 1－4 绘出了断面一定的圆柱体单元的气体受冲击波压缩前后参数的变化。

以此为研究对象,根据质量守恒定律、动量定律、能量守恒定律,推导出冲击波基本方程如下:

$$D=V_0\sqrt{\frac{P_1-P_0}{V_0-V_1}} \tag{1-4}$$

$$u_1=\sqrt{(P_1-P_0)(V_0-V_1)} \tag{1-5}$$

$$\frac{\rho_1}{\rho_0}=\frac{P_1(K+1)+P_0(K-1)}{P_0(K+1)+P_1(K-1)} \tag{1-6}$$

$$c_1=\sqrt{KP_1V_1} \tag{1-7}$$

$$T_1=\frac{P_1V_1}{P_0V_0}T_0 \tag{1-8}$$

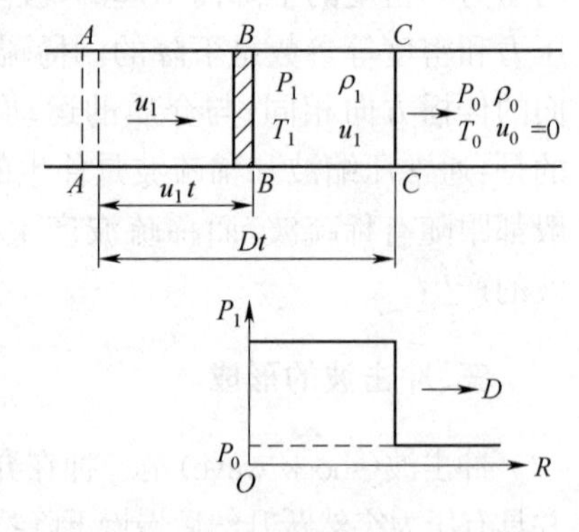

图 1－4　波阵面前后参数示意图

式中　D——冲击波波速,m/s;

u_1——介质移动速度,m/s;

ρ_0、ρ_1——介质扰动前后的密度,kg/m³;

c_1——扰动介质中的音速,m/s;

T_0、T_1——介质扰动前后的温度,K;

P_0、P_1——介质扰动前后的压力,Pa;

V_0、V_1——介质压缩前后的比容，分别等于 $1/\rho_0$、$1/\rho_1$；

K——绝热指数，$K=C_P/C_V$，其中 C_P、C_V 分别为介质的定压比热和定容比热。

对于空气，从室温到3 000 K范围内，有

$$C_V=4.8+4.5\times10^{-4}T \tag{1-9}$$

由以下两式可以求出 K 值：

$$C_P=C_V+R \tag{1-10}$$

$$K=\frac{C_P}{C_V} \tag{1-11}$$

式中 $R=8.306$ J/(mol·K)。

五、冲击波的特性

根据以上讨论的内容和大量的研究成果，可以把冲击波的基本特性概括为以下几点：

(1)冲击波的波速对未扰动介质而言是超音速的，对已扰动介质而言是亚音速的[①]。冲击波头传播速度小于其后部稀疏波头传播速度[②]，因此在传播过程中必然受到稀疏波的侵蚀。

(2)冲击波的波速与波的强度有关。由于稀疏波的侵蚀和不可逆能量损耗，其强度和对应的波速将随传播距离增加而衰减。传播一定距离后，冲击波就会蜕变为压缩波，最终衰减为音波。

(3)冲击波波阵面上的介质状态参数(速度、压力、密度、温度)的变化是突跃的，波阵面可以看做是介质中状态参数不连续的间断面。冲击波后面通常跟有稀疏波。

(4)冲击波通过时，静止介质将获得流速，其方向与波传播方向相同，但流速值小于波速。

(5)冲击波对介质的压缩不同于等熵压缩。冲击波形成时，介质的熵将增加。

(6)冲击波以脉冲形式传播，不具有周期性。

(7)理论计算表明，当很强的入射冲击波在刚性障碍物表面发生正反射时，其反射冲击波波阵面上的压力是入射冲击波波阵面上压力的 8 倍。由于反射冲击波对目标的破坏性更大，因此在进行火工品车间、仓库等有关设计时应尽量避免可能造成的冲击波反射。

冲击波不仅能在流体(气体、液体)中传播，也能在固体中传播。上述气体中冲击波的特性对液体、固体中的冲击波也基本适用。

第四节　炸药爆轰的基本知识

一、爆轰波

炸药被激发起爆后，首先在炸药的某一局部发生爆炸化学反应，产生大量高温、高压和高速流动的气体产物流，并释放出大量的热能。这一高速气流的作用犹如上节所述加速运动的活塞，强烈冲击和压缩邻近层的炸药，使在邻近炸药层中产生冲击波，并引起该层炸药的压力、温度和密度产生突跃式升高而迅速发生化学反应，生成爆炸产物并释放出大量的热能。局部炸药爆轰所释放的热能，一方面可以阻止稀疏波对冲击波头的侵蚀，另一方面又可以补充到冲击波中，以

---

① 王文龙，钻眼爆破，北京：煤炭工业出版社，1984. 第 69 页。

② 王文龙，钻眼爆破，北京：煤炭工业出版社，1984. 第 66 页。

维持冲击波以稳定的速度向前传播。这样,冲击波继续压缩下一层炸药又引起下一层炸药的化学反应,新释放的热能又补充到冲击波中去,以维持它的定速传播。如此一层一层的传播,就完成了炸药的爆轰过程。

这种伴随有快速化学反应区的冲击波称为爆轰波(detonation wave),爆轰波沿炸药装药方向传播的速度称为爆速(detonation velocity)。

二、爆轰波的结构

下面进一步讨论爆轰的过程和爆轰波的结构。在冲击波的高压作用下,相邻于冲击波的炸药层出现一个压缩区 0—1(图 1—5),其厚度约 $10^{-6}\sim10^{-5}$mm。在这里,压力、密度、温度都呈突跃升高状态。实际上,这就是冲击波的波阵面。

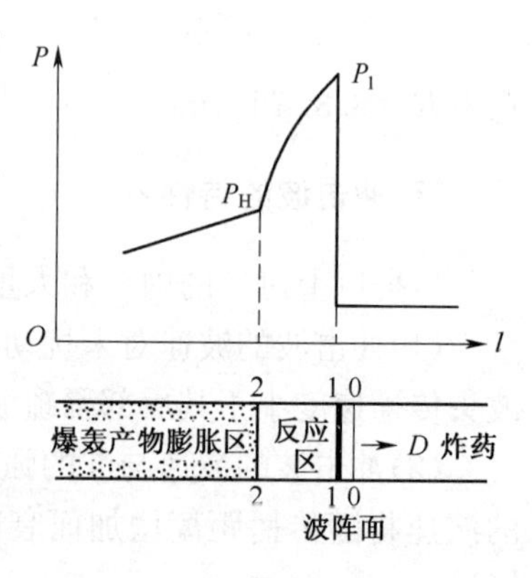

图 1—5 爆轰波结构示意图

随着冲击波的传播,新压缩区的产生,原压缩区成为化学反应区。反应在1—1 面开始发生,在 2—2 面结束。再随着冲击波的前进,新的化学反应区的形成,原化学反应区又成为反应产物膨胀区。化学反应放出的能量,不断维持着波阵面上参数的稳定,其余在膨胀区消耗掉,因而达到能量平衡,冲击波即以稳定速度向前传播,这就是爆轰过程的实质。由此可见:

(1)爆轰波只存在于炸药的爆轰过程中。爆轰波的传播随着炸药爆轰结束而终止。

(2)爆轰波总带着一个化学反应区,它是爆轰波得以稳定传播的基本保证。习惯上把 0—2 区间称为爆轰波波阵面的宽度,其数值约0.1~1.0 cm,视炸药的种类而异。

(3)爆轰波具有稳定性,即波阵面上的参数及其宽度不随时间而变化,直至爆轰终了。

2—2 面为爆轰化学反应区的末端面,称为爆轰波波阵面。在进行理论研究时,常把满足一定假设条件的理想爆轰波波阵面简称为 C—J 面(Chapman-Jouguet plane)。稳定爆炸的条件是 $C-J$ 面上反应终了气体的流速与音速之和必须等于爆速,即 $u+c=D$,该条件称为 $C-J$ 条件。如果 $u+c>D$,稀疏波就会侵入反应区,从而减少对冲击波头的能量补充,使爆轰波不能稳定传播而降低爆速;如果 $u+c<D$,稀疏波虽不能侵入反应区,但由于连续性的理由,反应区内也将有部分区域存在着 $u+c<D$ 的情况,而这部分区域释放的能量不可能传送到冲击波上,从支持冲击波头的观点来看,它是无效的,结果也会是爆轰波不能稳定传播而降低波速。C—J 面上的状态参数称做爆轰波参数或爆轰参数。爆轰波 C—J 面上的压力称做爆轰压力(detonation pressure)。爆轰波 C—J 面上的温度称做爆轰温度(detonation temperature)。需要指出的是爆轰压力与爆炸压力、爆轰温度与爆温的含义不同,应把它们区分开来。

三、爆轰波的参数

由于爆轰波是冲击波的一种,所以表达爆轰波参数关系的基本方程推导方法亦大致与冲击波相似。对于强冲击波,其基本方程可表示如下:

C—J 面上爆轰产物的移动速度 $$u_H=\frac{1}{K+1}D \tag{1—12}$$

爆轰压力 $$P_H=\frac{1}{K+1}\rho_0 D^2 \tag{1-13}$$

C—J 面上爆轰产物的比容 $$V_H=\frac{K}{K+1}V_0 \tag{1-14}$$

C—J 面上爆轰产物的密度 $$\rho_H=\frac{K+1}{K}\rho_0 \tag{1-15}$$

C—J 面上稀疏波相对于爆轰产物的波速 $$C_H=\frac{K}{K+1}D \tag{1-16}$$

爆速 $$D=\sqrt{2(K^2-1)Q_V} \tag{1-17}$$

爆轰温度 $$T_H=\frac{2K}{K+1}T_b \tag{1-18}$$

上述各式中符号的物理意义及单位与冲击波基本方程式(1－4)～式(1－8)中的相应参数相同。T_b 表示爆温，单位为 K；Q_V 表示爆热，单位为 J。对于气体炸药，K 代表绝热指数，一般取 1.4；对于凝聚体炸药，K 代表多方指数，一般取 3。从这些公式可以知道：

(1)爆轰产物质点移动速度比爆速小，但随爆速的增大而增大；

(2)爆轰压力取决于装药的爆速和密度，这是因为这两个因素都会造成爆炸产物密度的增大；

(3)爆轰刚结束时，爆轰产物的密度大于炸药的初始密度；

(4)爆轰温度大于爆温。

四、凝聚炸药的爆轰反应机理

根据炸药的化学组成以及装药的物理状态不同，可以把凝聚炸药的爆轰反应机理分为均匀灼烧机理、不均匀灼烧机理和混合反应机理。

1. 均匀灼烧机理

均匀灼烧机理又称整体反应机理。它是指炸药在强冲击波作用下，爆轰波波阵面的炸药受到强烈的绝热压缩，使受压缩炸药的温度均匀地升高，如同气体绝热压缩一样，化学反应是在反应区的整个体积内进行的。这种机理多发生在结构均匀的固体炸药(如单质炸药)以及无气泡和无杂质的均匀液体炸药，即所谓的均相炸药中。这种炸药的反应速度非常快，能在 $10^{-7}\sim10^{-6}$ s内完成。

2. 不均匀灼烧机理

不均匀灼烧机理又称表面反应机理。它是指自身结构不均匀的炸药，如松散多空隙的固体粉状炸药、晶体炸药，以及含有大量气泡和杂质的液体炸药或胶质炸药等，在冲击波的作用下受到冲击波强烈压缩时，整个压缩层炸药的温度并不是均匀地升高并发生灼烧，而是个别点的温度升得很高，形成“起爆中心”或“热点”并先发生化学反应，然后再传到整个炸药层。

在不均匀灼烧机理中“起爆中心”形成的途径主要有以下三种，它们均已被实验所证实：

(1)炸药中含有的微小气泡(气体或蒸气)在受到冲击波压缩作用时的绝热压缩；

(2)由于冲击波经过时炸药的质点间或薄层间的运动速度不同而发生摩擦或变形；

(3)爆炸气体产物渗透到炸药颗粒间的空隙中而使炸药颗粒表面加热。

3. 混合反应机理

混合反应机理是混合炸药，尤其是固体混合炸药所特有的一种爆炸反应机理。其特点是：

反应并不是在炸药的化学反应区整个体积内进行的,而是在一些分界面上进行的。对于由几种单质炸药组成的混合炸药,它们在发生爆轰时首先是各组分的炸药自身进行反应,放出大量的热,然后是各反应产物相互混合并进一步反应生成最终产物。但是,对于由反应能力相差很悬殊的一些组分组成的混合炸药,如由氧化剂和可燃剂或者是由炸药与非炸药成分组成的混合炸药,它们在爆轰时,首先是氧化剂或炸药分解,分解产生的气体产物渗透或扩散到其他组分质点的表面并与之反应,或者是几种不同组分的分解产物之间相互反应。

应该注意的是,凝聚炸药的爆轰反应并不都是按照上述反应机理中的某一种机理进行的,往往是两种机理共同作用的结果。

第五节　炸药的感度

一、炸药感度的一般概念

在外界能量的作用下,炸药发生爆炸的难易程度称为感度(sensitivity)。能够激发炸药发生爆炸变化的能量有热能、电能、光能、机械能、冲击波能或辐射能等多种形式。通常根据外界作用于炸药能量的形式将炸药的感度分为若干类型,如热感度、火焰感度、摩擦感度、撞击感度、起爆感度、冲击波感度、静电感度等。

炸药对不同形式的外界能量作用所表现的感度是不一样的,也就是说,炸药的感度与不同形式的起爆能并不存在固定的比例关系。因此,不能简单地以炸药对某种起爆能的感度等效地衡量它对另一种起爆能的感度。

二、炸药的热感度

炸药的热感度(sensitivity to heat)是指在热的作用下,炸药发生爆炸的难易程度。热作用的方式主要有两种:均匀加热和火焰点火。习惯上把均匀加热时炸药的感度称为热感度,把火焰点火时的炸药感度称为火焰感度(sensitivity to flame)。

炸药的热感度通常用爆发点(ignition point)来表示。爆发点是炸药在一定的受热条件下,经过一定的延滞期发生爆炸时加热介质的最低温度。很显然,爆发点越高,则说明该炸药的热感度越低。

在工业生产中,用爆发点测定仪来测定炸药的爆发点,做爆发点量测实验时延滞期一般取5 min为标准。表1—3 列出了几种炸药的爆发点。

表1—3　几种炸药的爆发点

炸药名称	爆发点/℃	炸药名称	爆发点/℃
乳化炸药	330	硝酸铵	300
水胶炸药	287	黑火药	290～310
乳化炸药	330	黑索今	230
铵油炸药	350	特屈儿	195～200
铵松蜡	285	梯恩梯	290～295
硝化甘油炸药	300	二硝基重氮酚	150～151

雷管的起爆药均具有较高的火焰感度。在敞开环境下，一般工业炸药(包括黑火药)用火焰点燃时通常只发生不同程度的燃烧。

火焰感度用上限距离和下限距离表示。用导火索点燃装入加强帽中的0.05 g炸药，上限距离是100%发火的最大距离，下限距离则是100%不发火的最小距离(图1－6)。

三、炸药的机械感度

炸药的机械感度是指炸药在机械作用下发生爆炸的难易程度。机械作用的形式很多，如撞击、摩擦、针刺等。其中撞击和摩擦是最为常见的两种形式。

1. 撞击感度

在机械撞击的作用下，炸药发生爆炸的难易程度称为炸药的撞击感度(sensitivity to impact)。

炸药的撞击感度通常借助于立式落锤仪测定(图1－7)。测定的基本步骤是将一定质量的炸药试样(30 mg或50 mg)放在击发装置内，让一定质量的落锤(10 kg、5 kg或2 kg)自规定的高度(250 mm或500 mm)自由落下，撞击击发装置内的炸药试样，根据火花、烟雾或声响结果来判断炸药试样是否发生爆炸。撞击25次后，计算该炸药试样的爆炸概率 P，并用 P 来表示炸药试样的撞击感度。

$$P=\frac{25\text{ 次试验中发生爆炸的次数}}{25} \tag{1-19}$$

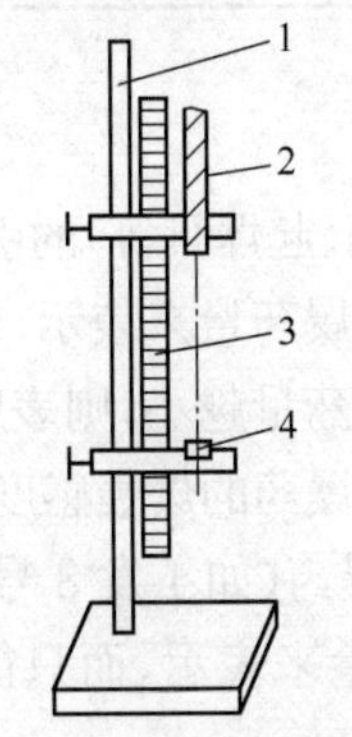

图1－6　火焰感度试验方法

1—托架；2—导火索；3—标尺；4—加强帽

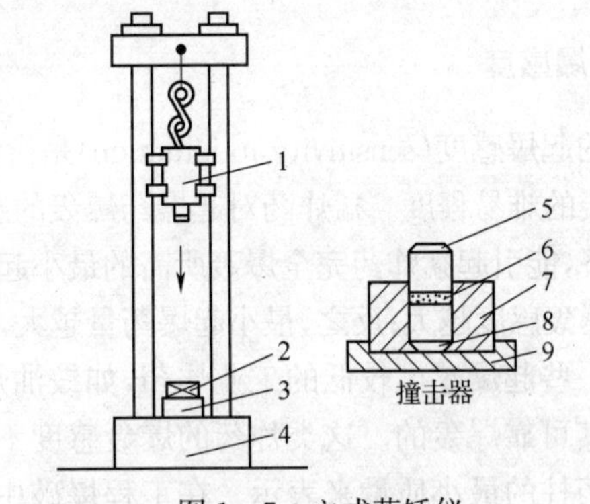

图1－7　立式落锤仪

1—落锤；2—撞击器；3—钢砧；4—水泥基础；5—上击柱；6—炸药；7—导向套；8—下击柱；9—底座

2. 摩擦感度

在机械摩擦的作用下，炸药发生爆炸的难易程度称为炸药摩擦感度(sensitivity to friction)。

炸药摩擦感度的测定采用摆式摩擦仪，装置如图1－8所示。测定时将一定质量的炸药试样(20 mg或30 mg)装入上下滑柱间，通过装置给上下滑柱施加规定的静压力。摆锤重1 500 g。摆角可根据炸药的感度取80°、90°或96°。释放摆锤，摆锤打击击杆，上下滑柱产生水平相对位移，摩擦炸药试样，判断炸药试样是否爆炸。试验25次，按式(1－19)计算炸药试样的爆炸概率 P，并用 P 来表示炸药试样的摩擦感度。

用爆炸概率表示炸药感度的试验测定方法称为爆炸概率法。表1－4为几种炸药的撞击感度和摩擦感度。

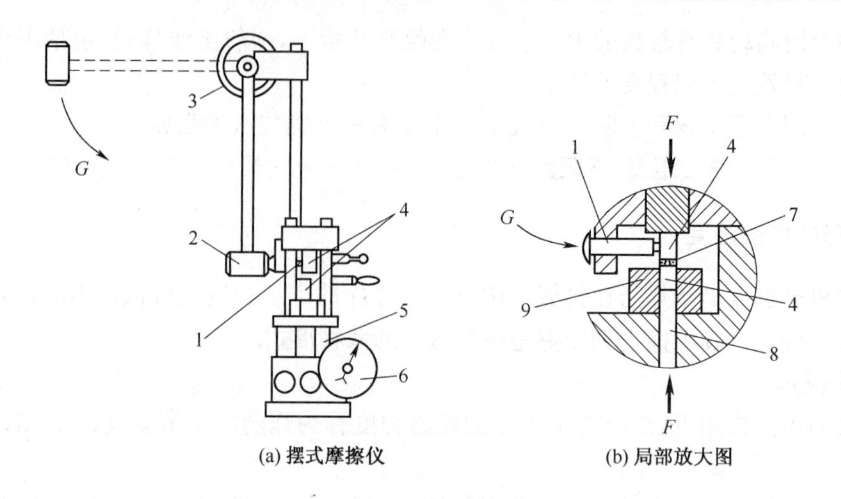

(a) 摆式摩擦仪 (b) 局部放大图

图 1—8 摆式摩擦仪实验示意图

1—击杆;2—摆锤;3—角度标盘;4—上、下滑柱;5—油压机;6—压力计;7—炸药试样;8—顶杆;9—滑柱套;F—压力(施加方向);G—摆锤打击方向

表 1—4 几种炸药的撞击感度和摩擦感度

炸 药 名 称	乳化炸药	水胶炸药	硝化甘油炸药	黑索今	特屈儿	黑火药	梯恩梯
撞击感度/%	≤8	≤8	100	70～75	50～60	50	4～8
摩擦感度/%	≤8	≤8	—	90	24	—	0

四、起爆感度

炸药的起爆感度(sensitivity to initiation)是指在其他炸药(起爆药、起爆具等)的引爆下,猛炸药发生爆轰的难易程度。猛炸药对起爆药爆轰的感度,一般用最小起爆药量来表示,即在一定的实验条件下,能引起猛炸药完全爆轰所需的最小起爆药量。最小起爆药量越小,则表明猛炸药对起爆药的爆轰感度越大;反之,最小起爆药量越大,则表明猛炸药对起爆药的爆轰感度越小。

对于一些起爆感度较低的工业炸药,如铵油炸药,用少量的起爆药(如 1 发 8 号工业雷管)是难以使其可靠爆轰的。这类炸药的爆轰感度不能用最小起爆药量来表示,而只能用威力较大的起爆药柱的最小质量来表示。在工程爆破中,习惯上用雷管感度(cap sensitivity)来区分工业炸药的起爆感度。凡能用 1 发 8 号工业雷管可靠起爆的炸药称其具有雷管感度,凡不能用 1 发 8 号工业雷管可靠起爆的炸药称其不具有雷管感度。

五、炸药的物理状态和装药条件对感度的影响

炸药的感度一方面与自身的结构和物理化学性质有关,另一方面还与炸药的物理状态和装药条件有关。对于爆破工程技术人员来讲,了解炸药的物理状态和装药条件对其感度的影响是十分必要的。炸药的物理状态和装药条件对感度的影响主要表现在以下几个方面。

1. 炸药温度的影响

随着温度的增高,炸药的各种感度都增加,在高温介质中爆破应引起充分重视。

2. 炸药物理状态与晶体形态的影响

硝铵类粉状炸药受潮结块时,感度明显下降。因此,在雨季和潮湿环境中使用硝铵类粉状

炸药,应采取有效的防潮措施。硝化甘油炸药冻结时,晶体形态发生变化,敏感度明显提高。因此,对硝化甘油炸药的储运温度有严格的限制。普通型硝化甘油的储运温度不低于10 ℃,难冻型不低于−20 ℃。

3. 炸药颗粒度的影响

炸药的颗粒度主要影响炸药的爆轰感度。一般情况下,颗粒越小,炸药的爆轰感度越大。例如100%通过2 500目的梯恩梯极限起爆药量为0.1 g,而从溶液中快速结晶的超细梯恩梯的极限起爆药量仅为0.04 g。对于工业炸药,一般各组分越细,混合越均匀,则它的爆轰感度越高。

4. 装药密度的影响

装药密度主要影响起爆感度和火焰感度。通常,随着装药密度的增加,炸药的起爆感度和火焰感度都会下降。如果粉状硝铵炸药的装药密度过高就可能出现压死而导致爆速下降和拒爆的现象①。

5. 附加物的影响

在炸药中掺入附加物可以显著地影响炸药的机械感度。附加物对炸药机械感度的影响主要取决于附加物的性质,即硬度、熔点及粒度等。当附加物的硬度较高时(如石英砂、碎玻璃),可能使炸药的机械感度增高,这类物质叫增感剂。当附加物的硬度较软且热容较大时(如水、石蜡等),掺入后使炸药感度降低,这类物质称为钝感剂。

第六节　炸药的起爆

根据起爆能形式的不同,炸药的起爆可以用不同的起爆机理进行解释,但这些解释都可以用炸药爆炸的能栅图(图1—9)进行概略的说明。

炸药在没有外能作用时处于相对稳定平衡状态1,其位能为 E_1。当受到一定的外能作用时,炸药被激发至位置2,它的位能这时跃升为 E_2。当增加的位能 $E_{1,2}$ 大于炸药分子发生爆炸变化所需的活化能时,炸药发生爆炸,放出能量 $E_{2,3}$。这好像一个小球[图1—9(b)]在位置1时,处于相对稳定状态,若给它一定的外能使其越过位置2时小球就可以滚到位置3,产生动能。显然,这里所指的外能 $E_{1,2}$ 就是导致物质发生化学变化的活化能,也就是爆炸研究领域里常说的起爆冲能。

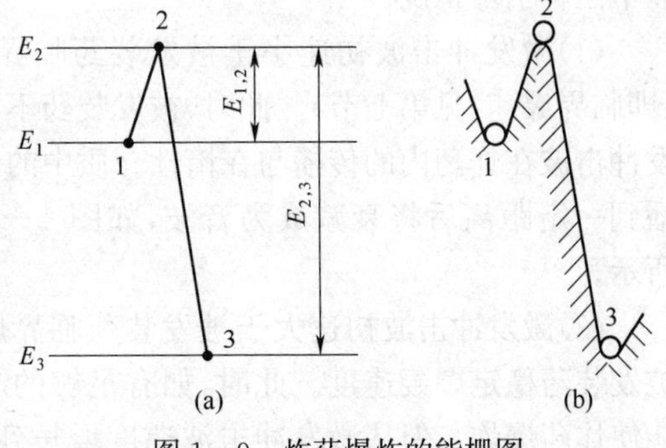

图1—9　炸药爆炸的能栅图

凝聚炸药的爆轰过程一般要借助于热冲量、机械冲量或者是依靠雷管或传爆药柱等爆炸物的爆炸来引发。不同的起爆冲量引爆炸药的机理不尽相同。本节简要介绍机械冲量和爆炸物直接作用于炸药的起爆机理。

1. 热点起爆理论

热点起爆理论又称热点学说,是由英国的布登在研究摩擦学的基础上于20世纪50年代

① 陆明,硝铵炸药的性能及其在爆破工程中的作用,含能材料,第10卷第3期,2002年9月。

提出来的。由于热点学说能较好地解释炸药在机械作用下发生爆炸的原因,因此得到了人们普遍的认可。

布登提出的热点学说认为:炸药在受到机械作用时,绝大部分的机械能量首先转化为热能。由于机械作用不可能是均匀的,因此,热能不是作用在整个炸药上,而只是集中在炸药的局部范围内,并形成热点。在热点处的炸药首先发生热分解,同时放出热量,放出的热量又促使炸药的分解速度迅速增加。如果炸药中形成热点的数目足够多,且尺寸又足够大,热点的温度升高到爆发点后,炸药便在这些点被激发并发生爆炸,最后引起部分炸药乃至整个炸药的爆炸。

实验已经证明,在机械作用下热点形成的原因主要有三个方面:

(1)炸药内部的空气间隙或者微小气泡等在机械作用下受到的绝热压缩;

(2)受摩擦作用后,在炸药的颗粒之间、炸药与杂质之间以及炸药与容器内壁之间出现的局部加热;

(3)炸药由于黏滞性流动而产生的热点。

此外,在炸药的晶体成长过程中产生的内应力作用也有可能形成热点。

2. 爆炸物直接作用于炸药的起爆机理

通常把利用一种炸药装药(如雷管或起爆药柱)的爆炸引起与它直接接触的另一种炸药装药爆炸的现象称为起爆(initiation)。习惯上称起爆的装药为主发装药(donor charge),被起爆的装药为被发装药(acceptor charge)。炸药的起爆是主发装药的爆炸产物对被发装药直接作用的结果。其机理主要是由主发装药的爆轰产物在被发装药中产生强冲击波并引起被发装药的爆轰,实际上这种引发爆轰的过程是一种强冲击波的起爆过程。

根据主发装药在被发装药内产生激发冲击波的速度和起爆冲能大小的不同,炸药可以有以下三种引爆情况。

(1)激发冲击波初速小于被发装药临界直径的爆速(即临界爆速,见第七节)。此时,被发装药不可能爆炸,激发冲击波在炸药内的传播与在惰性介质中的传播一样,传播到一定距离后将衰减成为音波,如图 1-10 中曲线 1 所示。

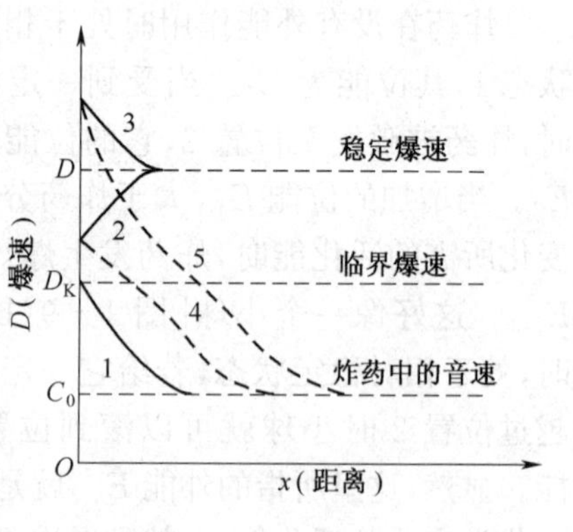

图 1-10　各种不同引爆情况

(2)激发冲击波初速大于被发装药临界爆速,但小于被发装药稳定爆轰速度。此时,如有足够的起爆冲能,就能使炸药爆炸。但从激发冲击波速度增长到被发装药稳定爆速,须经过一定时间或区段,分别称为爆轰成长期或爆轰过渡区(曲线 2)。若起爆冲能不够,激发冲击波仍然会衰减为音波,但因部分炸药已发生反应并放出反应热,故衰减较慢(曲线 4)。

(3)激发冲击波初速不仅大于被发装药临界爆速,而且也大于被发装药稳定爆速。此时,若有足够起爆冲能,就能使被发装药发生爆炸。其特征是被发装药的最初爆速高于稳定爆速,而后逐渐衰减为稳定爆速(曲线 3)。但若起爆冲能不够,激发冲击波同样也会衰减为音波(曲线 5)。

综上所述,要使被发装药起爆并达到稳定爆轰,激发冲击波的速度必须大于装药的临界爆速。同时,必须供给足够的起爆冲能,但起爆冲能不会影响被发装药本身的稳定爆速。

第七节　炸药的性能

炸药的性能主要取决于以下因素:一是炸药的组成成分,二是炸药的加工工艺,三是炸药的装药状态和使用条件。本节主要介绍炸药的爆速、做功能力、猛度和殉爆距离等性能指标。

一、爆　　速

爆轰波沿炸药装药传播的速度称为爆速(detonation velocity)。爆速是炸药的重要性能指标之一,也是目前唯一能准确测量的爆轰参数。

1. 影响爆速的因素

(1)药柱直径

当药柱为理想封闭,爆轰产物不发生径向流动时,炸药所能达到的爆速称为理想爆速。由于药柱不可能是理想封闭的,故实际爆速低于理想爆速,并与药柱直径大小有关。药柱直径影响爆速的机理,可用图 1－11 所示无外壳约束的药柱在空气中爆轰的情况来说明。

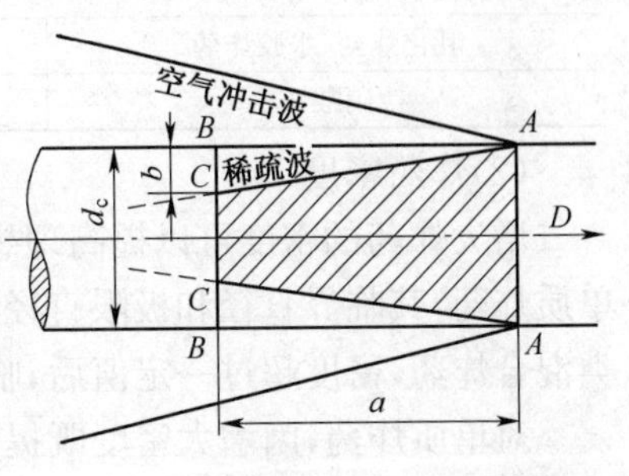

图 1－11　爆轰产物的径向膨胀与径向稀疏波对反应区的干扰

当药柱爆轰时,由于爆轰产物的径向膨胀,除在空气中产生空气冲击波外,同时在爆轰产物中产生径向稀疏波向药柱轴心方向传播。此时,反应区 $ABBA$ 分为两部分:稀疏波干扰区 ABC 和未干扰的稳恒区 $ACCA$,而且只有稳恒区内炸药反应释放出的能量对爆轰波传播有效。理论计算表明,炸药的实际爆速与理想爆速之间存在以下关系:

$$D=D_{\mathrm{H}}\left(1-\frac{a}{d_{\mathrm{c}}}\right) \tag{1-20}$$

式中　D——炸药的实际爆速;

D_{H}——炸药的理想爆速;

a——爆轰反应区厚度;

d_{c}——药柱直径。

该式表明,爆速随药柱直径增大而增大。当药柱直径趋于无穷大时,爆速趋于理想爆速。实际上,由于反应区厚度很小,故药柱直径增大到一定值后,爆速就已经接近理想爆速。接近理想爆速的药柱直径 d_{L} 称为极限直径(图 1－12)。反应区厚度愈小,极限直径就愈小。

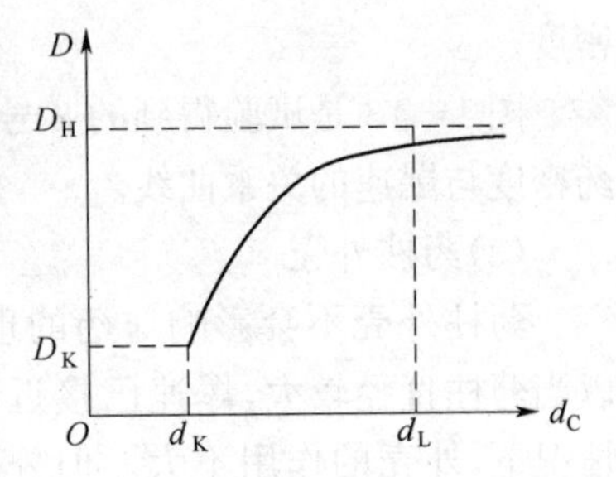

图 1－12　爆速与药柱直径的关系

反之,减小药柱直径,爆速将相应降低。当药柱直径减小到一定值后,爆轰波就不能稳定传播,最终将导致熄爆。这是因为有效能量已减小到不再能支持爆轰波的稳定传播。爆轰波能稳定传播的最小药柱直径 d_{K} 称为临界直径(critical diameter)。达到临界直径时的爆速称为临界爆速。

理论研究表明,临界直径愈小,接近理想爆速的极限直径也愈小。表 1－5 给出了几种炸药的临界直径值,从表中可以看出,临界直径与炸药的化学本性有很大的关系:起爆药的临界直径最小,其次为单质高猛炸药,硝酸铵和硝铵类混合炸药的临界直径则较大。

表 1—5 几种炸药的临界直径

(炸药密度 ρ_0 = 0.9～1 g/cm³,炸药粒级 0.05～0.02 mm)

炸药名称	临界直径/mm	
	玻璃外壳	纸壳
叠氮化铅	0.01～0.02	—
太安	1.0～1.5	—
黑索今	1.0～1.5	4
特屈儿	—	7
梯恩梯	8～10	11
铵梯炸药(79%AN,21%TNT)	10～12	12
乳化炸药、水胶炸药	—	12～18
硝酸铵	100	—

(2)炸药密度

增大炸药的密度可以提高理想爆速,但临界直径和极限直径也将发生变化。对于大多数单质炸药,其临界直径和极限直径都随装药密度的增加而减小。但对于混合炸药,尤其是硝铵类混合炸药,密度超过一定值后,临界直径随密度增大而显著增大。

对单质炸药,因增大密度既提高了理想爆速,又减小了临界直径,故当药柱直径一定时,爆速是随密度增大而增加的。

对于硝铵类混合炸药,密度与爆速的关系比较复杂。这是因为增大密度虽能提高理想爆速,但也相应地增大了临界直径。试验研究和理论分析都证明,当药柱直径一定时,存在有使爆速达最大的密度值,这个密度称为最佳密度。超过最佳密度后,再继续增大密度,就会导致爆速下降。当爆速下降到临界爆速,或临界直径增大到与药柱直径相等时,爆轰波就不再能够稳定传播,最终导致熄爆。爆轰波尚能稳定传爆的最大密度称为临界密度。

图 1—13 是试验得到的 2 号岩石乳化炸药密度与爆速的关系曲线。

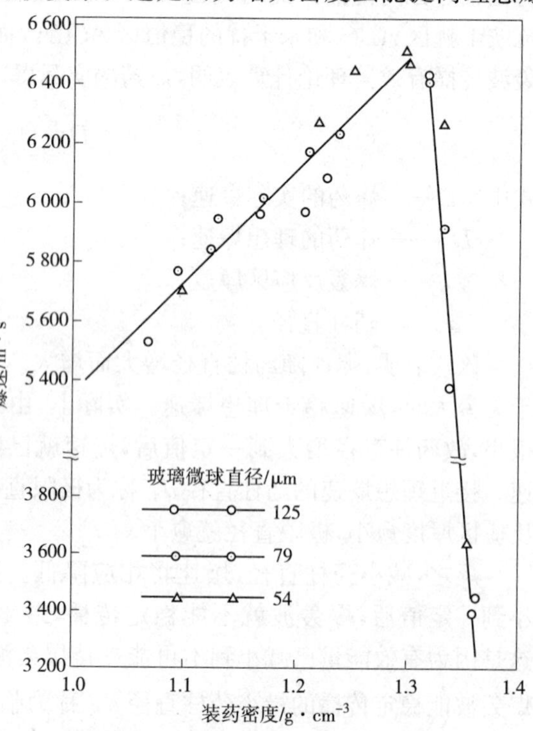

图 1—13 2 号岩石乳化炸药装药密度与爆速的关系曲线

(3)药柱外壳

药柱外壳不会影响炸药的理想爆速,所以当药柱直径较大,爆速已接近理想爆速的情况下,外壳的作用不大。但外壳能够减小炸药的临界直径,所以当药柱直径较小、爆速距理想爆速相差较大时,增加外壳可以提高爆速,其效果与加大药柱直径相同。

影响混合炸药爆速的还有炸药颗粒的细

度、混合均匀度、混药温度和时间等多种因素。对这些因素的控制都发生在炸药的生产过程中,此不赘述。

2. 工业炸药爆速的测定

(1)导爆索法

导爆索法又称道特里什(D′Autriche method)法。其原理是利用已知爆速的导爆索测定炸药的爆速。导爆索法的实验装置如图1－14所示。

试验方法:在药卷试样上选取AB段作为被测药段,AB段长度l_{AB}应不小于100 mm。A点距插入试样中的雷管底部应不小于两倍试样直径,B点距试样末端应不小于20 mm。在长250～300 mm,宽40～60 mm,厚3～5 mm的铅(铝)板的一端M处刻上横向深痕。截取一段爆速已知的合格导爆索,长度不小于1 500 mm,并在其中点处做上记号。按图1－14将导爆索的中点对准铅(铝)板M处的刻痕,用胶布或胶带纸将导爆索固定在铅(铝)板的中心部位,并使导爆索与铅(铝)板之间有2～3 mm间隙。以A和B为孔心分别钻上直径等于导爆索外径的孔,孔深约等于药卷半径。分别将导爆索的两端沿试样平行插入孔中,插入深度约等于药卷半径。如图1－14所示,将铅(铝)板上带刻痕的一端置于靠近试样起爆的一端。按爆破作业规程插入雷管、引爆。

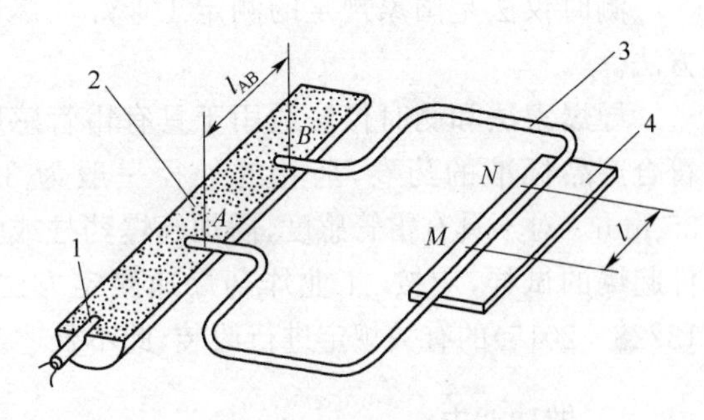

图1－14　导爆索法爆速测定装置

1—雷管;2—炸药试样;3—导爆索;4—铅板或铝板

起爆后,导爆索中沿相反方向传播的两个爆轰波在铅(铝)板上N处相遇、碰撞并留下明显痕迹。测量M、N之间的距离l,按下式计算炸药的爆速值:

$$D=\frac{l_{AB}D_C}{2l} \tag{1-21}$$

式中　D——被测炸药爆速值,m/s;

l_{AB}——试样上AB段长度,mm;

D_C——导爆索的爆速值,m/s;

l——铅(铝)板上的刻痕M到爆轰波碰撞点N之间的距离,mm。

(2)测时仪法

测时仪法又称电测法,其测试系统如图1－15所示。当炸药被引爆,爆轰波到达传感元件安装位置时,传感元件在电离(或高温、高压、发光等)效应的作用下,感知爆轰波到达的信息,并通过信号形成电路转变成电信号。在长度为l的炸药药段两端安装一对传感元件,用电子测时仪测出这对传感元件给出的两个信号之间的时间间隔t,便可求得爆轰波在该药段间的平均传播速度。

测试一般采用断一通式丝式靶线传感元件,丝式靶线采用两根直径在0.12～0.15 mm范围内的铜芯漆包线制作。安装时应沿试样径向穿过并保持平行,插入药内的两根漆包线应绞合并且拉直。首、尾两组靶线露在试样外面的部分均应折向试样尾端并用胶布或胶带固定在试样上。安装好后,同一测点的两根漆包线在电性能上应彼此保持断开状态。当爆轰波到达靶线处时,由于爆轰产物发生电离,致使两根漆包线接通并将信号传至测时仪器。测时仪器通常采用数字式爆速仪。

一般情况下，取测距 $l=50.0$ mm，对爆速在5 000 m/s以上的试样，可适当加长测距。最靠近试样起爆端的测点位置距插入试样中的雷管底部应不小于两倍试样直径。最靠近试样末端的测点位置离试样末端应不小于20 mm。

测时仪法是国家规定的测定工业炸药爆速的仲裁方法。

导爆索法和测时仪法适用于具有雷管感度且包装符合产品标准的药卷，药卷的外径一般为 32 mm 或 35 mm。对不具有雷管感度，需加起爆药柱或强约束条件起爆的试样，应按《工业炸药爆速测定方法》(GB/T 13228—2015)的有关规定进行改装，此不赘述。

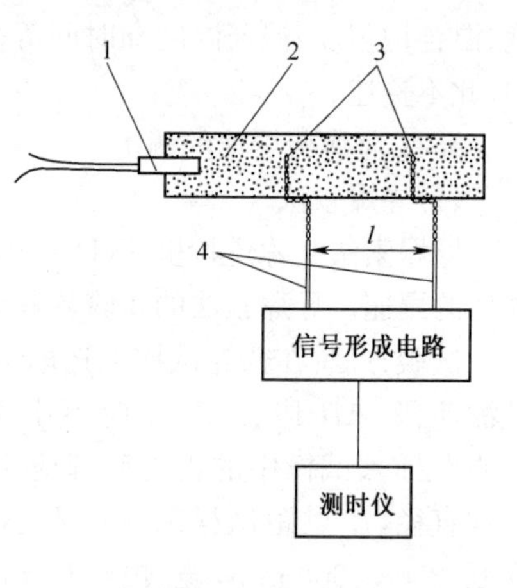

图 1—15　测时仪法
1—雷管；2—炸药试样；
3—靶线；4—信号传输线

二、做功能力

1. 炸药做功能力的概念

炸药爆炸时生成高温高压的爆炸产物，在对外膨胀时压缩周围的介质，使其邻近的介质变形、破坏、飞散而做功。所有爆炸产生的功之总和叫做总功，总功只是炸药总能量的一部分，称为炸药的做功能力(strength)，也称为炸药的威力(power)。

炸药的做功能力是评价炸药性能的一个重要参数。它与炸药爆炸的总能量之间存在以下关系：

$$A=A_1+A_2+A_3+\cdots+A_n=\eta E \tag{1—22}$$

式中　A——炸药的做功能力；

A_1、A_2、…、A_n——爆炸作用中的各项功；

η——做功效率；

E——炸药爆炸总能量。

2. 铅𫓧法(Traulz test)

铅𫓧法是《炸药做功能力试验铅𫓧法》(GB/T 12436—1990)规定的测定炸药做功能力的一种试验方法，也是测定炸药做功能力的国际标准方法。铅𫓧法适用于测定粉状、颗粒状和膏状炸药的做功能力，具体的试验装置如图 1—16 所示。其基本原理是将一定质量、一定密度的炸药置于铅𫓧孔内，爆炸后以铅𫓧孔扩大部分的容积来衡量炸药的做功能力。

铅𫓧是一个用高纯度铅浇铸而成的圆柱体，直径200 mm、高200 mm，中央有一直径25 mm、深125 mm的圆柱孔，如图 1—16(a)所示。

试验前称取炸药试样(10.00±0.01)g，装入直径为24 mm的特制圆柱形纸筒内，在专用模具中将炸药压制成中心有孔(用来插雷管)、装药密度为(1.00±0.03)g/cm³ 的药柱。退模前，在装药中心孔内插入雷管壳，插入装药的深度为15 mm(如果是膏状炸药，将药装入纸筒内称量，直接插入雷管)。试验时将雷管壳换成 8 号电雷管，把药柱放入铅𫓧孔内，小心地用木棒将它送到孔的底部。铅𫓧孔内剩余的空间用石英砂填满、刮平，起爆。爆炸后，用毛刷清除孔内残留物，以水作介质用容量瓶或滴定管测量铅𫓧孔爆炸前后的容积。

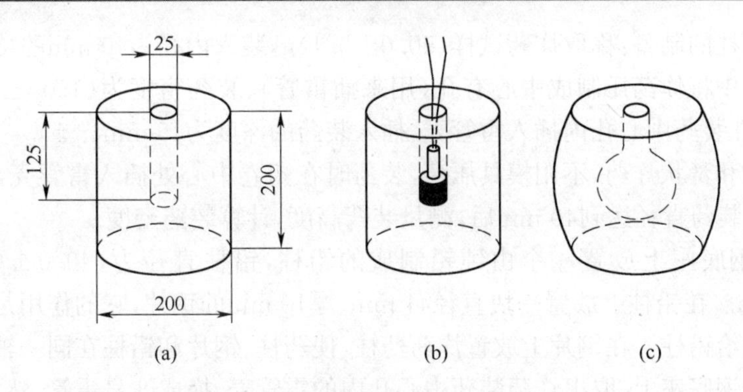

图 1－16　铅𫓧试验示意图(单位：mm)

炸药的做功能力按下式计算：

$$X=(V_2-V_1)(1+K)-22 \tag{1-23}$$

式中　X——炸药做功能力(以铅𫓧孔扩大值表示)，mL；

V_2——爆炸后铅𫓧孔的容积，mL；

V_1——爆炸前铅𫓧孔的容积，mL；

K——温度修正系数，见表 1－6；

22——8 号铜壳电雷管 15 ℃时的做功能力，mL。

表 1－6　铅𫓧实验温度修正系数表

铅𫓧温度/℃	－30	－25	－20	－15	－10	－5	0	＋5	＋8	＋10	＋15	＋20	＋25	＋30
修正系数/%	18	16	14	12	10	7	5	3.5	2.5	2	0	－2	－4	－6

三、猛　　度

炸药爆炸时粉碎和破坏与其接触的物体的能力称为炸药的猛度(brisance)。做功能力表示的是炸药总体的破坏能力，而猛度表示的仅是炸药局部的破坏能力。

铅柱压缩法(lead cylinder compression test)是《炸药猛度试验 铅柱压缩法》(GB/T 12440—1990)规定的炸药猛度试验方法。其基本原理是在规定参量(质量、密度和几何尺寸)的条件下，炸药装药爆炸时对铅柱进行压缩，以压缩值来衡量炸药的猛度。铅柱压缩法适用于测定粉状、颗粒状和膏状炸药的猛度。具体的试验装置如图 1－17 所示。

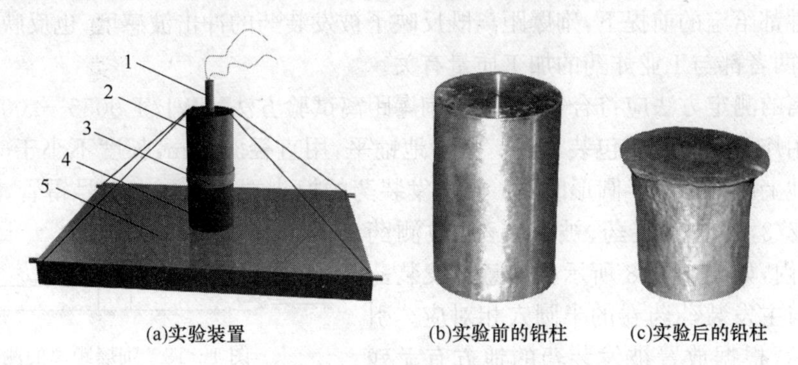

图 1－17　铅柱压缩法实验装置

1—雷管；2—药柱；3—钢片；4—铅柱；5—钢底座

粉状炸药药柱的制备：称取炸药试样(50.0±0.1)g，装入内径为40 mm的特制圆柱形纸筒内。在专用模具中将炸药压制成中心有孔(用来插雷管)、装药密度为(1.00±0.03)g/cm^{3}的药柱。退模前，在装药中心孔内插入雷管壳，插入装药的深度为15 mm。

对于颗粒状和膏状炸药，不用模具压药，装药时在药卷中心处插入雷管壳，插入装药的深度为15 mm。当装药直径达到40 mm后，测量装药高度，计算装药密度。

试验时，在钢底座上放置一个由纯铅制成的铅柱，铅柱直径为(40.0±0.3)mm，高度(60.0±0.3)mm。在铅柱上放置一块直径41 mm、厚10 mm的钢片，它的作用是将炸药的爆轰能量均匀地传递给铅柱。在钢片上放置炸药药柱，使药柱、钢片和铅柱在同一轴线上。用绳将装置系统固定在钢底座上，取出炸药装药中心孔内的雷管壳，换成 8 号雷管，然后进行起爆。

铅柱压缩值按下式计算：

$$\Delta h = h_0 - h_1 \tag{1-24}$$

式中 Δh——铅柱压缩值，mm；

h_0——试验前铅柱高度的平均值，mm；

h_1——试验后铅柱高度的平均值，mm。

四、殉爆距离

1. 炸药的殉爆现象

当炸药(主发装药)发生爆轰时，由于冲击波的作用引起相隔一定距离的另一炸药(被发装药)爆轰的现象称为殉爆(sympathetic detonation by influence)。殉爆在一定程度上反映了炸药对冲击波的感度。主发装药与被发装药之间能发生殉爆的最大距离称为殉爆距离(transmission distance)。炸药的殉爆能力用殉爆距离表示。

主发装药的药量及性质、被发装药的爆轰感度、装药间介质的性质以及装药的摆放形式是影响炸药殉爆的主要因素。

研究炸药的殉爆现象具有重要意义。在炸药的生产、贮存和运输过程中，必须防止炸药发生殉爆，以保安全。但在爆破工程中，则需保证同一炮孔或药室内的炸药完全殉爆，以防止产生半爆，降低爆破效率。

2. 殉爆距离的测定

殉爆距离是工业炸药的一项重要性能指标。在炸药品种、药卷质量和直径、外壳、介质、爆轰方向等条件都给定的前提下，殉爆距离既反映了被发装药的冲击波感度，也反映了主发装药的引爆能力，两者都与工业炸药的加工质量有关。

殉爆距离的测定方法应符合《工业炸药殉爆距离试验方法》(WJ/T 9055—2006)的有关规定。通常采用炸药产品的原包装药卷。将沙地铺平，用直径35 mm，长度不小于600 mm的木制圆棒在沙地上压出一个半圆形凹槽。在主发装药的捏头端插入一支 8 号雷管，插入深度为雷管长度的 2/3，将主发装药、被发装药(被测药卷)置于凹槽内，如图 1-18 所示。注意被发装药的捏头端应与主发装药药卷的半圆穴相对应。引爆主发装药后，根据放置被发装药的地方有无残药或是否产生深坑，判断是否殉爆。找出三次试验都能殉爆的最大距离，即为该药卷的殉爆距离。

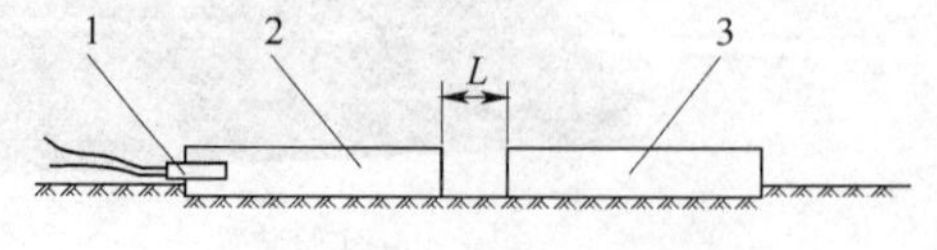

图 1-18 殉爆距离的测定

1—雷管；2—主发装药；3—被发装药

《工业炸药通用技术条件》(GB 28286—2012)对不同品种工业炸药的殉爆距离都有一个最低的要求。例如,一级岩石炸药的殉爆距离不小于 4 cm,二级岩石炸药的殉爆距离不小于 3 cm,煤矿许用型炸药的殉爆距离不小于 2 cm。

第八节　沟 槽 效 应

混合炸药细长的连续药柱,通常在空气中都能正常传爆,但在炮孔内,如果药柱与炮孔孔壁间存有间隙,常常会发生爆轰中断或爆轰转变为燃烧的现象。这种现象称为沟槽效应(channel effect),也称管道效应(pipe effect)或空气间隙效应。

一、产生沟槽效应的原因

沟槽效应造成爆后炮窝内留有残药,影响爆破效果。对于在瓦斯隧道内进行的爆破作业,若炸药由爆轰转变为燃烧,就有可能引发瓦斯爆炸事故。关于沟槽效应产生的原因,目前有以下两种比较流行的解释。

1. 空气冲击波作用机理

通过超高速扫描摄影机对聚乙烯塑料管内药柱(35%硝化甘油胶质硝铵炸药,药柱直径为25 mm,管内径27 mm)爆轰过程的研究表明:当药柱爆轰时,在空气间隙内产生超前于爆轰波传播的空气冲击波。

空气冲击波作用机理认为:在空气冲击波压力作用下,炸药内产生自药柱表面向内部传播的压缩波,使药柱发生变形,压缩药柱表面形成锥形压缩区,如图 1－19 所示。炮孔内超前于爆轰波的空气冲击波存在有最大波长,因此在达到最大波长后,空气冲击波波头和爆轰波波头将以相同的速度传播,并保持速度不变,达到稳定状态。但是,如果在未达到稳定状态之前,药柱的有效直径已减小到炸药的临界直径,或密度超过其临界密度,爆轰就会中断。

2. 等离子体作用机理

美国埃列克化学公司的 M·A·库克和 L·L·尤迪等人采用等离子体探针试验装置,对沟槽效应进行了一系列研究。他们认为,沟槽效应是由于炸药爆轰产生的等离子体引起的。炸药起爆后,在爆轰波阵面的前方有一等离子层(离子光波),对爆轰波前方未反应的药卷表层产生压缩作用(图 1－20),妨碍该层炸药的完全反应。等离子波阵面和爆轰波阵面分开的越大,或者等离子波越强烈,炸药表层被穿透的就越深,能量衰减的就越大。随着等离子波的进一步增强,就会引起药包爆轰的熄灭。

二、消除沟槽效应的措施

(1)采用耦合散装炸药消除径向间隙,可以从根本上克服沟槽效应。

(2)沿药卷全长布设导爆索,可以有效地起爆炮孔内排列的所有药卷。

(3)每装数个药卷后,装 1 个能填实炮孔的大直径药卷,以阻止空气冲击波或等离子体的超前传播。

(4)给药卷套上由硬纸板或其他材料做成的隔环。隔环其外径稍小于炮孔直径,将间隙隔断,以阻止间隙内空气冲击波的传播或削弱其强度。

(5)选用包装涂覆物,如柏油沥青、石蜡、蜂蜡等,可以削弱或消除沟槽效应。

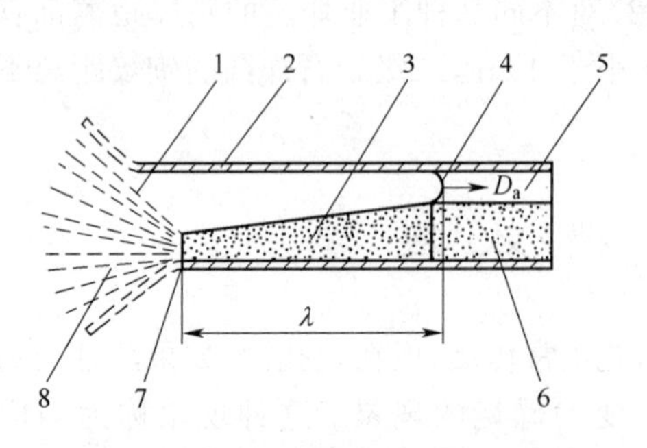

图 1－19　沟槽效应的空气冲击波机理

1—爆轰产物的前沿阵面；2—管壁；3—受压缩的炸药；4—空气冲击波波头；5—间隙；6—未压缩的炸药；7—爆轰波波头；8—爆轰产物；D_a—冲击波波速；λ—空气冲击波波长

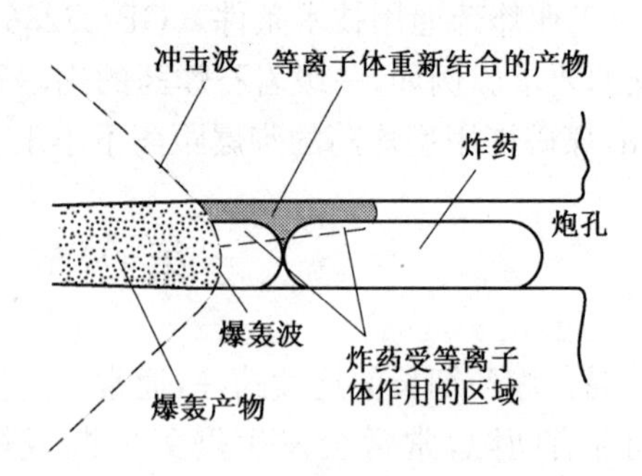

图 1－20　等离子体作用机理

(6)采用临界直径小,对沟槽效应抵抗能力大的炸药。与混合炸药不同,多数单质炸药在增大炸药密度后,能够提高爆速并减小临界直径,所以沟槽效应对多数单质炸药起着有利于爆轰传播的作用。实践证明,水胶炸药和乳化炸药对沟槽效应有较强的抵抗能力。

关于沟槽效应产生的理论解释,目前还不很成熟,还在进一步的研究中。但如何防止这种效应的产生则是爆破工程中重要的实际问题,进一步的试验研究也是极为必要的。

第九节　聚 能 效 应

一端有空穴的炸药装药爆炸后,爆轰产物向空穴的轴线方向上汇集并产生增强破坏作用的效应称为聚能效应(shaped charged effect)。能产生聚能效应的装药称为聚能装药(shaped charge)。

为了说明聚能现象,先用普通装药和聚能装药做一组试验,并比较它们对钢板作用能力的情况,如图 1－21 所示。试验条件是:炸药为梯恩梯/黑索今(50/50)的铸装装药,药量50 g,钢板靶,试验情况与试验结果如表 1－7 所示。

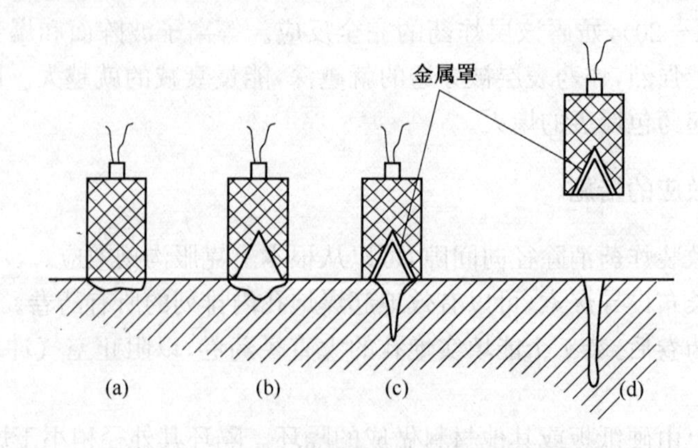

图 1－21　普通装药与聚能装药的穿孔能力

表 1—7　不同情况下的破甲深度

序号	药柱形状特征	靶子材料	药柱与靶子相对位置	破甲深度/mm
1	实心药柱	钢板	接　触	8.3
2	接触端带锥形孔	钢板	接　触	13.7
3	锥形孔处衬金属罩	钢板	接　触	33.1
4	锥形孔处衬金属罩	钢板	距离 23.7 mm	79.2

试验结果表明：实心药柱对钢板的破甲深度较浅。如在药柱的下端(即与起爆端相对的一端)做一锥形孔，装药量虽然减小了，破甲能力却提高了。若在锥形孔处加置一个金属罩[或称药型罩(liner)]，则破甲能力大大提高。

不同装药结构之所以出现不同的穿甲能力，这是由于他们的爆轰产物飞散过程不同所造成的。当圆柱形药柱爆轰后，爆轰产物沿着近似垂直于原药柱表面的方向四处飞散。这样，作用于钢板部分的仅仅是药柱端部的爆轰产物，其作用面积等于药柱的端面积。当带有锥形孔的装药发生爆炸时，爆轰波由起爆点传播至锥形孔的顶部后，爆轰产物的流体基本上沿着锥形孔孔壁的法线方向向装药轴心飞散，此时各股流体便相互作用，并在锥形孔的轴线方向形成了能量集中的一股聚集流体，这股流体在锥形孔表面一定距离上聚集的密度最大，速度也达到最大值，甚至达到 12 000～15 000 m/s。截面最小处通常称为焦点，它与装药端面的距离称为焦距，用 F 表示。借以形成聚能流的空穴称为聚能穴。在大于焦距距离上的流体则由于爆轰产物的径向膨胀作用迅速地扩散。因此，聚能效应最大能量聚集只发生在距装药底部一定距离处。随着装药距离的增大，聚能效应迅速减弱，直到最后消失。爆轰产物的飞散和聚能流体如图 1—22 所示。合适的装药与靶(目标)间的距离称为炸高(stand-off)。炸高太小或太大都影响聚能爆破的效果。

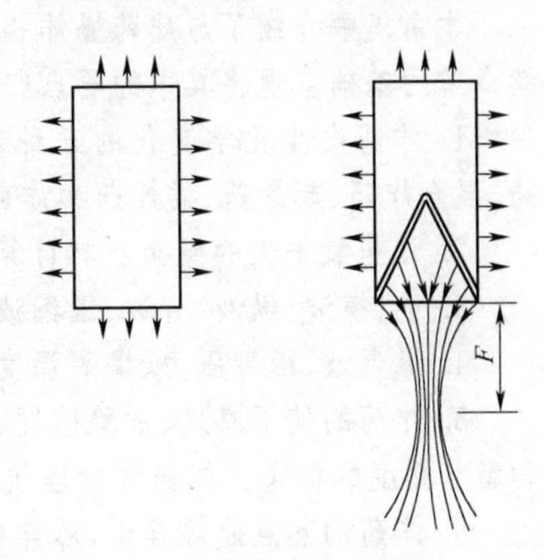

图 1—22　爆轰产物的飞散和聚能流体示意图

在聚能装药中设置隔板(图 1—23)可以改变聚能药包中爆轰波的传播路径，控制爆轰波到达药型罩的时间，提高爆炸载荷，从而增加射流速度，达到提高聚能威力的作用。

如图 1—24 所示，无隔板的药包起爆时，它的爆轰波是从起爆点发出的球形波，波阵面与罩母线的夹角为 ϕ_1。有隔板时，主爆轰波开始绕过隔板向药型罩面传播，主爆轰波阵面与罩母线的夹角变为 ϕ_2，显然 $\phi_2 < \phi_1$，它有利于提高罩微元的压合速度和射流速度，从而提高聚能装药的穿孔或破甲能力。

影响聚能效应的因素主要有：炸药的密度和爆速、装药尺寸、装药结构、药型罩的尺寸和材料、炸高等。

聚能效应在军事和民用爆破等方面均有广泛的应用。在军事上，常应用聚能装药作破甲武器以消灭防护体后面的敌人。在民用爆破上，聚能效应用于改善雷管的起爆能力，改善药卷的殉爆、传爆性能。此外，还常应用聚能装药进行油井射孔和切割坚硬物体(岩石、船体、金属罐体和钢筋混凝土柱桩等)。在隧道爆破中，采用侧向聚能的柱状聚能装药，可以提高周边眼的光爆质量。

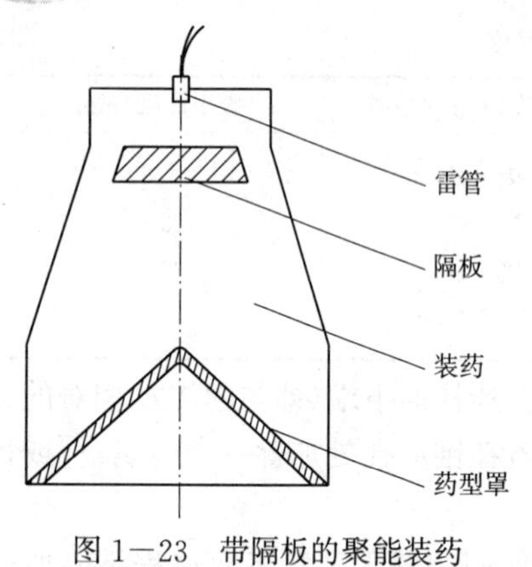

图 1—23　带隔板的聚能装药

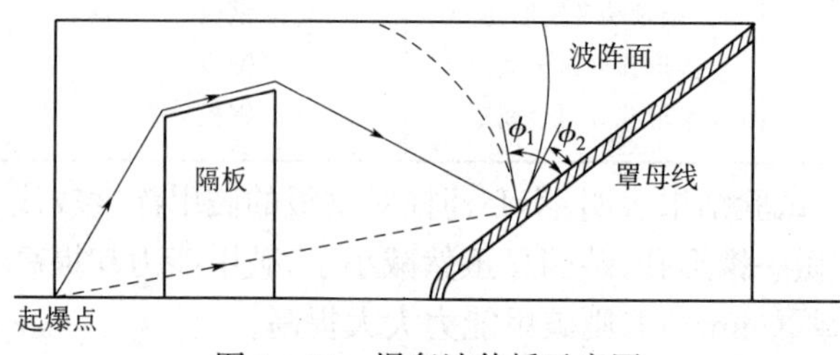

图 1—24　爆轰波传播示意图

本 章 小 结

本章集中介绍了与炸药爆炸相关的一些基本概念、基本理论和基本实验。这些内容是后续章节的基础。现将其中的要点归纳如下：

1. 炸药发生化学变化的三种基本形式，炸药爆炸的三要素，炸药的分类。炸药、单质炸药、混合炸药、起爆药、猛炸药和炸药爆炸的概念。

2. 炸药氧平衡的概念及其计算方法。爆热、爆温、爆容、爆炸压力的概念。

3. 波、横波、纵波、音波、压缩波、稀疏波、冲击波的概念。冲击波的基本特性。

4. 爆轰波、爆轰压力、爆轰温度的概念和爆轰波的结构。凝聚炸药的爆轰反应机理。

5. 炸药的使用感度、危险感度、热感度、爆发点、机械感度、撞击感度、摩擦感度、起爆感度和雷管感度的概念。炸药的物理状态和装药条件对炸药感度的影响。

6. 炸药的热点起爆理论，爆炸物直接作用于炸药的起爆机理。

7. 炸药的爆速、影响爆速的主要因素、爆速的测定方法。做功能力、猛度、殉爆距离的概念及其试验测定方法。炸药的理想爆速、临界爆速、极限直径、临界直径、最佳密度、临界密度的概念。

8. 沟槽效应，产生沟槽效应的机理，消除沟槽效应的措施。

9. 聚能效应及其应用。

复 习 题

1. 计算硝化甘油、梯恩梯、金属铝、铝镁合金粉(Mg_4Al_3)的氧平衡。

2. 在铵油炸药中(硝酸铵与柴油的混合炸药)，加入4%木粉作疏松剂，试按零氧平衡设计炸药配方。

3. 已知凝聚炸药的绝热指数K值一般取为3，试推导计算凝聚炸药爆轰波参数的方程式。

4. 已测得某种炸药的密度$\rho_0=1.0\ g/cm^3$，爆速$D=3\ 750\ m/s$。经计算得到其爆温$T_b=2\ 592\ ℃$。试求这种炸药的其余各项爆轰波参数u_H、P_H、ρ_H、c_H和T_H。

5. 如果采用理想气体状态方程来计算爆炸压力P，则存在关系$P\approx\rho_0(K-1)Q_V$。试证明：爆轰压力近似等于爆炸压力的2倍。

6. 试推导实验测定炸药爆速的导爆索法中计算爆速的公式(1—21)。

7. 将1 kg梯恩梯熔铸成圆球体和直径32 mm的圆柱体，已知熔铸梯恩梯的密度为$1.62\ g/cm^3$，如果分别从圆球中心和圆柱体一端起爆，试计算完成爆炸反应所需要的时间。

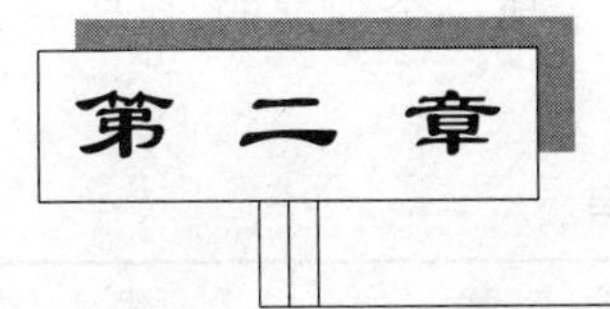

第二章 工业炸药

工业炸药(industrial explosive)又称民用炸药(commercial explosive),它是以氧化剂和可燃剂为主体,按照氧平衡原理构成的爆炸性混合物。工业炸药在铁路、公路建设及煤矿、冶金、石油、地质、水电、建筑等方面得到了广泛的应用。

第一节　工业炸药的分类及通用技术条件

一、工程爆破对工业炸药的基本要求

(1)安全性好,感度适中。既要保证运输、搬运、使用等环节的安全,又要保证在采用常规的起爆器材及起爆方法时能可靠起爆。

(2)爆炸性能好。具有足够的爆炸威力,能破碎或松动工程中遇到的岩体和建筑结构。

(3)具有一定的化学安定性。在贮存期内不会因分解、变质、吸湿结块等因素而失效。

(4)符合环境保护和劳动保护法规的要求。炸药组分的配比应达到零氧平衡或接近于零氧平衡,爆炸后产生的有害气体的含量少,同时炸药中应少含或不含有毒成分。

(5)具有良好的工艺性,便于生产和加工。

(6)原料来源丰富,成本低廉。

二、工业炸药的分类

工业炸药按照其物理状态、组分特性、主要化学成分或使用范围等有多种分类方法。其中按使用范围可分为露天炸药、岩石炸药、煤矿许用炸药、硫化矿用炸药、地震勘探用炸药和爆炸加工(含复合、压接、切割、成型)用炸药。其中最为常用的是露天炸药、岩石炸药、煤矿许用炸药。

(1)煤矿许用炸药(permitted explosive)。这类炸药对爆炸能量、爆温、爆炸火焰长度、爆炸产物中有害气体及灼热固体颗粒等都有严格的限制,适用于有瓦斯和(或)煤尘爆炸危险的环境。

(2)岩石炸药(rock explosive)。这类炸药对爆炸后所产生的有毒气体有严格的限制,适用于无瓦斯和(或)矿尘爆炸危险的环境。

(3)露天炸药(explosive for open-pit operation)。这类炸药不考虑对瓦斯、煤尘引爆的危险,对爆炸后产生的有毒气体也没有严格的限制,适用于露天爆破工程。

国家标准《工业炸药分类和命名规则》(GB/T 17582—2011)根据工业炸药的组成和物理特征,将其分为四大类14小类,如表2-1所示。每类简称取2～3个汉字,代号由简称汉字汉语拼音的大写首位字母组成。

根据中国爆破器材行业协会公布的《民爆行业统计分析报告》显示,2017年我国工业炸药的总产量为393.83万t,其中胶状乳化炸药产量为242.03万t,占当年工业炸药产量的

61.46%;多孔粒状铵油炸药产量为63.18万t,占当年工业炸药产量的16.04%。目前我国工业炸药在生产工艺、品种型号、基础理论和应用技术等方面已形成一个独立的、比较完整的科学技术体系。

表2-1 工业炸药及其简称和代号

工业炸药类别		简称	代号
含水炸药	乳化炸药	乳化	RH
	乳化铵油炸药	重铵油	ZAY
	水胶炸药	水胶	SJ
铵油类炸药	多孔粒状铵油炸药	多孔粒	DKL
	粉状乳化炸药	粉乳	FR
	膨化硝铵炸药	铵油膨	PH
	乳化铵油炸药①	重铵油	ZAY
	改性铵油炸药	改铵油	GAY
	黏性粒状炸药	黏粒	NL
	粉状铵油炸药	粉铵油	FAY
硝化甘油类炸药	胶质硝化甘油炸药	胶硝甘	JXG
	粉状硝化甘油炸药	粉硝甘	FXG
其他	铵梯炸药	铵梯	AT
	液体炸药	液肼②	YJ②

注:①乳化铵油炸药作为含水炸药使用时为抗水型乳化铵油炸药,作为铵油类炸药使用时为普通型乳化铵油炸药。

②液体炸药的简称和代号根据液体炸药的主要成分来确定,以汉字"液"加上主要成分的简称表示,例如硝酸肼的简称为"液肼",代号为"YJ"。

三、工业炸药通用技术条件

工业炸药按起爆感度分为:有雷管感度和无雷管感度。按爆炸做功能力高低分为:一级和二级。按使用矿井的可燃气安全等级和适用的爆破作业场所分为:一级、二级和三级。

《工业炸药通用技术条件》(GB 28286—2012)给出了不同炸药的爆轰性能宜采用的指标,见表2-2。不同品种、不同级别炸药的药卷密度、殉爆距离、爆速、猛度、做功能力等指标也可由供需双方商定或由企业技术文件规定。

表2-2 工业炸药性能

项目	岩石炸药		露天炸药		煤矿许用型炸药	备注
	一级	二级	有雷管感度	无雷管感度		
殉爆距离/cm	≥4	≥3	≥3		≥2	
爆速/m·s^{-1}	≥4 500	≥3 200	≥3 200	≥3 200	≥3 000	
猛度/mm	≥14	≥12	≥12		≥10	
做功能力	≥330 mL	≥220 mL			≥220 mL	铅铸法
	≥33 m	≥28 m	≥28 m		≥20 m	弹道抛掷法

续上表

项目	岩石炸药		露天炸药		煤矿许用型炸药	备注
	一级	二级	有雷管感度	无雷管感度		
质量保证期	≥180 d		≥120 d	≥30 d	≥120 d	现场混装炸药不小于 7 d,或供需双方协商
爆炸后有毒气体含量	用于非井巷爆破场所的不大于 70 L/kg;用于井巷爆破的不大于 50 L/kg				不大于 50 L/kg	

关于工业炸药的性能指标,我国经历了从强制标准到推荐标准的历史沿革。在以铵梯炸药为主要炸药品种的时期,按照炸药的做功能力把岩石炸药分为 1 号、2 号和 3 号三种。部颁标准规定 2 号岩石铵梯炸药的爆速为 3 600 m/s,做功能力≥320 mL,猛度≥12 mm,而且《爆破工程消耗量定额》是以 2 号岩石铵梯炸药为标准炸药制定的。《爆破工程消耗量定额》(GYD 102—2008)制订时,考虑当时国内爆破工程已经广泛使用乳化炸药,在比较了不同配方乳化炸药和 2 号岩石铵梯炸药的爆炸性能和破岩效果后,决定暂以 2 号岩石乳化炸药代替 2 号岩石铵梯炸药作为定额材料炸药用量计算的依据。按照《乳化炸药》(GB 18095—2000)的规定,2 号岩石乳化炸药的爆速≥3 200 m/s,做功能力≥260 mL,猛度≥12 mm。2017 年中华人民共和国第 6 号国家标准公告发布,民爆行业 19 项强制性标准调整为推荐性标准,包括乳化炸药在内的 6 项工业炸药产品标准因统一执行《工业炸药通用技术条件》(GB 28286—2012)而废止。《工业炸药通用技术条件》按爆炸做功能力高低把岩石炸药分为一级和二级,其中二级岩石炸药的爆炸性能宜采用:殉爆距离≥3 cm,爆速≥3 200 m/s,做功能力≥220 mL,猛度≥12 mm。露天炸药按有无雷管感度推荐宜采用的指标;煤矿许用炸药(包括安全等级为一级、二级和三级的煤矿许用炸药)采用统一的推荐指标。

本教材后续章节中给出的单位用药量系数和炸药单耗,均适用于 2 号岩石乳化炸药。爆破设计和施工中采用其他品种炸药时,应根据所用炸药的爆炸性能指标对炸药单耗进行必要的换算。

第二节　铵油类炸药

铵油炸药是以硝酸铵和油类(轻柴油、重油或机油)为主要成分混合而成的不含敏化剂的爆炸混合物。铵油炸药具有如下优点:

(1)原料来源丰富,成本低廉,与其他炸药相比,具有优越的经济性。

(2)组成简单、容易制造。制造过程一般不需要特殊的生产技术和设备。

(3)使用方便。特别是多孔粒状铵油炸药,通过现场混装车,进行混制和装填炮孔,尤其适合无水炮孔使用。

(4)安全性好。由于铵油炸药的组分中,没有专用的敏化剂,它的起爆感度低、临界直径较大,使用时借助于传爆药柱才能可靠起爆。所以生产、运输、保管和使用各个环节都具有较高的安全性。

基于以上优点，铵油炸药在国内外工程爆破中，得到了广泛的应用。

一、铵油炸药的组分与作用

1. 氧化剂(oxidizer)

炸药爆炸反应实质是一个激烈的氧化分解过程，因此氧化剂是组成炸药的主要成分。在炸药爆炸时氧化剂提供氧元素，使之与可燃元素进行反应，放出能量，对外做功的物质。铵油炸药中的氧化剂是硝酸铵(ammonium nitrate)。

硝酸铵由硝酸和氨中和得到。按照不同生产流程可制备出不同品种的硝酸铵。将等量的硝酸和氨气在中和器中进行反应，得到硝酸铵水溶液。经过蒸发得到浓度为 90%～92%的硝酸铵饱和水溶液。若将此溶液在真空结晶机中结晶，可得到粉状硝酸铵；若将此溶液在造粒塔中喷雾造粒，则可得到粒状硝酸铵；若在此溶液中加入表面活性剂，并经真空喷雾造粒，则可得到多孔粒状硝酸铵。若在此溶液中加入表面活性剂，在低温和真空环境中控制硝酸铵结晶过程，可以制得膨化硝酸铵。不同品种硝酸铵的孔隙率、密度、粗糙度、吸油率、吸湿性和结块性不同，制造出的铵油炸药感度、做功能力等性能也不同。

硝酸铵分子式为 NH_4NO_3，相对分子质量为 80，氧平衡为＋20%，熔点为 169.6 ℃。硝酸铵的堆积密度决定于颗粒度，一般粉状、粒状硝酸铵为 0.80～0.95 g/cm^3，多孔粒状硝酸铵为 0.75～0.85 g/cm^3。常温常压下，纯净硝酸铵是白色无结晶水的结晶体，工业硝酸铵由于含有少量铁的氧化物而略呈淡黄色。粉状硝酸铵吸湿性强，吸湿后易结块和硬化，对炸药的爆炸性能有着显著的不良影响。

硝酸铵是一种钝感的弱爆炸性物质，其撞击感度、摩擦感度和射击感度均为零。硝酸铵的爆轰感度很低，除有坚固的金属外壳外，一般不能用雷管或导爆索起爆，而需采用强力的起爆药柱。在完全爆轰的条件下，硝酸铵的爆热为 1 612 kJ/kg，爆温 1 100～1 360 ℃，比容 980 L/kg；密度为 0.75～1.10 g/cm^{3}时，硝酸铵的爆速为 1 100～2 700 m/s；硝酸铵的做功能力为 180 mL，猛度 1.2～2.0 mm，爆压 3.6 GPa；干燥磨细硝酸铵的临界直径为 100 mm(钢筒)。

2. 可燃剂(combustible material)

可燃剂又叫还原剂、燃烧剂，它是指需外界供给氧才能进行燃烧的物质。它们的用途就是与氧化剂分解出来的氧进行氧化反应，放出热量，生成气态产物。可燃剂是炸药中除氧化剂以外最重要的基本组分，工业炸药中所用的可燃剂一般是含碳的化合物，这些物质有固体也有液体。

铵油炸药中常用的可燃剂是柴油。柴油是由 C_{13}～C_{23} 的液体烃类组成的混合物，一般包含碳 85.5%～86.5%，氢 13.5%～14.5%，少量的硫、氮、氧有机化合物和金属有机化合物。一般柴油的平均相对分子量为 250～300，发热量(燃烧热)为 42 635～46 816 kJ/kg，密度为 0.74～0.95 g/cm^3。铵油炸药中使用较多的是轻柴油，一般以 $C_{13}H_{20}$ 或 $C_{16}H_{32}$ 为柴油的分子式，氧平衡值分别为－327%和－342.9%。

柴油作为可燃剂有许多优点：

(1)柴油来源丰富，运输和使用安全，便于储存；

(2)柴油有较高的黏性，挥发性较低，制成的炸药性能稳定，能保证炸药在爆轰过程中的稳定性；

(3)柴油与固体可燃剂相比，能更好地包覆硝酸铵颗粒，甚至渗入硝酸铵颗粒之中，使制成的炸药混合均匀、致密；

(4)柴油热值很高，有利于提高炸药的爆炸性能。

3. 添加剂(additive agent)

为了改善铵油炸药的性能，可以在炸药中加入一些添加剂，如加入木粉、铝粉、铝镁合金粉等以提高炸药威力。为了使硝酸铵和柴油混合均匀，增加炸药的爆轰稳定性，可以加入一些阴离子表面活性剂，如十二烷基磺酸钠、十二烷基苯磺酸钠等。加入这些表面活性剂的铵油炸药又称为改性铵油炸药。

二、铵油炸药配方设计

工业炸药是由氧化剂、可燃剂及其他添加剂组成的具有爆炸性能的混合物。它的爆炸反应本质上是氧化剂和可燃剂之间的氧化还原反应。具体说是氧元素与碳、氢元素之间的反应。这个反应能否进行得完全，炸药是否有较好的爆炸性能，取决于炸药的氧平衡值。零氧平衡炸药在反应时能将可燃元素完全氧化，放出最大的能量，有毒气体生成最少，所以混合炸药配方设计的原则就是配制零氧平衡或趋于零氧平衡的炸药。

硝酸铵的氧平衡值为20%，柴油 $C_{13}H_{20}$ 的氧平衡值为－327%，设100 kg铵油炸药中硝酸铵的质量为 x kg，则柴油的含量为 $(100-x)$ kg。按照混合炸药零氧平衡设计原则，有：

$$0.2x\%-3.27(100-x)\%=0$$

计算得

$$x=94.2$$

$$100-x=5.8$$

因此，铵油炸药的配方应为：硝酸铵94.2%，柴油5.8%。

通过理论计算得出铵油炸药的理论配比还必须经过试验验证，进行各种爆炸性能检测，通过实验检验得出一个各方面性能都较优越的炸药的实际配方。现在生产的多孔粒状铵油炸药的实际配比为多孔粒状硝酸铵94.5%±1.5%，轻柴油5.5%±1.5%，其氧平衡为0.92%。

三、影响铵油炸药爆炸性能的因素

铵油炸药的爆炸性能与含油率、水分含量、药柱直径、炸药的约束条件、炸药密度、硝酸铵的粒度、柴油和木粉的质量、混制情况和使用条件等因素有关。

当含油率使氧平衡为零或接近于零时，炸药爆炸生成的有毒气体量最小，爆热、爆速、做功能力和猛度最大(图2－1)。炸药爆速随着水分含量的增大而降低，直至不能正常爆轰(图2－2)。药柱直径是影响铵油炸药爆速的一个重要参数(图2－3)。施加给药柱的约束条件越强，或者说包裹药柱的外壳越坚固，则炸药的爆速越大(图2－4)。铵油炸药的临界直径与炸药的约束条件和装药密度有关。当炮孔中散装炸药的密度为0.8 g/cm³时，临界直径在25 mm左右；当炸药密度增大到1.15 g/cm³时，临界直径则增大到75 mm；当密度大于1.2 g/cm³时，铵油炸药就不能有效地爆轰，甚至不能起爆。形成爆炸的高速化学反应首先是从炸药颗粒的表面开始的，所以硝酸铵的粒度越小，比表面积越大，越有利于爆炸过程的进行。同时，比表面积增大使有效吸油面积增大，吸油率升高。因此硝酸铵越细，越有助于提高铵油炸药的爆炸能力(图2－5)。

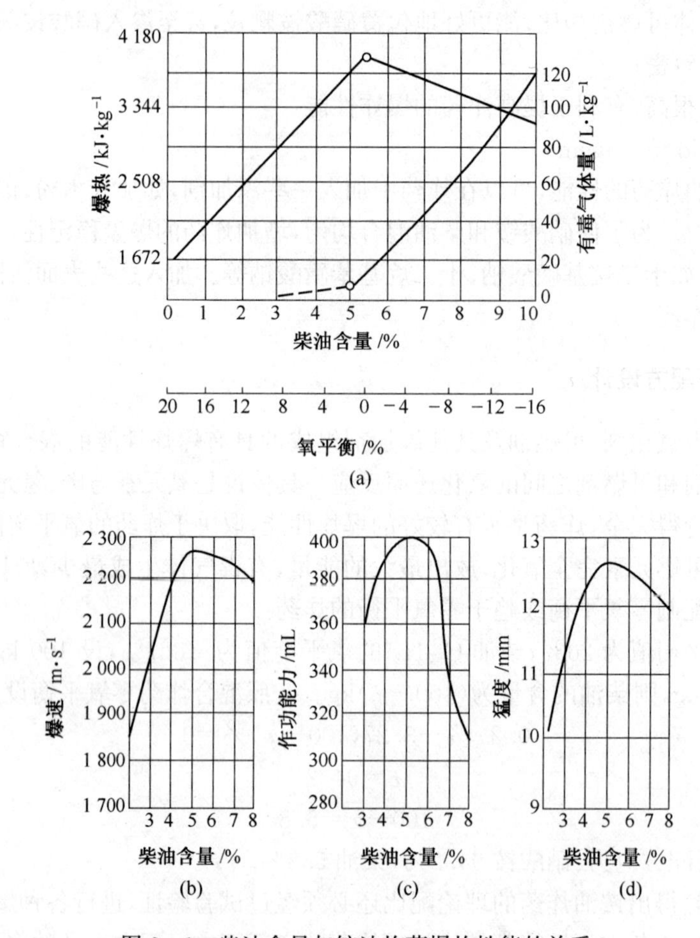

图 2－1 柴油含量与铵油炸药爆炸性能的关系

(a)柴油含量与氧平衡、有毒气体量、爆热的关系；(b)柴油含量与爆速的关系；(c)柴油含量与做功能力的关系；(d)柴油含量与猛度的关系

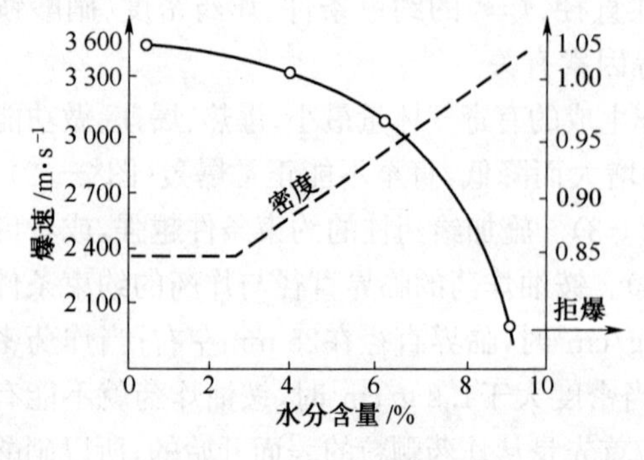

图 2－2 铵油炸药爆速与水分含量的关系

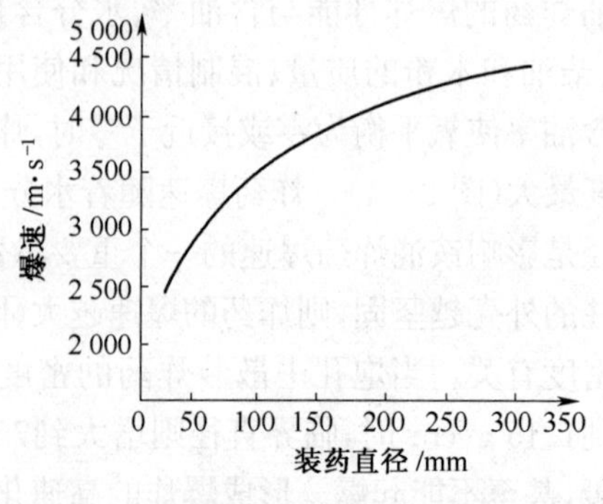

图 2－3 耦合装药条件下，散装铵油炸药的爆速与装药直径的关系

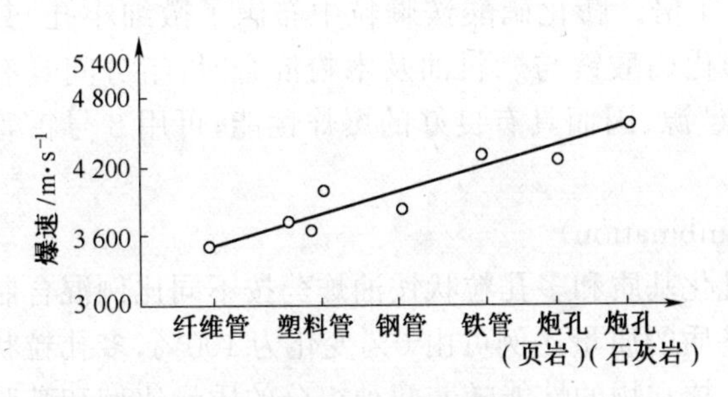

图 2－4　爆速与不同约束条件的关系
(用450 g的太梯炸药传爆药柱起爆)

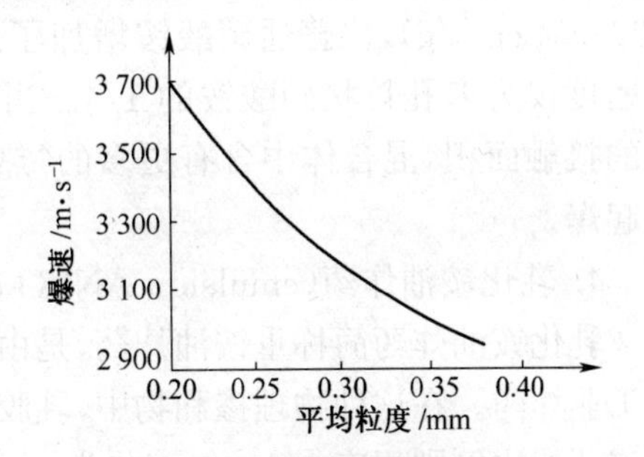

图 2－5　铵油炸药爆速与硝酸铵粒度的关系

四、铵油炸药的品种

1. 粉状铵油炸药

粉状铵油炸药(ammonium nitrate fuel oil mixture,简写为 ANFO)简称粉铵油,是由粉状硝酸铵和燃料油组成的一种硝酸铵类混合炸药,有时加入木粉。

粉状铵油炸药由于使用了易吸湿结块的粉状硝酸铵,所以其性质在许多方面与粉状硝酸铵相似,如具有结块性、吸湿性、抗水能力弱等缺点。

粉状硝酸铵吸油能力差,在储存期间会出现组分分离,影响炸药性能。夏季,装在聚乙烯薄膜袋中的粉状铵油炸药在室温下存放三星期,即可发现柴油分离现象。因此粉状铵油炸药不宜在高温下储存。

由于普通铵油炸药(硝酸铵 94%,柴油 6%)不具有雷管感度,在无约束条件下不能用 1 发 8 号雷管可靠起爆,一些国家把这类不具有雷管感度的铵油炸药称作铵油爆破剂(ANFO blasting agents)。需要指出的是:添加木粉的铵油炸药,只要配比合适,是可以具有雷管感度的,如含硝酸铵 89.5%,柴油 8.5%,木粉 2%的铵油炸药用直径 35 mm 的纸筒装药,殉爆距离可达 3 cm ,但为可靠起见,在一些大的爆破工程中仍使用起爆药柱起爆具有雷管感度的铵油炸药。

2. 多孔粒状铵油炸药

由多孔粒状硝酸铵和燃料油组成的炸药称为多孔粒状铵油炸药(porous prilled AN explosive)。多孔粒状硝酸铵是一种高孔隙率的硝酸铵颗粒,其堆积密度为 0.75～0.85 g/cm^3,孔隙率一般在0.45 cm^3/g以上。由于多孔粒状硝酸铵的孔隙率和吸附燃料油的有效表面积比较大,所以其吸油率比普通硝酸铵大得多。多孔粒状硝酸铵的颗粒较大,且颗粒内部的孔隙中吸附有燃料油,所以用它混制出的多孔粒状铵油炸药不仅具有良好的流散性(便于人工和机械化装药),同时其吸湿性、结块性和贮存性能也得到了改善。多孔粒状铵油炸药比用粉状硝酸铵制得的铵油炸药的起爆感度低。

多孔粒状硝酸铵以其较高的吸油能力和良好的流散性而在铵油炸药的生产中得到广泛的应用。多孔粒状铵油炸药中硝酸铵与燃料油(通常用柴油)的配比为 94.5∶5.5。

3. 膨化硝铵炸药(expanded AN explosive)

膨化硝铵炸药是以膨化硝酸铵为主要成分,加入可燃剂、消焰剂制成的工业炸药。膨化硝酸铵是在表面活性剂作用下,采用真空析晶工艺制得的。其比表面积为1 454.57 cm^2/cm^3(或

3 328.54 cm^2/g),比普通硝酸铵增加了近4倍。膨化硝酸铵颗粒中布满了微细小孔,其松散密度仅为多孔粒状硝酸铵的1/4。当膨化硝酸铵与燃料油及木粉混合时,组分间具有更大的接触面积,混合体中含有更多的"热点"源,因而具有良好的爆炸性能,可用8号雷管直接起爆。

4. 乳化铵油炸药(emulsion ANFO combination)

乳化铵油炸药简称重铵油炸药,是由乳化基质和多孔粒状铵油炸药按不同比例混合制成的工业炸药。在这种物理掺和物中,乳胶基质的质量比例可由0%变化为100%,多孔粒状铵油炸药的比例则相应由100%变化为0%。掺和物的性能随着两种组分的质量比例和乳胶基质本身的特性的不同而变化,图2-6表示了这种变化关系。

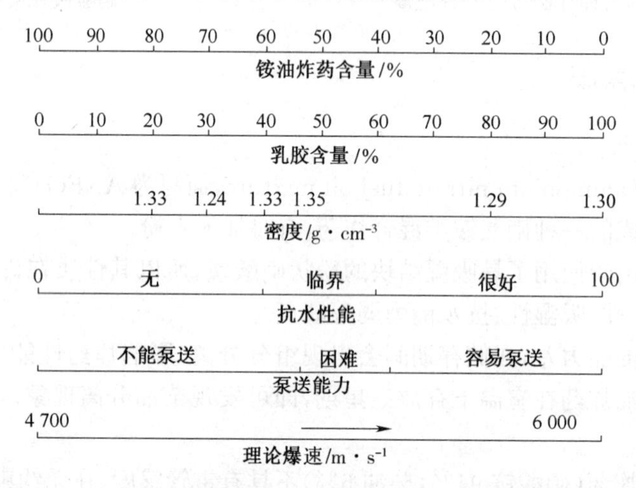

图2-6 不同类型乳化铵油炸药的配比与性能

乳化铵油炸药与铵油炸药相比,具有能量密度大、使用感度高、抗水性强、生产工艺简单,便于机械化混制和装药等优点,成本低于铝化铵油炸药。

第三节 乳化炸药

乳化炸药(emulsion)是通过乳化剂的作用,使氧化剂水溶液的微滴均匀地分散在含有空气泡或空气微球等多孔性物质的油相连续介质中而成的一种油包水型(W/O)的乳胶状炸药。

一、乳化炸药制备原理

1. 乳状液与乳化剂

两种互不混溶的液体,一种液体以微粒(液滴或液晶)分散于另一种液体中形成的体系称为乳状液。乳状液中以液滴形式存在的介质叫做分散相,也称为内相;而连成一体的另一介质称为连续相,也称为外相。

通常乳状液的一相是水,另一相是极性小的有机液体,习惯上统称为"油"。根据分散相、连续相的性质,乳状液主要有两种类型。一类是油分散在水中,如牛奶等,简称为水包油型乳状液,用O/W表示;另一种是水分散在油中,如原油等,简称为油包水型乳状液,用W/O表示。

两个不相混容的纯液体不能形成稳定的乳状液，必须加入乳化剂才能形成乳状液。例如，将苯和水放在试管里，无论怎样用力摇晃，静置后苯与水都会很快分离。但是，如果往试管里加一点肥皂，再摇晃时就会形成象牛奶一样的乳白色液体。此时苯以很小的液珠形式分散在水中，在相当长的时间内保持稳定，这就是乳状液。一般将形成乳状液的过程称为乳化。

乳状液的外观一般呈不透明的乳白色，乳状液之名由此而得。乳状液的外观与分散相粒子的大小密切相关。由胶体的光学性质可知，对于一分散体系，其分散相与连续相的折光率一般不同，光照射在分散微粒(液滴)上可以发生折射、反射、散射等现象。当液滴直径远大于入射光的波长时，主要发生光的反射，这时体系呈不透明状；当液滴直径远小于入射光波长时，则光可以完全透过，这时体系呈透明状。当液滴直径稍小于入射光波长时，则有光的散射现象发生，体系呈半透明状。一般乳状液的分散相液滴直径在 0.1～10 μm(甚至更大)的范围，可见光波长为 0.40～0.76 μm，故乳状液中的反射较显著，因而一般乳状液是不透明的乳白色液体。

2. 乳化工艺

乳化过程是乳化炸药生产的关键环节。机械搅拌、均化器及胶体磨是常见的三种乳化混合手段。均化器的工作原理是将欲乳化的液体混合物在很高压力下自小孔挤出，在突然泄压膨胀及高速冲击碰撞的双重作用下，将混合物料粉碎成微粒，实现分散乳化和均匀化的效果。胶体磨的主要部件是定子和转子，定子和转子间有一个可调节的狭缝(可小至 0.02 mm)，强制性地让水相和油相液体通过狭缝，高速旋转的转子产生的离心力和剪切力磨碎分散相，使之微粒化，达到与连续相均匀溶合的效果。

根据供料方式的不同可将乳化过程划分为间断乳化和连续乳化两种工艺手段。其中连续乳化工艺具有供料连续，设备体积小(有效容积 3～10 L)，滞留药量小，可有效降低破坏性事故的危害等优点，已经成为主要的乳化工艺。

3. 敏化

乳化炸药的敏化通常靠添加化学发泡剂或多孔性物质(玻璃微球，树脂微球，珍珠岩等)引入的敏化气泡来实现。

4. 乳化炸药的优点

乳化炸药的优点主要体现在以下几个方面。

(1)良好的爆炸性能

乳化炸药为含水炸药，且在具备雷管感度的同时其爆速、猛度、做功能力、殉爆距离等性能指标往往高于非含水类工业炸药。

(2)良好的抗水性能

乳化炸药具有独特的油包水型结构，其外相油质材料能有效有阻止外界水的浸蚀，保护内相不被稀释与破坏，因而具有良好的抗水性能。

(3)安全性能较好

大多数乳化炸药(产品)中不含有猛炸药成分，因此机械(撞击、摩擦)感度、热感度等低于其他品种的工业炸药。同时，炸药爆炸后有毒气体量也较少。

(4)对环境污染较小

乳化炸药系列产品中基本不含有毒成分，在生产过程中常采用连续、密闭、管道化流程，因而很少出现“三废”问题。

(5)炸药原材料成本低廉、来源广泛

乳化炸药以硝酸铵、硝酸钠的水溶液和石蜡、凡士林、柴油为主,原材料来源广泛、成本低廉。

二、乳化炸药的组成

乳化炸药主要由形成连续相的可燃剂(油相材料)、形成分散相的氧化剂水溶液、密度调节剂、油包水型乳化剂和一些添加剂组成。

1. 可燃剂

通常采用石蜡、凡士林、柴油等油相材料做可燃剂。在乳化剂的作用下,它与氧化剂水溶液一起形成油包水型乳化液。在乳化炸药体系中,油相材料构成乳化液的连续相,它将水溶性氧化剂盐包于其中,这样既防止了液—液分层,又阻止了外部水的侵蚀和沥滤作用,从而使炸药具有良好的抗水性。油相材料还可以用来调整炸药的黏稠度以获得适宜的外观状态,同时对降低炸药的机械感度、改善炸药的安全性能起着重要的作用。

2. 氧化剂水溶液

通常使用硝酸铵和硝酸钠的过饱和水溶液作氧化剂,形成乳化炸药的分散相(水相)。加入硝酸钠的主要作用是增大溶解度,降低氧化剂水溶液的析晶点。硝酸铵、硝酸钠的加入量与炸药配方有关,硝酸铵一般为45%～70%,硝酸钠为8%～20%。水含量对乳化炸药的密度和炸药性能有显著的影响,一般控制在8%～16%范围内。

3. 密度调节剂(density modifier)

通常采用玻璃或树脂空心微球、膨胀珍珠岩、亚硝酸钠作密度调节剂,也可通过机械搅拌方法将气体吸留于乳化炸药体系中对炸药密度进行调节。

4. 乳化剂(emulsifying agent)

乳化剂是指能使两种互不相溶的体系(例如一种为水相,另一种为油相)在乳化处理后形成稳定乳胶(或乳浊液)的物质。油包水型乳化剂是乳化炸药的关键组分,其含量通常只占炸药总质量的0.8%～3.0%,却直接影响着氧化剂水溶液与油相材料的乳化效率。常用的油包水型乳化剂是司本—80(失水山梨糖醇单油酸酯)。

5. 其他添加剂

在乳化炸药的生产过程中,为控制硝酸铵等无机氧化剂盐的结晶,需加入晶形改进剂。为防止发生分层、变型和破乳现象,需加入乳胶稳定剂。对于较高等级的煤矿许用型炸药还需加入消焰剂。

三、乳化炸药的性能

乳化炸药是1969年6月3日由H·F·布卢姆(Bluhm)在3447978号美国专利中首次公开的。1980年北京矿冶研究总院、阜新矿务局十二厂、抚顺矿务局十一厂等单位率先研制出了不同型号的乳化炸药,并很快形成了一个独立的、比较完整的抗水工业炸药体系。目前我国已有岩石型、露天型和煤矿许用型三大类多个品种、规格的乳化炸药,分别满足不同爆破作业的需要。表2-3列出了我国部分乳化炸药的配方。

表 2—3 我国部分乳化炸药配方(组分百分比/%)

原料名称	岩石型		煤矿许用性	袋装品	适于装药车	泵送产品
硝酸铵	65～71.5	75～85	62～67	75～83	72.5～77	69～75
硝酸钠	8～15	—	8～15	—	—	3.5～5.5
水	9～12	8～12	8～12	13.5～16.5	18～22	19～22
蜡或复合蜡	3.5～5.0	3.0～5.0	3.5～5.0	4.0～6.0	—	—
柴油	—	—	—	—	3.5～5.5	3.5～5.5
乳化剂	1.5～2.5	1.5～3.0	1.5～2.5	1.0～2.0	0.8～1.5	0.8～1.5
消焰剂	—	—	4～7	—	—	—
密度调节剂	0.08～0.25	0.08～0.25	0.10～0.20	0.10～0.30	0.10～0.25	0.10～0.25
辅助添加剂	0.10～0.20	0.10～0.15	0.10～0.20	—	0.15～0.25	0.15～0.25
炸药密度/g·cm^{-3}	1.05～1.25	1.05～1.25	1.05～1.25	1.20～1.35	1.15～1.35	

四、机械装药用乳化炸药

1. 装药车现场混装露天乳化炸药

混制炸药的各种原料从地面站上料机构分别装入车上的各个料仓,然后直接驶入爆破现场。在爆破现场,车上油、水相物料靠输送泵按配方要求定量地泵入乳化器中进行乳化,接着乳化液在混合器中与发泡剂混合,并连续地经输药管泵送到炮孔底部,经 5～10 min 形成炸药。混装车每分钟可连续乳化和输送混制 250～300 kg 乳化炸药。

用混装车制出的炸药抗水性能强,在水中浸泡 48 h,其物理性能和爆破性能无明显变化。另外装药车装药是自孔底向上进行,可改善有水炮孔的装药质量,降低炸药单耗。

2. 地下装药车用中小孔径乳化炸药

地下装药车车载的是乳化炸药半成品——乳胶基质,装药时乳胶基质与敏化剂被连续输送入装药软管中,在喷嘴处的敏化器中充分连续地混合,然后进入炮孔,在炮孔内最终敏化成乳化炸药,乳化基质在炮孔内敏化成药的时间为 3～10 min。中小孔径乳化炸药现场混装技术已广泛适用于隧道掘进、矿山采掘等现场装药,具有操作简单、适用安全方便、炸药成本低廉、装药效率高、爆破效果好等优点。

第四节 水 胶 炸 药

水胶炸药是以硝酸甲胺为主要敏化剂,加入氧化剂、密度调节剂等材料,经溶解、混合后,悬浮于有胶凝剂的水溶液中,再经化学交联而制成的一种凝胶状的工业炸药。

一、水胶炸药的组成

水胶炸药主要由氧化剂水溶液、敏化剂、可燃剂、胶凝剂和交联剂以及一些特殊添加剂等组成。

1. 氧化剂

以硝酸铵为主，含量约为40%～60%，还可加入硝酸钠、硝酸钙作为辅助氧化剂。硝酸钠是在水胶炸药和浆状炸药中被广泛采用的一种辅助氧化剂，其用量一般约占炸药总量的10%～20%。

2. 水

水是这类炸药中特有的基本组分，其含量一般为炸药总重量的8%～20%。作为含水炸药的填充剂，水具有以下作用：

(1)提高了炸药的密度和爆速。由于炸药的主要组分——硝酸铵、硝酸钠易溶于水，颗粒间的空隙能够充满硝酸盐水溶液，从而使炸药的密度大大提高。在炸药体系中，水与其他组分紧密接触，成为传播爆轰的连续性介质，因而在一定范围内可使炸药的爆速增加。

(2)使炸药在物理形态上具有流变性，在爆炸性能上具有稳定性。水的存在使这类炸药具有较好的流变性，能密实地填充炮孔空间，提高偶合作用，改善爆破效果。其次，水和胶凝剂、交联剂一起构成具有黏弹性的凝胶体系，使炸药各组分均匀地分散于其中，防止了固液分离，保持了炸药性能的相对稳定性。

(3)使炸药具有抗水性。黏弹性凝胶体具有包覆作用，这种作用既能阻止外部水的渗入，又能防止硝酸铵等可溶性组分向水中扩散或被水沥滤。可见，水是使水胶炸药具有抗水性的重要组分。

(4)提高了炸药的安全性。水的热容量较大，蒸发时要吸收2 553 J/g的蒸发潜热。水使水胶炸药的敏感度降低，大大提高了炸药的安全性，为这类炸药的现场混制和装药机械化创造了条件。

水是影响水胶炸药爆炸性能的重要因素之一。其含量不仅影响爆炸性能，而且影响炸药的物理状态、抗水和耐冻性能等。

3. 敏化剂

水胶炸药是以硝酸甲胺为敏化剂的含水炸药。硝酸甲胺的分子式为$CH_3NH_3NO_2$，相对分子质量为94.07，氧平衡为－34.0%。它是一种无色、无味的棱柱形晶体。硝酸甲胺极易溶于水，吸湿性也非常强。硝酸甲胺的爆轰感度很低，需要强传爆药柱才可引起爆轰。硝酸甲胺的撞击感度、摩擦感度很低，在标准条件下，其爆炸百分数都是零，但是当85%的硝酸甲胺水溶液中含有气泡时，其撞击感度会显著提高，甚至接近太安的撞击感度。制造水炸药时，硝酸甲胺是以80%左右的水溶液形式使用的。

由于水溶液敏化剂在水炸药中呈溶液状态，使氧化剂与其紧密地结合，有利于爆轰波的激发和传播。

4. 可燃剂

常用的有硝酸甲胺、铝粉、柴油、煤粉、石蜡和硫磺粉等。随着敏化技术的发展，许多原来只作为可燃剂的一些物质，在特定的条件下又都可作为敏化剂。在目前的水胶炸药中，很难将敏化剂与可燃剂严格区别开来。

5. 胶凝剂(gelling agent)

指能在氧化剂盐类水溶液中溶胀，使浆状炸药体系形成凝胶的物质，又称稠化剂或增稠剂。胶凝剂是决定浆状炸药和水胶炸药的物理化学性能、流变特性、储存性能、抗水性能、乃至爆炸性能的一个重要因素。常用的胶凝剂是一些易在水或氧化剂饱和水溶液中溶胀水合的植物胶（如田菁胶、古尔胶、槐豆胶等）和合成聚合物（如聚丙烯酰胺等）等。

6. 交联剂（crosslinking agent）

交联剂是指那些能使胶凝剂分子进一步键合为网状体型结构而形成稳定凝胶的物质。水胶炸药胶凝体系的质量好坏不仅取决于胶凝剂，而且与交联剂的种类、数量和添加时机密切相关。常用的交联剂有硼砂、重铬酸盐等。

7. 其他添加剂

其他添加剂主要有用来降低炸药冻结温度的抗冻剂（如乙二醇和甲酰胺等）、抑制结晶生长或使结晶生长过程发生变化的结晶改性剂（如甲基萘磺酸钠、十二烷基磺酸钠）和控制炸药凝胶体系形成速度的交联抑制剂（如草酸、草酸盐、柠檬酸）等。

二、水胶炸药的抗水性

所谓炸药的抗水性，实质上就是指防止和最大限度地减少炸药组分中硝酸铵、硝酸钠等可溶性组分在外部水中的溶解，并阻止外部水分渗入炸药内部，以保证炸药的爆炸性能不致变化的性质。水胶炸药具有良好抗水性能的原因主要有以下两点：

（1）水胶炸药所用的胶凝剂是线性高分子化合物（或混合物），当其遇水溶胀水合后与交联剂作用形成体型网状结构。在这种结构中，未溶解的氧化剂盐类和敏化剂等固相组分处于由网络结构产生的彼此隔离的各个“小巢穴”内，并被连续的水凝胶介质所包围，一方面保证各组分均匀分布而不致分层离析，另一方面形成了对炮孔中的水起隔离作用的保护膜，使水既不易侵入，同时盐类也不易溶失。

（2）水胶炸药属于高密度的连续凝胶体系，具有相当大的内聚力和抗渗透能力，交联后的胶凝剂分子间存在着较强的吸引力，水难以向这种凝胶体系内渗透。

三、水胶炸药的性能

水胶炸药具有小直径雷管感度、抗水性能好、炮烟少、储存期长等优点，尤其适合制造煤矿许用炸药。由于我国还没有实现水胶炸药生产工艺的全连续自动化，给生产的本质安全带来了一定的隐患，因此，目前我国水胶炸药的生产厂家仅有为数不多的几个厂家。2017 年水胶炸药的产量只占当年工业炸药总产量的 0.9%。我国水胶炸药的主要生产产品有深水爆破用水胶炸药、岩石型水胶炸药、耐冻水胶炸药、煤矿许用水胶炸药、水胶震源药柱等。其中深水爆破用水胶炸药，在水深不超过 50 m，水压不大于 0.5 MPa 的水下能正常起爆，且爆轰完全。水胶震源药柱装药结构简单、密度大、爆速高、爆轰波反射信号强，具有一定的抗压性和抗冻性，可用于油田和煤田地震勘探。

四、乳化炸药与水胶炸药的区别

乳化炸药与水胶炸药相比，就其基本组成来说，没有本质的区别，但是各个组分在体系中所起的作用、体系的内部结构、外观形态和制备工艺则是迥然不同的。图 2－7 是乳化炸药和水胶炸药的生产流程示意图。

乳化炸药是以氧化剂水溶液为分散相，非水溶性组分为连续相而构成的乳化体系，属于油包水型（W/O）。其抗水性是通过油包水的内部物理结构来获得的。乳化技术是乳化炸药生产过程中的关键技术。水胶炸药则是以硝酸铵等无机氧化剂盐的水溶液为连续相，非水溶性

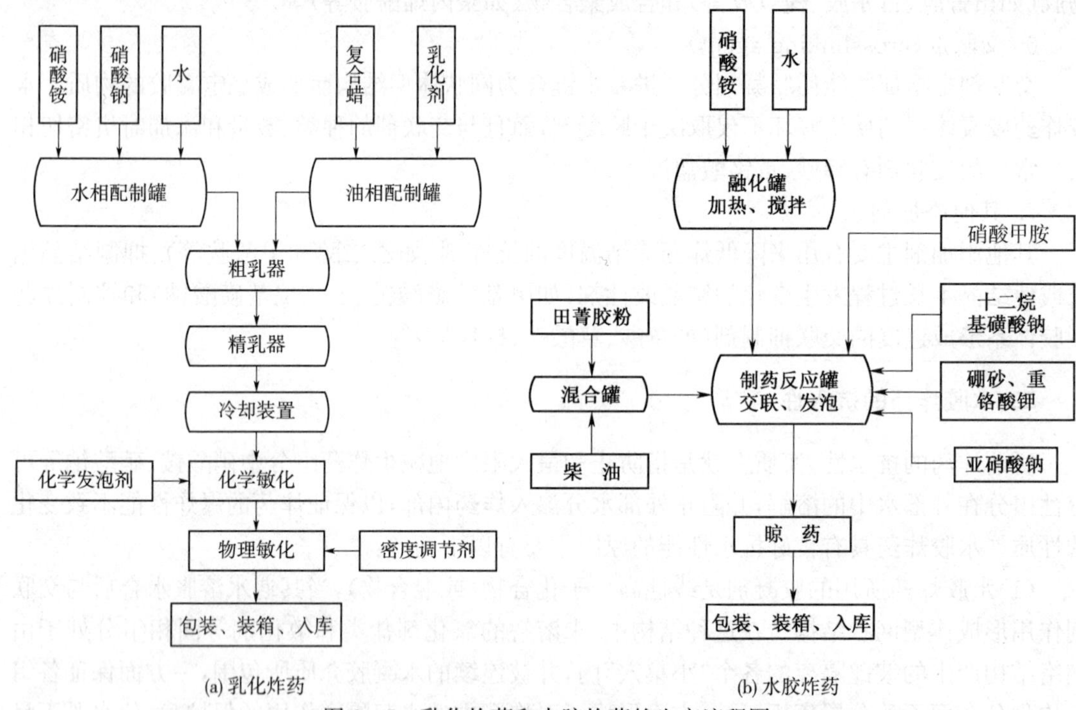

图 2—7 乳化炸药和水胶炸药的生产流程图

的可燃剂、敏化剂(固体或液体)为分散相构成的胶凝体系,属于水包油型(O/W)的范畴。水胶炸药的抗水性是通过黏弹性凝胶体对硝酸铵等可溶性组分的包覆作用来实现的。胶凝和交联技术是水胶炸药生产过程中的关键技术。

第五节 其他工业炸药

一、硝化甘油炸药(nitroglycerine explosive)

硝化甘油炸药是指硝化甘油被氧化剂和可燃剂等吸收后组成的炸药,国外称代那买特(dynamite)。硝化甘油炸药是由阿尔弗雷德·诺贝尔(Alfred B. Nobel)于 1866 年发明的,分为粉状硝化甘油炸药和胶质硝化甘油炸药(胶质炸药)两个系列。其中用爆炸油(硝化甘油和硝化乙二醇或硝化二乙二醇的混合物)代替单一硝化甘油时制出的品种称为难冻硝化甘油炸药。由 92%的硝化甘油和 8%的硝化棉(还含有少量抗酸剂)组成的炸药称为爆胶(blasting gelatin),它是硝化甘油炸药中威力最大的一种炸药。

硝化甘油炸药具有爆炸威力大、起爆感度高、传爆性能好和抗水性能强等优点,因此自其诞生之日起就统治工业炸药长达一个世纪。但是硝化甘油炸药同时也存在着机械感度高、加工和使用不安全、抗冻性差、易渗油和老化、生产成本高等缺点。随着工业炸药的发展,特别是 20 世纪 60 年代含水炸药的出现,硝化甘油炸药正逐渐被取代。

二、煤矿许用炸药(permissible explosive)

凡是允许在有瓦斯和可燃性煤尘爆炸危险的矿井中使用的炸药称为煤矿许用炸药。当铁路隧道通过煤系地层时，必须根据瓦斯等级使用相应安全等级的煤矿许用炸药。煤矿许用炸药的特点是对爆温、爆热、爆炸产生的火焰长度及持续时间、爆炸产物中的有害气体及灼热固体颗粒等都有严格的限制。煤矿许用炸药主要有以下几种：

(1)添加惰性消焰剂的炸药。常用的惰性消焰剂是氯化钠（食盐）和氯化铵，用来吸收热量，降低爆温，并抑制瓦斯的连锁反应。目前，我国使用的煤矿许用炸药主要是添加食盐的硝酸铵系列炸药。

(2)被筒炸药（sheathed explosive）。它是以煤矿许用炸药为药芯，外面包有由消焰剂（氯化钠、氯化钾等）做成的被筒而制成的安全性等级比原来药芯炸药高的煤矿许用炸药。

(3)当量型炸药（equivalent to sheathed explosive）。它是指将被筒用的惰性盐适量地混入硝化甘油炸药中而制成的安全性等级与被筒炸药相当的煤矿许用炸药。

(4)离子交换型炸药（ion-exchange explosive）。它是指含有离子交换盐对（氯化铵和硝酸铵或氯化铵和硝酸钾）和硝化甘油的煤矿许用炸药。在爆炸反应时，盐对进行离子交换反应，生成起消焰作用的氯化钠或氯化钾微粒。

$$NH_4Cl + NaNO_3(KNO_3) \longrightarrow NaCl(KCl) + NH_4NO_3 + 125.4(123.73)\,kJ/mol$$

$$NH_4NO_3 \longrightarrow 2H_2O + N_2 + 0.5O_2$$

这一反应具有选择性（即在炮孔受损或无约束的危险情况下，这一反应不会发生），因而这类炸药具有较高的安全性。

三、铵梯炸药(ammonite)

铵梯炸药是指以硝酸铵和梯恩梯为主，加入可燃剂（如木粉）和添加剂（如沥青、石蜡、食盐等）等组成的混合炸药。铵梯炸药在我国曾经是一种用量最大，使用最为广泛的工业炸药。但是，由于铵梯炸药中含有严重影响人体生理机能的梯恩梯成分，且梯恩梯的生产会带来严重的环境污染，所以我国自 2008 年起，已停止生产和使用铵梯炸药。

四、粉状乳化炸药(powdery emulsion explosive)

粉状乳化炸药是以硝酸铵和复合油为主要成分，经乳化和成粉工艺制成的工业炸药。《工业炸药分类和命名规则》(GB/T 17582—2011)把粉状乳化炸药归入铵油类炸药的体系内，实际上粉状乳化炸药已突破了传统的含水炸药的概念，其最终产品的水含量已由普通乳化炸药的 8%～15%下降到 3%～5%。粉状乳化炸药的外观形态不再是乳胶体，而是以极薄油膜包覆的硝酸铵等无机氧化剂盐结晶粉末。由于它保持了乳化炸药体系中氧化剂与燃烧剂接触紧密充分的特点，且呈粉末状态，故它无需有意识地引入敏化气泡，就可以具有雷管感度和较好的爆炸性能。实践证明，粉状乳化炸药不仅具备了乳化炸药优良的爆炸性能和较好的抗水、抗冻性能，而且具有工业粉状炸药形态好的优点。

五、液体炸药(liquid explosives)

液体炸药可分为液体单质炸药和液体混合炸药两种。

多数液体单质炸药的性能不适合工程应用，如硝化甘油及二硝基二甘油醇的机械感度较高，而丙二醇二硝酸酯的撞击感度虽然较低，但其安定性较差，因此未能得到广泛应用。

液体混合炸药通常是由氧化剂、可燃剂和添加剂组成。由于液体混合炸药各组分之间为分子混合，具有较为理想的分散性和均匀性，能形成均匀、连续的混合爆炸体系，因此在工程应用方面有其独特的优点。液体混合炸药主要有以下一些品种：①含硝酸、氮的氧化物、硝基甲烷或双氧水等的液体炸药；②高氯酸脲为基的液体炸药；③氨基酸(醛)类液体炸药；④含有硝酸肼的液体炸药。

在液体炸药的应用方面，目前国内外均处于实验研究阶段，由于某些技术难关未能突破而受到限制。但是在不久的将来，液体炸药在民用特种爆破工程上必将得到广泛的应用。

本 章 小 结

根据《工业炸药分类和命名规则》(GB/T 17582—2011)，我国工业炸药分为含水炸药、铵油类炸药、硝化甘油类炸药和其他炸药。按照工业炸药的使用范围将炸药分为露天炸药、岩石炸药、煤矿许用炸药、硫化矿用炸药、地震勘探用炸药和爆炸加工(含复合、压接、切割、成型)用炸药。《工业炸药通用技术条件》(GB 28266—2012)给出了不同炸药的爆轰性能宜采用的指标。含水炸药包括胶状乳化炸药和水胶炸药，含水炸药密度高、抗水性强、做功能力大，适合于有水作业环境；含水炸药的摩擦、撞击和热感度较低，使用安全；因此胶状乳化炸药的产量已占我国工业炸药产量的60%以上。铵油类炸药品种丰富，成本低廉，按照使用要求可以制作成有雷管感度的工业炸药和无雷管感度的工业炸药，其中依靠起爆药包或起爆具起爆的无雷管感度的多孔粒状铵油炸药在露天爆破中以机械装药方式得到广泛应用。装药车现场混装露天乳化炸药和地下装药车用中小孔径乳化炸药具有装药安全、装药效率高、爆破效果好等优点，近年来在露天爆破和矿山井下爆破作业中也占有一定的比重。

复 习 题

1. 按照炸药的做功能力岩石炸药分为几级？
2. 按照炸药的安全性能，煤矿许用炸药分为几级？
3. 工业炸药通用技术条件对炸药的殉爆距离、爆速、猛度和做功能力是如何规定的？
4. 按照炸药的使用范围工业炸药分成哪几类？常用的三类是哪些？
5. 简述乳化剂的作用与乳化工艺。
6. 含水炸药主要是指哪几种炸药？有什么特点？
7. 乳化炸药与水胶炸药具有良好抗水性能的原因是什么？有何不同？
8. 乳化炸药与水胶炸药的区别是什么？
9. 煤矿许用炸药有什么特点？铁路公路爆破工程中，在什么情况下必须使用煤矿许用炸药？

第三章 起爆方法和起爆器材

工业炸药必须使用起爆器材[initiating(or priming)materials and accessories]才能被安全、可靠地激发爆炸。起爆器材是指用来引爆炸药的器材。如雷管、导火索、导爆索、继爆管、导爆管、起爆药柱、起爆器以及起爆所需的其他器具。爆破器材(blasting materials and accessories)则是工业炸药、起爆器材和器具的统称。

常用的工业炸药起爆方法可分为导火索起爆法、电力起爆法、导爆索起爆法和导爆管起爆法。

第一节 导火索起爆法

导火索起爆法是指利用导火索燃烧时产生的火焰先引爆火雷管,再由火雷管激发炸药爆炸的起爆方法。带有雷管的药卷称为起爆药卷(图3－1)。

一、火雷管(plain detonator)

火雷管由管壳、主装药、副装药和加强帽组成,分为6号和8号两种规格。管壳材料分为钢、铝、铜、纸几种,管壳内径为6.2 mm。工程上常用的是8号纸壳火雷管。雷管的上端开口,用来插入导火索,底端为聚能穴,用以提高雷管的起爆力(图3－2)。

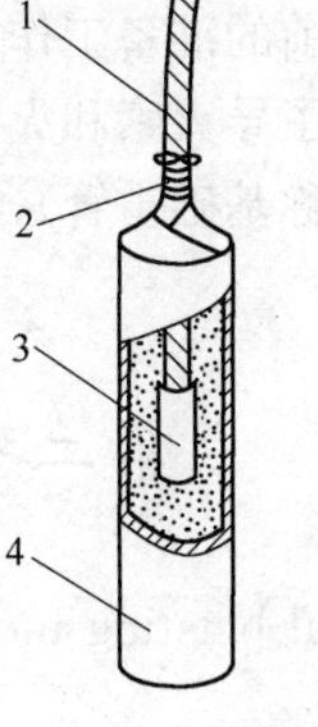

主装药为黑索今或太安。其净装药量:6号雷管不低于0.4 g,8号雷管不低于0.6 g。根据装药顺序,主装药又分为两部分:头遍药为经石蜡造粒的钝化黑索今;二遍药为未经钝化处理的黑索今或太安。

副装药为二硝基重氮酚、D·S共沉淀、K·D复盐、叠氮化铅等起爆药。副装药装药量必须保证雷管主装药完全爆轰。

图3－1 起爆药卷
1—导火索;
2—绑绳;
3—火雷管;
4—药卷

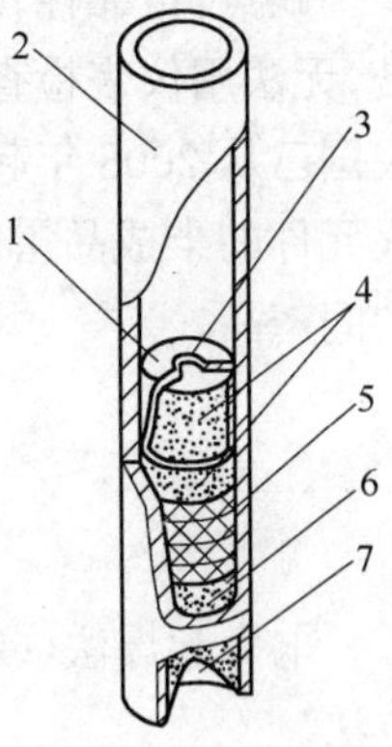

图3－2 纸壳火雷管
1—加强帽;2—纸壳;
3—传火孔;4—副装药;
5—二遍主装药;
6—头遍主装药;
7—聚能穴

加强帽用铜、铁等金属材料冲压而成,其主要作用是保护雷管装药并减少外界因素对装药的影响,缩短起爆药的爆轰成长期,提高起爆药的起爆能力。加强帽外径与雷管内径间为过盈或过渡配合并用紫胶漆封闭间隙。加强帽中心设有一个直径不小于2 mm的传火孔,导火索产生的火焰通过传火孔引爆副装药,再由副装药激发雷管的主装药爆炸。

二、导火索(blasting fuse; safety fuse)

导火索是一种以黑火药为药芯,以一定燃速传递火焰的索状火工品。导火索的作用是将火焰传递给火雷管并激发其爆炸,火焰的传递时间取决于导火索的长度和燃烧速度。导火索的长度应保证点完导火索后,人员能撤至安全地点,但不得短于1.2 m。工业导火索的外径为(5.5±0.3)mm,药芯直径不小于2.2 mm,其结构如图 3－3 所示。

普通导火索每米燃烧时间为100～125 s,其表面为棉线和纸的本色,一般呈灰白色。

合格的导火索具有一定的抗水性、耐热性和耐寒性。导火索在温度为20 ℃、深度为1 m的净水中浸4 h后,剪去受潮索头,点燃后不应有断火、透火、外壳燃烧及爆声。在温度为45 ℃的恒温箱中放置2 h,不应有粘结和外壳破坏的现象。在温度为－25 ℃的条件下放置1 h,不应有裂纹和折断现象。

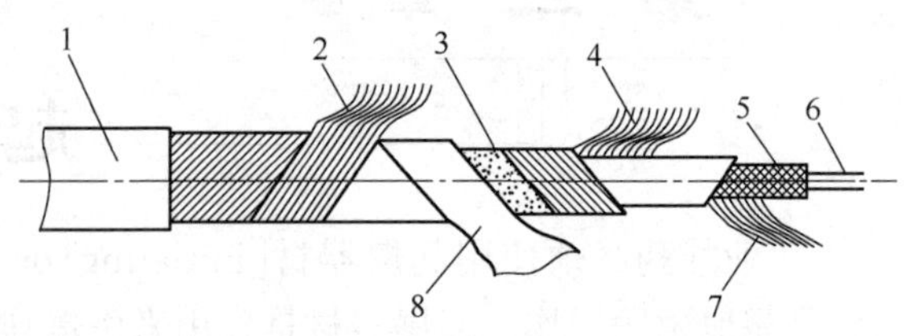

图 3－3　工业导火索结构

1—涂料层;2—外线层;3—沥青层;4—中线层;5—芯药;6—芯线;7—内线层;8—纸条层

三、导火索起爆法的特点

优点:操作简单,能抗杂散电流,不需网路计算,费用较低。

缺点:可靠性较低,易出现盲炮,作业危险性较大,导火索起爆法无法可靠地实施延时爆破,无法用仪表检查爆破前的准备工作,对于规模较大的爆破工程难于取得良好的爆破效果。我国已从 2008 年起停止了导火索和火雷管的生产和使用。需要说明,火雷管作为尚未装配引火元件的半成品雷管(也称基础雷管),在电雷管和导爆管雷管生产中仍然是一个不可缺少的中间产品。

第二节　电力起爆法

电力起爆法(electrical blasting method)是指利用电能引爆电雷管进而激发炸药爆炸的方法。

一、工业电雷管(electric detonator)

工业电雷管简称电雷管,按通电后爆炸时间的不同以及是否允许用于有瓦斯或煤尘爆炸危险的环境,作如下分类:

- 电雷管
  - 普通电雷管
    - 普通瞬发电雷管
    - 普通延期电雷管
  - 煤矿许用电雷管
    - 煤矿许用瞬发电雷管
    - 煤矿许用毫秒延期电雷管
  - 地震勘探用电雷管

根据主装药装药量的不同,电雷管可分为 6 号和 8 号两种。电雷管壳使用的材料有铜、覆铜钢、铝、铁等,但煤矿许用型电雷管不应使用铝及其合金部件等材料。电雷管脚线的长度规定为2 m,也可要求厂家供应其他长度脚线的电雷管。

1. 普通瞬发电雷管(common instantaneous electric detonator)

普通瞬发电雷管简称瞬发电雷管,是指通电后立即爆炸的电雷管。瞬发电雷管由基础雷管和电点火元件组装而成。图 3－4 是瞬发电雷管的结构示意图。电点火元件由聚氯乙烯绝缘镀锌铁脚线、桥丝(直径40 μm的镍铬合金丝)、引火药头和塑料卡口塞组成,通过卡口器将塑料卡口塞卡紧固定在基础雷管的开口端。引火药头是像火柴头大小的一种滴状物,它是将由引火药(氧化剂和可燃剂的粉状混合物)与缩丁醛、明胶等粘合剂配制成的糊状物,蘸在桥丝上,烘干后再在表面浸上防潮、防摩擦、防静电保护层而制成的。引火药头质量是影响电雷管质量的主要因素之一。

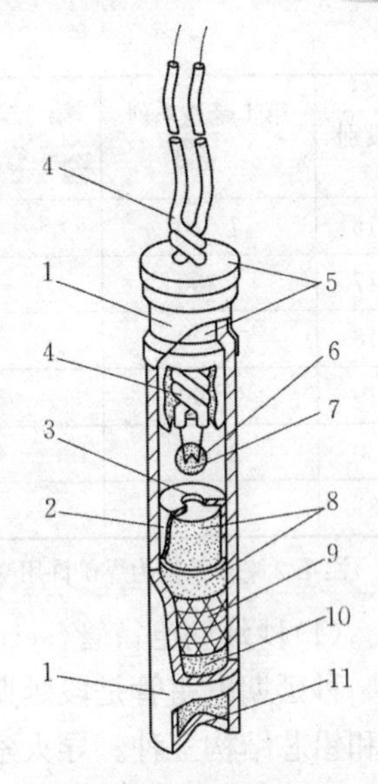

图 3－4　瞬发电雷管

1—外壳;2—加强帽;3—传火孔;4—脚线;5—卡口塞;6—桥丝;7—引火头;8—起爆药;9—二遍主装药;10—头遍主装药;11—聚能穴

瞬发电雷管的作用原理:电雷管通电后,桥丝产生热量点燃引火药头,引火药头迸发出的火焰激发基础雷管爆炸。由于这种雷管从通电开始到爆炸只经历极短暂的瞬间,所以把它称为瞬发电雷管。

2. 普通延期电雷管(common delay electric detonator)

普通延期电雷管简称延期电雷管,是指装有延期元件或延期药的电雷管。根据延期时间的不同,延期电雷管又分为秒延期电雷管、半秒延期电雷管、1/4 秒延期电雷管和毫秒延期电雷管。我国延期电雷管的段别及其延期时间见表 3－1。

延期电雷管与瞬发电雷管的区别主要在于延期电雷管在电点火元件与基础雷管之间安置有延期元件或延期药。

表 3－1　延期电雷管的段别与名义延期时间(GB 8031—2015)

段别	第 1 毫秒系列 /ms	第 2 毫秒系列 /ms	第 3 毫秒系列 /ms	第 4 毫秒系列 /ms	1/4 秒系列 /s	半秒系列 /s	秒系列 /s
1	0	0	0	0	0	0	0
2	25	25	25	1	0.25	0.50	1.00
3	50	50	50	2	0.50	1.00	2.00
4	75	75	75	3	0.75	1.50	3.00
5	110	100	100	4	1.00	2.00	4.00
6	150	—	125	5	1.25	2.50	5.00
7	200	—	150	6	1.50	3.00	6.00
8	250	—	175	7	—	3.50	7.00
9	310	—	200	—	—	4.00	8.00
10	380	—	225	—	—	4.50	9.00
11	460	—	250	—	—	—	10.00
12	550	—	275	—	—	—	—
13	650	—	300	—	—	—	—
14	760	—	325	—	—	—	—
15	880	—	350	—	—	—	—

续上表

段别	第1毫秒系列/ms	第2毫秒系列/ms	第3毫秒系列/ms	第4毫秒系列/ms	1/4秒系列/s	半秒系列/s	秒系列/s
16	1 020	—	375	—	—	—	—
17	1 200	—	400	—	—	—	—
18	1 400	—	425	—	—	—	—
19	1 700	—	450	—	—	—	—
20	2 000	—	475	—	—	—	—
21	—	—	500	—	—	—	—

注:第2毫秒系列为煤矿许用毫秒延期电雷管,该系列是强制性的。

(1)秒延期电雷管(second delay electric detonator)

秒延期电雷管是段延期间隔时间为1s的延期电雷管,延期元件有导火索结构、延期管结构和铅芯结构三种。导火索结构装配工艺复杂,不抗水,易产生拒爆。延期管结构分次装药密度不易控制,延期精度较差。铅芯结构装药密度均匀,延期精度高。

图3—5是导火索结构秒延期雷管示意图。其中内置式雷管不同段别采用不同燃速和不同切长的缓燃精制导火索,为了防止引火头迸发的火焰由管壁和索段之间的缝隙喷到起爆药上造成早爆,在索段的中部位置有一道卡痕,如图3—5(a)所示。外露式雷管的导火索一端通过套管与电点火元件相卡接,另一端则直接与火雷管的开口端相卡接,中间部分外露,如图3—5(b)所示,它适用于延期时间较长的高段秒延期电雷管。为了保证索段燃烧的稳定性,避免管体被胀裂,导火索结构秒延期雷管在引火头部位的管体上扎有2～3个排气孔,排气孔周围用蜡纸密封,防止吸湿。

铅芯结构秒延期电雷管目前较为常用,其构造与铅质延期体式毫秒延期电雷管相似,如图3—6(c)所示。

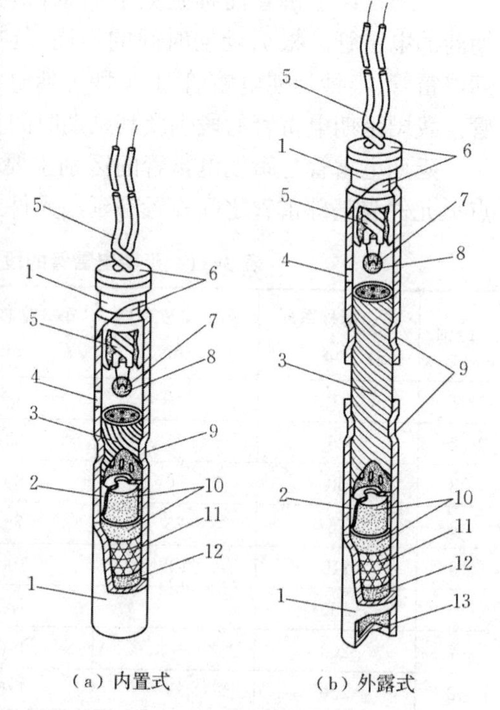

图3—5 秒延期电雷管

1—外壳;2—加强帽;3—导火索;4—排气孔;5—脚线;6—卡口塞;7—桥丝;8—引火头;9—卡痕;10—起爆药;11—二遍主装药;12—头遍主装药;13—聚能穴

(2)毫秒延期电雷管(millisecond delay electric detonator)

毫秒延期电雷管是指电引火元件通电后,以毫秒为单位设定延长时间,引起雷管主装药爆炸的电雷管。由于毫秒延期电雷管的延时精度高,不能采用导火索作延期元件。我国早期毫秒延期电雷管的延期元件是具有一定燃烧速度和燃烧精度的延期药,延期药的装填方式主要有装配式[图3—6(a)]和直填式[图3—6(b)]。装配式是将延期药先在延期内管装压好,然后将它装入基础雷管内,直填式则是将延期药装入基础雷管内，反扣长内管后直接在雷管内加压。

毫秒延期雷管的延期药由氧化剂、可燃剂、调整燃烧速度的缓燃剂、提高延期精度的添加剂和造粒用的粘合剂混合而成，具有燃速均匀、燃烧产物中气态生成物少、化学安定性好、机械感度低等特点。我国延期药的主要成分有铅丹(四氧化三铅)、硅铁、硫化锑、硒、过氧化钡和硅藻土等。

目前我国毫秒延期电雷管的延期元件更多的是采用铅质延期体，同时取消了加强帽，如图3－6(c)所示。铅质延期体主要经过以下工序加工而成：首先在壁厚3 mm左右、长度300 mm左右、内径大于10 mm的铅锑合金管内装入定量延期药，经专用模具引拔至一定细度后切成一定长度的中间料管，然后再将三根(或五根)这样的中间料管装入一根铅锑合金大套管内，经多次引拔后到外径为6.15～6.27 mm，然后按要求的延期时间切成一定长度，这样就形成了三芯(或五芯)的铅锑合金延期体，简称铅质延期体。铅质延期体内的延期药分布均匀，延期精度高，所以在毫秒延期雷管中得到了广泛的应用。

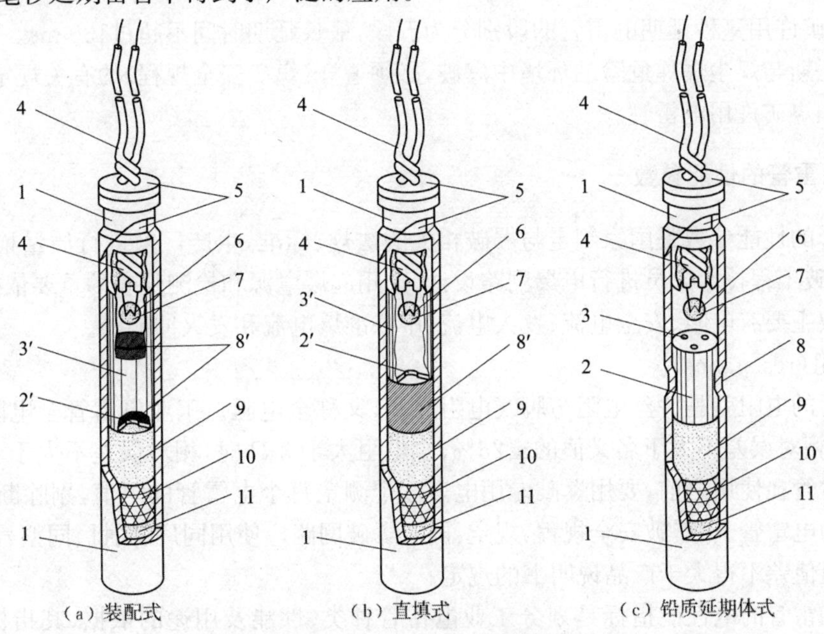

图 3－6　毫秒延期电雷管

1—外壳；2—铅质延期体；2′—传火孔；3—延期药芯；
3′—反扣长内管；4—脚线；5—卡口塞；6—桥丝；7—引火头；
8—卡痕；8′—延期药；9—起爆药；10—二遍主装药；11—头遍主装药

(3)1/4 秒延期电雷管和半秒延期电雷管

1/4 秒延期电雷管(1/4 second delay electric detonator)和半秒延期电雷管(half-second delay electric detonator)是指段间隔为 1/4 秒和半秒的延期电雷管。这两个品种延期电雷管的结构、电点火元件、电发火参数与毫秒延期电雷管相近，只是引火药头和延期药的组分有所不同。1/4 秒延期电雷管多采用铅质三芯或五芯延期体；半秒的延期电雷管则采用秒级延期药，其延期元件有装配式和直填式两种。

(4)延期电雷管的作用原理

电雷管通电后，桥丝电阻产生热量点燃引火药头，引火药头迸发出的火焰引燃延期元件或延期药,延期元件或延期药按确定的速度燃烧并在延迟一定时间后将基础雷管引爆。

3. 煤矿许用电雷管(permissible electric detonator)

允许在有瓦斯和煤尘爆炸危险的环境中使用的电雷管统称煤矿许用电雷管。煤矿许用电雷管分为瞬发和毫秒延期两种类型。为确保雷管的爆炸不致引起瓦斯和煤尘的爆炸,煤矿许用电雷管在普通电雷管的基础上采取了以下措施:

(1)为消除雷管爆炸时产生的高温、火焰的引燃作用,在雷管的主装药内加入适量的消焰剂或采用其他有利于控制起爆药的爆温、火焰长度和火焰延续时间的添加剂。

(2)为消除雷管爆炸飞散出的灼热碎片或残渣的引燃作用,禁止使用铝质管壳。

(3)采用铅质五芯延期体减少了延期药用量,并能吸收燃烧热,同时具有抑制延期药燃烧残渣喷出的作用。

(4)采用燃烧温度低、气体生成量少的延期药,加强雷管的密封性,避免延期药燃烧时火焰喷出管体引爆瓦斯或煤尘。

(5)煤矿许用毫秒延期电雷管的段别分为五段,最长延期时间不超过130 ms。

在有瓦斯与煤尘爆炸危险的环境中爆破,必须遵守《煤矿安全规程》的有关规定,使用煤矿许用炸药和煤矿许用电雷管。

二、电雷管的性能参数

电雷管的性能参数是国家制定与爆破相关的法规、标准,生产厂家进行质量检验,用户进行验收,爆破工程技术人员进行电爆网路设计、选用起爆电源和检测仪表的重要依据。电雷管的性能参数主要有电阻、安全电流、发火电流、串联准爆电流和发火冲能等。

1. 电阻(resistance)

电雷管的电阻就是桥丝电阻与脚线电阻之和,又称全电阻。工业电雷管全电阻小于或等于3 Ω时,相对误差不大于名义值的±25%,全电阻大于3 Ω时,相对误差不大于名义值的±15%。电雷管在使用之前,要用爆破专用电表逐个测定每个电雷管的阻值,剔除断路、短路和阻值异常的电雷管。《爆破安全规程》规定:同一爆破网路应使用同厂、同批、同型号电雷管;电雷管的电阻值差不得大于产品说明书的规定。

工业电雷管的电性能指标是划分工业电雷管种类、性能及用途的依据,其指标应符合表3-2的要求。

表3-2 工业电雷管的电性能指标

项 目	技术指标			
	普通电雷管、煤矿许用电雷管			地震勘探用电雷管
	Ⅰ型	Ⅱ型	Ⅲ型	
最大不发火电流/A	≥0.20	≥0.30	≥0.80	≥0.20
最小发火电流/A	≤0.45	≤1.00	≤2.50	≤0.45
发火冲能/$A^2 \cdot ms$	≥2.0	≤18.0	80.0~140.0	0.8~0.5
串联起爆电流/A	≤1.2	≤1.5	≤3.5	≤3.5
静电感度/kV	≥8	≥10	≥12	≥25

注:最大不发火电流与静电感度为强制性内容,静电感度以脚线与管壳间耐静电电压表示。

2. 安全电流(safety current)

(1)最大不发火电流:电雷管在规定的时间内达到规定的不发火概率所能施加的最大电流。

(2)安全电流:根据电雷管的最大不发火电流和设计要求,在规定的通电时间内不发火的额定电流。

安全电流是电雷管对电流安全的一个指标。在设计爆破专用仪表时,安全电流是选择仪表输出电流的依据。为确保安全,《爆破安全规程》规定:电爆网路的导通和电阻值检查,应使用专用导通器和爆破电桥,导通器和爆破电桥应每月检查一次,其工作电流应小于30 mA。

3. 发火电流(firing current)

(1)最小发火电流:电雷管在规定的通电时间内达到规定的发火概率所需施加的最小电流。最小发火电流表示了电雷管对电流的敏感程度,是限定电雷管发火电流的重要依据。

(2)发火电流:根据电雷管的最小发火电流和设计要求,在规定的通电时间内发火的额定电流。

(3)百毫秒发火电流:电雷管对应于通电时间为100 ms的最小发火电流。

4. 串联起爆电流(series firing current)

在一批电雷管中,单独对每个雷管通以最小发火电流,它将逐个全部爆炸。如果将同一批雷管的若干个串联起来,通过调整电源电压使流过网路的电流恰好等于最小发火电流,结果会发现并不是所有串联着的雷管都能爆炸,总会有一些雷管不爆炸。串联的雷管数目越多,这种不爆的雷管(俗称“丢炮”)也越多。如果将这些丢炮再逐个通入最小发火电流,则它们又单独地都爆炸了。

产生上述现象的原因在于电雷管电学性质的不均匀性。就是说,即使是同一批合格产品,由于桥丝电阻、桥丝焊接质量及引火药的物理状态存在着一定的差异,各雷管之间的各项电学特性参数值都不可能完全一样,因而表现为对电具有不同的敏感度。在串联情况下,当电流通过时,总是最敏感的雷管先得到足够的电能而爆炸,造成串联网路断路。此时,敏感度较低的一些雷管还没有获得足够的能量来点燃引火药,但由于网路已断,这些雷管因不能继续获得电能而形成丢炮被遗留下来。

试验表明,通过串联网路的电流越大,丢炮就越少,当电流增大至某一数值时,就不再有丢炮。能使规定发数的串联电雷管全部起爆的规定恒定直流电流称为串联起爆电流。《工业电雷管》(GB 8031—2015)规定,串联连接的 20 发电雷管通以符合表 3－2 要求的恒定直流电流,持续时间不少于 20 ms 应全部爆炸。其中的1.2 A恒定直流电流就是国家标准规定的串联起爆电流,它是选用起爆电源以及进行电爆网路设计的重要依据。

《爆破安全规程》(GB 6722—2014)规定,起爆电源能量应保证全部电雷管准爆;用变压器、发电机做起爆电源时,流经每个雷管的电流应满足:一般爆破,交流电不小于2.5 A,直流电不小于2 A;硐室爆破,交流电不小于 4 A,直流电不小于 2.5 A。

5. 发火冲能(activation impulse)

电雷管在发火时间内,每欧姆桥丝提供的热量称为发火冲能。若通过桥丝的电流为 i(A),发火时间为 t_i(s),则发火冲能可用下式来表示:

$$K_i=\int_0^{t_i} i^2\mathrm{d}t \tag{3－1}$$

电流为直流时,式(3－1)可写成:

$$K_i = I^2 t_i \tag{3-2}$$

电雷管的发火冲能不是固定值,而是与电流大小有关。电流越小,散失的热能越多,所以电流越小,所需的发火冲量越大。

对应于两倍百毫秒发火电流的发火冲能,称为标称发火冲能 K_s。标称发火冲能是表征雷管发火性能的一个重要参数。其值越大,电雷管的引爆就越困难。国家标准规定,电雷管的标称发火冲能应符合表 3－2 的规定。标称发火冲能的试验测定方法为:以百毫秒发火电流两倍的恒定直流电流向电雷管(可用引火药头代替)通电不同时间,求出发火概率为0.999 9的通电时间,然后按式(3－2)计算发火冲能。

三、电雷管的性能试验

电雷管在出厂前要经过一系列的参数测定和性能试验。参数测定包括全电阻、最大不发火电流、最小发火电流、串联起爆电流、发火冲能和延期时间的测定。性能试验包括安全电流试验、串联起爆电流试验、震动试验、铅板试验和封口牢固性试验,对于煤矿许用电雷管还必须通过可燃气安全度试验。这里只简单介绍铅板试验。

铅板试验是用以判断雷管起爆能力的一种试验方法,试验装置如图 3－7 所示。试验时,将测试雷管直立在直径为30～40 mm的铅板中央,引爆雷管后,8 号雷管应炸穿5 mm厚铅板,6 号雷管应炸穿4 mm厚铅板。穿孔直径不应小于7 mm。

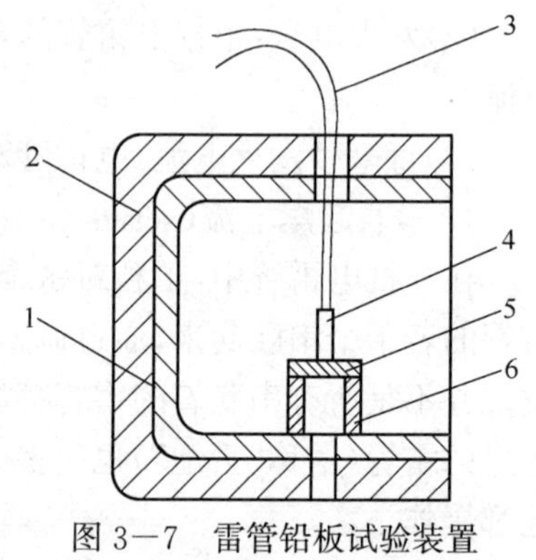

图 3－7　雷管铅板试验装置

1—铅衬;2—防爆箱;3—雷管脚线;4—雷管;5—铅板;6—钢管

四、起爆电源

照明电、动力电和发爆器是常用的起爆电源。干电池、蓄电池也可作为少量电雷管的起爆电源。

1. 照明电和动力电

220 V照明电和380 V动力电作为起爆电源,特别适合于大量电雷管的并联、串并联爆破网路。

用动力电源或照明电源起爆时,必须在安全地点设置两个双刀双掷刀闸(图 3－8),分别作为电源开关和放炮开关。电源刀闸开关合上后,必须有指示灯发亮表示电源接通。放炮刀闸电源线应与电源开关刀闸的刀闸引线接通,放炮刀闸引线应与放炮母线接通。除放炮合闸外,平时放炮刀闸应放在另一掷处,并使网络形成闭合状态,以防止外部电流进入雷管。

2. 发爆器(blasting machine)

发爆器又称起爆器、放炮器。发爆器能够提供给爆破网路的电流较小,一般适用于电雷管的串联网路。由于它具有使用简单、质量轻、便于携带的优点,在小规模的爆破工程中得到广泛的使用。目前使用的发爆器绝大多数是电容式发爆器,分为矿用防爆型(适用于具有瓦斯与煤尘爆炸危险的环境)和非防爆型两种类型。电容式发爆器主要由以下几部分组成(图 3－9):

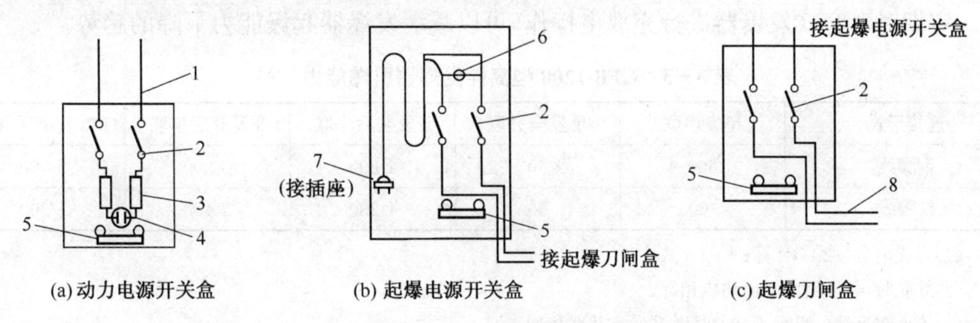

图 3－8　电源起爆开关

1—动力线；2—双刀双掷刀闸；3—熔丝；

4—插座；5—短路杆；6—指示灯；7—插头；8—起爆母线

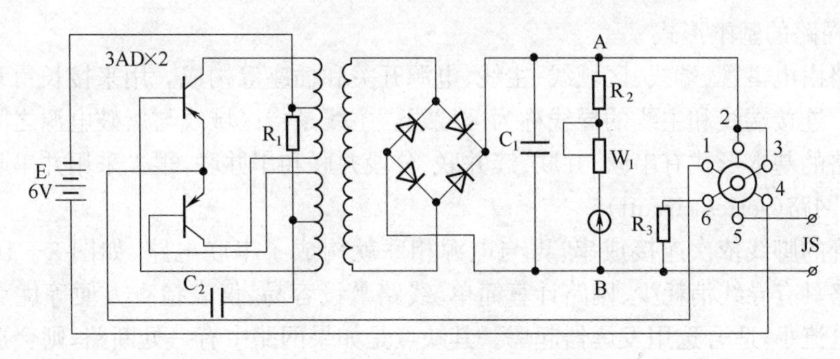

图 3－9　电容式发爆器电路图

(1)低压直流电源。一般采用4.5 V或6 V干电池。

(2)晶体管变流器。将直流电源变换成交流电源，经升压变压器升到几百伏。

(3)整流电路。将交流高压电源整流成为直流高压电源。

(4)储能电路。高压直流电源随时向储能电路的主电容器充电。

(5)限时电路。限时电路是矿用发爆器必需的组成部分，一般由机械式毫秒开关组成。设置限时电路的目的是防止电雷管引爆后爆破电路被拉断，或重新搭接产生电火花引起瓦斯或煤尘爆炸。《煤矿用电容式发爆器》(GB 7958—2014)规定，在最大允许负载范围内，发爆器的安全供电时间应不大于 4 ms，或达到 4 ms 时，输出端子两端电压应降低到本质安全电路规定值以下。

(6)显示电路。显示电路一般由电压表、氖灯和分压线路构成。电压表显示主电容的充电电压，当电压达到额定电压后，氖灯发光，指示可以放炮。

(7)钥匙开关和放电回路。接到准备起爆的命令后，由放炮员插入开关钥匙，将开关旋至“充电”位置，主电容充电至氖灯发亮。接到起爆命令后，将开关旋至“起爆”位置，主电容接通电爆网路放电，引爆电雷管，随即开关接通内置放电电阻，释放主电容中剩余电荷。

(8)外壳。外壳分为防爆和非防爆两种类型。防爆型外壳可以防止电路系统的触电火花引燃瓦斯。

国产发爆器的型号很多，但工作原理基本相同。任何一种型号的发爆器，它所能引爆的电雷管最大数量是一定的，而且网路中电雷管的连接方式不同，发爆器所能引爆的雷管数量也不同(表 3－3)。一般情况下，单发全并联时，发爆器所能引爆的电雷管数量最少。随着使用年限的增加，发爆器中电容器的充放电能力逐渐下降，发爆器的引爆能力也会逐渐低于额定引爆能力。定期对电容式发爆器进行充放电操作,可以减缓发爆器起爆能力下降的趋势。

表 3-3 GFB-1200 型高能发爆器引爆能力(发)

连接形式	单发串联	单发全并联	4 发并后串联	8 发并后串联	100 发串后并联
铜脚线	600	30	1 600	3 200	2 000
铁脚线	400	30	1 200	2 400	1 200

注:(1)母线电阻按20 Ω计算;

(2)并联时,各支路电阻值均应相等;

(3)不许在母线电阻小于10 Ω时做多发数并联放炮。

五、电爆网路(electric blasting circuit)

1. 电爆网路的基本形式

电爆网路由电雷管、端线、区域线、主线、电源开关和插座等构成。用来接长雷管脚线的导线称为端线。连接端线和主线的导线称为区域线。主线是指区域线与爆破电源之间的连接导线。电爆网路的基本形式有串联、并联、簇并联、分段并联和串并联,很少采用并串联。

(1)串联网路(series circuit)

将电雷管的脚线依次连接成串,再与电源相联就构成了串联电路,如图 3-10(a)所示。串联电爆网路具有导线消耗少、网路计算简单、线路敷设容易、仪表检查方便等优点。串联网路所需的总电流小,适合选用发爆器起爆。其缺点是如果网路中有一处断路,则会造成整个网路拒爆。

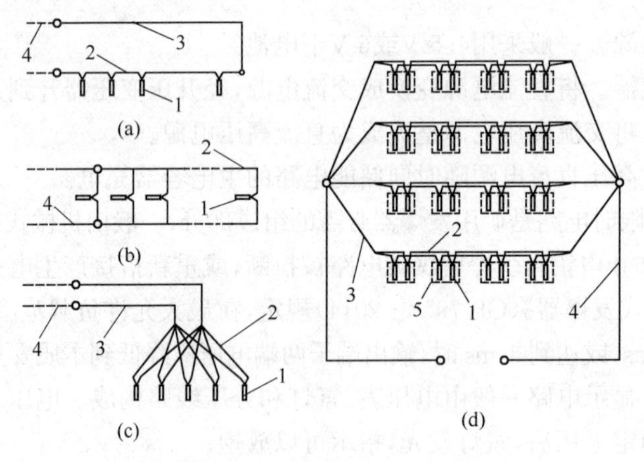

图 3-10 电爆网路的基本形式

1—雷管;2—端线;3—区域线;4—主线;5—药室

(2)并联网路(parallel circuit)

将所有电雷管的两根脚线分别联在两条导线上,再将这两条导线与电源相联就构成了并联电爆网路,如图 3-10(b)所示。如果将一组电雷管的脚线分别连接为两点,再将这两点通过导线与电源相联就构成了簇并联电爆网路,如图 3-10(c)所示。并联电爆网路的优点是当某一雷管发生断路或故障时,不会影响整个网路的起爆。并联网路所需的起爆总电流大,适合采用照明电或动力电作为起爆电源。其缺点是线路敷设较复杂,检查比较繁琐,漏接少量电雷管时不易通过仪表检查发现。

(3)串并联网路(parallel-series circuit)

将若干组串联连接的电雷管并联在两根导线上,再与电源相联就构成了串并联电爆网路。工程中经常在同一药包内放置2发电雷管,将这些电雷管分别串联在一起,然后再并联,如图3－10(d)所示。这样构成的串并联电路,其起爆可靠性大为提高。为使流入各支路的电流大致相等,从而保证通过每发电雷管的电流大于设计的准爆电流,必须使各支路的总电阻大致相等。这就要求各支路串联的雷管数目基本一致。在各串联支路并联连接之前,必须用雷管专用电表测试各支路的总电阻。如果各支路的总电阻相差较大,则必须通过串接电阻的方法平衡各支路的阻值。最简单的办法就是在阻值较小的支路中串接一定数目的电雷管。

2. 敷设电爆网路时应注意的问题

(1)电爆网路的连接线不应使用裸露导线,不得利用铁轨、钢管、钢丝作爆破线路,爆破网路应与大地绝缘,电爆网路与电源之间宜设置中间开关。

(2)电爆网路的导通和电阻值检查,应使用专用导通器和爆破电桥,专用爆破电桥的工作电流应小于30 mA。爆破电桥等电气仪表应每月检查一次。

(3)爆破作业场地的杂散电流值大于30 mA时,禁止采用普通电雷管。

(4)雷雨天不应采用电爆网路。

(5)起爆网路的连接,应在工作面的全部炮孔(或药室)装填完毕,无关人员全部撤至安全地点之后,由工作面向起爆站依次进行。

(6)爆破主线与起爆电源或发爆器连接之前,必须测全线路的总电阻值。总电阻值应与实际计算值符合(允许误差±5%)。若不符合,禁止连接。

(7)如果发爆器限时电路发生故障,发爆器放电不彻底,则在发爆器与电爆网路连接瞬间极易发生早爆事故。国内已发生过多起此类事故。因此,在将发爆器与电爆网路连接之前,应使用金属导线将发爆器的两个接线端子短接,将发爆器内残余电荷释放掉。考虑到放电操作过程会产生电火花,该方法严禁在具有瓦斯与煤尘爆炸危险的环境中使用。

(8)在有瓦斯与煤尘爆炸危险的环境中采用电力起爆时,只准使用防爆型发爆器作为起爆电源。其他情况下准许采用动力电、照明电和经鉴定合格的发爆器作为起爆电源。

(9)用动力电源或照明电源起爆时,起爆开关必须安放在上锁的专用起爆箱内。起爆开关箱的钥匙和发爆器的钥匙在整个爆破作业时间里,必须由爆破工作领导人或由他指定的爆破员严加保管,不得交给他人。

(10)各种发爆器和用于检测电雷管及爆破网路电阻的爆破专用电表等电气仪表,每月以及大爆破前均应检查一次,电容式发爆器至少每月赋能一次。

六、电力起爆的特点

电力起爆法是爆破工程中应用最广泛的一种起爆方法,具有以下优点:

(1)可以随时用爆破专用仪表检查电爆网路的连接质量;

(2)操作人员可以在远离爆区的安全地带起爆装药;

(3)可以同时起爆大量电雷管;

(4)可以准确地控制装药的起爆时间和延期时间;

(5)在具有瓦斯与煤尘爆炸危险的环境中,它是目前唯一能采用的起爆方法。

电力起爆法有以下缺点：

(1)起爆大量的雷管时，必须进行电爆网路的设计和计算，需要专用的起爆电源；

(2)在杂散电流、静电、雷电、射频辐射的作用下，存在发生意外早爆事故的隐患；

(3)操作和检查复杂，装起爆药包之前需切断一定范围内的电源。

第三节 导爆索起爆法

导爆索起爆法是指用雷管激发导爆索，通过导爆索中的猛炸药传递爆轰波并引爆炸药的一种起爆方法。

一、导 爆 索

导爆索(detonating cord)是一种以猛炸药为药芯，在外界能量作用下，以一定爆速传递爆轰波的索类火工品。导爆索有普通导爆索、震源导爆索、煤矿许用导爆索、油井导爆索、金属导爆索、切割索和低能导爆索等多种类型。

工程爆破中常用的是普通导爆索(以下简称导爆索)。导爆索适用于露天工程和无瓦斯、煤尘爆炸危险环境中的爆破作业，其药芯为不少于11.0 g/m的黑索今或太安。导爆索分为两个品种：一种是以棉线、纸条为包缠物，沥青为防潮层的棉线导爆索，其外径不大于6.2 mm，其结构与工业导火索类似(图 3－11)；另一种是以化学纤维或棉线、麻线等为内包缠物，外层涂敷热塑性塑料的塑料导爆索，其直径不大于6.0 mm。塑料导爆索更适用于水下爆破作业。导爆索与导火索的最大区别在于导爆索传递的是爆轰波而不是火焰，导爆索的传爆速度不小于6 000 m/s。为区别于导火索，导爆索的表面均涂以红色涂料。

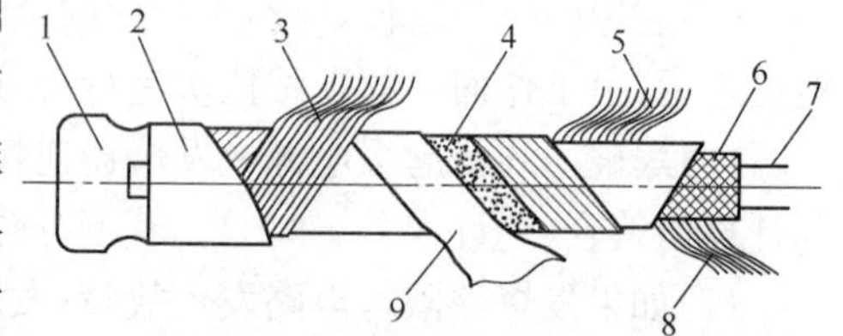

图 3－11 棉线普通导爆索结构

1—防潮帽或防潮剂；2—涂料层；3—外线层；4—沥青；5—中线层；6—黑索今或太安；7—芯线；8—内线层；9—纸条层

导爆索具有突出的传爆性能和稳定的起爆能力。1.5 m长的导爆索能完全起爆一个200 g的标准压装 TNT 药块。在(72±2)℃保温2 h后或在－40 ℃冷冻2 h后，导爆索起爆和传爆性能不变，在承受静压拉力不小于 400 N，保持 30 min 后，仍保持原有的爆轰性能。工业导爆索在深度为 1 m，水温为 10～25 ℃的静水中浸 5 h，引爆后应爆轰完全。出厂前，导爆索都要经过耐弯曲性试验，以满足敷设网路时对导爆索进行弯曲、打结的要求。

导爆索的芯药与雷管的主装药都是黑索今或太安，可以把导爆索看作是一个“细长而连续的小号雷管”。机械冲击和导火索喷出的火焰不能可靠地将导爆索引爆，必须使用雷管或起爆药柱、炸药等大于雷管起爆能力的火工品将其引爆。导爆索可以直接引爆具有雷管感度的炸药，不需在插入炸药的一端连接雷管。切割导爆索应使用锋利刀具，严禁用剪刀剪断导爆索。

二、导爆索爆破网路

导爆索爆破网路中主线与支线或索段与索段的连接方法有搭结、套结、水手结和三角结等几种(图 3－12)。搭结时，两根导爆索重叠的长度不得小于15 cm，中间不得夹有异物和炸药卷，支线传爆方向与主线传爆方向的夹角不得大于 90°。连接导爆索中间不应出现打结或打圈；交叉敷设时，应在两根交叉导爆索之间设置厚度不小于10 cm的木质垫块。硐室爆破时，导爆索与铵油炸药接触的地方应采取防渗油措施或采用塑料被覆导爆索。

导爆索与普通药卷的连接如图 3－13(a)所示。对于大药包或硐室爆破，为提高导爆索起爆炸药的威力，常在插入炸药的一端打几个结或弯折两三次后捆成一个结[图 3－13(b)]。

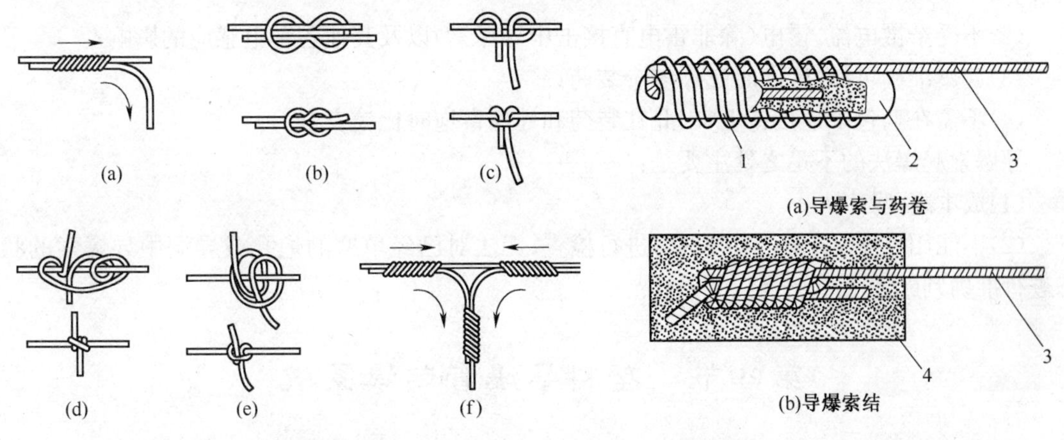

图 3－12　导爆索的连接方法

(a)搭结；(b)水手结；(c)、(d)、(e)套结；(f)三角结

图 3－13　导爆索与药卷的连接

1—胶布；2—药卷；3—导爆索；4—起爆体

导爆索爆破网路常用分段并联[图 3－14(a)]和簇并联网路[图 3－14(b)]。为提高起爆的可靠度，可以把主导爆索连接为环形网路(图 3－15)，但支线和主线都应采用三角形连接。起爆导爆索的雷管与导爆索捆扎端端头的距离应不小于15 cm，雷管的聚能穴应朝向导爆索的传爆方向。

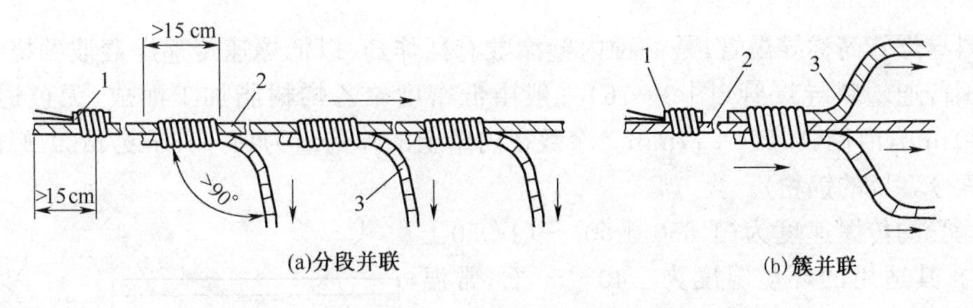

图 3－14　导爆索爆破网路

1—雷管；2—主干索；3—支索

由于导爆索的爆速很高，导爆索网路中连接的所有装药几乎是同时爆炸。为了实现延时爆破，可在网路中连接继爆管(detonating relay)。继爆管是专门与导爆索配合使用的延期元件，实质上是装有毫秒延期元件的基础雷管与一根消爆管的组合体，有单向和双向两种。单向继爆管传爆具有方向性，如在使用中方向接反，爆轰就会中断。由于继爆管的成本较高，随着抗杂散电流电雷管、抗静电延期电雷管性能的不断提高，特别是导爆管非电起爆技术的不断发展和完善，继爆管的使用量

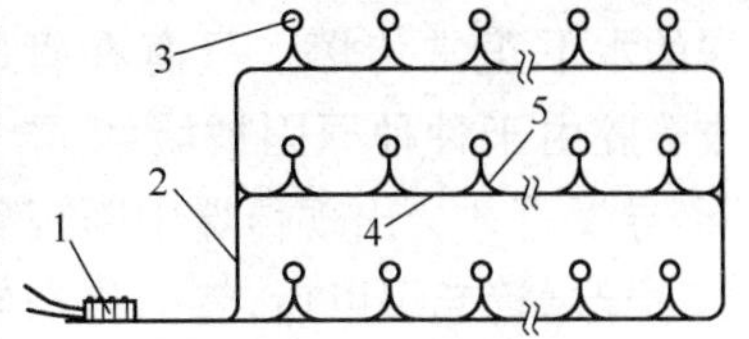

图 3－15　环形网路

1—雷管；2—主干索；3—炮孔；
4—支索；5—附加支索

已大幅减少。

三、导爆索起爆法的特点

导爆索起爆法主要具有如下优点:

(1)爆破网路设计简单,操作方便。与电力起爆法相比,准备工作量少,不需对爆破网路进行计算;

(2)不受杂散电流、雷电(除非雷电直接击中导爆索)以及其他各种电感应的影响;

(3)起爆准确可靠,能同时起爆多个装药;

(4)不需在药包中连接雷管,因此在装药和处理盲炮时比较安全。

导爆索起爆法的不足之处主要是:

(1)成本高,噪声大;

(2)不能用仪器、仪表对爆破网路进行检查,无法对已经填塞的炮孔或导洞中导爆索的状态进行准确判断。

第四节 塑料导爆管起爆系统

利用塑料导爆管为传爆元件,并与起爆元件、连接元件及末端工作元件等构成的起爆系统称为塑料导爆管起爆系统(the nonel initiation system),简称导爆管起爆系统。导爆管起爆系统是20世纪70年代发展起来的一种新型起爆系统,它与导火索起爆方法、导爆索起爆方法统称为非电起爆方法(non-electric initiation system)。

一、塑料导爆管(nonel tube)

塑料导爆管简称导爆管,是一种内壁涂敷有猛炸药、以低爆速传递爆轰波的挠性塑料细管。我国普通塑料导爆管(图 3—16)一般由低密度聚乙烯树脂加工而成,无色透明,外径$(3.0^{+0.1}_{-0.2})$ mm,内径(1.4±0.1)mm。涂敷在内壁上的炸药量为14~18 mg/m(91%的奥克托金或黑索今,9%的铝粉)。

导爆管的传爆速度为(1 650 ±50)~(1 950±50)m/s。其适用的环境温度为−40~50 ℃,常温下能承受68.6 N的静拉力,在经扭曲、打结后(管腔不被堵死)仍能正常传爆。在管壁无破裂、端口以及连接元件密封可靠的情况下,导爆管可以在80 m深的水下正常传爆。只有在管内断药大于15 cm,或管腔由于种种原因被堵塞、卡死,例如有水、砂土等异物,或管壁出现大于1 cm裂口的情况下,导爆管才会出现传爆中断现象。

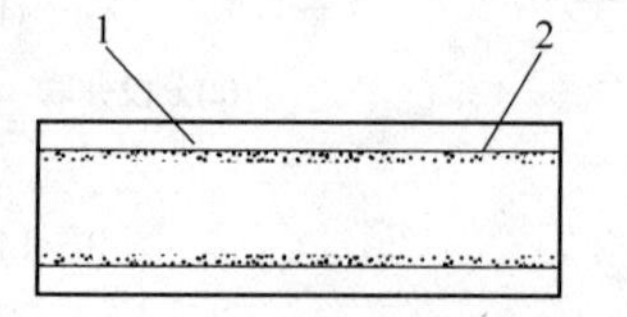

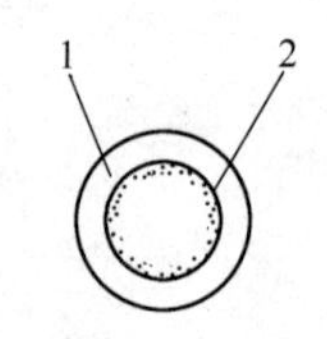

图 3—16 导爆管的结构

1—塑料管;2—炸药粉末

导爆管起爆以后,管内将产生爆轰波。在起爆的瞬间可以看到,爆轰波似一闪光通过导爆管。在导爆管出口端部喷出的爆轰波可以引爆火雷管,但不能直接引爆工业炸药。其传爆不会破坏环境,在火焰和机械碰撞的作用下不能起爆。

二、导爆管的稳定传爆原理

导爆管在受到足够强度的激发冲量作用后，将在管内形成一个向前传递的不稳定爆轰波。该爆轰波在导爆管中传播约300 mm后转变为稳定爆轰波，此后爆轰波的传播速度将保持恒定，形成稳定传爆。

稳定传爆时，粘附在导爆管内壁上的炸药粉末受到爆轰波前沿波阵面高温高压的作用，首先在炸药表面发生化学反应，反应的中间产物迅速向管内扩散，反应放热一部分用于维持管内的高温高压，另一部分则使余下的炸药粒子继续反应。扩散到管腔的中间产物与空气混合后，继续发生剧烈的爆炸反应，爆炸产生的能量支持爆轰波前沿波阵面稳定前移而不致衰减，稳定前移的爆轰波继续使内壁上未反应的炸药开始反应。这个过程的循环就是导爆管内的稳定传爆。

三、导爆管起爆系统

导爆管必须同其他器材配合，才能达到引爆炸药的目的。这些器材和导爆管结合在一起就构成了导爆管起爆系统。导爆管起爆系统由起爆元件、传爆元件和末端工作元件三部分组成。

1. 起爆元件

凡能产生强烈冲击波的器材都能引爆导爆管，能够引爆导爆管的器材统称起爆元件。起爆元件的种类很多，主要有电雷管、击发枪、导爆索、发爆器配击发针。实验表明，1 发 8 号雷管最多可以起爆 50 余根的导爆管，但为了起爆可靠，以每发雷管起爆8～10 根导爆管为宜，而且必须将这些导爆管用胶布等牢固地捆绑在雷管的周围。

2. 传爆元件

传爆元件的作用是将上一段导爆管中产生的爆轰波传递至下一段导爆管。常用的传爆元件有导爆管雷管和反射四通，其中导爆管雷管既是上一段导爆管的末端工作元件，也是下一段导爆管的起爆元件。

使用时将四根导爆管的一端都剪成与轴线垂直的平头，将它们齐头同步插入四通底部。当其中的一根导爆管被引爆后，在其中产生的爆轰波传递至四通底部，经反射后就会将其余三根引爆。当需要传爆的导爆管小于 3 根时，可用长于10 cm的导爆管(爆轰过的也可以)顶替。反射四通内无任何炸药成分，无爆炸危险性，可以取代导爆管网路中用做传爆元件的导爆管雷管。利用反射四通可以构成各种形式的导爆管爆破网路，一次起爆的炮孔数目不受限制。反射四通成本低廉、传爆可靠、使用安全，现已得到广泛的应用。

3. 末端工作元件

末端工作元件是指与导爆管的传爆末端相连接的基础雷管。其作用是将导爆管传递的低速爆轰波转变为能够起爆工业炸药的高速爆轰波。将导爆管与基础雷管组合装配在一起，就形成了导爆管雷管(nonel detonator)。导爆管雷管是指靠导爆管的冲击波冲能激发的工业雷管，由导爆管、卡口塞、延期体和基础雷管组成。图 3－18 为瞬发导爆管雷管。我国导爆管雷管的品种有瞬发导爆管雷管、毫秒导爆管雷管、半秒导爆管雷管和秒延期导爆管雷管。我国延期导爆管雷管的段别与名义延期时间见表 3－4。工厂生产的导爆管雷管的导爆管长度主要根据使用者的要求确定，主要有3 m、5 m、7 m、10 m等。

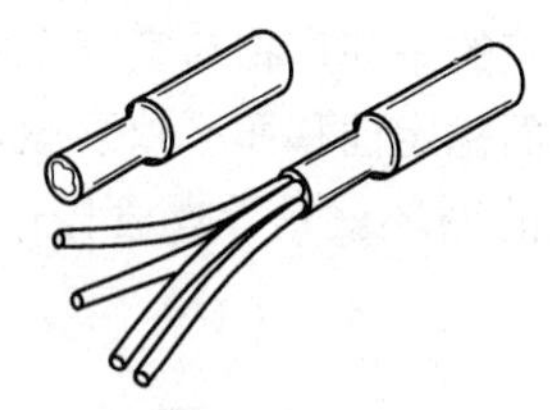

图 3—17 反射四通

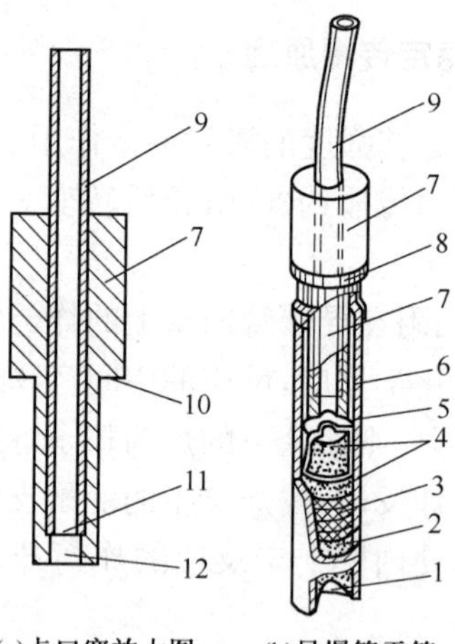

(a)卡口塞放大图 (b)导爆管雷管

图 3—18 瞬发导爆管雷管

1—聚能穴;2—头遍主装药;3—二遍主装药;4—副装药;
5—加强帽;6—管壳;7—卡口塞;8—铁箍;9—导爆管;
10—管壳限位台阶;11—导爆管限位台阶;12—喷孔

表 3—4 导爆管雷管的段别与名义延期时间(GB 19417—2003)

段 别	延期时间(以名义秒量计)							
	毫秒导爆管雷管 ms			1/4 秒导爆管雷管 s	半秒导爆管雷管 s		秒导爆管雷管 s	
	第一系列	第二系列	第三系列	第一系列	第一系列	第二系列	第一系列	第二系列
1	0	0	0	0	0	0	0	0
2	25	25	25	0.25	0.50	0.50	2.5	1.0
3	50	50	50	0.50	1.00	1.00	4.0	2.0
4	75	75	75	0.75	1.50	1.50	6.0	3.0
5	110	100	100	1.00	2.00	2.00	8.0	4.0
6	150	125	125	1.25	2.50	2.50	10.0	5.0
7	200	150	150	1.50	3.00	3.00	—	6.0
8	250	175	175	1.75	3.60	3.50	—	7.0
9	310	200	200	2.00	4.50	4.00	—	8.0
10	380	225	225	2.25	5.50	4.50	—	9.0
11	460	250	250	—	—	—	—	—
12	550	275	275	—	—	—	—	—
13	650	300	300	—	—	—	—	—
14	760	325	325	—	—	—	—	—
15	880	350	350	—	—	—	—	—
16	1 020	375	400	—	—	—	—	—
17	1 200	400	450	—	—	—	—	—
18	1 400	425	500	—	—	—	—	—

续上表

段别	延期时间(以名义秒量计)							
	毫秒导爆管雷管 ms			1/4 秒导爆管雷管 s	半秒导爆管雷管 s		秒导爆管雷管 s	
	第一系列	第二系列	第三系列	第一系列	第一系列	第二系列	第一系列	第二系列
19	1 700	450	550	—	—	—	—	—
20	2 000	475	600	—	—	—	—	—
21	—	500	650	—	—	—	—	—
22	—	—	700	—	—	—	—	—
23	—	—	750	—	—	—	—	—
24	—	—	800	—	—	—	—	—
25	—	—	850	—	—	—	—	—
26	—	—	950	—	—	—	—	—
27	—	—	1 050	—	—	—	—	—
28	—	—	1 150	—	—	—	—	—
29	—	—	1 250	—	—	—	—	—
30	—	—	1 350	—	—	—	—	—

四、导爆管爆破网路

1. 导爆管爆破网路的基本形式

导爆管爆破网路既可以用反射四通连接,也可以用导爆管雷管连接。导爆管雷管一次可以起爆多根导爆管。当采用延期导爆管雷管时,还可以进行孔外延期爆破,但是由于雷管直接放在地表,潜伏着不安全因素,使用时应特别谨慎。采用反射四通连接的爆破网路,地表无雷管,安全性好,同时消除了导爆管雷管产生的飞片和射流切断导爆管的可能性。但是,这种连接方法也存在着网路接点多、接头防水性能差、接头不能承受拉力等缺点。具体工程中应根据实际情况和器材条件灵活运用,必要时可以两者混用,发挥各自的优势。导爆管爆破网路的形式多种多样,下面列举一些基本的形式。

(1)簇联网路

将若干个导爆管雷管的导爆管末端用胶布捆绑在一发起爆雷管的外面就构成了导爆管的簇联爆破网路,如图 3－19(a)所示。簇联网路简单实用,但导爆管的消耗量较大,适合于炮孔集中且数目不多的爆破工程。

(2)串联网路

被传爆导爆管的头通过反射四通与传爆导爆管的尾成串相接,就构成了串联爆破网路,如图 3－19(b)所示。串联爆破网路的网路布置清晰,导爆管消耗量少,但接点多,只要有一个接点断开,整个网路就会在此中断传爆。为此,经常将网路的首尾相连,形成环形网路。

(3)簇串联网路

被传爆导爆管雷管的导爆管端与传爆导爆管雷管的雷管端依次成串相联,每个连接端再簇联若干个导爆管雷管就形成了簇串联网路,如图 3－19(c)所示。簇串联网路具有簇联网路和串联网路的共同优点。当网路中选用延期导爆管雷管时,就形成了孔外延期爆破网路,其最大的优点是消除了“跳段”现象。

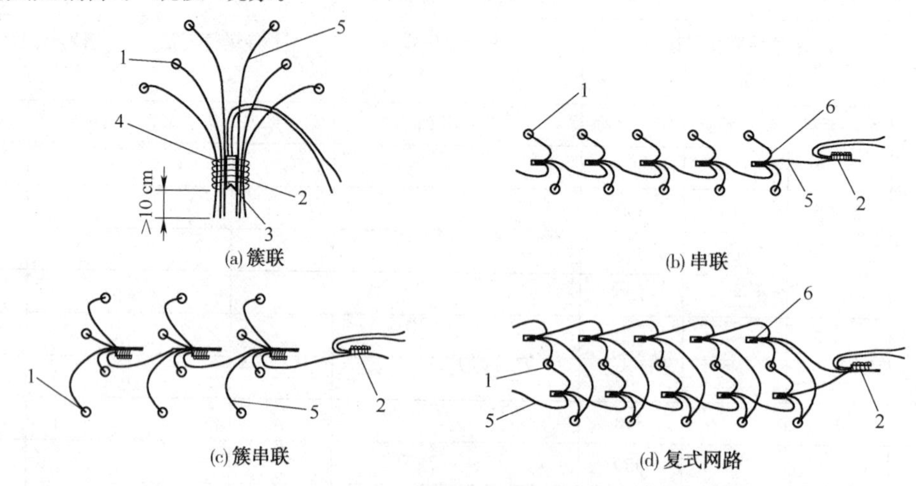

图 3－19 导爆管网路的基本形式

1—炮孔;2—电雷管;3—聚能穴;4—胶布;
5—导爆管;6—反射四通

(4)复式爆破网路

为提高传爆的可靠性,经常在每个炮孔(药包)内布置两发雷管,从每个炮孔(药包)内各取一发雷管分别组成两套爆破网路,这两套爆破网路组合在一起就构成了复式爆破网路,如图3－19(d)所示。

(5)环形爆破网路

将传爆导爆管联成环形或网格形就构成了环形爆破网路。环形爆破网路可分为单式环形和复式环形两种形式,图3－20是城市拆除爆破中经常采用的两种网路形式。环形爆破网路具有双向传爆的特点,应尽量对称布置;且把起爆点设在对称中心点处,有利于减小导爆管的固有延时。

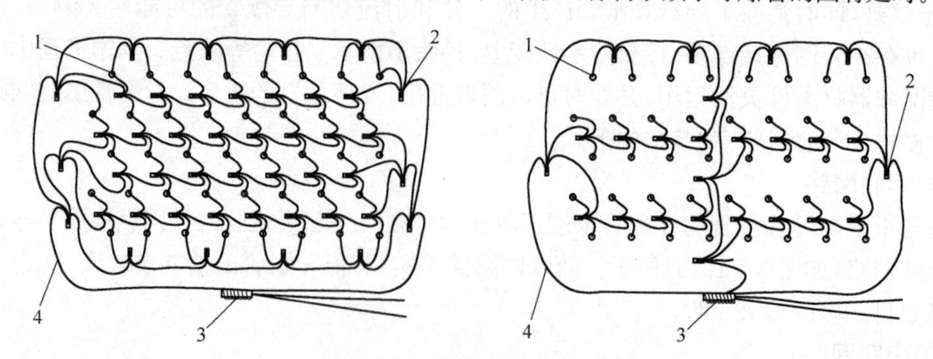

图 3－20 导爆管环形爆破网路

1—炮孔;2—反射四通;3—电雷管;4—导爆管

(6)逐孔起爆爆破网路

我国某企业生产的 Exel 地表延期雷管,由一定长度的导爆管和延时雷管(4 号雷管)构成,其标准延期时间及配色见表 3－5。利用地表延时导爆管雷管可以控制爆区地表延期时间,实现逐孔起爆。

表 3－5　Exel 地表延时导爆管雷管标准延期时间

颜　色	绿色	黄色	红色	白色	蓝色	橘黄色	橘黄色	橘黄色
延期时间/ms	9	17	25	42	65	100	150	200

逐孔起爆技术的特点是：同排炮孔按照设计好的延期时间从起爆点依次起爆，排间炮孔按另一延期时间依次向后排起爆，由于地表延时雷管的延期时间设计巧妙，从而避免了前后排个别炮孔起爆时间的重合，可以达到逐孔起爆的效果。图 3－21 中，同排炮孔采用 17 ms 延时雷管，排间采用 42 ms 延时雷管，孔内采用高段别的 400 ms 延时雷管。

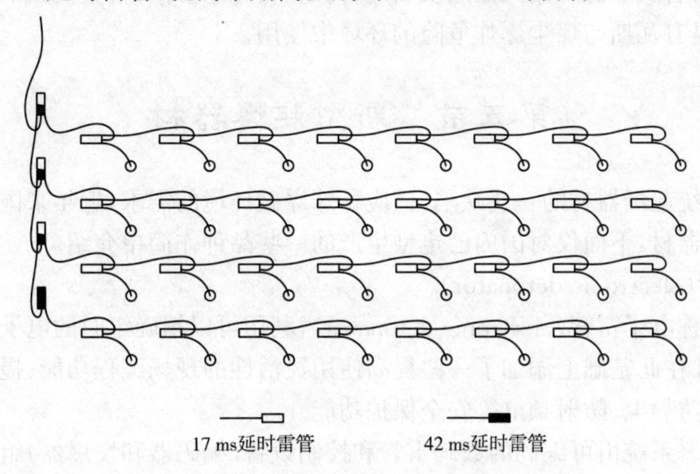

图 3－21　地表延时雷管逐孔起爆爆破网路

2. 敷设导爆管爆破网路时应注意的问题

(1)导爆管一旦被截断，端头一定要密封，以防止受潮、进水及其他小颗粒堵塞管腔。可用火柴烧熔导爆管端头，然后用手捏紧即可。再使用时，把端头剪去约10 cm，以防止端头密封不严受潮失效。

(2)如导爆管需接长时，可采用反射四通连接。绝对禁止将导爆管搭接传爆。

(3)导爆管、导爆管雷管在使用前必须进行认真的外观检查。发现导爆管破裂、折断、压扁、变形或管腔存留异物，均应剪断去掉，然后用套管对接。如果导爆管雷管的卡口塞处导爆管松动，则会造成起爆不可靠，延时时间不准确，应将其作为废品处理。

(4)导爆管网路中不得有死结，炮孔内不得有接头，孔外传爆雷管之间应留有足够的间距。

(5)为了防止雷管聚能穴产生的高速聚能射流提前切断尚未传爆的导爆管，应将起爆雷管或传爆雷管反向布置，即将雷管聚能穴指向与导爆管的传爆方向相反的方向。雷管应捆绑在距导爆管端头大于10 cm的位置，导爆管应均匀地敷设在雷管周围，并用胶布等捆扎牢固。需要指出的是，从起爆和传爆强度的角度考虑，正向布置起爆雷管比反向布置更合理。如果正向布置起爆雷管，必须采取防止聚能穴炸断导爆管的有效措施。

(6)安装传爆雷管和起爆雷管之前，应停止爆破区域一切与网路敷设无关的施工作业，无关人员必须撤离爆破区域，以防止意外触发起爆雷管或传爆雷管引起早爆。

五、导爆管起爆系统的特点

导爆管起爆系统具有如下优点：

(1)不受杂散电流及各种感应电流的影响,适合于杂散电流较大的露天或地下矿山爆破作业;

(2)爆破网路的设计、操作简便,不需进行网路计算;

(3)作为主要耗材的导爆管为非危险品,储运方便、安全;

(4)可以同时起爆的炮孔或装药的数量不受限制,既可用于小型爆破,也适用于大型的深孔爆破、硐室爆破。

导爆管起爆系统尚具有以下不足:

(1)导爆管雷管及爆破网路无法用仪表进行检查,只能凭外观检查网路的质量情况;

(2)不能在具有瓦斯与煤尘爆炸危险的环境中使用。

第五节　新型起爆器材

为了消除传统起爆器材的一些缺陷,适应特殊爆破环境的需求,近年来国内外研制成功了很多新型的起爆器材,下面仅对国内已定型生产的一些品种作简单介绍。

1. 数码雷管(electronic detonator)

数码雷管又称电子雷管(electronic detonator),利用可以精确定时的电子元件取代电子雷管中的延期药,并在此基础上添加了一些提高使用灵活性的现场编程功能、提高雷管可靠性的在线检测功能和防静电、防射频电等安全保护功能。

数码雷管起爆系统由可编码的数码雷管和控制设备(编码器和发爆器)组成。编码器用于联网期间的延期序列设定和功能测试,能够读取和储存唯一的雷管识别码和必需的延期时间。发爆器用于最终的系统测试和点火。

下面以澳瑞凯澳公司生产的 i-kon 数码雷管为例,介绍该品种雷管及其起爆系统的一些性能。i-kon 数码雷管外壳为铜锌合金,内有集成电子线路,起爆药为 90 mg 叠氮化铅,主装药为 750 mg太安,能直接引爆具有雷管感度的炸药和起爆弹。i-kon 雷管的延期时间为 1～15 000 ms(以1 ms为增量单位);当延期时间在 0～500 ms范围时,其精度为±0.05 ms;当延期时间在 501～15 000 ms时,其精度为±0.01%。(芯片)允许使用电压应小于 300 V(DC)、240 V(AC);雷管安全电压为 50 V(DC)、35 V(AC)。

i-kon 雷管是完全可编程的,有一个数字化的延时芯片,一旦点火信号发出,它就可以独立工作。雷管内部有一个保护装置,可以高度可靠地保护雷管不被杂散电流、过载电压、静电和电磁辐射干扰。

雷管尾部的连接器可直接扣在导线上,从而通过连接器内的一对铜脚线将雷管与导线连接起来,编码器与导线连接,可对雷管设定延期时间和测试。

由于每一发雷管都是连通的,数码雷管编码器可以检测雷管性能,读取雷管识别码,然后连同延期时间一起写入内存。用户可以回顾存储的延期时间列表,并重新编辑设定的延期时间。

数码雷管编码器具有内在安全性的、手持式的编码和测试装置,可以检测雷管功能,读取雷管识别码,然后连同延期时间一起写入内存。

数码雷管依靠数据信号记忆延期,雷管延期时间一旦设置后,雷管与主线的并联连接顺序可以任意调换,而且起爆信号发出后数码雷管脚线及网路主线的破坏对雷管的准爆与延时精度是没有影响的。

数码雷管与常规雷管相比,具有许多无可比拟的优点:如数码雷管抗水、抗压性能好;雷管的起爆时间设置灵活,爆破现场可根据需要在 0～15 000 ms内任意设置和调整;雷管延期时间长且误差小;雷管位置和工作状态可反复检查;现场网路连接安全简便等。但在实践中也发现,数码雷管起爆系统存在不能对未在编码器中登录而又连接在起爆网路中的雷管进行检测的漏洞,今后需加以改进。

数码雷管代表了工程爆破向数字化发展的一个方向,值得在振动控制要求严格、起爆段间时差要求精确、起爆延续时间长等复杂条件下的工程爆破中推广使用。

2. 抗杂散电流电雷管(anti-stray current electric detonator)

抗杂散电流电雷管简称抗杂电雷管,是一种具有抗杂散电流或感应电流能力的电雷管。其电桥丝直径较大,电阻较小,脚壳之间设有泄放通道,最小发火电流不大于3.3 A,20 发串联发火电流约10 A。

3. 抗静电电雷管(anti-static electric detonator)

抗静电电雷管是指抗静电性能达到500 pF、5 000 Ω、25 kV的电雷管。其主要结构是在脚线线尾套绝缘塑料套或在线尾连接一个回路,在引火元件上留有一个放电空隙或在引火药头外套上一个硅胶套,以便泄放积累的静电。

4. 磁电雷管(magnetic detonation detonator)

磁电雷管是利用变压器耦合原理,由电磁感应产生的电冲能激发的雷管。它与普通雷管的不同之处在于每个雷管都带有一个环状磁芯,雷管的脚线在磁芯上绕适当匝数,构成传递起爆能量的耦合变压器的副绕组。使用这种雷管时,将一根作为耦合变压器原绕组的单芯导线与待起爆的雷管穿在一起,经爆破母线接到专用高频起爆仪后就可以起爆。磁电雷管可以防止射频电流、工频电流、杂散电流和静电刺激产生的危害。

5. 耐温耐压电雷管(high temperature-pressure resistant electric detonator)

耐温耐压电雷管是为在较高压力和温度环境下使用而设计的专用雷管。这种电雷管适用于石油深井射孔及其他高温、高压场所的爆破工程。其电阻为1.2～2.5 Ω,安全电流0.1 A,发火电流0.5 A。在电容为500 pF、电阻5 000 Ω、电压20 kV条件下,对产品脚壳放电不爆炸。在170 ℃、88.3 MPa条件下,历时2 h,雷管起爆性能不变。

6. 非起爆药雷管(nonprimary detonator)

非起爆药雷管是指不装起爆药而只装猛炸药或装烟火药和猛炸药的工业雷管。研制非起爆药雷管的目的是为了解决在传统工业雷管生产过程中因生产起爆药 DDNP(二硝基重氮酚)而造成的严重的环境污染,以及起爆药在雷管的生产和使用过程中造成的安全问题。目前取代起爆药的途径主要有两种:一种是用烟火剂或炸药改性取代起爆药;另一种是用高速飞片、爆炸线(膜)、半导体桥(膜)等提供冲击波或等离子体起爆能量从而取代起爆药。非起爆药雷管的性能指标与普通工业雷管相同。

7. 变色导爆管(discolored nonel tube)

变色导爆管是一种在传爆后管体颜色能自动由本色变为黑色或红色的塑料导爆管。变色导爆管便于直观方便地检查管体是否已经传爆,提高了爆破作业的安全性,其性能满足普通导爆管的产品质量标准,安全可靠,无污染。

8. 耐温高强度导爆管(high temperature resistant and high strength nonel tube)

耐温高强度导爆管是为了适应现场混装炸药车装药温度较高(一般大于72 ℃),以及大面积延时爆破装药时间长，导爆管数日浸在含水炸药中，需有较高的抗酸碱性能和抗拉性能的要求而研制的一种塑料导爆管。这种导爆管为双层复合结构，在－40～80 ℃条件下仍能可靠传爆，无破孔现象。

9. 起爆药柱(primary explosive column)

起爆药柱主要用于起爆铵油炸药、重铵油炸药和含水炸药，常用作露天深孔爆破、硐室爆破的起爆体。起爆药柱具有高威力、高爆速、高密度、高爆轰感度和强耐水性等特点。其上分别设有雷管盲孔插槽和导爆索通孔，可以很方便地用雷管或导爆索直接将其引爆。

10. 柔性切割索(mild linear shaped charge)

柔性切割索是一种爆炸时产生聚能效应的索类爆破器材，被覆层为铅、铝等合金。炸药装药截面多呈倒V字形。柔性切割索主要用于切割金属板材、条带及电缆等。其切割性能取决于装药的性质、药量、炸高和形状设计。通常每米装药量为1～32 g。使用时按切割线路弯曲成所需形状，用雷管引爆。

此外还有勘探电雷管、油井电雷管、电影电雷管、激光雷管等专用起爆器材。

本 章 小 结

按感度递减、输出能量递增的次序而排列的一系列爆炸元件的组合体称为传爆序列(high explosive train)。其功能是使一个小的冲能有控制地将输出能量扩大到足以引爆主药包。下面将本章介绍的四种起爆方法的传爆序列做如下归纳。

1. 火雷管起爆法的传爆序列

火焰⟶导火索⟶火雷管⟶炸药。

2. 电雷管起爆法的传爆序列

起爆能(交流电、直流电、发爆器等)⟶电雷管⟶炸药。

3. 导爆索起爆法的传爆序列

雷管⟶导爆索⟶继爆管⟶导爆索⟶炸药。

4. 导爆管起爆法的传爆序列

起爆能(激发枪、雷管等)⟶导爆管⟶反射四通(或导爆管雷管)⟶导爆管 ⟶导爆管雷管⟶炸药。

复 习 题

1. 绘制一种秒延期电雷管和一种毫秒延期电雷管的平面剖视图，注明各部分的名称，说明其作用原理。

2.《工业电雷管》(GB 8031—2015)规定，除末段外任何一段延期电雷管的上规格限U为该段名义延期时间与上段名义延期时间的中值(精确到表3.1中的位数)，下规格限L则为该段名义延期时间与下段名义延期时间的中值加上一个末位数。末段延期电雷管的上规格限为本段名义延期时间与下规格限之差，再加上本段名义延期时间。

如第1毫秒系列3段延期时间的上规格限为

$$(50+75)\div 2=62.5$$

下规格限是

$$(50+25)\div 2+0.1=37.6$$

再如第1秒系列7段(末段)延期电雷管的上规格限是

$$7.7-6.94+7.7=8.46$$

试确定表3.1中第1毫秒系列延期电雷管各段别延期时间的上规格限U和下规格限L，并分析其随段号变化的规律。

3. 两发镀锌铁脚线电雷管，经测定其全电阻分别为4.9 Ω和5.1 Ω，某种铜芯导线的电阻为单根11.84 Ω/km。现将这2发电雷管串联后连接在长各10 m的两根铜芯导线的一端，在两根导线的另一端接上1节普通的1.5 V干电池，试问这两发电雷管爆炸的概率是多少？如果只连接其中的1发电雷管，同时将起爆电源由1节干电池变为2节1.5 V干电池串接，情况又如何？

4. 某硐室爆破工程需同时起爆180个小药室，每个药室需安设电阻为5.4 Ω的瞬发电雷管1发，拟采用串并联电爆网路。已知网路母线电阻1.45 Ω。求并联支路的数目及支路中雷管的数目各取多少时通过每发雷管的电流最大？采用220 V照明电起爆，能否满足《爆破安全规程》的要求？若要满足《爆破安全规程》的要求，起爆电压需达到多少伏？如果每个药室中需安设2发电雷管以提高起爆的可靠度，爆破网路又应如何布置？(区域线、端线电阻不计)

5. 本章第三节中，多处涉及敷设导爆索起爆网路时应该注意的问题，试归纳并逐条列出。

6. 试用两根绳子或电线搭一个水手结或套结，看看各有什么特点。

7. 导爆索爆破网路的连接方法有分段并联、簇并联和环形网路等，比较并说明它们的优点和缺点。

8. 在导爆索和导爆管爆破网路中，对用来起爆网路的雷管聚能穴的朝向有何要求？试分析其原因。

9. 导爆索、导火索和导爆管统称索类起爆器材。试根据所学索类起爆器材的性能及特征填充下表。

性能特征 索类名称	采用芯药	外径/mm	外观颜色	所传递能量的形式	传递能量的速度	自身靠……来引燃或起爆	可以用来引爆……
普通导火索							
普通导爆索							
塑料导爆管							

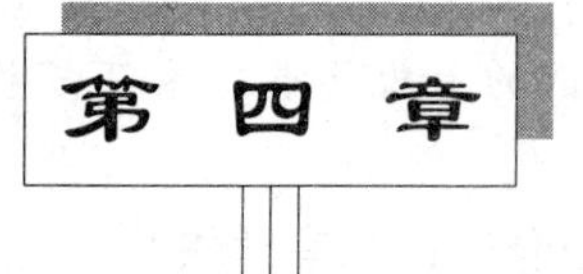

第四章 岩石爆破作用原理

在铁路建设、水利工程、采矿工程以及其他土石方工程中，爆破是目前应用最为广泛、最为有效的一种破岩手段。为了优化爆破参数，必须了解岩石在爆破作用下的破碎机理、装药量的计算原理以及各种相关因素对爆破效果的影响。

由于岩石是一种非均质、各向异性的介质，爆炸本身又是一个高温、高压、高速的变化过程，炸药对岩石破坏的整个过程在几十微秒到几十毫秒内就完成了，因此研究岩石爆破作用机理是一项非常复杂和困难的工作。随着测试技术的进步，相关科学的发展和引入，以及各类工程对爆破规模和质量要求的不断提高，对岩石爆破作用原理的研究取得了许多新的进展，建立了一些新的学说和理论体系，提出了很多计算模型和计算公式。尽管这些研究成果还不很完善，但它们基本上反映了岩石爆破作用中的某些客观规律，对爆破实践具有一定的指导意义和应用价值。

第一节 岩石爆破破碎学说

关于岩石爆破破碎的原因有多种理论和学说，比较流行的有爆轰气体压力作用学说、应力波作用学说以及应力波和爆轰气体压力共同作用学说。

一、爆轰气体压力作用学说(explosion gas failure theory)

爆轰气体压力作用学说从静力学观点出发，认为岩石的破碎主要是由于爆轰气体(explosion gas)的膨胀压力引起的。这种学说忽视了岩体中冲击波和应力波(stress wave)的破坏作用，其基本观点如下：

药包爆炸时，产生大量的高温高压气体，这些爆炸气体产物迅速膨胀并以极高的压力作用于药包周围的岩壁上，形成压应力场。当岩石的抗拉强度低于压应力在切向衍生的拉应力时，将产生径向裂隙。作用于岩壁上的压力引起岩石质点的径向位移，由于作用力的不等引起径向位移的不等，导致在岩石中形成剪切应力。当这种剪切应力超过岩石的抗剪强度时，岩石就会产生剪切破坏。当爆轰气体的压力足够大时，爆轰气体将推动破碎岩块作径向抛掷运动。

二、应力波作用学说(stress wave failure theory)

应力波作用学说以爆炸动力学为基础，认为应力波是引起岩石破碎的主要原因。这种学说忽视了爆轰气体的破坏作用，其基本观点如下：

爆轰波冲击和压缩着药包周围的岩壁，在岩壁中激发形成冲击波并很快衰减为应力波。此应力波在周围岩体内形成裂隙的同时向前传播，当应力波传到自由面时，产生反射拉应力波(图 4－1)。当拉应力波的强度超过自由面处岩石的动态抗拉强度时，从自由面开始向爆源方向产生拉伸片裂破坏，直至拉伸波的强度低于岩石的动态抗拉强度处时停止。

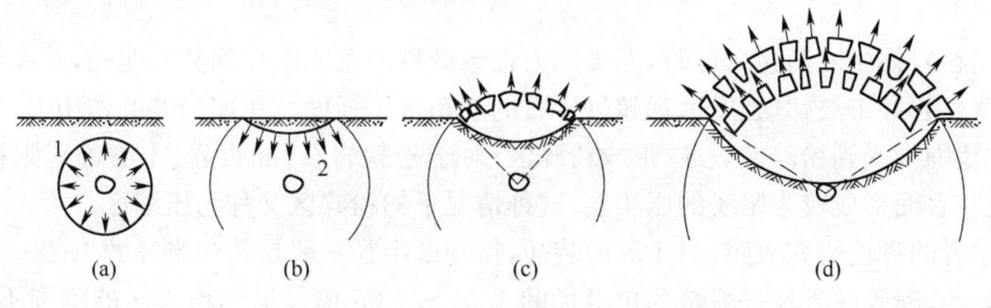

图 4－1　反射拉应力波破坏过程示意图

1—压应力波波头；2—反射拉应力波波头

应力波作用学说只考虑了拉应力波在自由面的反射作用，不仅忽视了爆轰气体的作用，而且也忽视了压应力的作用，对拉应力和压应力的环向作用也未予考虑。实际上爆破漏斗主要以由里向外的爆破作用为主。

三、应力波和爆轰气体压力共同作用学说

这种学说认为，岩石的破坏是应力波和爆轰气体共同作用的结果。这种学说综合考虑了应力波和爆轰气体在岩石破坏过程中所起的作用，更切合实际而为大多数研究者所接受。其基本观点如下：

爆轰波波阵面的压力和传播速度大大高于爆轰气体产物的压力和传播速度。爆轰波首先作用于药包周围的岩壁上，在岩石中激发形成冲击波并很快衰减为应力波。冲击波在药包附近的岩石中产生"压碎"现象，应力波在压碎区域之外产生径向裂隙。随后，爆轰气体产物继续压缩被冲击波压碎的岩石，爆轰气体"楔入"在应力波作用下产生的裂隙中，使之继续向前延伸和进一步张开。当爆轰气体的压力足够大时，爆轰气体将推动破碎岩块作径向抛掷运动。

对于不同性质的岩石和炸药，应力波与爆轰气体的作用程度是不同的。在坚硬岩石、高猛度炸药、耦合装药或装药不耦合系数（本章第五节）较小的条件下，应力波的破坏作用是主要的；在松软岩石、低猛度炸药、装药不耦合系数较大的条件下，爆轰气体的破坏作用是主要的。

第二节　单个药包的爆破作用

为了分析岩体的爆破破碎机理，通常假定岩石是均匀介质，并将装药简化为在一个自由面条件下的球形药包。球形药包的爆破作用原理是其他形状药包爆破作用原理的基础。

一、爆破的内部作用

当药包在岩体中的埋置深度很大，或药包的质量很小时，炸药的爆炸作用就达不到自由面，这种情况下的爆破作用叫做爆破的内部作用，相当于单个药包在无限介质中的爆破作用。岩石的破坏特征随离药包中心距离的变化而发生明显的变化。根据岩石的破坏特征，可将耦合装药条件下受爆炸影响的岩石分为三个区域（图 4－2）。

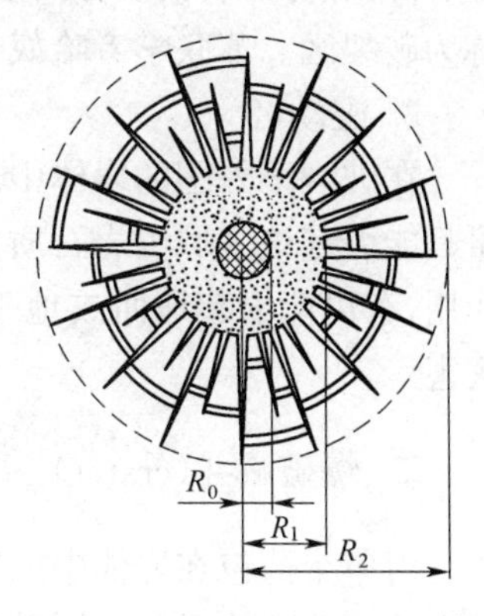

图 4－2　爆破的内部作用

R_0—药包半径；R_1—粉碎区半径；R_2—破裂区半径

1. 粉碎区

当密闭在岩体中的药包爆炸时,爆轰压力在数微秒内急剧增高到数万兆帕,并在药包周围的岩石中激发起冲击波,其强度远远超过岩石的动态抗压强度。在冲击波的作用下,对于坚硬岩石,在此范围内受到粉碎性破坏,形成粉碎区;对于松软岩石(如页岩、土壤等),则被压缩形成空腔,空腔表面形成较为坚实的压实层,这种情况下的粉碎区又称为压缩区。

一些学者的理论研究表明:对于球形装药,粉碎区半径一般是药包半径的 1.28～1.75 倍;对于柱形装药,粉碎区半径一般是药包半径的 1.65～3.05 倍。虽然粉碎区的范围不大,但由于岩石遭到强烈粉碎,能量消耗却很大。因此,爆破岩石时,应尽量避免形成粉碎区。

2. 破裂区

在粉碎区形成的同时,岩石中的冲击波衰减成压应力波。在应力波的作用下,岩石在径向产生压应力 σ_r 和压缩变形,而切向将产生拉应力 σ_θ 和拉伸变形。由于岩石的抗拉强度仅为其抗压强度的 1/50～1/10,当切向拉应力 σ_θ 大于岩石的抗拉强度时,该处岩石被拉断,形成与粉碎区贯通的径向裂隙,如图 4－3(a)所示。

随着径向裂隙的形成,作用在岩石上的压力迅速下降,药室周围的岩石随即释放出在压缩过程中积蓄的弹性变形能,形成与压应力波作用方向相反的拉应力 σ'_r,使岩石质点产生反方向的径向运动。当径向拉应力σ'_r大于岩石的抗拉强度时,该处岩石即被拉断,形成环向裂隙,如图 4－3(b)所示。

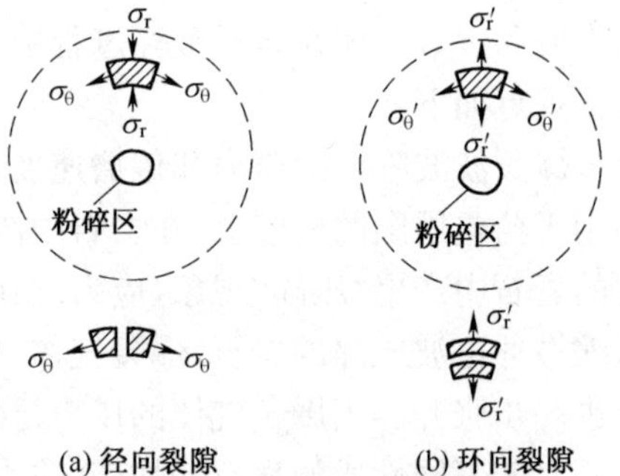

图 4－3　破裂区径向裂隙和环向裂隙形成示意图

σ_r—径向压应力;σ_θ—切向拉应力;

σ'_r—径向拉应力;σ'_θ—切向压应力

在径向裂隙和环向裂隙形成的过程中,由于径向应力和切向应力的作用,还可形成与径向成一定角度的剪切裂隙。

应力波的作用在岩石中首先形成了初始裂隙,接着爆轰气体的膨胀、挤压和气楔作用使初始裂隙进一步延伸和扩展。当应力波的强度与爆轰气体的压力衰减到一定程度后,岩石中裂隙的扩展趋于停止。

在应力波和爆轰气体的共同作用下,随着径向裂隙、环向裂隙和切向裂隙的形成、扩展和贯通,在紧靠粉碎区处就形成了一个裂隙发育的区域,称为破裂区。苏联学者哈奴卡耶夫研究认为,破裂区半径为装药半径的 10～15 倍[①]。

3. 震动区

在破裂区外围的岩体中,应力波和爆轰气体的能量已不足以对岩石造成破坏,应力波的能量只能引起该区域内岩石质点发生弹性振动,这个区域称为震动区。在震动区,由于地震波的作用,有可能引起地面或地下建筑物的破裂、倒塌,或导致路堑边坡滑坡,隧道冒顶、片帮等灾害。

二、爆破漏斗(crater)

当单个药包在岩体中的埋置深度不大时,可以观察到自由面上出现了岩体开裂、鼓起或抛掷现象。这种情况下的爆破作用叫做爆破的外部作用,其特点是在自由面上形成了一个倒圆

---

① A. H. 哈努卡耶夫,刘殿中译. 矿岩爆破的物理过程[M]. 北京:冶金工业出版社,1980. 33－37.

锥形爆坑，称为爆破漏斗，如图 4－4 所示。

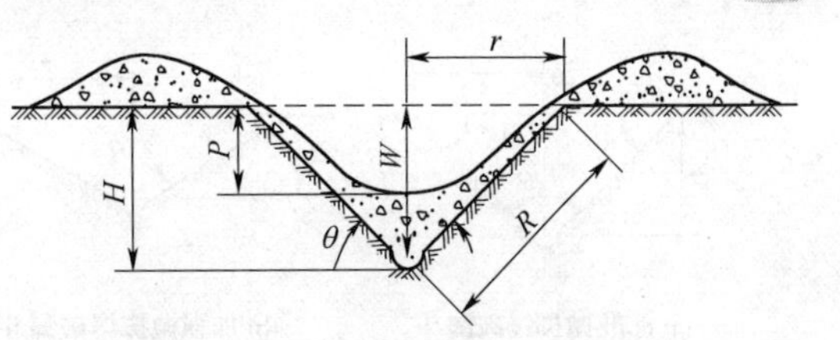

图 4－4　爆破漏斗的几何要素

1. 爆破漏斗的几何要素

(1)自由面(free face)是指被爆破的介质与空气接触的面，又叫临空面。

(2)最小抵抗线(minimum burden)是指药包中心距自由面的最短距离。爆破时，最小抵抗线方向的岩石最容易破坏，它是爆破作用和岩石抛掷的主导方向。习惯上用 W 表示最小抵抗线。

(3)爆破漏斗半径(crater radius)是指形成倒锥形爆破漏斗的底圆半径。常用 r 表示爆破漏斗半径。

(4)爆破漏斗破裂半径简称破裂半径，是指从药包中心到爆破漏斗底圆圆周上任一点的距离。图 4－4 中的 R 表示爆破漏斗破裂半径。

(5)爆破漏斗深度是指爆破漏斗顶点至自由面的最短距离。图 4－4 中的 H 表示爆破漏斗深度。

(6)爆破漏斗可见深度是指爆破漏斗中渣堆表面最低点到自由面的最短距离，如图 4－4 中 P 所示。

(7)爆破漏斗张开角即爆破漏斗的顶角，如图 4－4 中的 θ。

2. 爆破作用指数(crater index)

爆破漏斗底圆半径与最小抵抗线的比值称为爆破作用指数，用 n 表示，即

$$n=\frac{r}{W} \tag{4-1}$$

爆破作用指数 n 在工程爆破中是一个极重要的参数。爆破作用指数 n 值的变化，直接影响到爆破漏斗的大小、岩石的破碎程度和抛掷效果。

3. 爆破漏斗的分类

根据爆破作用指数 n 值的不同，将爆破漏斗分为以下四种。

(1)标准抛掷爆破漏斗。如图 4－5(a)所示，当 $r=W$，即 $n=1$ 时，爆破漏斗为标准抛掷爆破漏斗，漏斗的张开角 $\theta=90°$。形成标准抛掷爆破漏斗的药包叫做标准抛掷爆破药包。

(2)加强抛掷爆破漏斗。如图 4－5(b)所示，当 $r>W$，即 $n>1$ 时，爆破漏斗为加强抛掷爆破漏斗，漏斗的张开角 $\theta>90°$。形成加强抛掷爆破漏斗的药包，叫做加强抛掷爆破药包。

(3)减弱抛掷爆破漏斗。如图 4－5(c)所示，当 $0.75<n<1$ 时，爆破漏斗为减弱抛掷爆破漏斗，漏斗的张开角 $\theta<90°$。形成减弱抛掷爆破漏斗的药包叫做减弱抛掷爆破药包，减弱抛掷爆破漏斗又叫加强松动爆破漏斗。

(4)松动爆破漏斗。如图 4－5(d)所示，当 $0<n\leqslant 0.75$ 时，爆破漏斗为松动爆破漏斗，这时爆破漏斗内的岩石只产生破裂、破碎而没有向外抛掷的现象。从外表看，没有明显的可见漏斗出现。

工程中常用多个炮孔或硐室组成的群药包进行爆破。群药包爆破是单个药包爆破的组合，通过调整群药包的药包间距和起爆时间顺序，采用诸如光面爆破、预裂爆破、延时爆破、挤压爆破等爆破技术，可以充分发挥单个药包的爆破作用，达到单个药包分次起爆所不能达到的爆破效果(详见后续章节的内容，此不赘述)。

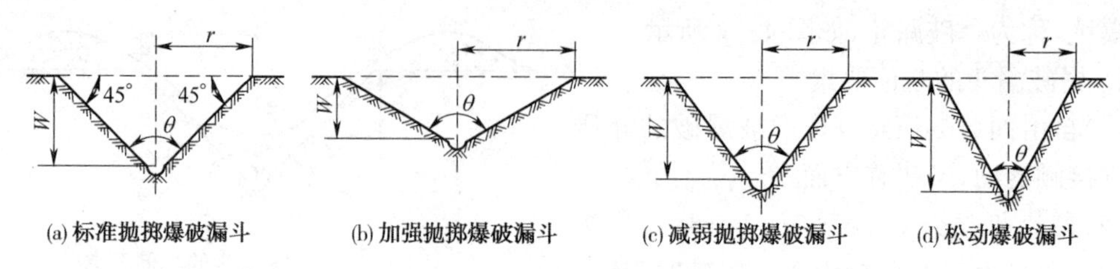

图 4—5　爆破漏斗分类

第三节　体 积 公 式

目前,在岩土工程爆破中,精确计算装药量(charge quantity)的问题尚未得到十分圆满的解决。工程技术人员更多的是在各种经验公式的基础上,结合实践经验确定装药量。其中,体积公式是装药量计算中最为常用的一种经验公式。

一、体积公式的计算原理

在一定的炸药和岩石条件下,爆落的土石方体积与所用的装药量成正比。这就是体积公式的计算原理。体积公式的形式为:

$$Q=k\cdot V \tag{4-2}$$

式中　Q——装药量,kg;

k——单位体积岩石的炸药消耗量,kg/m^3;

V——被爆落的岩石体积,m^3。

二、集中药包的药量计算

1. 集中药包(concentrated charge)的标准抛掷爆破

根据体积公式的计算原理,对于采用单个集中药包进行的标准抛掷爆破,其装药量可按照下式来计算:

$$Q_b=k_b\cdot V \tag{4-3}$$

式中　Q_b——形成标准抛掷爆破漏斗的装药量,kg;

k_b——形成标准抛掷爆破漏斗的单位体积岩石的炸药消耗量,一般称为标准抛掷爆破单位用药量系数,kg/m^3;

V——标准抛掷爆破漏斗的体积,m^3,其大小为

$$V=\frac{1}{3}\pi\cdot r^2\cdot W \tag{4-4}$$

其中　r——爆破漏斗底圆半径,m,

W——最小抵抗线,m。

对于标准抛掷爆破漏斗,$n=\frac{r}{W}=1$,即 $r=W$,所以

$$V=\frac{\pi}{3}\cdot W^2\cdot W=\frac{\pi}{3}W^3=1.047W^3\approx W^3 \tag{4-5}$$

将式(4—5)代入式(4—3),得

$$Q_b = k_b \cdot W^3 \tag{4-6}$$

式(4－6)即集中药包的标准抛掷爆破装药量计算公式。

2. 集中药包的非标准抛掷爆破

在岩石性质、炸药品种和药包埋置深度都不变动的情况下，改变标准抛掷爆破的装药量，就形成了非标准抛掷爆破。当装药量小于标准抛掷爆破的装药量时，形成的爆破漏斗半径变小，$n<1$ 为减弱抛掷爆破或松动爆破；当装药量大于标准抛掷爆破的装药量时，形成的爆破漏斗半径变大，$n>1$ 为加强抛掷爆破。可见非标准抛掷爆破的装药量是爆破作用指数 n 的函数，因此可以把不同爆破作用的装药量用下面的计算通式来表示：

$$Q = f(n) \cdot k_b \cdot W^3 \tag{4-7}$$

式中　$f(n)$——爆破作用指数函数(function of crater index)。

对于标准抛掷爆破 $f(n)=1.0$，减弱抛掷爆破或松动爆破 $f(n)<1$，加强抛掷爆破 $f(n)>1$。$f(n)$具体的函数形式有多种，各派学者的观点不一。我国工程界应用较为广泛的是前苏联学者鲍列斯阔夫提出的经验公式：

$$f(n) = 0.4 + 0.6n^3 \tag{4-8}$$

鲍列斯阔夫公式适用于抛掷爆破装药量的计算。将式(4－8)代入式(4－7)，得到集中药包抛掷爆破装药量的计算通式：

$$Q_p = (0.4 + 0.6n^3) k_b W^3 \tag{4-9}$$

应用式(4－9)计算加强抛掷爆破的装药量时，结果与实际情况比较接近。但是，当最小抵抗线 W 大于25 m时，用式(4－9)计算出来的装药量偏小，应乘以修正系数 φ：

$$Q_p = (0.4 + 0.6n^3)\varphi k_b W^3 \qquad \varphi = \begin{cases} 1 & W \leqslant 25\ \text{m} \\ \sqrt{W/25} & W > 25\ \text{m} \end{cases} \tag{4-10}$$

集中药包松动爆破的装药量可按下式计算：

$$Q_s = k_s W^3 \tag{4-11}$$

式中　Q_s——集中药包形成松动爆破的装药量，kg；

k_s——集中药包形成松动爆破的单位体积岩石的炸药消耗量，一般称为松动爆破的单位用药量系数，kg/m³。

工程经验表明，k_s 与 k_b 之间存在着以下关系：

$$k_s = f(n) \cdot k_b = \left(\frac{1}{3} \sim \frac{1}{2}\right) k_b \tag{4-12}$$

即集中药包松动爆破的单位用药量约为标准抛掷爆破单位用药量的 1/3 到 1/2。松动爆破的装药量公式可以表示为

$$Q_s = (0.33 \sim 0.5) k_b W^3 \tag{4-13}$$

三、延长药包的药量计算

延长药包(extended charge)是在工程爆破中应用最为广泛的药包。如炮孔爆破法和深孔爆破法中使用的柱状药包(column charge)以及硐室爆破法中使用的条形药包(linear charge)都属于延长药包。

延长药包是相对于集中药包而言的，当药包的长度和它横截面的直径(或最大边长)之比值 ψ 大于某一值时，叫做延长药包。ψ 值大小的规定目前尚未统一。就圆柱形装药而言，通常

当$\varphi>4$时，即视为延长药包。实际上，要真正起到延长药包的作用，药包的长度应达到药包直径17倍以上。

1. 延长药包垂直于自由面

掘进隧道时，炮孔爆破法的柱状装药就是延长药包垂直于自由面的一种形式(图4－6)。这种情况下炸药爆炸时易受到岩体的夹制作用，但一般仍能形成倒圆锥的漏斗，只是易残留炮窝。计算装药量时，仍可按体积公式来计算。

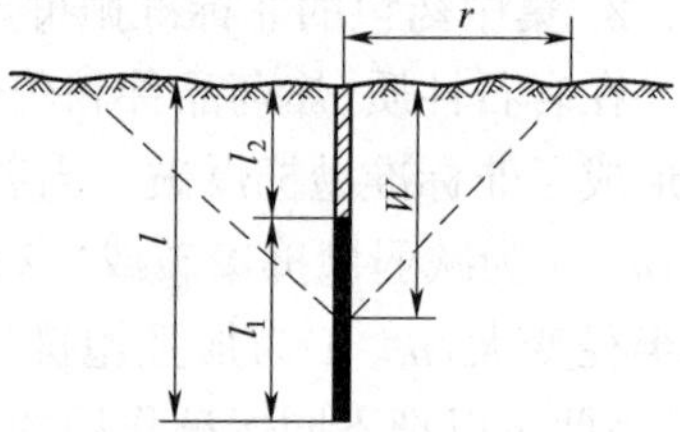

图4－6 柱状装药垂直自由面

$$Q=k_{\mathrm{b}}f(n)W^3 \tag{4-14}$$

式中 Q——装药量，kg；

W——最小抵抗线，m，其值为

$$W=l_2+\frac{1}{2}l_1$$

其中 l_2——堵塞长度，m，

l_1——装药长度，m。

需要说明的是，在浅眼爆破中，由于凿岩机所钻的眼径较小，炮孔内往往容纳不下由式(4－14)计算所得的装药量。在这种情况下，需要多打炮孔以容纳计算的药量。在隧道爆破设计时，常用式(5－4)计算每掘进循环的总装药量，然后根据断面尺寸和循环进尺确定单孔装药量。

2. 延长药包平行于自由面

深孔爆破靠近边坡的炮孔装药和硐室爆破采用的条形药包都是延长药包平行于自由面的具体形式。延长药包爆破后形成的爆破漏斗是一个V形横截面的爆破沟槽。设V形沟槽的开口宽度为$2r$，沟槽深度W，当$r=W$时，$n=\dfrac{r}{W}=1$，称为标准抛掷爆破沟槽，如图4－7所示。根据体积公式计算装药量(不考虑端部效应)：

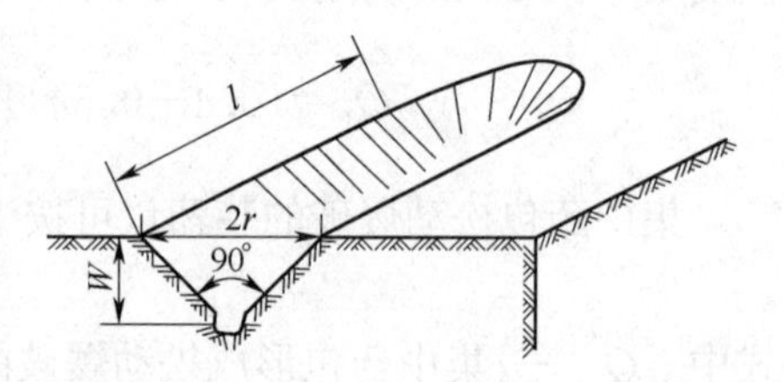

图4－7 延长药包平行于自由面

$$Q=k_{\mathrm{b}}V=k_{\mathrm{b}}\cdot\frac{1}{2}\cdot 2rWl=k_{\mathrm{b}}\cdot rWl=k_{\mathrm{b}}W^2l$$

即
$$Q=k_{\mathrm{b}}W^2l \tag{4-15}$$

对于形成非标准抛掷爆破沟槽的情况，装药量的计算公式应考虑爆破作用指数n的影响，于是：

$$Q=f(n)k_{\mathrm{b}}W^2l \tag{4-16}$$

式中 Q——延长药包的装药量，kg；

$f(n)$——与爆破作用指数有关的经验公式；

W——延长药包的最小抵抗线，m；

l——延长药包的装药长度，m。

对于硐室爆破中使用的条形药包，装药量的计算公式可以表示为

$$Q_{\mathrm{t}}=\frac{Q}{l}=f(n)k_{\mathrm{b}}W^2 \tag{4-17}$$

式中　Q_t——条形药包单位长度装药量，kg/m。

式(4－17)中的 $f(n)$ 为经验公式，形式多样，各不相同。我国使用较多的是苏联学者鲍列斯阔夫和阿夫捷也夫提出的经验公式。

(1)鲍列斯阔夫公式

$$f(n)=\frac{(0.4+0.6n^3)\varphi}{0.55(n+1)} \tag{4-18}$$

式中，n 为爆破作用指数。

$$\varphi=\begin{cases}1 & W\leqslant 25\ \text{m}\\ \sqrt{W/25} & W>25\ \text{m}\end{cases}$$

(2)阿夫捷也夫公式

$$f(n)=\frac{2(0.4+0.6n^3)\psi}{n+1} \tag{4-19}$$

式中

$$\psi=\begin{cases}1 & W\leqslant 25\ \text{m}\\ W^{0.0032(W-25)} & W>25\ \text{m}\end{cases}$$

我国爆破工程技术人员也提出了一些计算 $f(n)$ 的经验公式，其中由铁道科学研究院提出的公式如下：

$$f(n)=\frac{\lambda(1+n^2)\varphi}{2} \tag{4-20}$$

式中

$$\lambda=\begin{cases}1.0 & n<1\\ 1.1 & 1\leqslant n\leqslant 1.3\\ 1.2 & n>1.3\end{cases}$$

式(4－20)的特点是：计算结果与现有的一些经验公式所求得的 $f(n)$ 值的平均值较为接近。应该注意的是，式(4－18)～式(4－20)都未经过最小抵抗线大于60 m的爆破工程实践的检验。

第四节　爆破参数的意义和选择

一、单位用药量系数 k_b 和 k_s

k_b 是指单个集中药包形成标准抛掷爆破漏斗($n=1$)时，爆破每1 m^3岩石或土壤所消耗的2号岩石乳化炸药的质量，称作标准抛掷爆破单位用药量系数，简称标准单位用药量系数。k_s 则是指单个集中药包形成松动爆破漏斗时(一般 $0<n<0.75$)，爆破每1 m^3岩石或土壤所消耗的2号岩石乳化炸药的质量，称作松动爆破单位用药量系数。

k_b 与 k_s 相对于同类岩石来讲，存在式(4－12)的关系。因此，工程实际中常先选择 k_b 值再决定 k_s 的值。

选择 k_b 或 k_s 时，应考虑多方面的影响因素来加以确定，主要有以下几个途径：

(1)查表。对于普通的岩土爆破工程，k_b 和 k_s 的值可由表4－1查出。拆除爆破中有关砖混结构、钢筋混凝土结构的单位用药量系数可从第八章的相关表格中查出。这些表都是对2号岩石乳化炸药而言的，使用其他炸药时应按本章第五节方法进行装药量换算。

表 4-1 各种岩石的单位用药量系数 k_s 和 k_b 值

岩石名称	岩体特征	f 值	k_b 值	k_s 值
			kg/m³	
各种土	松软的	<1.0	1.0~1.4	0.3~0.5
	坚实的	1~2	1.1~1.5	0.4~0.6
土夹石	密实的	1~4	1.2~1.7	0.4~0.7
页岩	风化破碎	2~4	1.0~1.5	0.4~0.6
千枚岩	完整,风化轻微	4~6	1.2~1.6	0.5~0.7
板岩	泥质,薄层,层面张开,较破碎	3~5	1.1~1.6	0.4~0.7
泥灰岩	较完整,层面闭合	5~8	1.2~1.7	0.5~0.9
砂岩	泥质胶结,中薄层或风化破碎者	4~6	1.0~1.5	0.4~0.6
	钙质胶结,中厚层,中细粒结构,裂隙不甚发育	7~8	1.3~1.7	0.5~0.7
	硅结胶结,石英质砂岩,厚层,裂隙不发育,未风化	9~14	1.4~2.1	0.6~0.9
砾岩	胶结较差,砾石以砂岩或较不坚硬的岩石为主	5~8	1.2~1.7	0.5~0.7
	胶结好,以较坚硬的砾石组成,未风化	9~12	1.4~2.1	0.6~0.9
白云岩	节理发育,较疏松破碎,裂隙频率大于4条/m	5~8	1.2~1.7	0.5~0.7
大理岩	完整,坚实的	9~12	1.5~2.0	0.6~0.9
石灰岩	中薄层,或含泥质的,成鲕状、竹叶状结构的及裂隙较发育的	6~8	1.3~1.7	0.5~0.7
	厚层,完整或含硅质,致密的	9~15	1.4~2.1	0.6~0.9
花岗岩	风化严重,节理裂隙很发育,多组节理交割,裂隙频率大于5条/m	4~6	1.1~1.6	0.4~0.7
	风化较轻,节理不甚发育或未风化的伟晶、粗晶结构的	7~12	1.3~2.0	0.6~0.9
	细晶均质结构,未风化,完整致密岩体	12~20	1.6~2.2	0.7~1.0
流纹岩、粗面岩、	较破碎的	6~8	1.2~1.7	0.5~0.9
蛇纹岩	完整的	9~12	1.5~2.1	0.7~1.0
片麻岩	片理或节理裂隙发育的	5~8	1.2~1.7	0.5~0.9
	完整坚硬的	9~14	1.5~2.1	0.7~1.0
正长岩	较风化,整体性较差的	8~12	1.3~1.8	0.5~0.9
闪长岩	未风化,完整致密的	12~18	1.6~2.2	0.7~1.0
石英岩	风化破碎,裂隙频率大于5条/m	5~7	1.1~1.6	0.5~0.7
	中等坚硬,较完整的	8~14	1.4~2.0	0.6~0.9
	很坚硬,完整,致密的	14~20	1.7~2.5	0.7~1.1
安山岩	受节理裂隙切割的	7~12	1.3~1.8	0.6~0.9
玄武岩	完整,坚硬,致密的	12~20	1.6~2.5	0.7~1.1
辉长岩、辉绿岩、	受节理裂隙切割的	8~14	1.4~2.1	0.6~0.9
橄榄岩	很完整,很坚硬,致密的	14~25	1.8~2.6	0.8~1.1

(2)采用工程类比的方法,参照条件相近工程的单位用药量系数确定 k_b 或 k_s 的值。在工程实际中,用这个途径更为现实、可靠。

(3)采用标准抛掷爆破漏斗试验确定 k_b。理论上讲,形成标准抛掷爆破漏斗的装药量 Q 与其所爆落的岩体体积之比即为 k_b 的值。但是,在试验中恰好爆成一个标准抛掷爆破漏斗是很困难的,因此,在试验中常根据式(4-9)计算 k_b 的值,即

$$k_b=\frac{Q}{(0.4+0.6n^3)W^3} \tag{4-21}$$

试验时，应选择平坦地形，地质条件要与爆区一样，选取的最小抵抗线 W 应大于1 m，采用集中药包。根据最小抵抗线 W、装药量 Q 以及爆后实测的爆破漏斗底圆半径 r，计算 n 值并由式(4－21)计算 k_b 值。试验应进行多次，并根据各次的试验结果选取接近标准抛掷爆破漏斗的装药量。试验是繁复的，但对于一些重大的工程是必不可少的。

需要指出的是，k_b 和 k_s 都只是单个集中药包爆破时装药量与所爆落岩体体积之间的一个关系系数。当群药包共同作用时，群药包的总装药量与群药包一次爆落的岩体总体积的比值称为单位耗药量，简称炸药单耗，用字母 q 来表示，即

$$q=\frac{\sum Q}{\sum V} \tag{4-22}$$

式中　q——单位耗药量，kg/m^3；

$\sum Q$——群药包总装药量，kg；

$\sum V$——群药包一次爆落的岩体总体积，m^3。

一般只有在单个集中药包爆破时，k_b 或 k_s 才与 q 相等。在群药包爆破设计中，k_b 和 k_s 只用来计算单个药包的装药量。单位耗药量也是一个经济指标，可用来衡量爆破工程的经济效益，是爆破工程预算的重要指标之一。

二、最小抵抗线 W

最小抵抗线 W 的确定方法根据爆破方法的不同而有所区别。对于硐室爆破(第六章)以及其他采用集中药包的爆破方法，最小抵抗线 W 是从药包中心到地面或临空面的最短距离，如图4－8(a)所示；而采用延长药包爆破的炮孔法爆破(浅眼爆破、深孔爆破)，最小抵抗线 W 则是从药包长度的中心到距该中心最近临空面的最短距离，如图 4－8(b)所示。

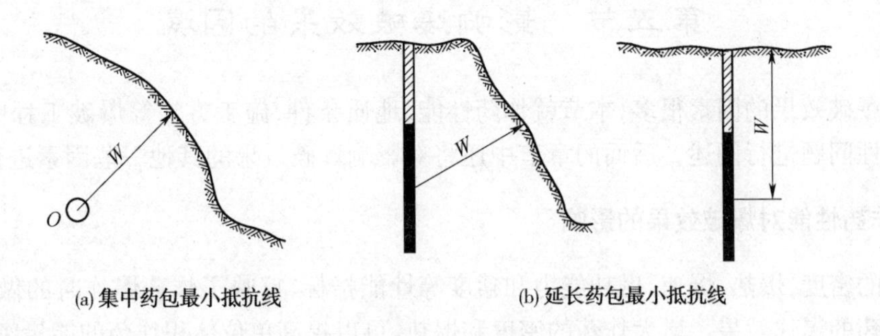

图 4－8　几种爆破方法的最小抵抗线

最小抵抗线的指向是岩石破碎、抛掷和产生飞石的主导方向，应特别注意该方向的安全防护。施工时应认真测量核实最小抵抗线 W 的大小和指向。由于装药量 Q 与 W 的 3 次幂有关，W 值的错误测算往往会导致严重的爆破事故。

三、爆破作用指数 n 值

n 值是表示爆破漏斗大小的一个重要指标，是一个无量纲参数。通过 n 值可以判断爆破工程的性质。同时，n 值也是分析爆破的效果和经济效益的重要依据。为了获得良好的爆破效果，在选择 n 值时，可参考以下原则。

(1)对于抛掷爆破，n 值的大小可根据地面坡度 α 的大小选取：

$\alpha \leqslant 20°$时,$n=1.75 \sim 2.0$;

$\alpha = 20° \sim 30°$时,$n=1.5 \sim 1.75$;

$\alpha = 30° \sim 45°$时,$n=1.25 \sim 1.5$;

$\alpha = 45° \sim 60°$时,$n=1.0 \sim 1.25$;

$\alpha \geqslant 60°$时,$n=0.75 \sim 1.0$。

对于多排药包爆破,后排药包的 n 值应比前排药包加大 0.25,以克服前排药包爆破产生的阻力。但是在任何情况下,对于抛掷和扬弃爆破 n 值都不应大于 3。因为当 $n>3$ 后,n 值对爆破效果的影响就不大了。

(2)松动爆破的 n 值。式(4－12)表明,松动爆破的爆破作用指数函数 $f(n)$的形式与鲍列斯阔夫的经验公式[式(4－8)]不同。事实上,松动爆破后通常不出现可见的爆破漏斗,即多数情况下松动爆破的爆破作用指数 $n=\dfrac{r}{W}=0$,所以就无法用 n 值表达爆破松动的情况。因此,在工程中一般只是借用爆破作用指数函数 $f(n)$的形式来计算松动爆破的装药量。下面是不同类型松动爆破的 $f(n)$值:

最大的内部作用药包　　$f(n)=0.125 \sim 0.2$;

减弱松动药包　　$f(n)=0.2 \sim 0.44$;

正常松动药包　　$f(n)=0.44$;

加强松动药包　　$f(n)=0.44 \sim 1$。

为了达到松动爆破的目的,对于上述取值范围,$f(n)$一般不宜超过上限 0.75,即使在岩石坚硬完整的情况下也应遵守这个原则。

第五节　影响爆破效果的因素

影响爆破效果的因素很多,本节就炸药性能、地质条件、施工方法等爆破工程中影响爆破效果的共性问题进行阐述。后面的章节中还将对影响爆破效果的其他一些因素进行论述。

一、炸药性能对爆破效果的影响

炸药的密度、爆热、爆速、做功能力和猛度等性能指标,反映了炸药爆炸时的做功能力,直接影响炸药的爆炸效果。增大炸药的密度和爆热,可以提高单位体积炸药的能量密度,同时提高炸药的爆速、猛度和做功能力。但是品种、型号一定的工业炸药其各项性能指标均应符合相应的国家标准或行业标准。作为工业炸药的用户,工程爆破领域的技术人员一般不能变动这些性能指标。即使像铵油炸药、水胶炸药或乳化炸药这些可以在现场混制的炸药,过分提高其爆热,也会造成炸药成本的大幅度提高。另外,工业炸药的密度也不能进行大幅度的变动,例如当硝铵炸药的密度超过其极限值后,就不能稳定爆轰。因此,根据爆破对象的性质,合理选择炸药品种并采取适宜的装药结构,从而提高炸药能量的有效利用率,是改善爆破效果的有效途径。

爆速是炸药本身影响其能量有效利用的一个重要性能指标。不同爆速的炸药,在岩体内爆炸激起的冲击波和应力波的参数不同,从而对岩石爆破作用及其效果有着明显的影响。

岩石(或其他介质)的密度同岩石(或其他介质)纵波速度的乘积,称为该岩石(或介质)的波阻抗(wave impedance)。它的物理意义是:在岩石(或其他介质)中引起扰动使质点产生单位振动速度所必需的应力。波阻抗大,产生单位振动速度所需的应力就大;反之,波阻抗小,产生单位振动速度所需的应力就小。因此,波阻抗反映了岩石(或其他介质)对波传播的阻尼作用。炸药的密度与其爆速的乘积称为炸药的波阻抗。

实验表明,炸药或凿岩机钎杆的波阻抗值同岩石的波阻抗值愈接近,炸药或钎杆传给岩石的能量就愈多,在岩石中所引起的破碎程度也愈大。从能量观点来看,为提高炸药能量的有效利用率,炸药的波阻抗应尽可能与所爆破岩石的波阻抗相匹配。因此,岩石的波阻抗愈高,所选用炸药的密度和爆速应愈大。

在工程爆破的设计和施工中,为了选择与岩石性质相匹配的炸药,有时需要将一种炸药的用量换算成另一种炸药的用量。工程上常用炸药换算系数 e(coefficient explosive)来表示炸药之间的当量换算关系。工程爆破一般用炸药的做功能力或猛度指标进行换算;也可采用两者的平均值;也有按爆热指标进行换算的。

将炸药 B 的用量换算成炸药 A 的用量可按下式进行:

$$e_{\mathrm{b}}=\frac{\text{炸药}A\text{的做功能力值}}{\text{炸药}B\text{的做功能力值}} \tag{4-23}$$

或

$$e_{\mathrm{m}}=\frac{\text{炸药}A\text{的猛度值}}{\text{炸药}B\text{的猛度值}} \tag{4-24}$$

也可按上述两式的平均值计算 e 值,即 $e=\frac{e_{\mathrm{b}}+e_{\mathrm{m}}}{2}$ 。

二、地形地质条件对爆破效果的影响

露天工程爆破的实践证明,爆破效果在很大程度上取决于爆区的地形和地质条件。爆破设计应充分考虑两者与爆破作用之间的关系。国内外爆破专业人员越来越多地认识到爆破与地质结合的重要性。爆破工程地质正在朝着形成一个新学科的方向发展。

爆破工程地质着重研究地形地质条件对爆破效果、爆破安全及爆破后岩体稳定性的影响,涉及地形、岩性、地质构造和水文地质诸方面。这里仅举几个例子,说明自由面及不良地质构造对爆破效果的影响。

1. 自由面对爆破效果的影响

在爆破工程中,自由面的作用是非常重要的。有了自由面,爆破后的岩石才能向这个面破坏和移动。增加自由面的个数,可以在明显改善爆破效果的同时,显著地降低炸药消耗量。合理地利用地形条件或人为地创造自由面,往往可以达到事半功倍的效果。图 4-9 很形象地说明了自由面个数对爆破效果的影响。图中(a)表示只有一个自由面时的情况,图中(b)表示具有两个自由面时的情况。如果岩石是均质的,而且其他条件相同,那么图中(b)条件下相同起爆药量所爆下的岩石体积几乎为图(a)的两倍。

2. 断层对爆破效果的影响

实践证明,在药包爆破作用范围内的断层(fault)或破碎带或弱面能影响爆破漏斗的大小和形状,从而减少或增加爆破方量,使爆破不能达到预定的抛掷效果甚至引起爆破安全事故。

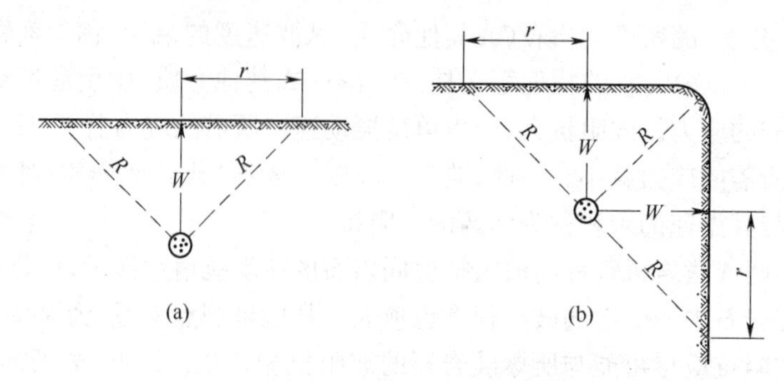

图 4—9 自由面对爆破效果的影响

因此,在布置药包时,应查明爆区断层的性质、产状和分布情况,以便结合工程要求尽可能避免其影响。图 4—10 中的药包布置在断层的破碎带中。当断层内的破碎物胶结不好时,爆炸气体将从断层破碎带冲出,造成冲炮并使爆破漏斗变小。图 4—11 中的药包位于断层的下面。爆破后,爆区上部断层上盘的岩体将失去支撑,在重力的作用下顺断层面下滑,从而使爆破方量增大,甚至造成原设计爆破影响范围之外的建筑物损坏。

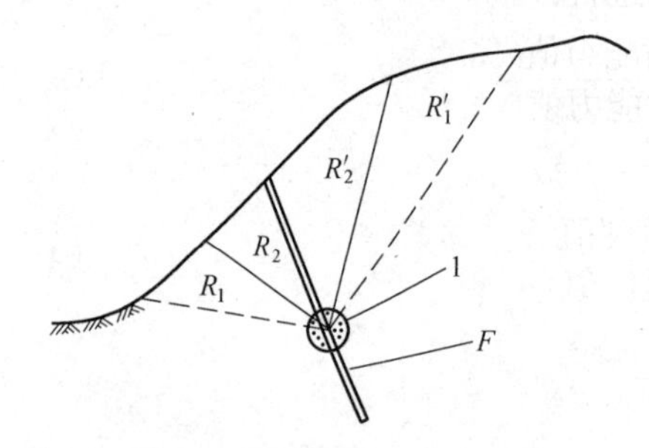

图 4—10 药包布置在断层中

1—药室;F—断层;R_1—设计下破裂线;

R_2—实际下破裂线;R'_1—设计上破裂线;

R'_2—实际上破裂线

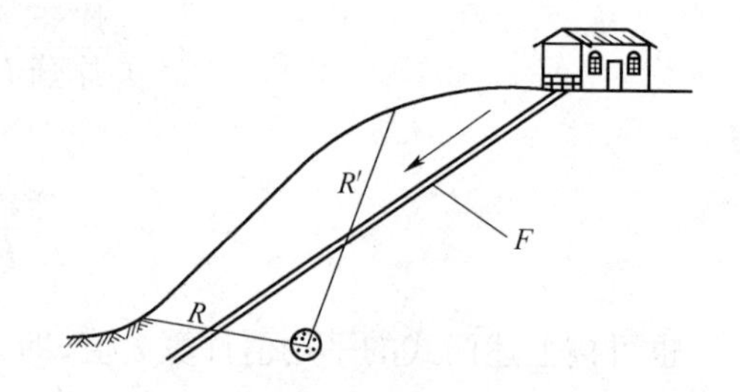

图 4—11 药包布置在断层下

3. 溶洞对爆破效果的影响

在岩溶地区进行大爆破时,地下溶洞对爆破效果的影响不容忽视。溶洞能改变最小抵抗线的大小和方向,从而影响装药的抛掷方向和抛掷方量(图 4—12)。爆区内小而分散的溶洞和溶蚀沟缝,能吸收爆炸能量或造成爆破漏气,致使爆破不匀,产生大块。溶洞还可以诱发冲炮、塌方和陷落,严重时会造成爆破安全事故。对于深孔爆破,地下溶洞会使炮孔容药量突然增大,产生异常抛掷和飞石(图 4—13)。

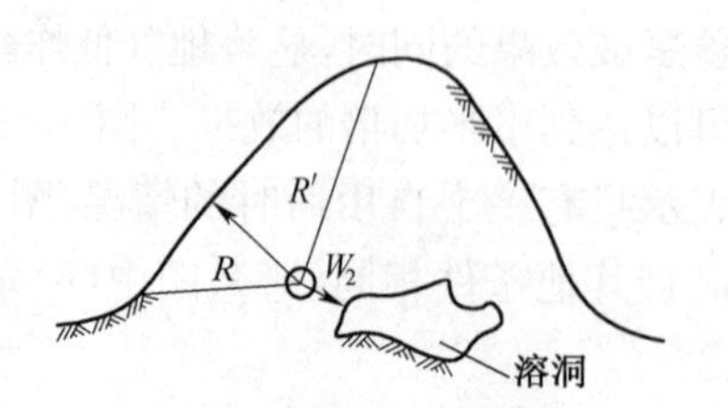

图 4—12 溶洞对抛掷方向和抛掷方量的影响

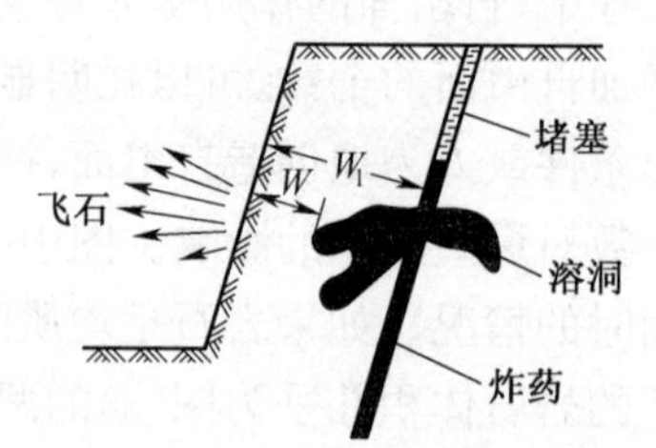

图 4—13 溶洞对深孔爆破的影响

三、施工方法对爆破效果的影响

1. 装药结构对爆破效果的影响

炸药在被爆介质内的安置方式称为装药结构。这里着重讨论炮孔爆破法中装药结构对爆破效果的影响。根据炮孔内药卷与炮孔、药卷与药卷之间的关系，炮孔爆破法中的装药结构可以分为以下几种：

(1)按药卷与炮孔在径向的关系分为：①耦合装药(coupling charge)。药卷与炮孔在径向无间隙[图 4－14(a)]，如散装药。②不耦合装药(decoupling charge)。药卷与炮孔在径向有间隙，间隙内可以是空气或其他缓冲材料[图 4－14(b)]，如水、砂等。

(2)按药卷与药卷在炮孔轴向的关系分为：①连续装药(continuous charge)。药卷与药卷在炮孔轴向紧密接触[图 4－14(c)]。②间隔装药(spaced charge)。药卷(或药卷组)之间在炮孔轴向存在一定长度的空隙，空隙内可以是空气、炮泥、木垫或其他材料[图 4－14(d)]。

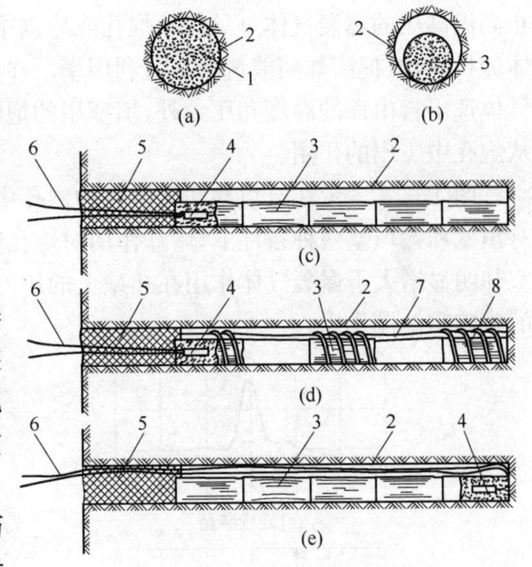

图 4－14　装药结构

(a)耦合装药；(b)不耦合装药；(c)正向连续装药；(d)正向空气间隔装药；(e)反向连续装药
1—炸药；2—炮孔壁；3—药卷；4—雷管；5—炮泥；6—脚线；7—竹条和导爆索；8—绑绳

耦合装药或散装药(bulk loading)时，装药直径即炮孔直径；不耦合装药时，装药直径一般指药卷直径(cartridge diameter)。炮孔直径与装药直径之比称为不耦合系数(decoupling index)。散装药时，不耦合系数为 1。

理论研究、实验室试验和工程实践证明，在一定的岩石和炸药条件下，采用不耦合装药或空气间隔装药具有下列优点：

(1)可以增加炸药用于破碎或抛掷岩石能量的比例，提高炸药能量的有效利用率。

(2)改善岩石破碎的均匀度，降低大块率，从而使装岩效率得到提高。

(3)降低炸药消耗量。

(4)能有效地保护爆破时形成的新自由面。

这两种装药结构，特别是不耦合装药结构已在光面爆破和预裂爆破中得到广泛的应用。现仅将空气间隔装药的作用原理简要归纳如下：

(1)降低了作用在炮孔壁上的冲击压力峰值。若冲击压力过高，在岩体内激起冲击波，产生粉碎区，使炮孔附近岩石过度粉碎，就会消耗大量能量，影响粉碎区以外岩石的破碎效果。

(2)增加了应力波作用时间。原因有两个：其一，由于降低了冲击压力，减少或消除了冲击波作用，相应地增大了应力波能量，从而能够增加应力波的作用时间；其二，当两段装药间存有空气柱时，装药爆炸后，首先在空气柱内激起相向传播的空气冲击波，并在空气柱中心发生碰撞，使压力增高，同时产生反射冲击波于相反方向传播，其后又发生反射和碰撞，从而增加了冲击压力及其激起的应力波的作用时间。

图 4－15 为在相同试验条件下，在相似材料模型中测得的连续装药和空气间隔装药的应

力波形。图中,空气间隔装药激起的应力波峰值减小,应力波作用时间增大,又由于空气冲击波碰撞,在应力波波形上有两个峰值,但总的来看,应力变化比较平缓。

(3)增大了应力波传给岩石的冲量,而且冲量沿炮孔分布较均匀。

2. 填塞对爆破效果的影响

填塞(tamping)就是针对不同的爆破方法采用相应的材料,将岩体中通向药室(chamber)的通道填实。填塞的目的是:保证炸药充分反应,使之产生最大热量,防止炸药不完全爆轰;防止高温高压的爆轰气体过早地从炮孔或导洞中逸出,使爆炸产生的能量更多地转换成破碎岩体的机械功,提高炸药能量的有效利用率。在有瓦斯与煤尘爆炸危险的工作面内,除降低爆轰气体逸出自由面的温度和压力外,填塞用的炮泥还起着阻止灼热固体颗粒(如雷管壳碎片等)从炮孔中飞出的作用。

图 4-16 表示在有填塞和无填塞的炮孔中压力随时间变化的关系。从图中可以看出,在有填塞和无填塞两种条件下,爆炸作用对炮孔壁的初始冲击压力虽然没有很大的影响,但是填塞却明显增大了爆轰气体作用在孔壁上的压力和压力作用的时间,从而大大提高了它对岩石的破碎和抛掷作用。

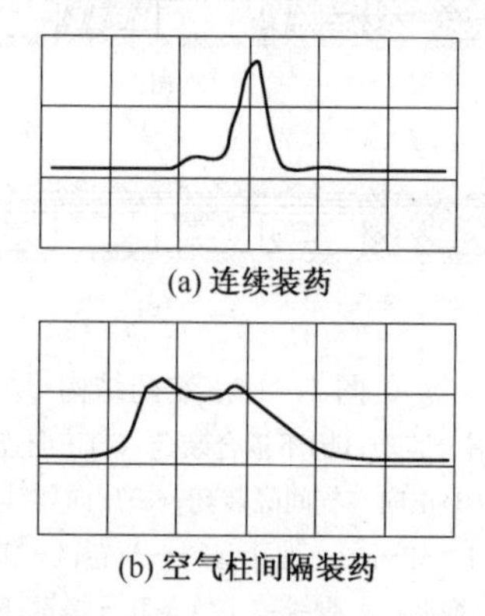

图 4-15 连续装药和空气间隔装药激起应力波波形的比较

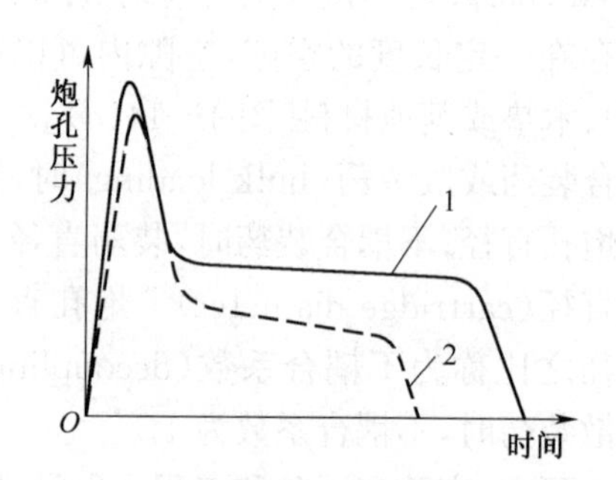

图 4-16 填塞对爆破作用的影响

1—有填塞;2—无填塞

不同的爆破方法所使用的填塞材料、填塞长度和填塞方式不完全相同。具体请参考后面各章节的相关内容。

3. 起爆点位置对爆破效果的影响

起爆用的雷管或起爆药柱在装药中的位置称为起爆点(initiation point)。在炮孔爆破法中,根据起爆点在装药中的位置和数目,将起爆方式分为正向起爆(collar firing)、反向起爆(bottom firing)和多点起爆(multipoint priming)。

单点起爆时,如果起爆点位于装药靠近炮孔口的一端,爆轰波传向炮孔底部,称为正向起爆,如图 4-14(c)、(d)所示。反之,当起爆点置于装药靠近眼底的一端,爆轰波传向眼口,就称为反向起爆,如图 4-14(e)所示。当在同一炮孔内设置一个以上的起爆点时,称为多点起爆。沿装药全长敷设导爆索起爆,是多点起爆的一个极端形式,相当于无穷多个起爆点。

试验和经验表明,起爆点位置是影响爆破效果的重要因素。在岩石性质、炸药用量和炮孔深度一定的条件下,与正向起爆相比,反向起爆可以提高炮孔的利用率,降低岩石的夹制作用,降低大块率。在炮孔较深,起爆间隔时间较长以及炮孔间距较小的情况下,反向起爆可以消除采用正向起爆时容易出现的一些情况,如起爆药卷被邻近炮孔内的装药爆破"压死(dead pressed)"或提前炸开的现象。

与正向起爆相比,反向起爆也有其不足之处。例如,需要长脚线雷管,装药比较麻烦;在有水深孔中起爆药包容易受潮;装药操作的危险性增加,机械化装药时静电效应可能引起早爆(prematare explosion)等。

无论是正向起爆还是反向起爆,岩体内的应力分布都是很不均匀的。如果相邻炮孔分别采用正、反向起爆,就能改善这种状况。采用多点起爆,由于爆轰波发生相互碰撞,可以增大爆炸应力波参数,包括峰值应力、应力波作用时间及其冲量,从而能够提高岩石的破碎度。

第六节 光面爆破和预裂爆破

在隧道开挖、路堑施工等许多爆破工程中,除了要求崩落和破碎岩石之外,还要求对保留的岩体进行保护,尽量减少炸药的爆炸效应对其产生的破坏,降低开挖面的超挖和欠挖,以达到岩体稳定、开挖面光滑平整、开挖轮廓符合设计要求的目的。由于光面爆破和预裂爆破很好地满足了这些要求,因而在铁路建设以及水利、采矿和建筑物拆除等爆破工程中得到广泛应用。

一、光面爆破和预裂爆破的概念

光面爆破(smooth blasting)是指沿开挖边界布置密集炮孔,采取不耦合装药或装填低威力炸药,在主爆区之后起爆,以形成平整的轮廓面的爆破作业。

预裂爆破(presplitting blasting)是指沿开挖边界布置密集炮孔,采取不耦合装药或装填低威力炸药,在主爆区之前起爆,从而在爆区与保留区之间形成预裂缝(图 4—17),以减弱主爆破对保留岩体的破坏并形成平整轮廓面的爆破作业。

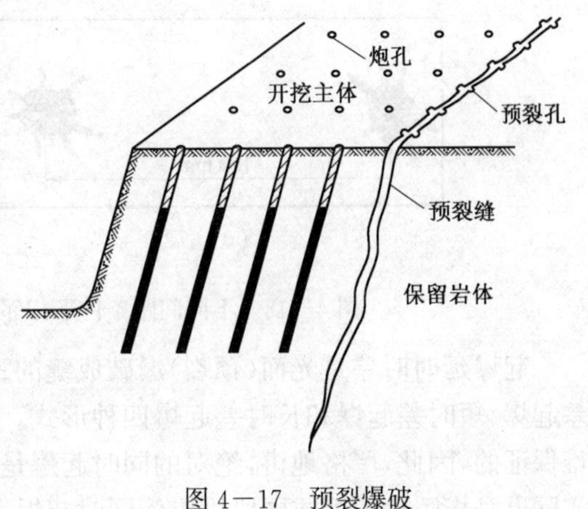

图 4—17 预裂爆破

光面爆破和预裂爆破都是沿设计开挖轮廓线进行的控制爆破,又称轮廓爆破或周边爆破。光面爆破与预裂爆破有很多相同之处,具体表现在以下三点:

(1)在开挖边界上钻凿的光爆孔(预裂孔)的孔距必须与其最小抵抗线相匹配。

(2)均采用不耦合装药或装填低威力炸药。

(3)同组光爆孔(预裂孔)要同时起爆。

光面爆破与预裂爆破的区别主要有以下两点:

(1)光爆孔的爆破是在开挖主体内的装药响炮之后进行的,而预裂孔的爆破则是在岩体开挖之前完成的。

(2)从爆破时岩体的状态看,响炮时光爆孔附近有两个自由面,而预裂孔附近只有一个自由面。因此,为减小岩体的夹制作用,常在预裂孔的底部加强装药。

二、光面爆破和预裂爆破的成缝机理

原中国矿业学院北京研究生部采用动光弹仪、云纹仪、火花式高速摄影机(每秒 2.5 万～100 万幅)对环氧树脂、聚碳酸酯、水泥砂浆等相似材料和大理石板进行了一系列单孔、多孔爆破试验,探讨了光面(预裂)爆破的爆破成缝机理。研究结果表明,两孔同时起爆成缝的机理可以归纳为以下几点:

(1)炸药爆炸时,炮孔壁面受压缩应力波所衍生的切向拉应力作用,在相邻炮孔之间形成应力加强带,产生少数径向裂隙。

(2)不耦合装药、间隔装药等缓冲装药结构使得爆轰气体对孔壁的作用时间延长,在相邻炮孔之间形成由爆轰气体引起的应力加强带。

(3)孔壁存在着钻孔时形成的微细裂隙,所以只要孔距合适,裂隙就从孔壁开始沿炮孔连心线向邻孔方向扩展。同时,孔内爆生气体高速楔入,加大了裂隙的扩展速度,最终导致相邻炮孔贯穿成缝。

图 4－18 是不同炮孔间距条件下的试验结果。用高速摄影机拍摄的动光弹应力条纹显示,当相邻炮孔同时起爆后(用特制起爆器材控制相邻炮孔的起爆时差在几个微秒内),两个炮孔周围各自形成一个应力场,而且,在炮孔之间形成一个应力带。当眼距较大时,尽管存在着相邻炮孔之间的应力叠加,但裂隙并不贯通,只在各炮孔周围独自形成几条径向裂隙,如图 4－18(a)所示。试验条件不变,只是将眼距适当缩小,在起爆后40 μs,相邻炮孔之间的应力随之增加,叠加后的拉应力大于介质的极限抗拉强度,形成拉断裂隙,如图 4－18(b)所示。

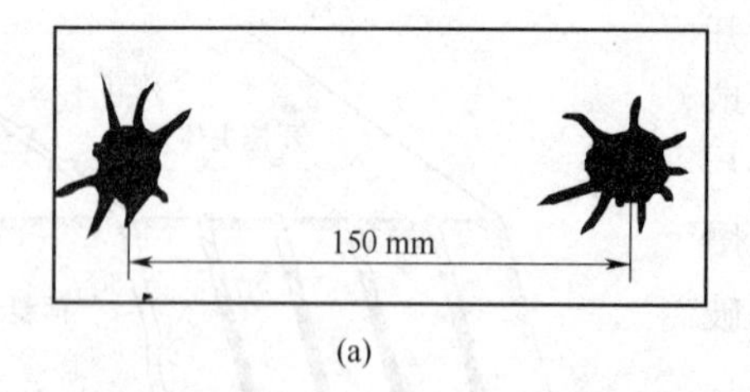

(a)

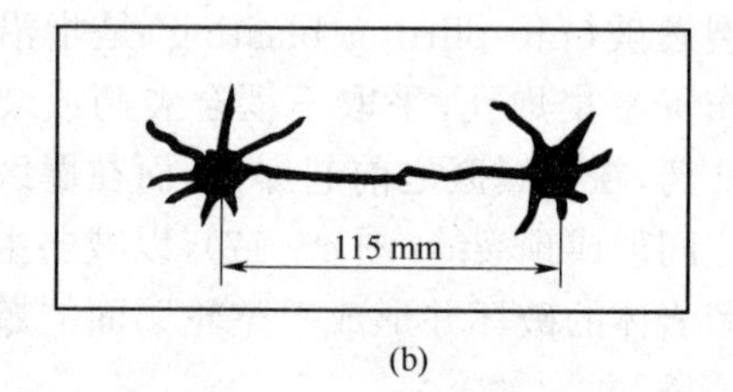

(b)

图 4－18 不同间距条件下相邻炮孔同时起爆裂隙发展的最终状态

起爆延时时差是光面(预裂)爆破成缝的重要因素。起爆时差可以分为同时起爆、极短时差起爆、短时差起爆和长时差起爆四种形式。瞬发雷管或同段别雷管同时起爆在生产上是很难保证的,因此,严格地讲,绝对的同时起爆是很难实现的。所谓极短时差(300～500 μs)起爆实际上是指瞬发雷管或同段别雷管同时起爆,只不过是雷管本身存在着极短的起爆时差而已。短时差(小于100 ms)可以看做是不同段别的低段别毫秒延期雷管之间存在着的起爆时差,或由于导爆管传爆网路在传爆过程中产生的起爆时差。长时差(大于0.25 s)则是不同段别的秒延期雷管之间存在着的起爆时差,或采用导火索起爆时产生的起爆时差。

研究结果和生产实践都表明,同时起爆或极短时差起爆,光面(预裂)爆破的效果最好,短时差起爆次之。对于长时差起爆,由于先爆炮孔产生的应力波逐渐衰减,爆生气体逸散,相邻炮孔之间动、静应力场失去叠加作用,相当于各自单独爆炸,不能达到光面(预裂)爆破的效果。

三、光面爆破和预裂爆破的优点

(1)可以减少超挖、欠挖工程量,节省装运、回填、支护费用。

(2)开挖面光滑平整,有利于后期的施工作业。

(3)对保留岩体的破坏影响小,有利于隧道围岩及边坡的稳定。

(4)由于预裂缝的存在,可以放宽对开挖主体爆破规模的限制,提高工效。

成功实施光面(预裂)爆破需要合理选择炮孔间距、最小抵抗线、不耦合系数、炮孔密集系数和线装药密度等参数,这些具体内容将在后面相应的章节里介绍。

本 章 小 结

当前,爆破工程的研究工作基本上按以下三种方式进行:第一是整理工程经验,找出一般规律,提出用于指导工程设计的经验和半经验公式;第二是通过模型实验探索某些特定爆破现象或爆破工艺的内在规律,用以解决工程设计中的实际问题;第三是利用计算机技术,根据爆破过程的特点建立爆破力学模型,通过调整模型参数进行优化设计和理论探讨。本章立足于实用,介绍了与岩石爆破关系密切的一些理论和研究成果。

单药包的爆破作用原理是爆破设计、施工的基础。爆破漏斗的几何要素以及爆破参数的意义是初学者必须掌握的内容。体积公式是目前应用最为广泛的装药量计算公式。应用体积公式进行设计时,除了注意合理选择爆破参数外,还应高度重视相似工程的爆破施工经验。

影响爆破效果的因素很多,本章重点介绍了其中一些共性的影响因素。针对不同的爆破工程,应结合后续章节的内容和具体的工程条件全面考虑。

光面爆破在铁路隧道、矿山井巷等地下工程中应用十分广泛,预裂爆破则在需要保护岩体边坡的露天工程,如铁路路堑施工、水利水电建设工程中发挥着重要作用。近年来对光面(预裂)爆破的研究结果可以归纳为以下几点:

(1)采用不耦合装药是实现光面(预裂)爆破的主要措施,爆生气体压力对裂缝贯穿起主要作用。

(2)对应力波的作用不论大小,裂缝都是从炮孔壁开始,沿炮孔连心线扩展,最后贯通。

(3)炮孔间起爆时差不同,影响爆破效果。

国内外也有采用特制低密度炸药耦合装药结构或聚能切割药包成功实施光面爆破的实例,但应用尚不广泛。

本章相对集中地引入了一些爆破工程中经常遇到的概念和专业术语,理解并掌握这些概念和术语对于后面章节的学习是十分重要的。

复 习 题

1. 关于岩石爆破破碎原因的三种学说中,哪一种更切合实际?试叙述其基本观点。

2. 什么是爆破的内部作用和外部作用?各有什么特点?

3. 试绘图说明爆破漏斗的几何要素及其相互关系。

4. 根据爆破作用指数 n 值的不同,可以把爆破漏斗划分为哪四种?试说明其特点。

5. 某山体大爆破工程,拟采用条形药包配合集中药包进行爆破,已知岩石的单位用药量系数 $k_b=1.3\ kg/m^3$。现将几个典型药室的爆破作用指数 n 和最小抵抗线 W 列于下表中,试分别计算集中药包的装药量和条形药包的单位长度装药量。

药包形式	集中药包			条形药包		
n	0.8	1.0	1.25	0.8	1.0	1.25
W	15	20	35	15	20	35

6. 在上题中,如果采用露天铵油炸药进行爆破,试换算每个药室的装药量。

7. 试说明光面爆破和预裂爆破的区别。光面爆破和预裂爆破除采用不耦合装药结构之外,还可以采用哪些装药结构?

8. 试述光面爆破和预裂爆破的成缝机理,并说明裂缝是从哪里开始扩展的。

9. 试解释下面的概念:

(1)爆破漏斗;(2)自由面;(3)最小抵抗线;(4)爆破漏斗破裂半径;(5)爆破作用指数;(6)标准抛掷爆破;(7)加强抛掷爆破;(8)减弱抛掷爆破;(9)松动爆破;(10)岩石的波阻抗;(11)装药结构;(12)线装药密度;(13)耦合装药;(14)不耦合装药;(15)不耦合系数;(16)连续装药;(17)空气间隔装药;(18)正向起爆;(19)反向起爆;(20)多点起爆;(21)光面爆破;(22)预裂爆破。

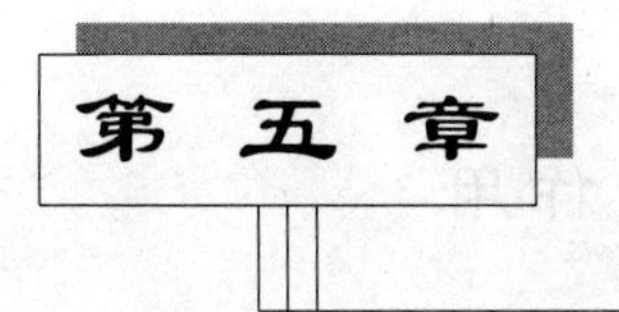

隧道爆破施工技术

隧道(tunnel)是人们利用地下空间的一种形式,广泛应用于铁路、公路、水利水电、矿山、市政、人防等部门,在国民经济建设中起着重要的作用。随着我国各项建设事业的迅速发展,隧道工程越来越多,规模越来越大,类型越来越广,所遇到的岩体地质地形条件和环境越来越复杂,施工难度越来越大。由于钻孔爆破法(drilling blast method)对地质条件适应性强,开挖成本低,特别适合于坚硬岩石隧道、破碎围岩隧道及大量短隧道的施工,所以它仍是目前和将来一定时期内隧道掘进的主要手段。

第一节　隧道爆破施工概述

21 世纪将是地下空间开发利用的世纪,隧道建设项目会越来越多,而作为隧道开挖重要手段的爆破技术也必将有广泛的应用前景。

一、隧道及岩石隧道的概念

隧道通常是指用作地下通道的工程建筑物,是人们合理利用地下空间的一种形式。修建隧道既能保证路线平顺、行车安全、提高舒适性和节省运费,又能增加隐蔽性、提高防护能力和对不同气候条件的适应性。

根据所处地层性质,隧道一般可分为两大类:一类是修建在土层中的,称为软土隧道;另一类是修建在岩层中的,称为岩石隧道。

岩石隧道多采用钻孔爆破方法开挖。爆破开挖(excavation by blasting)是以钻孔、爆破工序为主,配以装运机械出渣而完成隧道施工的方法。

二、岩石隧道钻孔爆破特点

(1)爆破的临空面少,岩石的夹制作用大,炸药单耗高。

(2)对钻孔(drilling)爆破质量要求较高。既要保证隧道的开挖方向满足精度要求,又要使爆破后隧道断面达到设计标准,不能超、欠挖过大。另外,爆破时要防止飞石崩坏支架、风管、水管、电缆等,爆落的岩石块度要均匀,便于装渣运输。

(3)交通隧道的断面一般比较大,造价高,服务年限长,因此在施工中必须确保良好的工程质量。

(4)隧道施工中新奥法的应用,要求施工中尽量减少爆破对围岩的扰动,确保围岩完整,以充分利用围岩自身的承载能力。

(5)隧道爆破的施工方法、施工机具和设备的选择主要取决于开挖断面的大小和隧道所处的山体位置。此外,变化复杂的围岩及围岩的结构、强度、松动程度、耐风化性、初始地应力方向、隧道的跨度和地下水活动情况对钻爆施工也有较大的影响。

(6)由于滴水、潮湿、噪声、粉尘等的影响,钻孔爆破作业条件差,加之与支护、出渣运输等工作交替进行,增加了爆破施工的难度。

第二节　炮孔的种类及作用

隧道爆破开挖多采用浅孔爆破(short-hole blasting)。所谓浅孔爆破是指炮孔深度小于5 m,炮孔直径小于50 mm的爆破。爆破开挖效果直接影响着掘进、装岩及支护等工作,因此,不断地改进爆破技术,对提高隧道的掘进速度和作业安全,具有重要的意义。

一、隧道掘进对爆破的要求

(1)开挖出的断面符合设计要求,周边平整,最大限度地降低对围岩的破坏。

(2)炮孔利用率要高,以提高隧道掘进的循环进尺。

(3)爆落的岩石块度要均匀,爆堆集中,以提高装岩效率。

(4)对爆破产生的振动、飞石、冲击波、有害气体等有害效应的控制满足工程要求。

二、炮孔的种类和作用

隧道爆破工作面上的炮孔,按其位置和作用的不同分为:掏槽孔(cut hole)、辅助孔(reliever)和周边孔(perimeter hole)。周边孔又可分为顶孔、帮孔和底孔。各类炮孔布置如图5—1所示。

掏槽孔一般布置在工作面的中下部,如图5—1中的1～6号炮孔。其作用是在一个自由面(即工作面)的情况下,首先爆出一个槽腔,为其他炮孔的爆破增加新的自由面,以减小岩石的夹制作用,提高爆破效果。因此,掏槽孔是最先起爆的炮孔。为了充分发挥掏槽孔作用,掏槽孔比其他炮孔深15～25 cm,装药量增加15%～20%,采用连续装药结构。

周边孔是指沿隧道周边布置的最外一圈炮孔,如图5—1中的21～44号炮孔。其中21～29号为顶孔,30～33号和41～44号为帮孔,34～40号为底孔。周边孔的作用是控制隧道断面的成形轮廓。周边孔装药量最小,且多采用不耦合装药或间隔装药。

辅助孔是指介于掏槽孔和周边孔之间的所有炮孔,如图5—1中的7～20号炮孔。它可以是一圈或几圈炮孔,一般根据隧道断面大小来确定。辅助孔的作用是扩大掏槽孔爆出的槽腔,为周边孔的爆破创造有利条件。辅助孔装药量介于掏槽孔和周边孔装药量之间,多采用连续装药结构。

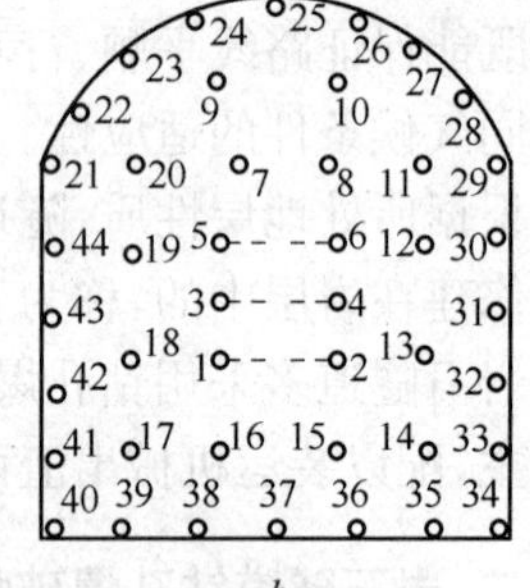

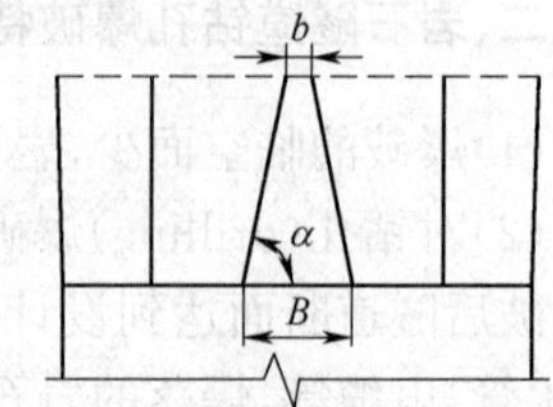

图5—1　各类炮孔布置示意图

由各类炮孔的作用可以看出,隧道爆破效果的好坏主要决定于掏槽孔和周边孔的爆破。掏槽孔爆破直接影响着炮孔利用率或循环进尺,周边孔的爆破效果直接影响着隧道断面的成形质量及围岩的稳定和完整程度。

第三节　掏槽孔布置

根据掏槽孔与工作面的相对关系以及掏槽孔在被爆岩体中的排列形式，可将掏槽孔分为三种：斜孔掏槽、直孔掏槽和混合掏槽。

一、斜孔掏槽

斜孔掏槽(incline cut)是指掏槽孔方向与工作面按一定角度斜交的炮孔排列形式。通常分为单向掏槽、楔形掏槽和锥形掏槽几种形式。

1. 斜孔掏槽的布置形式

(1)单向掏槽

单向掏槽(one-way cut)由数个朝同一方向倾斜的炮孔组成。当隧道断面内有软弱夹层、层理、节理和裂隙时，多采用单向掏槽。根据软弱夹层所处隧道断面内的位置和炮孔布置形式，单向掏槽分为顶部单向掏槽、底部单向掏槽、侧向单向掏槽和扇形单向掏槽，如图 5－2 所示。

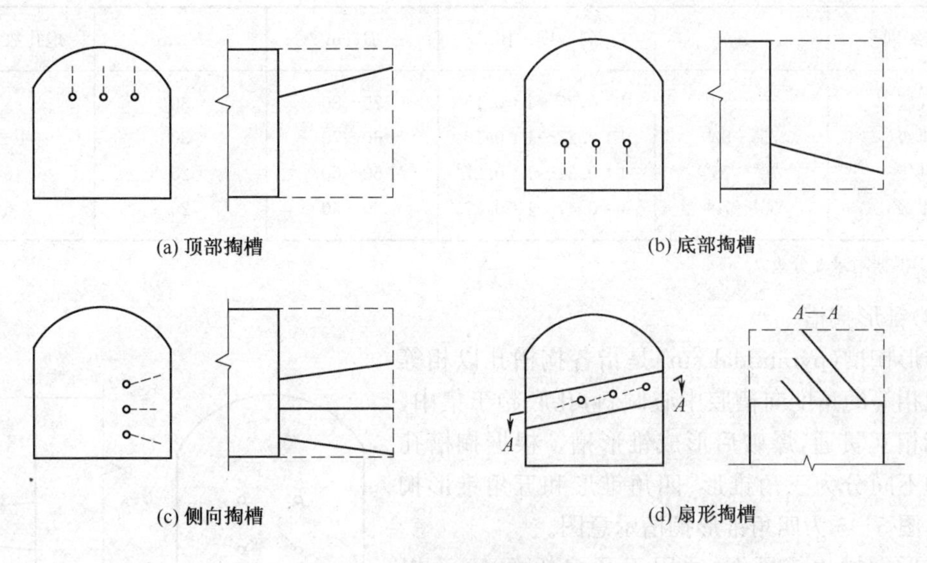

图 5－2　单向掏槽炮孔布置示意图

(2)楔形掏槽

楔形掏槽(wedge cut)通常由两排相对称的倾斜炮孔排列组成，爆破后形成一个楔形槽。楔形掏槽可分为水平楔形掏槽(图 5－3)和垂直楔形掏槽(图 5－4)两种形式。水平楔形掏槽用的较少，只有当工作面的岩层为水平层理时才采用。

垂直楔形掏槽常用于断面大于 4 m^2，中硬以上的均质岩石。掏槽孔与工作面的交角 α、每对掏槽孔的间距 B 和每对掏槽孔孔底的距离 b，是影响此种掏槽爆破效果的重要因素，这些参数随围岩类别的不同而有所不同。表 5－1 列出部分经验数据供参考。

楔形掏槽的特点是掏槽孔数目较少，掏槽体积大，易将岩石抛出。但是，掏槽孔深度受到隧道断面尺寸的限制，岩石抛的较远又使岩堆分散，影响装岩效率。

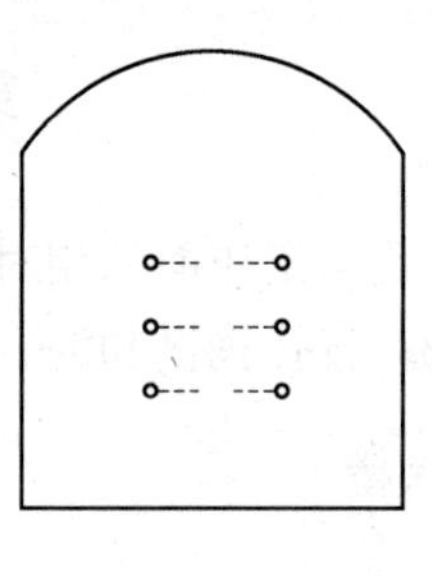

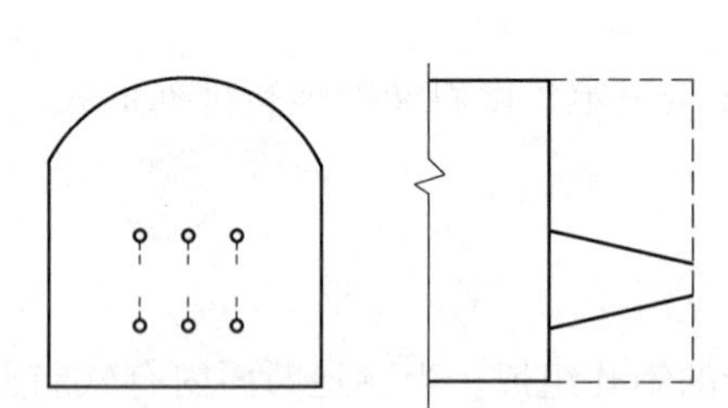

图 5—3 水平楔形掏槽炮孔布置示意图

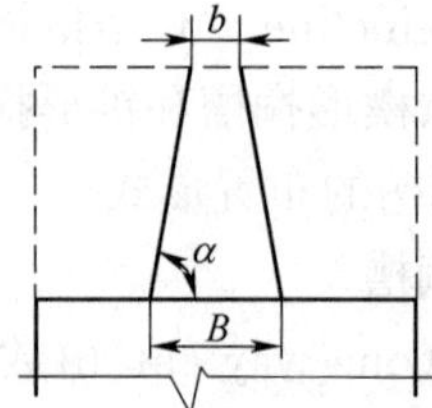

图 5—4 垂直楔形掏槽炮孔布置示意图

表 5—1 垂直楔形掏槽爆破参数

围岩级别①	α	斜 度 比	B/cm	b/cm	炮孔数量/个
Ⅳ级	70°～80°	1∶0.27～1∶0.18	70～80	30	4
Ⅲ级	75°～80°	1∶0.27～1∶0.18	60～70	30	4～6
Ⅱ级	70°～75°	1∶0.37～1∶0.27	50～60	25	6
Ⅰ级	55°～70°	1∶0.47～1∶0.37	30～50	20	6

注:①根据附录 3 分级。

(3)锥形掏槽

锥形掏槽(pyramidal cut)是指各掏槽孔以相等或近似相等的角度向槽腔中心倾斜,孔底趋于集中,但不能相互贯通,爆破后形成锥形槽。根据掏槽孔数目的不同分为三角锥形、四角锥形和五角锥形掏槽等。图 5—5 为四角锥形掏槽示意图。

锥形掏槽比较可靠,适用于开挖断面 4 m^2 以上,且较坚硬(f=4～10)的均质岩层的条件。

锥形掏槽有关参数可参考表 5－2 选取。所有掏槽孔同时起爆时效果较好。

2. 斜孔掏槽的特点

斜孔掏槽具有操作简单、运用灵活,能按岩层的实际情况选择掏槽方式和掏槽角度,易把岩石抛出,掏槽孔的数量少且炸药消耗量低等优点。其缺点是炮孔深度易受到开挖断面尺寸的限制,不易提高循环进尺,不便于多台凿岩机同时作业。

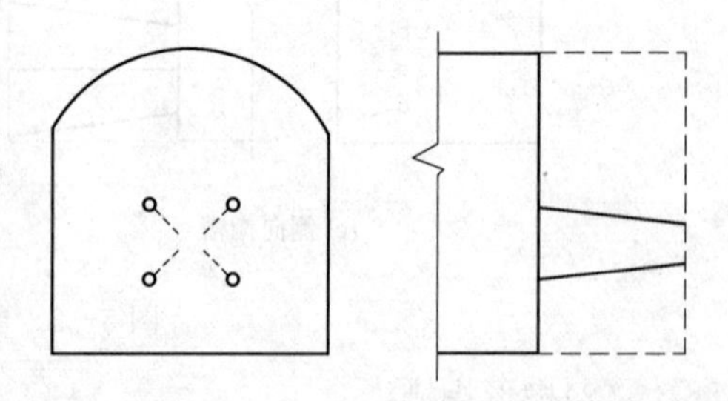

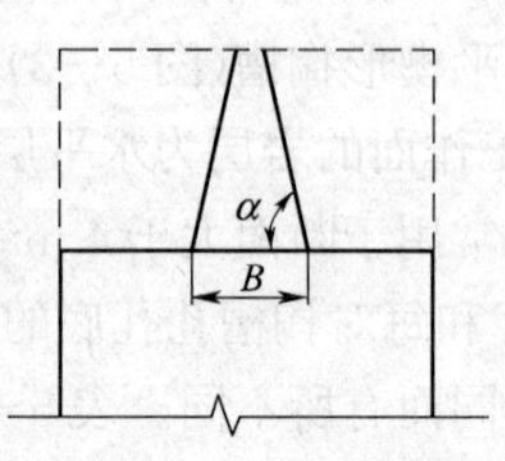

图 5—5 四角锥形掏槽炮孔布置示意图

表 5—2　锥形掏槽炮孔主要参数选择表

围岩级别①	α	a/cm	炮孔数量/个
Ⅳ级	70°	100	3
Ⅲ级	68°	90	4
Ⅱ级	65°	80	5
Ⅰ级	60°	70	6

注：①根据附录 3 分级。

二、直孔掏槽

直孔掏槽(cylinder cut，burn cut)的掏槽孔相互平行且垂直于工作面，其中有一个或数个不装药的空孔，作为装药孔的辅助自由面。

1. 直孔掏槽的布置形式

近年来，随着重型凿岩机械的使用，尤其是能钻大于 100 mm 直径炮孔的液压钻机投入施工以后，直孔掏槽的布置形式有了新的发展。目前常用的形式有以下几种。

(1)柱状掏槽

柱状掏槽是充分利用大直径空孔作为辅助自由面和岩石破碎后的膨胀补偿空间，爆破后形成柱状槽口的掏槽爆破。空孔(buster hole)的数目视炮孔深度而定。一般情况下，当炮孔深度小于 3.0 m 时，采用 1 个；当炮孔深度为 3.0～3.5 m 时，采用 2 个；当炮孔深度大于 3.5～5.15 m时，采用 3 个。掏槽炮孔布置形式如图 5—6 所示。

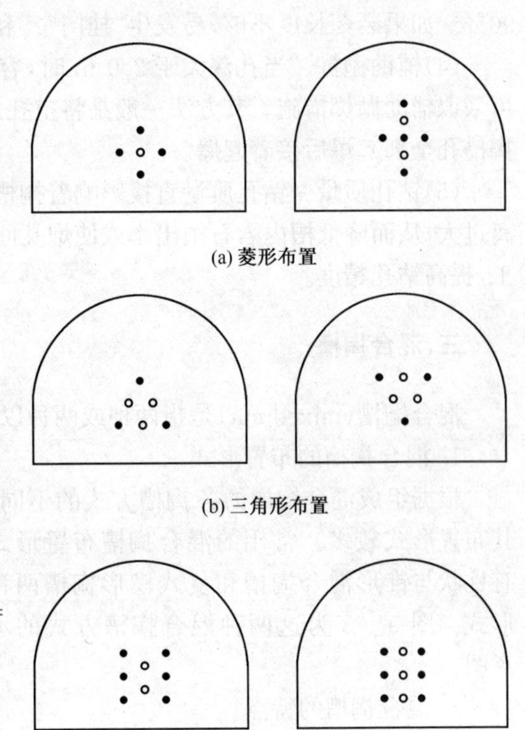

图 5—6　柱状掏槽炮孔布置形式

○—空眼；●—装药眼

(2)螺旋形掏槽

螺旋形掏槽(spiral cut；screw cut)由柱状掏槽发展而来，其特点是中心眼为空孔，各装药眼到空孔的距离依次递增，其连线呈螺旋形，并且由近及远依次起爆，如图 5—7 所示。其特点是能充分利用自由面的作用逐渐扩大掏槽体积。

装药孔与空孔之间的距离分别为：$a=(1.0\sim1.5)D$，$b=(1.2\sim2.5)D$，$c=(3.0\sim4.0)D$，$d=(4.0\sim5.0)D$。其中 D 为空孔直径，一般不小于 100 mm。

2. 直孔掏槽的特点

(1)适用于中硬岩层或坚硬岩层。

(2)掏槽深度不受开挖断面大小的限制，适宜采用中深孔爆破。

(3)凿岩作业较方便，各台凿岩机间相互干扰小，便于多台凿岩机同时作业，提高凿岩效率和掘进速度。

(4)容易控制孔底深度,使眼底落在同一平面上,炮孔利用率高。

(5)爆破时石渣的抛掷距离较短,不易打坏支护及机具设备等。

(6)掏槽炮孔数目较多,耗药量较大。

(7)对眼距、装药等有严格要求,如设计或施工不当,易造成槽内岩石抛不出来或部分抛不出来的现象。

图5-7　螺旋形掏槽炮孔布置

3. 影响直孔掏槽效果的因素

(1)孔距。空孔与装药孔之间的距离对掏槽效果影响较大,孔距过大就会造成掏槽失败或效果降低,孔距过小不仅会使钻孔困难,还容易发生槽内岩石被挤实的现象。空孔与装药孔之间的距离一般随岩性不同而变动。当用等直径炮孔时,变动范围为炮孔直径的2～4倍;当采用大直径空孔时,空孔与装药孔之间的距离不宜超过空孔直径的2倍。

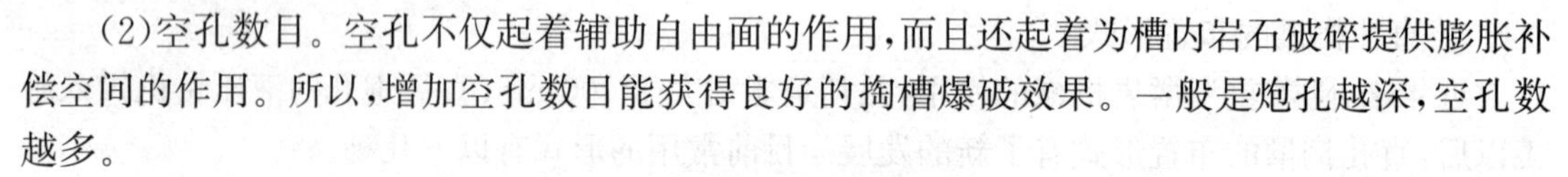

(2)空孔数目。空孔不仅起着辅助自由面的作用,而且还起着为槽内岩石破碎提供膨胀补偿空间的作用。所以,增加空孔数目能获得良好的掏槽爆破效果。一般是炮孔越深,空孔数越多。

(3)装药。与其他掏槽方式相比,直孔掏槽的装药量最大,装药长度占全孔长的70%～90%。如果装药长度不够,易发生“挂门帘”和“留门槛”现象。

(4)辅助抛掷。当孔深大于2.0 m时,容易产生槽腔内岩石部分抛不出来的现象,因此,可采取辅助抛掷措施。其方法一般是将空孔加深100～200 mm,并在孔底放1～2卷炸药,待掏槽孔全部起爆后接着起爆。

(5)钻孔质量。钻孔质量直接影响着掏槽效果。炮孔偏斜过大,会造成两孔钻穿或孔底距离过大,从而降低槽内岩石抛出率或使炮孔间的岩石不能有效崩落。因此,必须严格按设计施工,提高钻孔精度。

三、混合掏槽

混合掏槽(mixed cut)是指两种或两种以上掏槽方式的组合掏槽。

1. 混合掏槽的布置形式

根据组成混合掏槽的各掏槽方式的不同,其布置形式较多。常用的混合掏槽布置形式有柱状与锥形混合掏槽和复式楔形掏槽两种形式。图5－8为这两种混合掏槽方式的示意图。

2. 混合掏槽的特点

(1)一般在岩石特别坚硬或隧道开挖断面较大时使用。

(2)具有掏槽深度大、掏槽效果好的优点。

(3)能提高掏槽孔炮孔利用率。

(4)混合掏槽与单一的斜孔掏槽和直孔掏槽相比,其布置和施工都较为复杂。

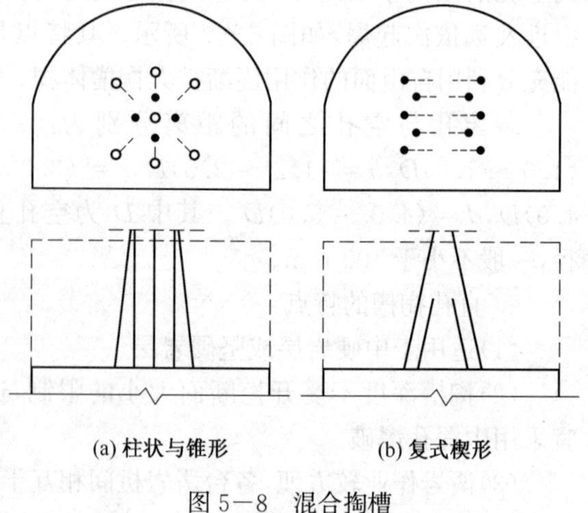
(a)柱状与锥形　　(b)复式楔形

图5－8　混合掏槽

第四节 隧道爆破参数及炮孔布置

一、隧道爆破参数的确定

1. 炮孔直径

炮孔直径(bore hole diameter)的大小直接影响钻孔速度、工作面的炮孔数目、单位耗药量、爆落岩石的块度和隧道轮廓的平整性。加大炮孔直径以提高装药量可使炸药能量相对集中,爆炸效果得以改善,但炮孔直径增大将导致钻孔速度明显下降,并影响岩石破碎质量、洞壁平整程度和围岩的稳定性。因此,必须根据岩性、凿岩设备和工具、炸药性能等进行综合分析,合理选用炮孔直径。隧道所选用的炮孔直径一般在 32~50 mm 之间,药卷与孔壁之间的间隙一般为炮孔直径的 10%~15%。

2. 炮孔数目

炮孔数目(number of holes)主要与开挖断面、炮孔直径、岩石性质和炸药性能有关。炮孔数目过少将造成大块增多,隧道壁面不平整,甚至会出现炸不开的情况;相反,炮孔数目过多将使钻孔工作量增大。因此,炮孔数目确定的基本原则是在保证爆破效果的前提下,尽可能地减少炮孔数目。通常可根据各炮孔平均分配炸药量的原则来计算,其公式为

$$N=\frac{qS}{\tau\gamma} \tag{5—1}$$

式中 N——炮孔数量,不包括未装药的空孔数;

q——单位炸药消耗量,可参考表 5-5;

S——开挖断面积,m^2;

τ——装药系数,即装药长度与炮孔全长的比值,可参考表 5-3;

γ——每米药卷的炸药重量,kg/m。胶状乳化炸药的最佳装药密度为 1.05 ~1.15 g/cm^3,按照密度 1.10 g/cm^3 计算出不同药卷直径的乳化炸药的每米重量,见表 5-4。

表 5-3 装药系数 τ 值

炮眼名称	围岩级别[①]			
	Ⅳ、Ⅴ	Ⅲ	Ⅱ	Ⅰ
掏槽孔	0.40~0.45	0.45~0.55	0.55~0.60	0.60~0.70
辅助孔	0.30~0.35	0.35~0.40	0.40~0.50	0.50~0.60
周边孔	0.08~0.20	0.20~0.30	0.30~0.35	0.35~0.40

注:①根据附录 3 分级。

表 5-4 乳化炸药每米重量 γ 值

药卷直径/mm	32	35	38	40	44	45	50
γ/kg·m^{-1}	0.88	1.06	1.25	1.38	1.67	1.75	2.16

3. 炮孔深度

炮孔深度(hole depth)是指孔底至工作面的垂直距离。合理的炮孔深度有助于提高掘进速度和炮孔利用率。随着凿岩、装渣和运输设备能力的提高,目前普遍存在加长炮孔深度以减少循环次数的趋势。可采用以下方法确定炮孔深度。

(1)按每掘进循环的计划进尺数来确定

$$L=\frac{l}{\eta} \tag{5-2}$$

式中 L——炮孔深度,m;

l——每掘进循环的计划进尺数,m;

η——炮孔利用率,一般要求不低于0.85。

(2)按每一掘进循环中所占时间来确定

$$L=\frac{mvt}{N} \tag{5-3}$$

式中 m——钻机数量;

v——钻孔速度,m/h;

t——每一掘进循环中钻孔所占时间,h;

N——炮孔数目。

所确定的炮孔深度还应与装渣运输能力相适应,使每24 h能完成整数个循环,而且使掘进每米隧道消耗的时间最少,炮孔利用率最高。目前较多采用的炮孔深度在1.8~2.5 m之间。在隧道爆破设计与施工中,习惯上根据炮孔深度对炮孔做以下分类:炮孔深度在1.8 m以下的称为浅孔,炮孔深度在2.5~3.5 m的称为中深孔,炮孔深度大于3.5 m的称为深孔。需要说明的是,这是一种习惯的分类方法,与第六章露天爆破中深孔与浅孔的划分对象是完全不同的。

4. 装药量的计算

装药量是影响爆破效果的重要因素。药量不足,则炮孔利用率低或产生大块,甚至会出现炸不开的现象;药量过大,则会破坏围岩稳定,产生飞石,崩坏支架和机械设备等,且抛渣分散,降低装岩机装岩效率。合理的药量应根据所使用的炸药性能和质量、地质条件、开挖断面尺寸、自由面孔目、炮孔直径和深度及爆破的质量要求等来确定。目前大多采用的方法是,先用装药量体积公式计算出一个循环的总装药量,然后再按各种不同类型的炮孔进行分配,经爆破实践检验和修正,直到取得良好的爆破效果为止。即

$$Q=qV \tag{5-4}$$

表5—5 隧道爆破单位耗药量(kg/m³)

掘进面积/m²	围岩级别①			
	Ⅳ~Ⅴ	Ⅲ~Ⅳ	Ⅱ~Ⅲ	Ⅰ
4~6	1.3~1.5	1.5~1.8	1.8~2.3	2.3~2.9
7~9	1.2~1.4	1.4~1.6	1.6~2.0	2.0~2.6
10~12	1.1~1.3	1.3~1.5	1.5~1.8	1.8~2.3
13~15	1.0~1.2	1.2~1.4	1.4~1.7	1.7~2.1
16~20	0.9~1.1	1.1~1.3	1.3~1.6	1.6~1.9
20~30	0.8~1.0	1.0~1.2	1.2~1.4	1.4~1.6
30~40	0.7~0.9	0.9~1.0	1.0~1.2	1.2~1.4
40~45	0.6~0.8	0.8~0.9	0.9~1.1	1.1~1.2

注:(1)根据附录3分级;(2)表中所用炸药为2号岩石乳化炸药。

式中 Q——掘进每循环所需总炸药量,kg;

q——单位耗药量,kg/m³,见表5—5;

V ——1个循环进尺所爆落的岩石总体积，m^3，其值为

$$V = SL\eta$$

其中　S ——隧道掘进断面积，m^2，

L ——炮孔平均深度，m，

η ——炮孔利用率，一般为0.8～0.95。

二、炮孔的布置

隧道内布置炮孔时，必须保证获得良好的爆破效果，并考虑钻孔的效率。除在开挖面上出现土石互层、围岩类别不同、节理异常等特殊情况外，炮孔一般按下述原则布置：

(1)先布置掏槽孔，其次是周边孔，最后是辅助孔。掏槽孔一般应布置在开挖面中央偏下部位。为爆出平整的开挖面，除掏槽孔和底部炮孔外，所有炮孔孔底应落在同一平面上。通常掏槽眼与底部炮孔深度相同，比其他炮孔深15～20 cm。

(2)周边孔应严格按照设计位置布置。断面拐角处应布置炮孔。为满足机械钻孔需要和减少超欠挖，周边孔设计位置应考虑0.03～0.05的外插斜率，并应使前后两排炮孔的衔接台阶高度(即锯齿形的齿高)最小。此高度一般要求为10 cm，最大不应超过15 cm。

(3)辅助孔的布置主要是解决炮孔间距和最小抵抗线的问题，这可以由施工经验决定。一般抵抗线 W 约为炮孔间距的60%～80%，并在整个断面上均匀排列。当采用二级岩石炸药时，W 值一般取0.6～0.8 m。

(4)当炮孔的深度超过2.5 m时，靠近周边孔的内圈辅助孔应与周边孔有相同的倾角。

(5)当岩层层理明显时，炮孔方向应尽量垂直于层理面。如节理发育，炮孔应尽量避开节理，以防卡钻和影响爆破效果。

隧道开挖面的炮孔，在遵守上述原则的基础上，可以有以下几种布置方式：

(1)直线形布孔。将炮孔按垂直方向或水平方向围绕掏槽开口呈直线形逐层排列，如图5－9(a)、(b)所示。这种布孔方式，形式简单且易掌握，同排炮孔的最小抵抗线一致，间距一致，前排孔为后排孔创造临空面，爆破效果较好。

(2)多边形布孔。这种布孔是围绕着掏槽部位由里向外将炮孔逐层布置成正方形、长方形、多边形等，如图5－9(c)所示。

(3)弧形布孔。顺着拱部轮廓线逐圈布置炮孔，如图5－9(d)所示。此外，还可将开挖面上部布置成弧形，下部布置成直线形，以构成混合型布置。

(4)圆形布孔。当开挖面为圆形时，炮孔围绕断面中心逐层布置成圆形。这种布孔方式，多用在圆形隧道、泄水洞以及圆形竖井的开挖中。

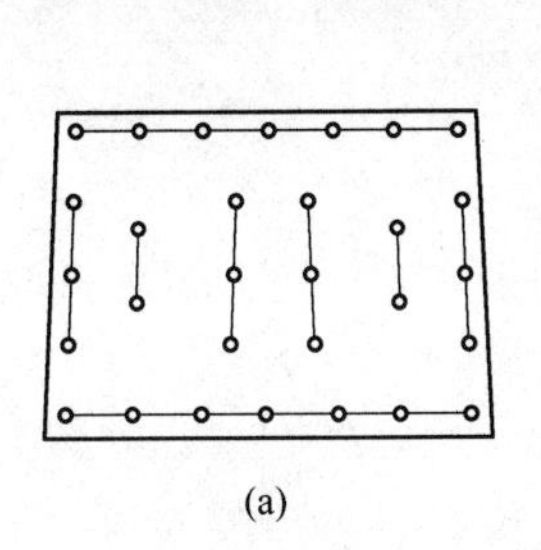
(a)

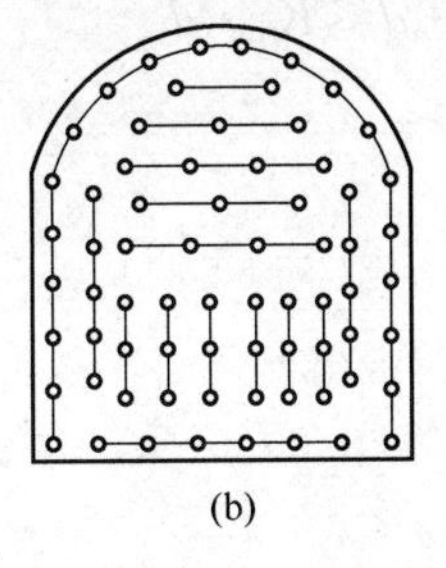
(b)

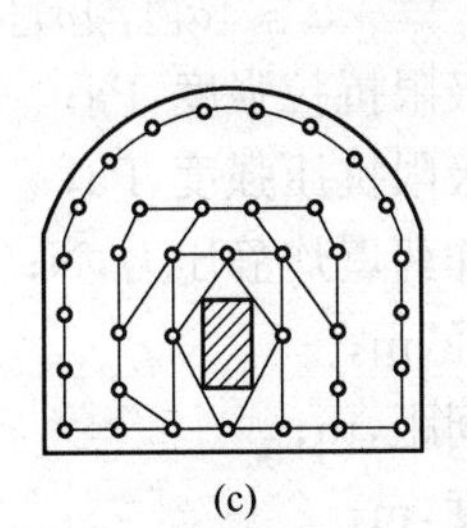
(c)

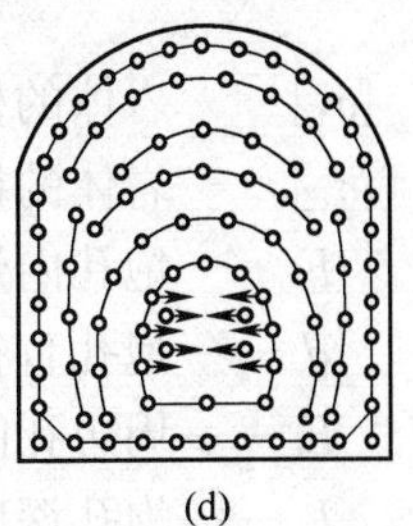
(d)

图5－9　隧道炮孔布置方式

第五节　周边孔的控制爆破

在隧道爆破施工中,首要的要求是开挖轮廓的尺寸准确,对围岩扰动小。所以,周边孔的爆破效果反映了整个隧道爆破的成洞质量。实践表明,采用普通爆破方法不仅对围岩扰动大,而且难以爆出理想的开挖轮廓,故目前采用控制爆破(controlled blasting)技术进行爆破。隧道控制爆破主要包括隧道的光面爆破和预裂爆破。

一、隧道光面爆破

1. 隧道光面爆破标准及特点

隧道光面爆破是通过合理确定爆破参数和施工方法,使爆破后的围岩断面轮廓整齐,最大限度地减轻爆破对围岩的扰动和破坏,尽可能地保持原岩的完整性和稳定性的爆破技术。隧道光面爆破的效果用光面爆破的标准来评价。

光面爆破的标准为:开挖轮廓成形规则,岩面平整;围岩壁上保存有50%～80%以上的半面炮孔痕迹,其中硬岩应大于80%,中硬岩应大于70%,软岩应大于50%,并在轮廓面上均匀分布,无明显的爆破裂缝;超欠挖尺寸符合规定要求,围岩面上无危石。

隧道光面爆破具有如下几方面的特点:

(1)对围岩的扰动小,可提高围岩的自身承载能力。

(2)能有效减少应力集中现象,减少落石和塌方的发生,提高施工安全度。

(3)减少了超挖和回填量,若与锚喷支护相结合,能节省大量混凝土,降低工程造价,加快施工速度。

(4)可降低爆破震动有害效应。

2. 隧道光面爆破的参数确定

光面爆破成功与否主要取决于周边孔的爆破参数确定。这些参数主要包括:周边孔间距、光面爆破层厚度、周边孔密集系数(intensive coefficient of perimeter hole)及装药集中度。影响选择光面爆破参数的因素很多,主要有地质条件、岩石性能、炸药品种、一次爆破的断面大小、断面形状、凿岩设备等。其中影响最大的是地质条件。光面爆破参数,通常采取简单的计算并结合工程类比加以确定,在初步确定后,一般都要在现场爆破实践中加以修正改善。

(1)周边孔间距E。在不耦合装药的前提下,光面爆破应满足炮孔内静压力F小于爆破岩体的极限抗压强度,而大于岩体的极限抗拉强度的条件,如图5—10所示。即

$$\left.\begin{aligned}[\sigma_t]\cdot E\cdot L\leqslant F\leqslant[\sigma_c]\cdot d\cdot L\\ E\leqslant[\sigma_c]/[\sigma_t]\cdot d\leqslant K_i\cdot d\end{aligned}\right\}\tag{5—5}$$

式中　$[\sigma_t]$——岩体的极限抗拉强度,Pa;

$[\sigma_c]$——岩体的极限抗压强度,Pa;

F——炮孔内炸药爆炸静压力,N;

d——炮孔直径,m;

E——周边孔间距,m;

L——炮孔深度,m;

K_i——孔距系数,$K_i=[\sigma_c]/[\sigma_t]$。

从式(5－5)可以看出，周边孔间距与岩体的抗拉、抗压强度以及炮孔直径有关。一般取 $K_i=10\sim18$，即 $E=(10\sim18)d$；当炮孔直径为 32～40 mm 时，一般取 $E=320\sim720$ mm。通常情况下，软质或完整的岩石 E 宜取大值，隧道跨度小、坚硬和节理裂隙发育的岩石 E 宜取小值，装药量也需相应减少。还可以在两个炮孔间增加导向空孔，导向空眼到装药孔间的距离一般控制在 400 mm 以内。此外，还应注意炸药的品种对 E 值也有影响。

(2)光爆层厚度及炮孔密集系数。所谓光爆层就是周边眼与最外层辅助孔之间的一圈岩石层。其厚度就是周边孔的最小抵抗线 W(图 5－10)。周边孔的间距 E 与光爆层厚度 W 有着密切关系，通常以周边孔的密集系数 K（$K=E/W$）表示，其大小对光面爆破效果有较大影响。必须使应力波在两相邻炮孔间的传播距离小于应力波至临空面的传播距离，即 $E<W$。实践表明，$K=0.8$ 较为适宜，光爆层厚度 W 一般取 500～800 mm。

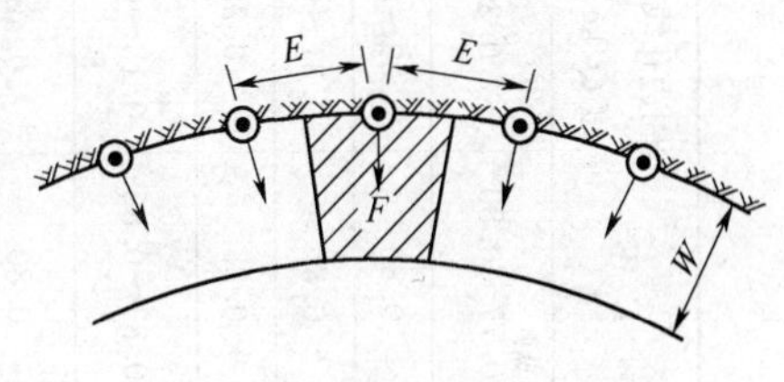

图 5－10　光爆参数示意图

(3)装药不耦合系数。合理的不耦合系数应使爆炸后作用在孔壁上的压力低于岩壁的动抗压强度，而高于其动抗拉强度。实践证明，$K\geqslant2\sim5$ 时，光面爆破效果最好。

(4)装药量。周边孔的装药量通常用线装药密度表示。所谓线装药密度就是单位长度炮孔中的装药量，其单位为 kg/m 或 g/m。合理的装药量应该是爆破后既能保证沿周边炮孔连心线产生破裂，又不会对围岩产生破坏。在实际工程中，通常根据孔距、光爆层厚度、岩石性质和炸药种类等综合考虑来选取。对于软岩或采用光爆层单独爆落时，一般为 0.15～0.25 kg/m；对于硬岩或全断面一次起爆时，一般为 0.30～0.35 kg/m。

3. 隧道光面爆破技术措施

为了获得良好的光面爆破效果，可采取以下技术措施：

(1)采用小直径药卷或专用的低爆速、低密度、低威力炸药。

(2)采用不耦合装药结构。光面爆破的不耦合系数最好大于 2，但药卷直径不应小于该炸药的临界直径，以保证稳定传爆。当采用间隔装药时，相邻炮孔所用的药卷位置应错开，以充分利用炸药效能。

(3)严格掌握与周边孔相邻的内圈炮孔的爆破效果，为周边孔爆破创造临空面。周边孔应做到同时起爆。

(4)严格控制装药集中度，必要时可采用间隔装药结构。

(5)确保钻孔精度。

表 5－6、表 5－7 分别给出了光面爆破一般参考数值和国内部分隧道光面爆破设计参数(表 5－6、表 5－7 适用于炮孔深度 1.0～3.5 m，炮孔直径 40～50 mm，药卷直径 20～25 mm)。

表 5－6　光面爆破一般参考数值

岩石级别[①]	炮孔间距 E/cm	抵抗线 W/cm	密集系数 $K=E/W$	线装药密度/kg·m^{-1}
硬　岩	55～70	60～80	0.7～1.0	0.30～0.40
中硬岩	45～65	60～80	0.7～1.0	0.20～0.30
软　岩	35～50	40～60	0.5～0.8	0.08～0.20

注：①根据附录 3 分级。

表 5—7 国内部分隧道光面爆破设计参数

隧道名称	地质条件	开挖面积 S/m^2	炮孔个数 /个	炮孔直径 d/mm	炮孔深度 L/m	周边孔间距 E/cm	E/W	周边孔线装药密度 Q/kg·m^{-1}	装药结构
蜜蜂箐 2 号	砂岩与泥质砂岩 $f=4\sim5$	40.21	78	46～50	2.3～3.5	75～82	0.77～0.80	0.30	ϕ 32 mm药卷＋间隔
大湾子出口	辉长岩 $f=4\sim5$	43.67	101	40	3.0	75	0.80	0.30～0.38	导爆索＋间隔
梨树沟进口	角闪片麻岩 $f=4\sim5$	40.00	82	42～46	2.5	75	0.80	0.31～0.41	ϕ 20 mm小药卷
普济隧道	泥砂岩 $f=3$	50.00	118～126	50	1.8	68	0.85	0.32	ϕ 20 mm小药卷
某地下油库	白云岩 $f=6$			40～42	0.92～1.1	60～70	0.83～0.86	0.15～0.30	ϕ 20 mm药卷＋导爆索
东江导流洞	花岗岩 $f=6$	试验洞 6.25	光面层圈边孔 14	40	2.3	56	0.80	0.485	导爆索＋间隔
下坑隧道	严重风化千枚岩 $f=1\sim1.5$	上半断面 3.35	65	40～42	1.0	40～49	0.75～0.84	0.086～0.13	ϕ 19 mm药卷＋间隔＋导爆索
金家岩隧道	砂岩及泥岩 $f=1\sim1.5$	上弧形导坑 8.02	97	40～45	1.0～1.1	50	0.70～0.84	0.09～0.20	ϕ 25 mm低爆速药卷＋间隔＋导爆索
南岭进口	泥质、炭质Ⅴ级①	上半部 32.00	101	38	1.0～1.1	50～60	0.75～0.80	0.02～0.137	ϕ 20 mm药卷＋导爆索
大瑶山进口	板岩、砂岩Ⅴ级①	101.3	207	48	1.1～1.3	55～65	0.80～0.82	0.128～0.212	ϕ 42 mm1 号抗水铵梯炸药＋导爆索
大瑶山出口	板岩、砂岩Ⅴ级①	96.20	180	48	5.15	70	0.71	0.224	ϕ40～42 mm 水胶炸药＋导爆索
花果山隧道	花岗岩、闪长岩Ⅴ级①	100.0	199	48	5.0	60～70	0.57～0.83	0.36	ϕ 32 mm药卷＋间隔＋同段雷管
太平泽电站引洞	中硬岩			42	2.2	50～60	1.0	0.34	
山东省人防	硬岩			42	1.6	70～80	0.9～1.0	0.17～2.5	
白皎煤矿	硬岩	6				60	0.83	0.25	
酒钢公路隧道	中硬岩	34.2				80～90	0.8～1.0	0.15～0.62	

注：①根据附录 3 分级。

二、隧道预裂爆破

预裂爆破是由于首先起爆周边孔，在其他炮孔未起爆之前先沿着开挖轮廓线爆破出一条用以反射爆破地震应力波的裂缝而得名。预裂爆破的目的与光面爆破相同，只是在炮孔的爆破顺序上不同。光面爆破是先引爆掏槽孔，再引爆辅助孔，最后引爆周边孔。而预裂爆破则是首先引爆周边孔，使沿周边孔的连心线炸出一条平顺的预裂缝。由于这个预裂缝的存在，对后爆的掏槽孔、辅助孔的爆轰波能起反射和缓冲作用，可以减轻爆轰波对围岩的破坏影响，保持岩体的完整性，使爆破后的开挖面整齐规则。

合格的预裂面应当满足如下要求：不平整度不超过 15 cm，半孔率 80%～90%，预裂面岩石完整且无明显爆破裂隙。

由于成洞过程和破岩条件不同，在减轻对围岩的扰动程度上，预裂爆破较光面爆破的效果更好一些。所以，预裂爆破很适用稳定性较差而又要求控制开挖轮廓的软弱围岩，但预裂爆破的周边孔距和最小抵抗线都要比光面爆破小，相应地要增加炮孔数量，钻孔工作量也相应增大。

理想的预裂效果应保证在炮孔连线上产生贯通裂缝，形成光滑的岩壁。但预裂爆破时只有一个临空面，因此，其爆破技术较光面爆破更为复杂。影响预裂爆破效果的因素很多，如钻孔直径、孔距、装药量、岩石的物理力学性质、地质构造、炸药品种、装药结构及施工因素等，而这些因素又是相互影响的。

确定预裂爆破参数的方法主要有理论计算法、经验公式计算法和经验类比法三种。就目前的状况来说，对预裂爆破的理论研究还很欠缺，设计计算方法也不很完善，大多须通过经验类比初步确定爆破参数，再由现场试验调整，才能获得满意的结果。表 5－8 给出了隧道预裂爆破的参考数值可供选用。

表 5－8　预裂爆破参数

岩石类别	炮孔间距 E/cm	至内排崩落孔间距/cm	线装药密度/kg·m^{-1}
硬　岩	40～50	40	0.30～0.40
中硬岩	40～45	40	0.2～0.25
软　岩	35～40	35	0.07～0.12

第六节　钻　爆　施　工

钻爆施工是把钻爆设计付诸实施的重要环节，包括钻孔、装药、填塞和爆破后可能出现的问题处理等。隧道爆破通常都希望每一循环进尺尽可能大，但在很多情况下，往往会碰到由于过高估计爆破效果而带来的一些困难。因此，在钻爆施工前，不但要了解实际掘进速度的可能性，而且还要研究具体的开挖方法。

一、隧道开挖方法

隧道开挖方法主要根据隧道地质条件、隧道断面大小、支护形式、所使用机械设备、施工技术水平及工期要求综合考虑各因素确定。常用的方法主要有全断面开挖法（full face method）、台阶开挖法（bench cut method）、导坑法（drift method）。

1. 全断面开挖法

全断面开挖法是指在地质条件较好的隧道施工中,以凿岩台车钻孔、装药、填塞、起爆网路连接,一次完成整个断面开挖,并以装渣、运输机械完成出渣作业的方法。它适用于岩层完整、岩石较坚硬、有大型施工机械设备的条件。

全断面开挖法的特点是:

(1)隧道全断面一次开挖,工序简单。

(2)能够较好地发挥深孔爆破的优越性,提高钻爆效果。

(3)工作面空间大,便于使用大型机械作业,降低工人的劳动强度。

(4)各种施工管线铺设便利,对运输、通风、排水等工序均有利。

(5)各工序之间相互干扰小,便于施工组织和管理。

(6)当隧道较长,地质情况多变时,变换施工方法需要较多时间。

(7)由于应用大型机具,需要相应的施工便道、组装场地、检修设备、足够的能源,因此该法的应用往往受到条件的限制。

2. 台阶开挖法

当隧道高度较大而又无大型凿岩台车时,可采用台阶开挖法。该法将隧道分为上下两层,当上半断面超前下半断面时,称为正台阶法,反之则称为倒台阶法,如图 5－11 和图 5－12 所示。目前,我国约有 70%的隧道开挖采用此种方法。

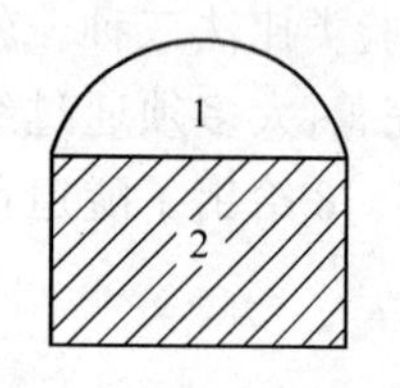

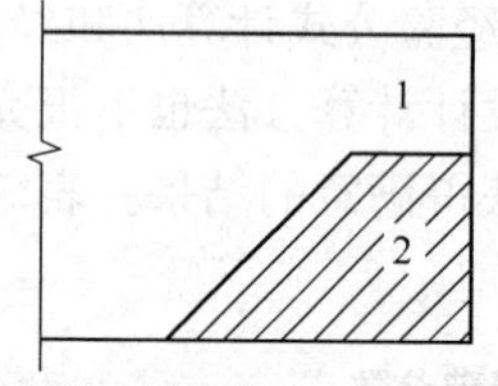

图 5－11　正台阶工作面施工法

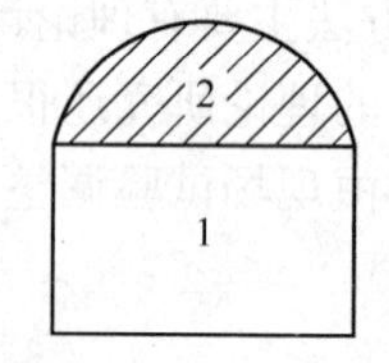

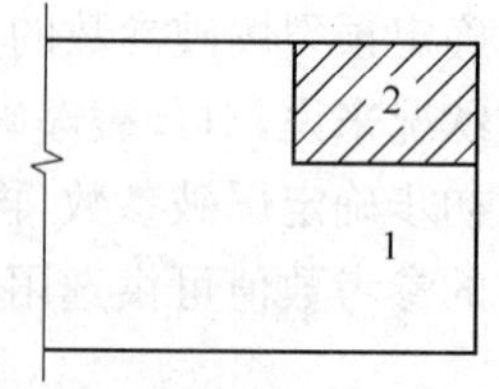

图 5－12　倒台阶工作面施工法

台阶开挖法的特点是:

(1)在不太松软的岩层中采用正台阶法施工较安全,并且施工效率较高。

(2)对地质条件适应性较强,变更容易。

(3)断面呈台阶式布置,施工方便,有利于顶板维护,并且下台阶爆破效率较高。

(4)若使用铲斗装岩机,上台阶要人工扒渣,劳动强度较大。

(5)上下台阶工序配合要求严格,不然易产生干扰。

3. 导坑法

当岩层比较松软或地质条件复杂,隧道断面特大或涌水量较大时,可采用导坑法。导坑法就是在隧道断面内,先以小型断面进行导坑掘进,然后分多步逐渐刷大到设计断面的开挖方法,如图 5－13 所示。分步开挖的位置、尺寸、顺序及开挖间距需要根据围岩情况、机械设备、施工习惯等灵活掌握。但必须遵守以下原则:

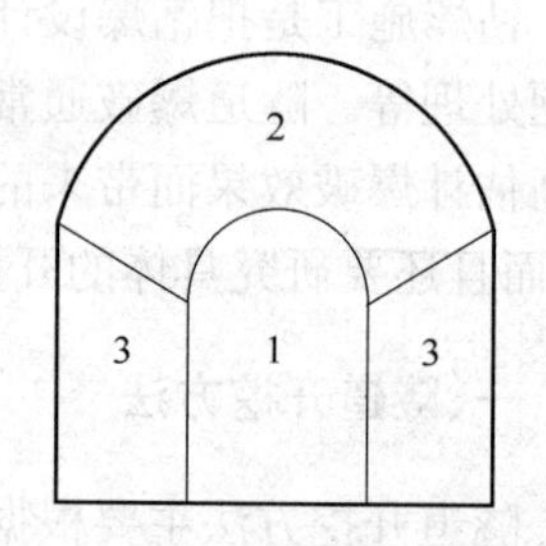

图 5－13　导坑法爆破开挖示意图

(1)各部开挖后,周边轮廓都应尽量圆顺,以避免应力集中。

(2)各部开挖高度一般取 2.5～3.0 m 为宜,这样施工比较方便。

(3)分部开挖时,要保证隧道周边围岩稳定,并及时做好临时支护工作。

(4)各部尺寸大小应能满足风、水、电等管线布设要求。

导坑法由于工序繁多,对围岩多次扰动,开挖面长时间暴露,易造成塌方;且作业空间狭小,半机械化作业,施工环境差,工效低,因此目前隧道施工中很少采用。

二、钻爆施工

1. 钻孔

目前,在隧道开挖过程中,广泛采用的钻孔设备为凿岩机(rock drill)和钻孔台车(drill jumbo)。为保证达到良好的爆破效果,施钻前应由专门人员根据设计布孔图现场布设,必须标出掏槽孔和周边孔的位置,严格按照炮孔的设计位置、深度、角度和孔径进行钻孔。如出现偏差,由现场施工技术人员决定取舍,必要时应废弃重钻。钻孔时应注意如下安全事项:

(1)开孔时必须使钎头落在实岩上,如有浮矸,应处理好后再开孔。

(2)不允许在残眼内继续钻孔。

(3)开孔时给风阀门不要突然开大,待钻进一段后,再开大阀门。

(4)为避免断钎伤人,推进凿岩机不要用力过猛,更不要横向用力,凿岩时钻工应站稳,应随时提防突然断钎。

(5)一定要把胶皮风管与风钻接牢,并在使用过程中随时注意检查,以防脱落伤人。

(6)缺水或停水时,应立即停止钻孔。

(7)工作面全部炮孔钻完后,要把凿岩机具清理好,并撤至规定的存放地点。

2. 装药

在炸药装入炮孔前,应将炮孔内的残渣、积水排除干净,并仔细检查炮孔的位置、深度、角度是否满足设计要求。装药时应严格按照设计的炸药量进行装填。隧道爆破中常采用的装药结构有连续装药、间隔装药和不耦合装药。连续装药结构按照雷管所在位置不同又可分为正向起爆、反向起爆和多点起爆三种起爆形式。

隧道周边孔一般采用小直径药卷连续装药结构或普通药卷间隔装药结构(图 4-14)。当岩石很软时,也可用导爆索装药结构,即用导爆索取代炸药药卷进行装药。装药时应注意以下安全事项:

(1)装药前应检查顶板情况,撤出设备与机具,并切断除照明以外一切设备的电源。照明灯及导线也应撤离工作面一定距离;装药人员应仔细检查炮孔的位置、深度、角度是否满足设计要求,对准备装药的全部炮孔进行清理,清除炮孔内的残渣和积水。

(2)应严格按照设计的装药量进行装填。

(3)应使用木质或竹制炮棍装填炸药和填塞炮孔。

(4)不应投掷起爆药包和炸药,起爆药包装入后应采取有效措施,防止后续药卷直接冲击起爆药包。

(5)装药发生卡塞时,若在雷管和起爆药包放入之前,可用非金属长杆处理。装入起爆药包后,不应用任何工具冲击、挤压。

(6)在装药过程中,不应拔出或硬拉起爆药包中的导火索、导爆管、导爆索和电雷管脚线。

3. 填塞

填塞是保证爆破成功的重要环节之一,必须保证足够的填塞长度和填塞质量,禁止无填塞爆破。隧道内所用的炮孔填塞材料一般为砂子和黏土混合物,其比例大致为砂子 40%~50%,黏土 50%~60%,填塞长度视炮孔直径而定。当炮孔直径为 25 mm 和 50 mm 时,填塞长度不能小于 18 cm 和 45 cm。填塞长度也和最小抵抗线有关,通常不能小于最小抵抗线。填塞可采用分层捣实法进行。

4. 起爆

爆破网路必须保证每个药卷按设计的起爆顺序和起爆时间起爆。爆破工程在起爆前后要发布三次信号,即预警信号、起爆信号和解除警戒信号。

第一次预警信号:该信号发出后爆破警戒范围内开始清场工作。

第二次起爆信号:起爆信号应在确认人员、设备等全部撤离爆破警戒区,所有警戒人员到位,具备安全起爆条件时发出。起爆信号发出后,准许负责起爆的人员起爆。

第三次解除警戒信号:安全等待时间过后,检查人员进入爆破警戒范围内检查、确认安全后,方可发出解除爆破警戒信号。在此之前,岗哨不得撤离,不允许非检查人员进入爆破警戒范围。

5. 爆后检查及处理

隧道开挖工程爆破后,经通风吹散炮烟、检查确认隧道内空气合格、等待时间超过 15 min 后,方准作业人员进入爆破作业地点。爆后的检查内容主要有:检查有无冒顶、盲炮、危岩,支撑是否破坏,炮烟是否排除等。爆后检查人员发现盲炮及其他险情时,应及时上报或处理。处理前应在现场设立危险标志,并采取相应的安全措施,无关人员不应接近。盲炮的处理按有关规定进行,详见第九章。

第七节　煤系地层掘进爆破

当铁路公路隧道穿越煤系地层时与煤矿井巷一样,爆破作业可能会引起瓦斯、煤尘爆炸,也可能会诱发煤与瓦斯突出。

一、有瓦斯与煤尘爆炸危险的掘进爆破

1. 瓦斯爆炸

瓦斯是从煤、岩体内涌出的各种有害气体的总称,其主要成分是甲烷(CH_4)(可达 80%~90%)。瓦斯是以吸附和游离两种状态存在于煤体内,在 300~1 200 m 开采深度范围内,游离瓦斯仅占 5%~12%,在断层、大的裂隙孔洞和砂岩内,瓦斯则主要以游离状态赋存。

当地下工程通过煤系地层时,瓦斯通过煤层的裂隙、孔洞涌向隧道或工作面,同时部分吸附态的瓦斯转化为游离瓦斯。煤矿井巷瓦斯的涌出形式有缓慢涌出、喷出、煤和瓦斯突出(gas outburst)三种;交通隧道设计一般需避开煤层及含有大量瓦斯的地段,因此在隧道施工中瓦斯的涌出形式主要是缓慢涌出。

瓦斯爆炸是一定浓度的甲烷和空气中的氧气在高温热源的作用下激烈氧化反应的过程,最终的化学反应式为:

$$CH_4+2O_2=CO_2+2H_2O+882.6\text{kJ/mol}$$

如果氧气不足,反应的最终形式为:

$$CH_4+O_2=CO+H_2+H_2O$$

瓦斯爆炸冲击波压力可达 2 MPa；爆温可达 1 850～2 650 ℃，并伴随有火灾；瓦斯爆炸后生成大量有害气体，如果有煤尘参与爆炸，CO 的生成量更大，往往成为人员大量伤亡的主要原因。

瓦斯爆炸必须具备三个条件：一定浓度的甲烷、一定温度的火源和环境中氧浓度大于 12%。

理论分析和试验研究表明：在正常的大气环境中，瓦斯爆炸下限为 5%～6%，上限为 14%～16%。瓦斯浓度为 9.5%时，化学反应最完全，产生的温度和压力也最大。瓦斯浓度为 7%～8%时最容易爆炸。

2. 煤尘爆炸

煤尘爆炸指空气中氧气与煤尘急剧氧化的反应。概括起来有以下三个阶段：

(1)悬浮的煤尘在高温热源的作用下被干馏生成可燃性气体；

(2)可燃气体与空气混合而燃烧；

(3)燃烧放出热量，传递给附近的煤尘，使燃烧循环进行下去，其反应速度越来越快，最后形成爆炸。

并不是所有煤尘都能发生煤尘爆炸，煤尘爆炸必须同时具备 3 个条件：煤尘自身具有爆炸性；悬浮在空气中并具有一定的浓度；有引燃煤尘爆炸的热源。

3. 对爆破材料的要求

为了预防煤矿井下爆破作业引起瓦斯或煤尘爆炸事故，《煤矿安全规程》(2016)对爆破材料选用做了规定，铁路公路瓦斯隧道施工时应参照执行。部分规定如下：

(1)低瓦斯矿井的岩石掘进工作面，使用安全等级不低于一级的煤矿许用炸药。

(2)低瓦斯矿井的煤层采掘工作面、半煤岩掘进工作面，使用安全等级不低于二级的煤矿许用炸药。

(3)高瓦斯矿井，使用安全等级不低于三级的煤矿许用炸药。

(4)突出矿井，使用安全等级不低于三级的煤矿许用含水炸药。

在采掘工作面，必须使用煤矿许用瞬发电雷管、煤矿许用毫秒延期电雷管或者煤矿许用数码电雷管。使用煤矿许用毫秒延期电雷管时，最后一段的延期时间不得超过 130 ms。使用煤矿许用数码电雷管时，一次起爆总时间差不得超过 130 ms，并应当与专用发爆器配套使用。

4. 安全管理及施工要求

煤矿井下和隧道的瓦斯工区(work area with gas)爆破作业应该遵守《煤矿安全规程》(2016)、《爆破安全规程》(GB 6722—2014)和《铁路瓦斯隧道技术规范》(TB 10120—2002)的相关规定。

(1)井下爆破工作应有专职爆破员担任，在煤与瓦斯突出煤层中，专职爆破员应固定在同一工作面工作，并应遵守下列规定：

①爆破作业应执行装药前、爆破前和爆破后的"一炮三检"制度；

②专职爆破员应经专门培训，考试合格，持证上岗；

③专职爆破员应依照爆破作业说明书进行作业。

(2)在有瓦斯和煤尘爆炸危险的工作面爆破作业，应具备下列条件：

①工作面有风量、风流、风质符合煤矿安全规程规定的新鲜风流；

②掘进爆破前，应对作业面 20 m 以内的巷道进行洒水降尘；

③爆破作业面 20 m 以内,瓦斯浓度应低于 1%。

(3)炮孔填塞材料应用黏土或黏土与沙子的混合物,不应用煤粉、块状材料或其他可燃性材料。炮孔填塞长度应符合下列要求:

①炮孔深度小于 0.6 m 时,不应装药、爆破;在特殊条件下,如挖底、刷帮、挑顶等确需炮孔深度小于 0.6 m 的浅孔爆破时,应封满炮泥,并应制定安全措施。

②炮孔深度为 0.6～1.0 m 时,封泥长度不应小于炮孔深度的 1/2。

③炮孔深度超过 1.0 m 时,封泥长度不应小于 0.5 m。

④炮孔深度超过 2.5 m 时,封泥长度不应小于 1.0 m。

⑤光面爆破时,周边光爆孔应用炮泥封实,且封泥长度不应小于 0.3 m。

⑥炮孔用水炮泥封堵时,水炮泥外剩余的炮孔部分应用黏土炮泥或不燃性的、可塑性松散材料制成的炮泥封实,其长度不应小于 0.3 m。

⑦无封泥,封泥不足或不实的炮孔不应爆破。

二、有煤与瓦斯突出危险的掘进爆破

1. 煤与瓦斯突出

在地应力和瓦斯的共同作用下,破碎的煤、岩和瓦斯由煤体或岩体内突然向采掘空间抛出的异常的动力现象称为煤与瓦斯突出。

煤与瓦斯突出是煤矿井下生产的一种强大的自然灾害,它严重威胁着煤矿的安全生产。由于煤与瓦斯突出能在一瞬间向采掘工作面空间喷出巨量煤与瓦斯流,不仅严重地摧毁巷道设施,毁坏通风系统,而且使附近区域的井巷全部充满瓦斯与煤粉,造成瓦斯窒息或煤流埋人,甚至会造成煤尘和瓦斯爆炸等严重后果。

《煤矿安全规程》(2016)规定,有下列情况之一的煤层,应当立即进行煤层突出危险性鉴定,否则直接认定为突出煤层;鉴定未完成前,应当按照突出煤层管理。

(1)有瓦斯动力现象的。

(2)瓦斯压力达到或者超过 0.74 MPa 的。

(3)相邻矿井开采的同一煤层发生突出事故或者被鉴定、认定为突出煤层的。

2. 区域防突与局部防突

按照《煤矿安全规程》(2016),突出矿井的防突工作必须坚持区域综合防突措施先行、局部综合防突措施补充的原则。区域综合防突措施包括区域突出危险性预测、区域防突措施、区域防突措施效果检验和区域验证等内容。局部综合防突措施包括工作面突出危险性预测、工作面防突措施、工作面防突措施效果检验和安全防护措施等内容。

爆破作业引起的煤与瓦斯突出多发生在井巷揭煤和顺煤层掘进过程中。掘进工作面的防突措施属于局部防突措施。为预防煤与瓦斯突出对人员的伤害,煤矿安全规程要求必须采用远距离爆破,远距离爆破的主要内容包括:

(1)井巷揭煤采用远距离爆破时,必须明确起爆地点、避灾路线、警戒范围,制定停电撤人等措施。

(2)井筒起爆及撤人地点必须位于地面距井口边缘 20 m 以外,暗立(斜)井及石门揭煤起爆及撤人地点必须位于反向风门外 500 m 以上全风压通风的新鲜风流中或者 300 m 以外的避难硐室内。

(3)煤巷掘进工作面采用远距离爆破时,起爆地点必须设在进风侧反向风门之外的全风压通风的新鲜风流中或者避险设施内,起爆地点距工作面的距离必须在措施中明确规定。

(4)远距离爆破时,回风系统必须停电撤人。爆破后,进入工作面检查的时间应当在措施中明确规定,但不得小于 30 min。

3. 井巷揭穿(开)突出煤层的爆破

《煤矿安全规程》(2016)对井巷揭穿(开)突出煤层做了如下规定:

(1)在工作面距煤层法向距离 10 m(地质构造复杂、岩石破碎的区域 20 m)之外,至少施工 2 个前探钻孔,掌握煤层赋存条件、地质构造、瓦斯情况等。

(2)从工作面距煤层法向距离大于 5 m 处开始,直至揭穿煤层全过程都应当采取局部综合防突措施。

(3)揭煤工作面距煤层法向距离 2 m 至进入顶(底)板 2 m 的范围,均应当采用远距离爆破掘进工艺。

(4)厚度小于 0.3 m 的突出煤层,在掌握了煤层赋存条件、地质构造、瓦斯情况的条件下可直接采用远距离爆破掘进工艺揭穿。

(5)禁止使用震动爆破揭穿突出煤层。

第八节　隧道爆破设计实例

一、工程概况

某隧道穿越无区域性断裂构造地带,围岩较为破碎,裂隙较发育,普氏系数 $f=6\sim8$。地下水以基岩裂隙水为主,水量较发育。隧道内围岩以Ⅳ类围岩为主,主要为片麻岩。隧道断面设计为半圆拱形,底宽 $B=4.5$ m、高 $H=4.0$ m。

二、施工方案选择

为了保证隧道开挖质量,又能加快施工工期,采用全断面光面爆破施工方案。每月施工 28 d,采用 4 班循环掘砌平行作业,月掘进计划进尺为 150 m。

三、爆破参数选择

1. 计算炮孔数 N

根据式(5-1):

$$N=\frac{qS}{\tau\gamma}$$

开挖断面　　$S=[\pi(B\div2)^2\div2]+\{[H-(B\div2)]\times B\}=15.8\ \mathrm{m}^2$

单位炸药消耗量根据表 5-5 选取,$q=1.2\ \mathrm{kg/m^3}$。

装药系数 τ 根据表 5-3,并综合考虑各类炮孔的装药系数选取,$\tau=0.43$。

根据表 5-4 选取 $\gamma=1.0$,代入上式则有

$$N=\frac{1.2\times15.8}{0.43\times1.0}=44.1\text{ 个}$$

取 44 个炮孔。

2. 每循环炮孔深度

本工程的月掘进循环计划进尺为 150 m,每掘进循环的计划进尺数 $l=150\div28\div4=1.339$ m,本设计取炮孔利用率 $\eta=0.9$,则根据炮孔深度计算式(5-2)有

$$L=\frac{l}{\eta}=\frac{1.339}{0.9}=1.49(\mathrm{m})$$

实际取炮孔深度为 1.5 m,每循环进尺 $l'=1.5\times0.9=1.35(\mathrm{m})$。

一般掏槽孔较炮孔深度加深 0.15~0.25 m。

3. 炮孔直径

由于地下水以基岩裂隙水为主,水量较发育,因此,选用二级岩石乳化炸药,其药卷直径为 32 mm,长度为 200 mm,每卷质量为 0.20 kg。

炮孔过小,不利于装填药卷;炮孔过大,会降低爆破效果和钻孔速度。根据施工单位常用的钻孔设备和选用的药卷直径,确定炮孔直径为 42 mm。

4. 炮孔布置

(1)掏槽孔

为保证掏槽效果,采用垂直楔形掏槽。根据岩石条件和楔形掏槽参数,在隧道断面的中下部布置 3 对 6 个掏槽孔。掏槽孔深为 1.7 m,比其他孔深 0.2 m,炮孔倾角 69°,炮孔长度为 1.82 m。

(2)周边孔

中硬岩光爆孔间距一般为 450~600 mm。最小抵抗线为 600~750 mm。周边孔布置时,为了控制巷道的成型,以直墙与半圆拱交接部位为分界点,在直墙和半圆拱上分别按等间距布置周边炮孔。参考光爆孔的间距范围,直墙上布置 4 个炮孔,半圆拱上布置 15 个炮孔,炮孔间距为 580 mm,周边孔总数为 19 个。

(3)辅助孔

一般辅助孔在掏槽孔与周边孔之间均匀布置。本设计在掏槽孔孔口与隧道轮廓线中间位置布置一圈辅助孔,辅助孔和光爆孔的最小抵抗线分别为 750 mm 和 710 mm。另外在掏槽区域上部增加两个辅助孔,辅助孔数目为 11 个。

(4)底孔

底孔间距一般为 400~700 mm,本设计布置 6 个底孔,孔间距为 640 mm。炮孔布置如图 5-14 所示。

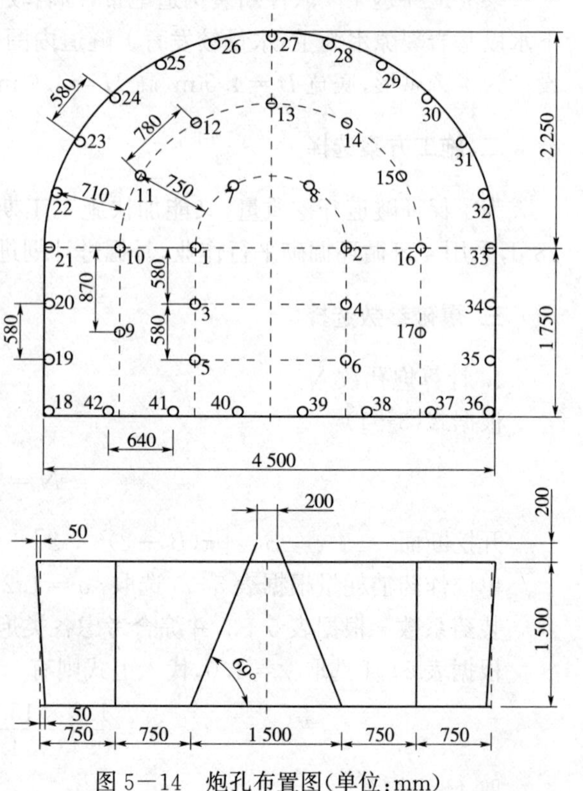

图 5-14　炮孔布置图(单位:mm)

5. 装药量计算

(1)每循环装药量

按照体积公式,每循环总装药量

$$Q=qV=1.2\times15.8\times1.5\times0.9=25.6(\mathrm{kg})$$

(2)单孔装药量

掏槽孔装药系数 $\tau=0.5$,辅助孔装药系数 $\tau=0.4$,周边孔线药密度取 0.3 kg/m,底孔装药量介于掏槽孔与辅助孔之间,单个炮孔的装药量和装药卷数如下:

①掏槽孔

单孔装药卷数 $=\tau\times L/0.2=0.5\times1.82/0.2=4.55$(卷);

实际取 5 卷,单孔装药量为 $5\times0.2=1.0$(kg)。

②辅助孔

单孔装药卷数 $=\tau\times L/0.2=0.4\times1.5/0.2=3.0$(卷);

实际取 3 卷,单孔装药量为 $3\times0.2=0.6$(kg)。

③周边光爆孔

单孔装药卷数 $=L\times q/0.2=1.5\times0.3/0.2=2.25$(卷);

实际取 2.25 卷,单孔装药量为 $2.25\times0.2=0.45$(kg)。

④底孔

底孔装药量介于掏槽孔与辅助孔之间,每个底孔装 4 卷药,单孔装药量为 $4\times0.2=0.8$ kg;装药量合计为 $Q=6\times1+11\times0.6+19\times0.45+6\times0.8=26.0$ kg。

此值略大于按体积公式计算的总装药量,但误差不大,所以按 26 kg 装填炸药。爆破参数见表 5－9。经济技术指标见表 5－10。

表 5－9　爆破参数表

炮孔名称	编号	孔深(长)/m	孔数	单孔装药量/kg	总装药量/kg	雷管段别	起爆顺序
掏槽孔	1～6	1.82	6	1.0	6.0	MS－2	1
辅助孔	7～8	1.5	2	0.6	1.2	MS－3	2
	9～17	1.5	9	0.6	5.4	MS－4	3
周边孔	18～36	1.5	19	0.45	8.55	MS－5	4
底孔	37～42	1.5	6	0.8	4.8	MS－6	5
合计	1～42	64.92	42		26.0		

表 5－10　经济技术指标

项目	单位	数量	项目	单位	数量
掘进断面积	m^2	15.8	雷管消耗量	枚	48
爆落实体岩石体积	m^3	21.33	每米隧道雷管消耗	枚/m	35.6
炮孔利用率	%	90	单位体积雷管消耗	枚/m^3	2.25
循环进尺	m	1.35	每米隧道炸药消耗量	kg/m	19.26
每米隧道钻孔长度	m/m	48.1	单位体积炸药消耗量	kg/m^3	1.22
单位体积钻孔长度	m/m^3	3.04			

四、爆破网路及起爆

起爆方法采用塑料导爆管雷管起爆,连线方法为簇联。按照掏槽孔、辅助孔、周边孔和底孔的起爆顺序孔内雷管段数分为 MS-2、MS-3、MS-4、MS-5、MS-6 五个段别。连接雷管采用 MS-1 段雷管。爆破网路图如图 5—15 所示。

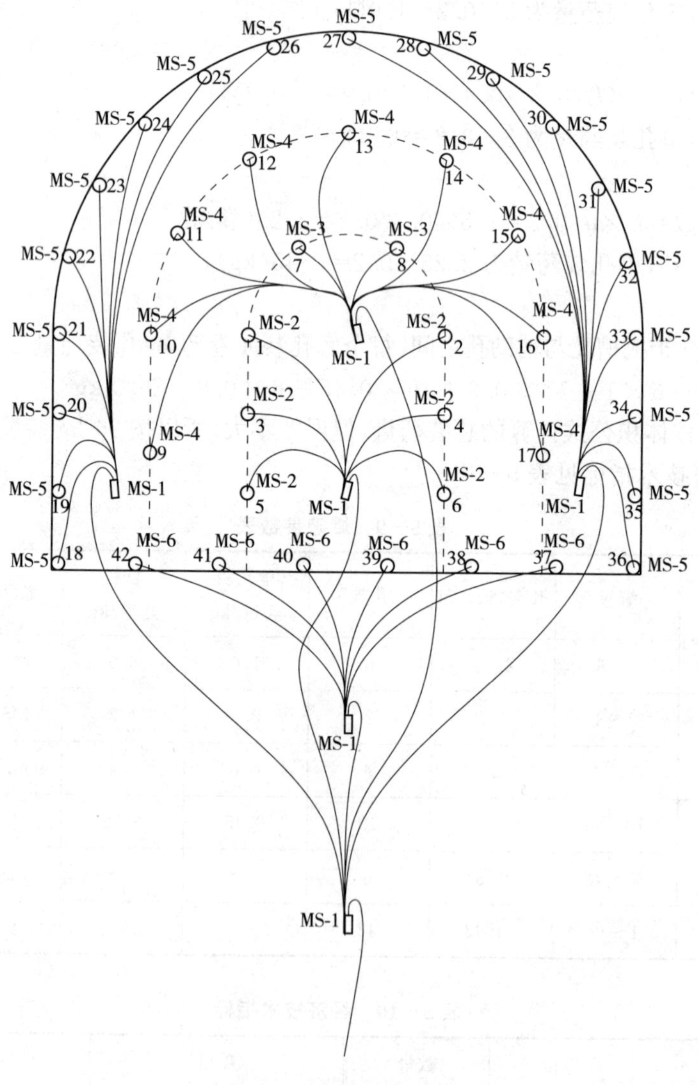

图 5—15　爆破网路图

本 章 小 结

本章介绍了隧道钻爆施工常用的斜孔掏槽、直孔掏槽和混合掏槽等掏槽方式和掏槽参数。介绍了炮孔直径、炮孔数目、炮孔深度、装药量等爆破参数的选择和计算方法;也介绍了周边孔的光面爆破和预裂爆破技术。另外叙述了在煤系地层隧(巷)道掘进中发生瓦斯爆炸、煤尘爆炸和煤与瓦斯突出等事故的条件和特点,并给出了煤系地层隧(巷)道爆破时爆破材料的使用规定以及"一炮三检""远距离爆破"等安全管理要求。

复　习　题

1. 岩石隧道钻孔爆破具有哪些特点?

2. 简述隧道爆破中炮孔的种类和作用。

3. 隧道光面爆破的标准和特点是什么?

4. 在光面爆破中,常采用哪些措施来增强光面爆破的效果?

5. 隧道施工常采用哪些开挖方法,各自的适用条件及特点是什么?

6. 瓦斯隧道对爆破材料有什么要求?

7. 瓦斯隧道装药前和爆破前有哪些要求?

8. 某隧道设计为半圆拱形,底宽 5 m,高 4.5 m,硐身大部分穿过Ⅱ类围岩。欲采用钻孔爆破开挖方法,现有炸药为 2 号岩石乳化炸药,其直径为 32 mm,长度为 200 mm,每卷炸药重为 0.2 kg,试确定该隧道炮孔数目。

若计划月进尺为 160 m,每月按 28 d 计算,每天 4 班循环作业,炮孔利用率为 95%,试确定其炮孔深度及该隧道每循环总装药量。

9. 大断面隧道掘进爆破设计。

已知:某隧道全长 1 km,断面尺寸如图 5—16 所示。硐身大部分穿过砂岩,轻微风化,节理发育,无明显层理,属Ⅲ级围岩。

要求月成硐 120 m,全断面一次开挖,每日 2 个循环,每月按 28 d 计。为确保成硐质量,采用光面爆破法。

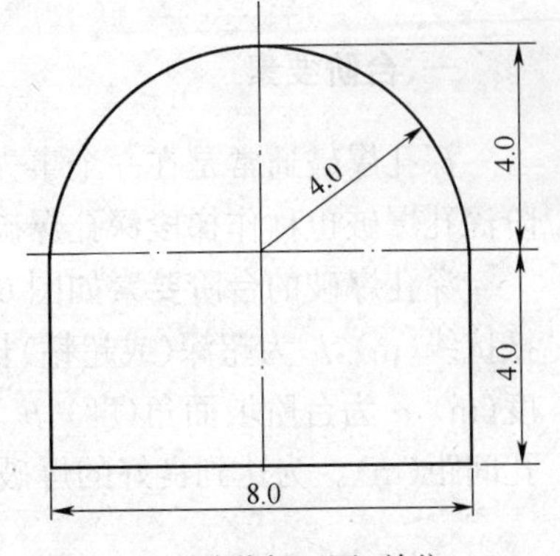

图 5—16　隧道断面图(单位:m)

设计要求:

(1)确定合理的循环进尺。

(2)钻孔爆破设计:

a. 掏槽形式;

b. 爆破参数:炮孔深度、孔距、炮孔布置、装药量计算等。

(3)选择钻机型号、钻机数量。

(4)钻爆参数表。

(5)爆破技术指标:

a. 开挖断面积;

b. 预计循环进尺;

c. 每循环的爆落方量;

d. 比钻孔量(个/m^2,延米/m^3);

e. 炸药单耗;

f. 每循环炸药用量。

(6)爆破网路设计。

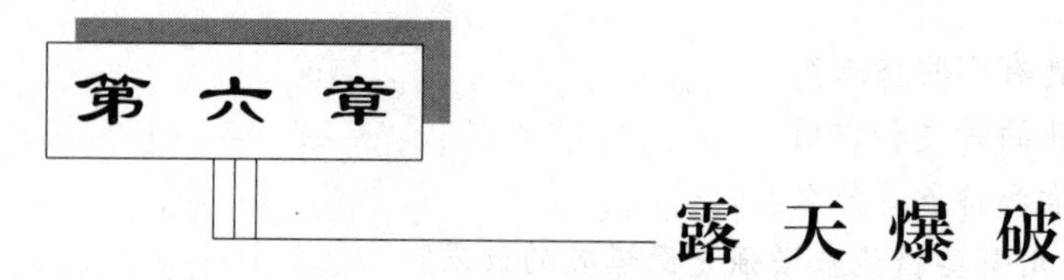

第六章 露天爆破

露天爆破主要用于露天采矿与土石方开挖工程。

第一节 深孔爆破

所谓深孔通常是指孔径大于 50 mm、深度在 5 m 以上并采用深孔钻机钻成的炮孔。深孔爆破(long-hole blasting)是指在事先修好的台阶(梯段)上进行钻孔作业,并在钻好的深孔中装入延长药包进行的爆破。深孔爆破使用的是柱状药包,炸药比较均匀地分散在岩体中,可以提高延米爆破量,降低炸药单耗,从而减少炸药用量,降低工程成本。深孔爆破技术在改善破碎质量、维护边坡稳定、提高装运效率和经济效益等方面有极大的优越性。随着深孔钻机等机械设备的不断改进发展,在铁路和公路路堑、矿山露天开采工程、水电闸坝的基坑开挖工程中,深孔爆破技术得到广泛的应用,深孔爆破技术在石方爆破工程中占有越来越重要的地位。

一、台阶要素

深孔爆破通常是在一个事先修好的台阶上进行钻孔作业,这个台阶也称作梯段。所以台阶深孔爆破也称作梯段深孔爆破。

深孔爆破的台阶要素如图 6—1(a)所示。图中 H 为台阶高度(m),W_1 为前排钻孔底盘抵抗线(m),h 为超深(或超钻)长度(m),L 为钻孔深度(m),l_1 为填塞长度(m),l_2 为装药长度(m),α 为台阶坡面角(度),b 为排距(m),c 为台阶上部边线至前排孔口的距离(m),a 为钻孔间距(m)。为达到良好的爆破效果,必须正确确定台阶要素的各项参数。

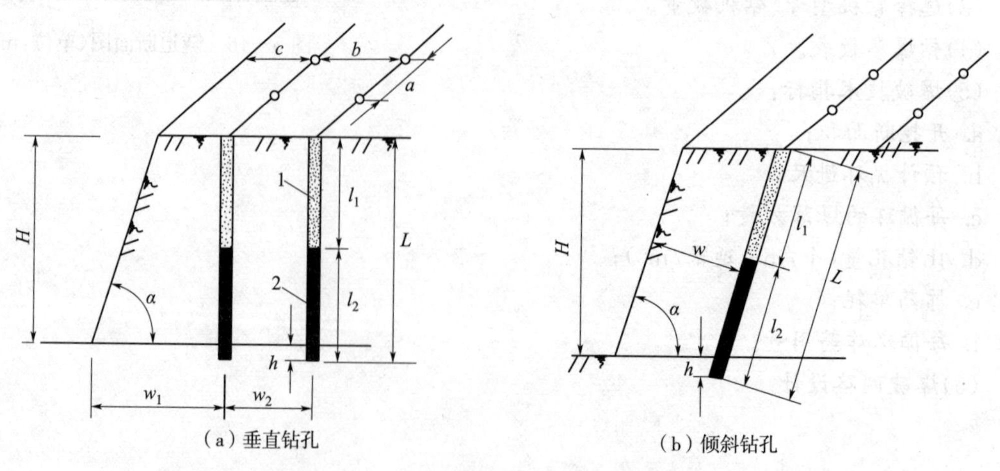

(a) 垂直钻孔　　(b) 倾斜钻孔

图 6—1　台阶要素及钻孔形式示意图

1—填塞;2—装药

二、钻孔形式

钻孔一般分为垂直钻孔和倾斜钻孔两种形式，如图 6－1 所示。垂直钻孔和倾斜钻孔的比较如表 6－1 所示。从表中可以看出，倾斜钻孔在爆破效果方面较垂直钻孔有较多的优点，但在钻凿过程中的操作比较复杂，在相同台阶高度情况下倾斜钻孔比垂直钻孔要长，而且装药时易堵孔，给装药工作带来一定的困难。在实际工程中，垂直钻孔的应用较倾斜钻孔要广泛得多。

表 6－1　垂直钻孔与倾斜钻孔比较

钻孔形式	优　点	缺　点
垂直钻孔	1. 适用于各种地质条件的钻孔爆破； 2. 钻垂直深孔的操作技术比倾斜孔简单； 3. 钻孔速度比较快	1. 爆破后大块率比较高，常留有根底； 2. 台阶顶部经常发生裂缝，台阶面稳固性比较差
倾斜钻孔	1. 抵抗线比较小且均匀，爆破破碎的岩石不易产生大块和残根； 2. 易于控制爆堆的高度和宽度，有利于提高采装效率； 3. 易于保持台阶坡面角和坡面的平整，减少凸悬部分和裂缝； 4. 钻孔设备与台阶坡顶线之间的距离较大，人员与设备比较安全	1. 钻凿倾斜深孔的技术操作比较复杂； 2. 钻孔长度比垂直钻孔长； 3. 装药过程中容易发生堵孔； 4. 对钻套磨损较大

三、布孔方式

布孔方式有单排布孔（一字形布孔）及多排布孔两种，多排布孔又分为方形、三角形和梅花形三种，如图 6－2 所示。

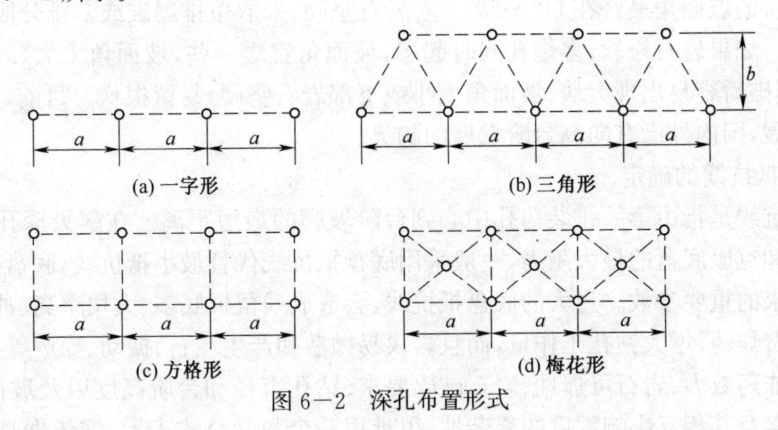

图 6－2　深孔布置形式

从能量均匀分布的观点看，以等边三角形布孔最为理想，方形或矩形多用于挖沟爆破。在相同条件下，与多排孔爆破相比较，单排孔爆破能取得较高的技术经济指标。但为增大一次爆破方量，广泛采用多排延时爆破技术，这样不仅可以改善爆破质量，而且可以增大爆破规模，以满足大规模开挖的需要。

四、爆破参数设计

为了达到良好的深孔爆破效果，必须合理确定台阶高度、孔网参数、装药结构、装填长度、起爆方法、起爆顺序和炸药的单位消耗量等参数。在以上参数设计合理的情况下,可以达到技术经济的合理性,从而达到高效、经济的目的。

1. 钻孔孔径的选择

在钻孔机械确定后,一般钻孔孔径的选择余地不大。如目前使用较多的进口液压钻,采用ϕ38 mm的钻杆,使用的钻头直径为76 mm(3 in)和89 mm(3.5 in)两种,但对ϕ38 mm的钻杆,用76 mm(3 in)的钻头凿进能发挥钻机的最大效率。从爆破经济效果和装药施工来说,无疑钻头直径越大越好,每米孔爆破方量按钻孔直径增加值的平方增加,孔径越大,装药越方便,越不易发生堵孔现象。而对爆破效果来讲,无疑孔径小,炸药在岩体中分布更均匀,效果更好。所以在强风化或中风化的岩石以及覆盖层剥离时可采用大钻头(钻头直径 100～165 mm),而在中硬和坚硬岩石中钻孔以小钻头(钻头直径 75～100 mm)为宜。

2. 台阶高度的确定

台阶高度是深孔爆破的重要技术参数之一,其选取合理与否,直接影响到爆破的效果和碎石装运效率以及挖掘机械的安全。因此,确定台阶高度必须满足下列要求:

(1)给机械设备(挖掘机、自卸车等)创造高效率的工作条件;

(2)保证辅助工作量最小;

(3)达到最好的技术经济指标;

(4)满足安全工作的要求。

从国内外资料看,普遍认为台阶高度不宜过高。在采矿部门取 10～15 m为宜;在铁路施工中,根据施工特点和采用钻机及挖掘机械的技术水平,一般取 8～12 m较为合适。台阶高度还与钻孔孔径有着密切的联系,不同钻孔孔径有不同的台阶高度适用范围。台阶高度过小,爆落方量少,钻孔成本高;台阶高度过大,不仅钻孔困难,而且爆破后堆积过高,对挖掘机安全作业不利。台阶的坡面角最好在 60°～75°。若岩石坚硬,采取单排爆破或多排分段起爆时,坡面角可大一些。如果岩石松软,多炮孔同时起爆,坡面角宜缓一些,坡面角太大($\alpha>75°$)或上部岩石坚硬,爆破后容易出现大块;坡面角太小或下部岩石坚硬,易留根坎。目前,随着钻机等施工机械的发展,国内外已有向高台阶发展的趋势。

3. 底盘抵抗线的确定

底盘抵抗线是指由第一排装药孔中心到台阶坡脚的最短距离。在露天深孔爆破中,为避免残留根底和克服底盘的最大阻力,一般采用底盘抵抗线代替最小抵抗线,底盘抵抗线是影响深孔爆破效果的重要参数。过大的底盘抵抗线,会造成残留根底多、大块率高、冲击作用大;过小则不仅浪费炸药,增大钻孔工作量,而且岩块易抛散和产生飞石、振动、噪声等有害效应。底盘抵抗线同炸药威力、岩石可爆性、岩石破碎要求、钻孔直径和台阶高度以及坡面角等因素有关。这些因素及其相互影响程度的复杂性,很难用一个数学公式表示,需依据具体条件,通过工程类比计算,在实践中不断调整底盘抵抗线,以便达到最佳的爆破效果。

(1)根据钻孔作业安全条件确定

$$W_1 \geqslant H\cot\alpha + c \tag{6-1}$$

式中 W_1——底盘抵抗线,m;

H——台阶高度,m;

α——台阶坡面角,一般为 60°～75°;

c——从第一排孔中心到坡顶边线的安全距离,$c\geqslant 2.5～3$ m。

(2)按照体积公式反推计算

$$W_1=d\sqrt{\frac{0.785\Delta \cdot \tau \cdot L}{K \cdot q \cdot H}} \tag{6-2}$$

式中 d——炮孔直径,m;

Δ——装药密度,kg/m^3;

q——单位耗药量,kg/m^3;

K——炮孔密集系数,一般 $K=0.8\sim1.2$(当岩石坚固系数 f 高,要求爆下的块度小,台阶高度愈小时,可取较小 K 值,反之可取较大 K 值);

L——钻孔深度,m;

τ——装药长度系数,$H<10$ m时,$\tau=0.6$;$H=10\sim15$ m时,$\tau=0.5$;$H=15\sim20$ m时,$\tau=0.4$;$H>20$ m时,$\tau=0.35$。

(3)按台阶高度确定

$$W_1=(0.6\sim0.9)H \tag{6-3}$$

岩石坚硬,系数取小值,反之,系数取大值。

(4)按钻孔直径确定

$$W_1=kd \tag{6-4}$$

式中 k——日本取 $k=40$,国内铁路建议取 $k=32\sim38$;

d——孔径,mm。

4. 孔距与排距

孔距 a 是指同排的相邻两个炮孔中心线间的距离;排距 b 是指多排孔爆破时,相邻两排炮孔间的距离。两者确定的合理与否,均对爆破效果产生重要的影响。炮孔密集系数 K 是指炮孔间距 a 与抵抗线 W 的比值,即 $K=a/W$。当 W_1 和 b 确定后,则 $a=KW_1$ 或 $a=Kb$。根据一些难爆岩体的爆破经验,保证最优爆破效果的孔网面积(ab)是孔径断面积($\pi d^2/4$)的函数,两者之间比值是一个常数,其值为 1 300~1 350。

在露天台阶深孔爆破中,炮孔密集系数 K 是一个很重要的参数。一般取 $K=0.8\sim1.4$。

然而,随着岩石爆破机理的不断研究和实践经验不断丰富,宽孔距爆破技术发展迅速,即在孔网面积不变的情况下,适当减小底盘抵抗线或排距而增大孔距,可以改善爆破效果。在国内,炮孔密集系数值已增大到 4~6 或更大;在国外,炮孔密集系数甚至提高到 8 以上。

5. 超钻(subdrilling)

超钻 h 是指钻孔超出台阶高度的那一段孔深。其作用是克服底盘岩石的夹制作用,使爆破后不留根底。超钻过大将造成钻孔和炸药的浪费,破坏下一个台阶,给下次钻孔造成困难,增大地震波的强度;超钻不足将产生根底或抬高底板的标高,而且影响装运工作。超钻与岩石的坚硬程度、炮孔直径、底盘抵抗线有关。超钻值可按 $h=(0.15\sim0.35)W_1$ 确定。岩石松软、层理发达时取小值,岩石坚硬时则取大值。也有按孔径的 8~12 倍来确定超钻值的。倾斜钻孔的超钻 $h=(0.3\sim0.5)W$。

确定超钻时,还可以参考表 6-2 进行选取,但表中所列数值适用于钻孔直径为150 mm的情形。如果钻孔直径不是150 mm,则将表中的数值乘以 $d/150$ 即可。

进行多排孔爆破时,第二排以后的超钻值还需加大 0.3~0.5 m。

表 6—2 超钻 h 值(m)

台阶高度 H/m \ 岩石 f 值	1～3	3～6	6～8	10～20
7	0.60	0.70	0.85	1.00
10	0.70	0.85	1.00	1.25
15	0.85	1.00	1.25	1.50
20	1.00	1.25	1.50	1.75
25	1.25	1.50	1.75	2.00

6. 单孔装药量

在深孔爆破中,单位耗药量 q 值一般根据岩石的坚固性、炸药种类、施工技术和自由面数量等因素综合确定。在两个自由面的边界条件下同时爆破,深孔装药时单位耗药量可按表6—3选取。

表 6—3 单位耗药量 q 值表

f	0.8～2	3～4	5	6	8	10	12	14	16	20
q/kg·m^{-3}	0.44	0.48	0.51	0.56	0.59	0.62	0.67	0.71	0.74	0.78

注:表中数据以 2 号岩石乳化炸药为准。

单排孔爆破(或第一排炮孔)每孔装药量按下式计算:

$$Q=qaW_1H \tag{6—5}$$

式中 q——单位耗药量,kg/m^3;

a——孔距,m;

H——台阶高度,m。

多排孔爆破时,从第二排起,各排孔的装药量可按下式计算:

$$Q=KqabH \tag{6—6}$$

式中 K——考虑受前面各排孔的岩渣阻力作用的装药量增加系数,一般取 1.1～1.2。

五、深孔爆破施工工艺

1. 台阶布置

铁路建设大部分是在一狭小的条形地带施工,线路绵延于山区和丘陵地区。就土石方爆破工程来讲,除个别站场外,一般工程量都比较小而且分散。因此,铁路建设工程中深孔爆破的台阶布置形式与露天矿开采有所不同。根据台阶坡面走向与线路走向之间的关系,可以把深孔爆破的台阶布置方法分为以下两种。

(1)纵向台阶法

爆破施工形成的台阶坡面走向与线路走向平行时,称为纵向台阶(图 6—3)。采用纵向台阶进行土石方施工的方法称为纵向台阶法。按纵向台阶法进行钻孔爆破时的炮孔布置方法称为纵向台阶布孔法。纵向台阶布孔法适用于傍山半路堑开挖。对于高边坡的傍山路堑,应分层布孔,按自上而下的顺序进行钻爆施工。施工时应注意将边坡改造成台阶陡坡形式,以便上层开挖后下层边坡能进行光面或预裂爆破(图 6—4)。

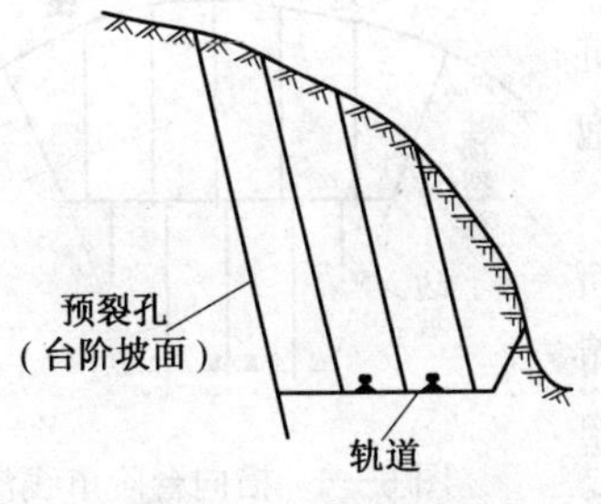

图 6－3　纵向台阶法

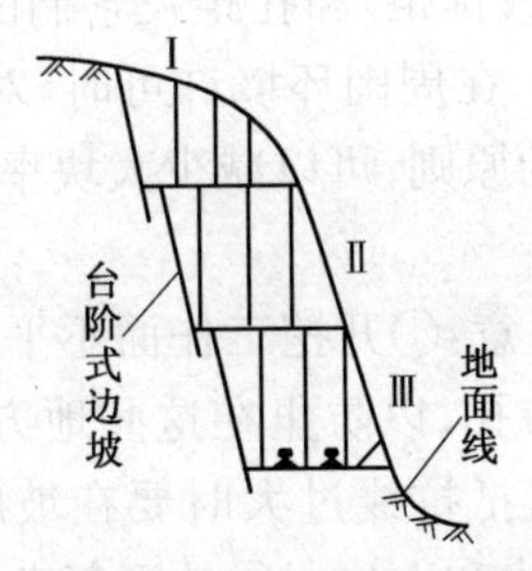

图 6－4　傍山高边坡路堑横向台阶分层布孔
（Ⅰ、Ⅱ、Ⅲ为施工顺序）

(2)横向台阶法

爆破施工形成的台阶坡面走向与线路走向垂直时，称为横向台阶(图 6－5)。采用横向台阶进行土石方施工的方法称为横向台阶法。按横向台阶法进行钻孔爆破时的炮孔布置方法称为横向台阶布孔法。横向台阶布孔法适用于全断面拉槽形式的路堑和站场开挖。对于全断面拉槽形式的站场开挖，为加快施工进度，可同时从山体两侧向中间进行深孔爆破作业，如图 6－5(c)。单线的深拉槽路堑开挖，由于线路狭窄，开挖工作面小，爆破容易破坏或影响边坡的稳定性，因此在采用横向台阶法时，最好分层布孔，为便于施工和减少岩石的夹制作用，每层的台阶高度不宜过大，以 6～8 m为宜。在布置钻孔时，对于上层边孔可顺着边坡布置倾斜孔进行预裂爆破，而下层因受上部边坡的限制，边孔通常不能顺边坡钻凿倾斜孔。在这种情况下，可布置垂直孔进行松动爆破，但边坡的垂直孔深度不能超过边坡线(图 6－6)。如果下层边坡采用预裂爆破，那么边坡需要改造成台阶形式。

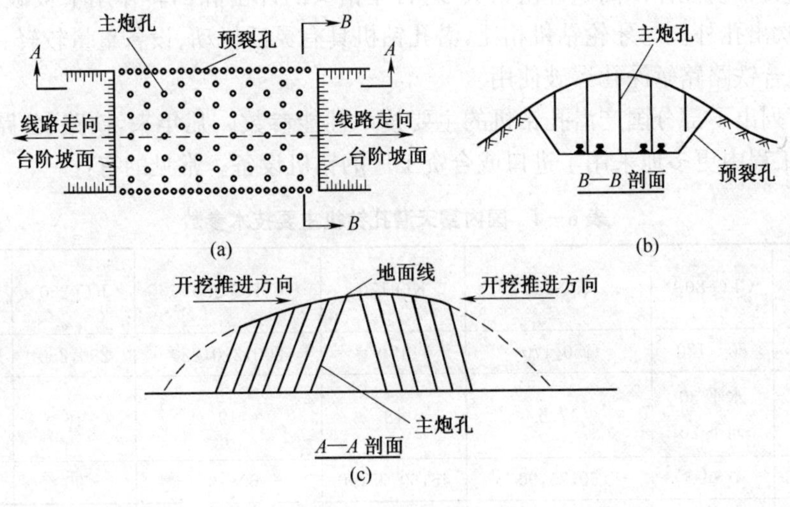

图 6－5　横向台阶法

2. 炮孔钻凿

(1)孔位布置

布孔应从台阶边缘开始，边孔与台阶边缘要保留一定距离，以保证钻机安全工作。

孔位应根据设计要求在工地测量确定。遇到孔位处于岩石破碎、节理发育或岩性变化较大的地方，可以调整孔位位置，但应注意最小抵抗线、排距和孔距之间的关系。一般情况下，应保证最小抵抗线(或排距)和孔距及它们的乘积在调整前后相差不超过10%。在周围环境许可时,对前排孔最小抵抗线采取宁小勿大的原则,可以减少大块率,并保证后几排炮孔的爆破效果。

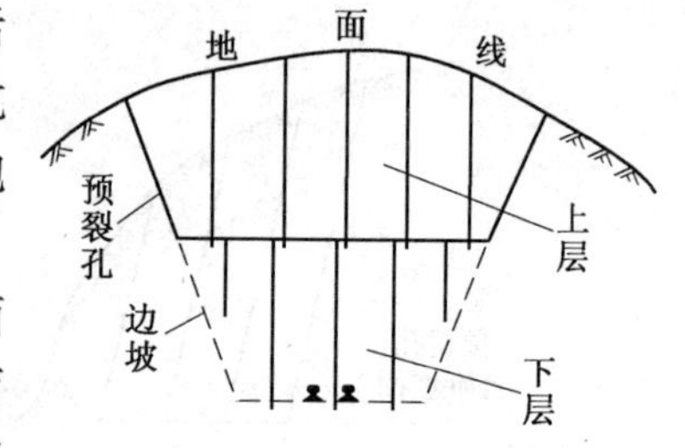

图6—6 横向台阶单线深拉槽路堑开挖

布孔时还要注意:①开挖工作面不平整时,选择工作面的凸坡或缓坡处布孔,以防止在这些地方因抵抗线过大而产生大块。②底盘抵抗线过大时要在坡脚布孔,或加大超深,以防止产生根坎和大块。③地形复杂时,应注意钻孔整个长度上的抵抗线变化,特别要防止因抵抗线过小而出现飞石现象。

(2)钻孔机械

正是因为钻孔机械的发展,深孔爆破技术才得以广泛应用并迅速发展。深孔爆破中使用的钻孔机械主要有牙轮钻机、潜孔钻机、旋转钻机、凿岩机和钻车。在大型矿山中使用的钻机大部分是孔径大于200 mm的潜孔钻机和牙轮钻机。在一般石方开挖和中小型矿山中使用的多是孔径在200 mm以下的轻型潜孔钻机和液压钻机。

牙轮钻机是一种效率高,机械化、自动化程度高,适应各种硬度岩石的穿孔作业,技术先进的钻机。它是大型矿山露天开挖的主要钻孔机械,但由于其一次性投资高,影响了它的推广普及。

潜孔钻机是一种回转加冲击的钻机,它的钻杆前端装有与钻头相连接的风动(或液压)冲击器,钻杆由回转机构带动回转。凿岩时,冲击器潜入孔底,压缩空气由钻杆内部送入冲击器中,经配气装置带动锤体以高频冲击钻头,岩石在钻头的冲击和回转作用下被破碎成岩粉,再由压缩空气吹出孔外。与牙轮钻机相比,潜孔钻机具有灵活机动、设备重量较轻、投资小、成本低等特点,适合铁路路堑深孔爆破使用。

表6—4列出了部分国产潜孔钻机的主要技术性能参数。几年来,铁路、公路以及其他大多数土石方工程中更多地采用了进口或合资工厂的钻机设备。常见的有:

表6—4 国内露天潜孔钻机主要技术参数

参数 \ 型号	CLQ-80A	KQ-150	KQ-170	KQ-200	KQ-250	KQD-80
钻孔直径/mm	80~120	150,170	170	200,210,220	230,250	80~120
孔深/m	水平30 向下20	17.5	18	19	16	向上30 向下20
孔向/°	0~90	60,75,90	45,60,75,90	60~90	90	多方位
钻具转数/r·min^{-1}	0~50	21.7,29.2,42.9	60	13.5,17.9,27.2	22.3	45,67,77,115
钻具扭矩/N·m	—	2 906,2 477,2 141	1 107	5 802,4 812,4 312	9 427.6	—
轴压力/kN	—	0~5.8	0~11.7	0~14.5	0~29.4	—
提升力/kN	10	24.5	14.7	34.3	98	—
工作气压/MPa	0.5~0.7	0.49~0.69	0.59~0.74	0.49~0.69	0.49~0.69	0.5~0.7

续上表

参数＼型号	CLQ-80A	KQ-150	KQ-170	KQ-200	KQ-250	KQD-80
耗气量/$m^3 \cdot min^{-1}$	17	15	15～18	22～27	25～30	9
除尘方式	干式或湿式	干式或湿式	湿式	干式或湿式	干式或湿式	干式或湿式
行走方式	电动履带	电动履带	电动履带	电动履带	电动履带	电动履带
爬坡能力/°	25	14	14	14	10	20
钻机质量/t	5.3	14	22	35	45	3

①阿特拉斯·科普柯(ATLAS COPCO)公司(与我国天水等生产厂家有技术合作)的钻机。国内常见的有以下几种：ROC 442PC 履带式气动钻车，孔径 35～102 mm，配 COP131 气动凿岩机，所有动力来自压缩空气，不带发动机和电力装置。ROC 460PC 风动履带式潜孔钻车，孔径 85～140 mm，所有动力来自压缩空气，不带发动机和电力装置。ROC 742HC 系列履带式液压露天钻车，自带发动机和空压机，配 COP1238 或 COP1838 液压凿岩机，可选配驾驶室和自动接杆系统。

②宣化英格索兰(Ingsoland)矿山工程机械有限公司生产的钻机。主要有以下几种：CM351 高风压露天潜孔钻机，孔径 105～165 mm，工作风压 1.05～2.46 MPa，耗风量 17～21 m^3/min，配用 DH-4、DH-6、DHD-340A、DHD-360 型冲击器，爬坡能力 26°。CM341 中风压露天潜孔钻机，孔径 105～114 mm，工作风压 0.7～1.2 MPa，耗风量20 m^3/min，配用 DH-4、DHD-340A 型冲击器，爬坡能力 25°。CLQ80A 低风压露天潜孔钻机，孔径 90～120 mm，工作风压 0.5～0.7 MPa，耗风量17 m^3/min。

③芬兰汤姆洛克(TAMROCK)CHA660、DHA660 型履带式液压露天钻车，钻孔直径 76～89 mm。

④日本古河(FURUKAWA)HCR-C180R、HCR-260 型履带式液压露天钻车，钻孔直径 76～89 mm。

高效液压钻机的引入简化了深孔爆破的施工组织。这些钻机可以自行，动力单一，不需要安装供水、供电、供风等线路和管路，对钻孔平台的要求也不很高，大大缩短了准备工作时间，促进了深孔爆破的发展。这里仅列举瑞典阿特拉斯·科普柯(ATLAS COPCO)公司生产的 ROC742HC 液压钻机在花岗岩中的性能予以说明。纯钻孔速度1.4 m/min，每孔定位时间3.5 min，接卸钻杆时间2.8 min，89 mm孔径的钻孔速度为36.1 m/h。可以计算出该钻机的台班进尺大于200 m。按每 m 钻孔爆落石方量7.5 m^3 计算，其台班爆破方量在1 500 m^3 以上。由此可以看到，高效钻机的推广使用将促使深孔爆破技术取代其他爆破技术而成为石方爆破的主要方法。

(3)炮孔质量

①堵孔的原因及预防

在深孔爆破，尤其是在台阶深孔爆破中，受上一台阶超钻部分炸药爆破作用的影响，钻孔作业常出现钻孔被堵。钻孔被堵原因主要有：岩体破碎导致孔壁在炮孔钻好后塌落；岩粉顺岩体内的贯通裂隙沉积到相邻炮孔内，造成邻孔堵孔；钻孔时造成喇叭形孔口，成孔后孔口塌落填塞钻孔;成孔后没有及时封盖孔口或封盖无效,造成地面岩粉或石渣掉入孔中;雨水冲积造成孔内泥土淤塞。

钻孔被堵导致一些炮孔深度发生变化,给装药带来很大的困难,甚至造成炮孔报废。若是炮孔被堵部分为孔底,则因装药不够而造成爆后留根,或者由于炮孔被堵深浅不一,造成底盘高低不平;若局部炮孔全堵,将影响整体爆破效果。

可采取以下措施预防堵孔:避免将孔口打成喇叭状;岩石破碎易塌落时,要用泥浆固壁封缝;及时清除孔口岩碴及碎石;加工专用木塞封堵孔口或用木板将孔口封严;雨天用岩碴在孔口作一小围堰,防止雨水灌入孔内。

②钻孔检查及处理

钻孔检查主要指检查孔深和孔距。孔距一般都能按设计参数控制。孔深的检查可分为三级检查负责制,即打完孔后由钻孔操作人员检查、接班人或班长检查、专职检查人员验收。检查的方法可用软绳(或测绳)系上重锤进行测量,要做好记录。装药前的孔深检查应包括孔内的水深检查和数据记录。

炮孔深度不能满足设计要求的原因有:炮孔壁面掉落石块堵孔;岩渣未排到孔外而回落孔底;孔口封盖不严造成雨水冲垮孔口引起堵孔等。排除这些原因,或适当加大超深,就可以防止或减少因堵孔而造成的孔深不足的问题。

对发生填塞的钻孔应进行清孔。可用高压风管吹排,或用钻机重新钻凿。如果堵孔部位在上部,也可用炮棍或钢筋捅开。

在地下水位高、水量大的地方或雨季施工,炮孔中容易积水,应使用抗水炸药,如水胶炸药、乳化炸药等。当采用卷装炸药时,炮孔内的装药密度远小于散装炸药的装药密度,因此设计时应对孔网参数进行适当调整。排水一般用高压风吹出法,这种方法简单有效。使用的高压风管管径与钻孔孔径有关,过细吹不上来,过粗易被孔壁卡住。操作时要小心,防止将孔壁吹塌或风管摆动伤人。

3. 装药结构和装药

(1)装药结构

在第四章已经介绍过,装药结构是影响爆破效果的主要因素之一。深孔爆破采用的装药结构主要有连续装药结构、间隔装药结构和混合装药结构。

①连续装药结构。炸药从孔底装起,装完设计药量之后再进行填塞。这种方法施工简单,但由于设计装药量一般不足以填满炮孔的较大部分,易出现炮孔上部不装药段(即填塞段)较长的现象,使岩体上部出现大块的比例增加。连续装药结构适用于台阶高度较小,上部岩石比较破碎或风化严重,上部抵抗线较小的深孔爆破。

②间隔装药结构。在钻孔中把炸药分成数段,使炸药能量在岩石中比较均匀的分布(图 6－7)。间隔装药结构适合于特殊地质条件下的深孔爆破,如所爆破的岩层中含有软弱夹层或溶洞时,通过填塞物将炸药布置到坚硬岩层中,可以有效地降低大块率。除非安全需要,一般不在均匀岩层中采用间隔装药结构,而是通过扩大孔网参数来调整孔口填塞长度。这样可以节省钻孔数量,降低钻孔成本。

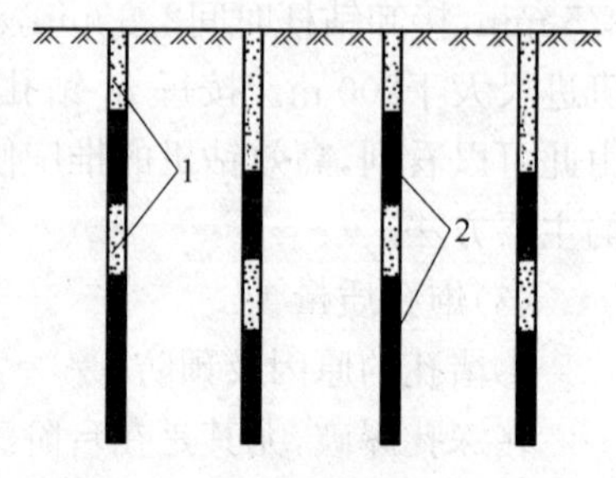

图 6－7　孔间交错间隔装药结构
1—砂土、岩粉;2—炸药

③混合装药结构。所谓混合装药结构就是在同一炮孔

内装入不同种类的炸药，即在炮孔底部装入高密度、高威力炸药，而在炮孔上部装入威力较低的炸药。采用混合装药结构的目的是充分发挥高密度、高威力炸药的作用，解决深孔爆破中底部岩体阻力大、炸不开、易留岩坎的问题，同时又可避免上部岩石过度破碎或产生飞石。

(2)装药

深孔装药方法分为手工操作和机械装药两种。在小型爆破施工中，手工操作仍是目前主要的装药方法。

手工操作主要用炮棍和炮锤装药。炮棍可以使用木头、竹竿或塑料制作，必要时可以在炮棍头上装上铜套或铜制尖端。当炮棍长度不够时，可以采用炮锤捣实孔底装药，炮锤使用耐腐蚀的木料制成。为了加大锤体重量，可以在锤体内注铅。锤体上应加工有连接环，以便套结强度足够的麻绳或尼龙绳。任何情况下都严禁使用铁器制作炮锤、炮棍或炮棍头。

装药机械主要有粉状粒状炸药装药机和含水炸药混装车。其中乳化炸药混装车的应用是爆破工程的一项重大技术进步。它集制药、运输、储存和向炮孔内装填炸药于一体，可以连续进行32 h以上的装药施工，大大提高了爆破效率，减轻了劳动强度。这种装药车已在南芬露天矿、德兴铜矿、平朔露天矿及三峡工地投入使用，取得了显著的经济效益。

装药开始前先核对孔深、水深，再核对每孔的炸药品种、数量，然后清理孔口附近的浮渣、石块。打开孔口作好装药准备后，再次核对雷管段别后，即可进行装药。对深孔而言，炮棍的作用主要是保证炸药能顺利装入孔内，尤其是防止散装炸药中的结块药堵孔，同时炮棍还可以控制填塞长度。在以填塞长度来控制装药量时，应掌握装药孔的大致装药量。当装入相当数量的炸药尚未达到预定的装药部位时，应报告技术人员处理，避免因孔内出现异常情况而造成装药量过多或过集中而引起安全事故。

起爆药包的位置一般安排在离药包顶面或底面 1/3 处。起爆药包的聚能穴应指向主药包方向。装药长度较大时可安排上下两个起爆体。在使用电雷管起爆网路时，要注意雷管脚线与孔内联结线接头的绝缘和防水处理。

4. 填塞

填塞工作在完成装药工作后进行。填塞长度与最小抵抗线、钻孔直径和爆区环境有关。当不允许有飞石时，填塞长度取钻孔直径的 30～35 倍；允许有飞石时，取钻孔直径的 20～25 倍。填塞材料可用泥土或钻孔时排出的岩粉，但其中不得混有直径大于30 mm的岩块和土块。

填塞时，不得将雷管的脚线、导爆索或导爆管拉得过紧，以防被填塞材料损坏。填塞过程要不断检查起爆线路，防止因填塞损坏起爆线路而产生盲炮。

5. 起爆网路与起爆

起爆网路有电爆网路、导爆索网路、导爆管起爆网路。其中导爆管起爆网路的应用较为广泛。

连接网路时应注意以下安全问题。①孔内引出的导线或导爆管等要留有一定的富余长度，以防止因炸药下沉而拉断网路，在有水炮孔内装药或使用散装炸药时尤其要注意。②网路连接工作应在填塞结束，场地炸药包装袋等杂物清理干净后再开始进行。接线应由爆破员按操作规程进行。③网路连接后要有专人警戒。

第二节　浅孔爆破

浅孔爆破(short hole type blasting)是指炮孔深度不超过 5 m、孔径在 50 mm 以下的爆破。浅孔爆破应用范围较广,机动性较强,能够均匀破碎岩石,适用于各种地形,便于控制开挖面的形状和规格。但由于炮孔直径小、孔浅,装药量少,不能满足大规模开采的需要,仅适用于露天小台阶采矿、石材开采或工作面宽度较小的沟槽开挖爆破,还可用来处理根底、边坡危岩以及二次爆破。

一、炮孔布置

浅孔炮孔一般分垂直、倾斜和水平三种。由于装药和堵塞较困难,水平炮孔使用较少。为了提高一次爆破的岩石方量,可以采用双排孔或多排孔的爆破方法。常用浅孔台阶爆破的炮孔布置如图 6－8 所示。通常把宽度小于 4 m 的台阶爆破称作沟槽爆破,常规沟槽爆破炮孔布置如图 6－9 所示。

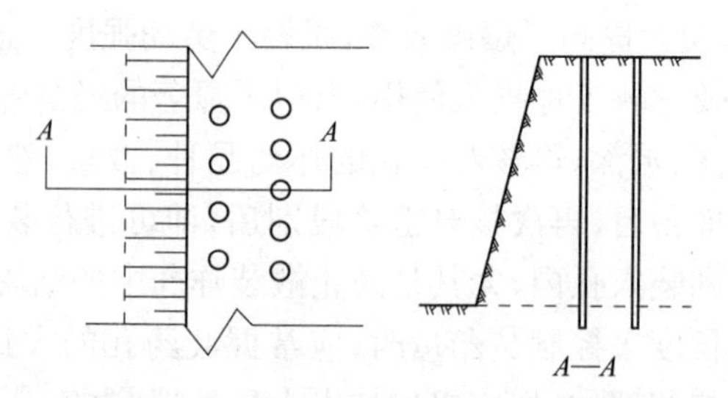

图 6－8　小台阶浅孔爆破炮孔布置

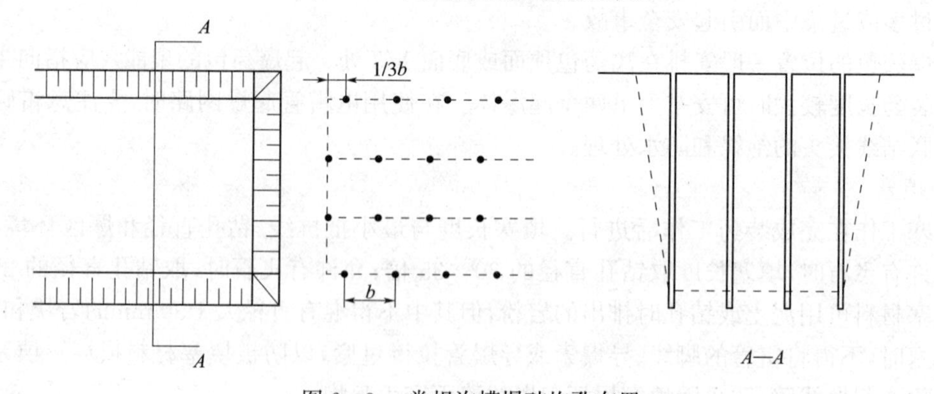

图 6－9　常规沟槽爆破炮孔布置

二、爆破参数

1. 最小抵抗线

最小抵抗线不能大于台阶高度,否则容易引起冲炮。通常取最小抵抗线为台阶高度 H 的 0.6～0.8 倍,即

$$W=(0.6\sim0.8)H \tag{6-7}$$

2. 炮孔深度

浅孔爆破的炮孔深度可以根据岩石的软硬和台阶高度按下式确定:

$$L=(1.1\sim1.15)H \tag{6-8}$$

在台阶式梯段地形爆破时，一般使梯段高度大一些，炮孔深些，可以取得较好的爆破效果。适宜的炮孔深度与炮孔直径和自由面条件有关，选取时可参照表6－5。

表6－5　炮孔深度与炮孔直径参考表

炮孔直径/mm	最大炮孔深度/m	
	两个临空面	一个临空面
32～35	2.5	1.5～2.0
35～40	3.5	2.0～2.5
40～45	4.0	2.5～3.0
50	5.0	3.0～3.5

3. 炮孔孔距

孔距一般与起爆方法有关，通常按最小抵抗线 W 的1.2～1.4倍，即

$$a=(1.2\sim1.4)W \tag{6-9}$$

若采用毫秒延时爆破，炮孔间距可以适当增大，最大可以达到最小抵抗线的1.8～2.0倍，即

$$a=(1.8\sim2.0)W \tag{6-10}$$

4. 炮孔排距

当采用多排孔爆破时两排之间的距离称为排距，一般可按以下公式确定炮孔排距，即

$$b=(0.8\sim1.0)a \tag{6-11}$$

5. 单位用药量

与深孔台阶爆破的单位用药量相比，浅孔爆破的单位用药量应大一些，单位用药量系数 k 一般取0.3～0.8 kg/m^3。

6. 单孔装药量

单孔装药量按体积公式计算，即

$$Q=kabH \tag{6-12}$$

在实际的浅孔爆破工作中，因为炮孔多，可以根据炮孔深度和岩石情况来决定装药量。为提高爆破效果，必须填塞大约1/3的炮孔深度，所以装药量大致应等于炮孔深度的1/3～1/2。在环境复杂时，应适当减少装药深度。

第三节　毫秒延时爆破与挤压爆破

在现代土石方爆破工程中，为了发挥先进装运设备的装运能力，提高生产效率，在爆破过程中要求：一方面对爆破的破碎效果进行控制，以达到快速装运的目的；另一方面要求单次爆破的土石方量要大，满足机械化装运的要求，同时要求保护围岩的稳定性，减少爆破对岩石的破坏，减小爆破的有害效应对周围环境的影响。在此要求下，发展了控制爆破技术来有效地控制爆破效果，满足生产实践的要求。控制爆破包括延时爆破、挤压爆破、光面爆破和预裂爆破等，它们在铁道、水利、矿山等部门的土石方工程施工中得到了广泛的应用，且取得了显著的效果。

一、毫秒延时爆破(millisecond delay blasting)

毫秒延时爆破是指相邻炮孔或药包群之间的起爆时间间隔以毫秒计的延时爆破,又称毫秒爆破。这种爆破的特点是:能降低同时起爆大量炸药所产生的地震效应,爆岩块度均匀、大块率低,爆堆比较集中,炸药单位消耗量小,能降低爆破产生的空气冲击波强度和减少碎石飞散。

1. 毫秒延时爆破的基本机理

因炸药性能、岩石性质的复杂性和研究起爆时间仅差几毫秒至几十毫秒的群药包的技术难度限制,目前关于毫秒延时爆破的基本机理尚无定论。比较一致的观点有如下几种。

(1)形成新的自由面

在深孔爆破中,当第一排炮孔爆破后,形成爆破漏斗,新形成的爆破漏斗侧边以及漏斗体外的细微裂缝成为第二排炮孔的新自由面。由于新的自由面的产生减轻了第二排炮孔的爆破阻力,使得第二排炮孔爆破时岩体向新的自由面方向移动,以后各排炮孔依此类推。

(2)应力波的叠加

先起爆的炮孔在岩体内形成一个应力波作用区,岩石受到压缩、变形和位移,应力波不断向外传播,使第一排炮孔作用范围内的岩体遭受破坏,并且给第一排炮孔与第二排炮孔之间的岩体以预应力。在这种预应力尚未消失时,延时间隔的时间已到,第二排炮孔起爆,其产生的应力传到与第一排炮孔之间的岩体中,形成应力波的增强与叠加,使岩体易于破碎,增强了爆破效果。

(3)辅助破碎作用

由于前后两段药包的起爆间隔时间很短,前排爆破的岩石在未落下之时,与后排爆破抛起的岩石在空中相遇产生相互碰撞,使已产生微小裂隙的大块矿岩进一步破碎,这样充分利用了炸药的能量,提高了爆破质量,此即为辅助破碎作用。

(4)减振作用

合理的毫秒延时间隔,使先后起爆产生的地震能量在时间和空间上错开,特别是错开地震波的主震相,从而降低地震效应。

2. 毫秒延时间隔时间确定

毫秒延时间隔时间的确定应从能保证先爆炮孔不破坏后爆炮孔及其网路不遭受破坏,保证每个孔前面有自由面,保证后一段爆破成功等方面考虑。延时爆破时间的选择主要与岩石性质、抵抗线、岩石移动速度以及对破碎效果和减震的要求等因素有关,合理的毫秒延时间隔时间应能得到良好的爆破破碎效果和最大限度地降低爆破地震效应。关于时间间隔的确定,目前国内外的研究尚处于探索阶段,实践中多采用下列经验公式:

$$\Delta t = K_p W_1 (24 - f) \tag{6-13}$$

或

$$\Delta t = (30 \sim 40) \sqrt[3]{\frac{a}{f}} \tag{6-14}$$

式中 Δt——延时间隔时间,ms;

W_1——底盘抵抗线,m;

f——岩石坚固系数;

a——同排中同时爆破孔的孔距,m;

K_p——岩石裂隙系数，裂隙少的岩石 $K_p=0.5$，中等裂隙岩石 $K_p=0.75$，裂隙发育的岩石 $K_p=0.9$。

实际工程中，延时间隔时间往往受所能得到的延期雷管本身的名义延期时间限定。

3. 布孔方式及起爆顺序

采用多排孔爆破时，孔间多呈三角形、方形和矩形。布孔排列虽然比较简单，但利用不同的起爆顺序对这些炮孔进行组合，就可以获得多种多样的起爆形式，如图 6－10 所示。

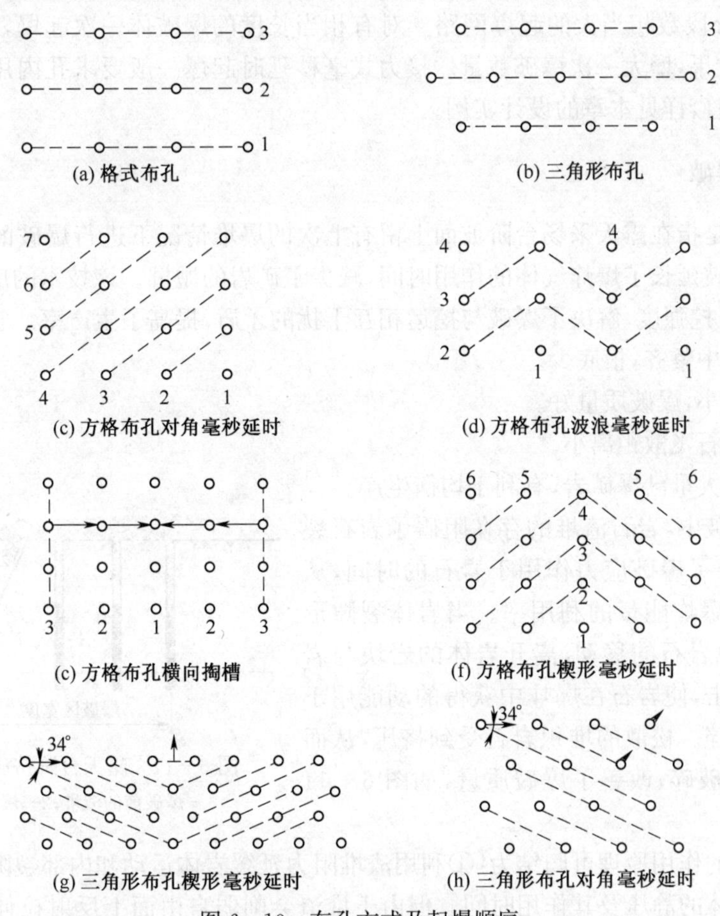

图 6－10　布孔方式及起爆顺序

(1)格式布孔排间毫秒延时起爆。炮孔成方格布置，各排之间毫秒延时起爆，如图 6－10(a)所示(图中数字表示起爆顺序)。此种起爆顺序施工简单，爆堆比较整齐，岩石破碎质量较非毫秒延时起爆有所改善但地震效应仍然强烈，后冲较大。

(2)三角布孔排间毫秒延时起爆。炮孔成三角形布置，各排之间毫秒延时起爆，如图 6－10(b)所示。

(3)方格布孔对角毫秒延时起爆。炮孔成方格布置，按对角线方向分组，各组之间毫秒延时起爆，如图 6－10(c)所示。一般情况下，对角线起爆的孔序数大大超过排间延时起爆顺序数。当高段雷管精度高时，其爆破效果较好，减震效果也显著。

(4)方格布孔波浪式毫秒延时起爆。炮孔成方格布置，按波浪形式分组，各组之间毫秒延时起爆，如图 6－10(d)所示。此种起爆顺序减少了延时段数，且推力较大，爆破效果较好。

(5)方格布孔中央横向毫秒延时起爆。如图 6－10(e)所示。

(6)方格布孔中央楔形毫秒延时起爆。如图 6－10(f)所示,两侧对称起爆,加强了岩块的碰撞和挤压,从而获得较好的破碎质量,也可以减少爆堆宽度,降低地震效应。

(7)三角形布孔楔形毫秒延时起爆。如图 6－10(g)所示,爆堆集中,碰撞挤压效果更好。

(8)三角形布孔对角毫秒延时起爆。如图 6－10(h)所示。

(9)接力式毫秒延时起爆。利用毫秒延期导爆雷管,在孔外用同段别雷管接力,可联成延时间隔相等、分段数相当大的起爆网路。对有相当长度的爆破体一次起爆,可以减少地震强度,保证爆破效果,增大一次爆破数量。接力式毫秒延时起爆一般要求孔内用高段别雷管,接力用低段别雷管,详见本章的设计实例。

二、挤压爆破

挤压爆破是指在露天采场台阶坡面上留有上次的爆堆情况下进行爆破的方法,又叫压渣爆破。挤压爆破延长了爆炸气体的作用时间,减少了矿岩的抛掷。该技术的应用,改善了爆破质量,提高了开挖强度,解决了爆破与挖运相互干扰的矛盾,提高了生产率。它有如下优点:

1. 爆堆集中整齐,根底少。
2. 块度较小,爆破质量好。
3. 个别飞石飞散距离小。
4. 能储存大量已爆矿岩,有利于均衡生产。

在挤压爆破中,岩石渣堆的存在阻碍了岩石裂隙的扩展,延长了爆破应力作用于岩石的时间,从而提高了炸药爆炸能量的利用率。当岩体裂隙形成后,随即出现岩石的移动,离开岩体的岩块与岩石渣堆猛烈撞击,使岩石在爆炸中获得的动能用于岩石的辅助破碎。松散的堆积岩石受到挤压,从而使岩石进一步破碎,改善了爆破质量,如图 6－11 所示。

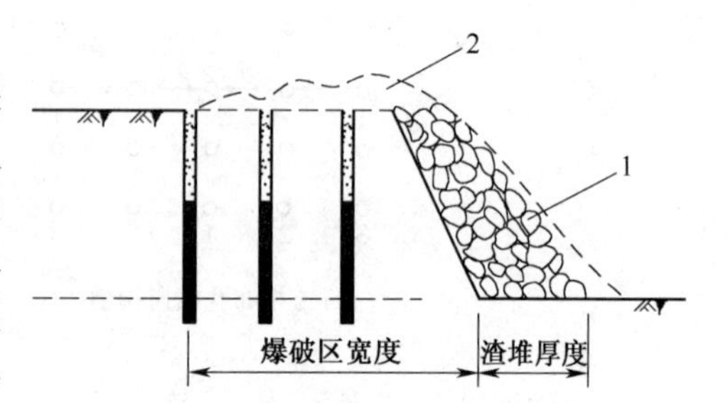

图 6－11　露天台阶挤压爆破示意图

1—爆破前的渣堆;2—爆破后的渣堆

挤压爆破的作用原理可归结为:①利用渣堆阻力延缓岩体运动和内部裂隙张开的时间,从而维持爆炸气体的静压及其作用时间。但由于堆渣会削弱自由面上反射拉伸波的作用,为补偿起见,需适当增加单位耗药量。②利用运动岩块与渣堆相互碰撞使动能转化为破碎功,进行辅助破碎。

挤压爆破在对爆破与铲运均衡生产要求较高的露天矿山的生产中应用较多,有关的爆破参数设计可以参考相应的设计与施工手册。

第四节　光面爆破和预裂爆破参数设计

爆破参数设计是爆破成功的关键,合理的爆破参数不但能满足工程的实际要求,而且可使爆破达到良好的效果,经济技术指标达到最优。

影响光面爆破和预裂爆破参数选择的因素很多,参数的选择很难用一个公式来完全表达。目前,在参数选择方面,一般采取理论计算、直接试验和经验类比法。在实际应用中多采用工程类比法进行选取，但误差较大，效果不佳。因此，应在全面考虑影响因素的前提下，以理论计算为依据，以工程类比作参考，并在模型试验的基础上综合确定爆破参数。

一、光面爆破参数设计

1. 钻孔直径 d

深孔爆破时，公路、铁路与水电取 80～100 mm，矿山多用大直径，取 150～310 mm；浅孔爆破，取 42～50 mm。

2. 不耦合系数

合理的不耦合系数应使炮孔压力低于孔壁岩石的动抗压强度而高于动抗拉强度。不耦合系数通常采用 1.1～3.0，其中以 1.5～2.5 用的较多。

3. 光面炮孔间距 a

炮孔间距一般为孔眼直径的 10～14 倍。在节理裂隙比较发育的岩石中应取小值，整体性好的岩石可取大值。

4. 最小抵抗线 W

光面层厚度或周边眼至相邻辅助眼间的距离是光面爆破的最小抵抗线，一般应大于光面孔眼的间距。在爆破中，为了使保留区岩壁光滑而不致破坏，抵抗线 W 也不宜过大，通常取 $W=(1\sim3)\text{m}$，否则爆破后不能形成光滑的岩壁，达不到光面爆破的目的。因此对于露天深孔光面爆破的抵抗线 W 最好采用与钻孔直径 d 有关的关系式计算，即 $W=(7\sim20)d$。

5. 炮孔密集系数 K

K 过大，爆后可能在光面眼间留下岩埂，造成欠挖；K 过小，则会在新岩面上造成凹坑。实践表明，当炮孔密集系数 $K=0.8\sim1.0$ 时，光爆效果较好。对于硬岩 K 取大值，软岩取小值。

6. 单位装药量 q

单位装药量又叫线装药密度和装药集中度，它是指单位长度炮孔中装药量的多少(g/m 或 kg/m)。为了控制裂缝的发展，保持新壁面的完整稳固，在保证沿炮孔连线破裂的前提下，应尽可能减少装药量。软岩一般用 75～130 g/m，中硬岩为 110～165 g/m，硬岩为165～275 g/m。

7. 起爆间隔时间

实验研究表明，齐发起爆的裂缝表面最平整，毫秒延时起爆次之，而秒延时起爆最差。齐发起爆时，炮孔贯通裂缝较长，可抑制其他方向裂隙的发展，有利于减少炮孔周围裂隙的产生和形成平整的壁面。所以在实施光面爆破时，时间间隔越短，壁面平整的效果越有保证。

二、预裂爆破参数设计

正确选择预裂爆破参数是取得良好爆破效果的保证，但影响预裂爆破的因素很多，如钻孔直径、钻孔间距、装药量、钻孔直径与药包直径的比值(称不耦合系数)、装药结构、炸药性能、地质构造与岩石力学强度等。目前，一般根据实践经验，并考虑这些因素中的主要因素和它们之间的相互关系来进行参数的确定。

1. 钻孔直径 d

目前，孔径主要根据台阶高度和钻机性能来决定。对于质量要求高的工程，采用较小的钻孔。一般工程钻孔直径以 80～150 mm为宜，对于质量要求较高的工程，钻孔直径以32～100 mm为宜，最好能按药包直径的 2～4 倍来选择钻孔直径，浅孔爆破孔径取 45～50 mm。

2. 钻孔间距 a

预裂爆破的钻孔间距比光面爆破要小一些,它与钻孔直径有关。通常一般工程取 $a=(7\sim10)d$;质量要求高的工程取 $a=(5\sim7)d$。选择 a 时,钻孔直径大于100 mm时取小值,小于60 mm时取大值;对于软弱破碎的岩石 a 取小值,坚硬的岩石取大值;对于质量要求高的 a 取小值,要求不高的取大值。

3. 不耦合系数 K_{dc}

不耦合系数 K_{dc} 为炮孔内径与药包直径的比值。K_{dc} 值大时,表示药包与孔壁之间的间隙大,爆破后对孔壁的破坏小;反之对孔壁的破坏大。一般可取 $K_{dc}=2\sim4$。实践证明,当 $K_{dc}\geqslant 2$ 时,只要药包不与保留的孔壁(指靠保留区一侧的孔壁)紧贴,孔壁就不会受到严重的损害。如果 $K_{dc}<2$,则孔壁质量难以保证。药包应放在炮孔中间,绝对不能与保留区的孔壁紧贴,否则 K_{dc} 值再小一些,就可能造成对孔壁的破坏。

4. 线装药密度 q

装药量合适与否关系到爆破的质量、安全和经济性,因此它是一个很重要的参数。装药密度可用以下经验公式进行计算:

(1)保证不损坏孔壁(除相邻炮孔间连线方向外)的线装药密度

$$q=9.32\delta_y^{0.53}r^{0.38} \tag{6-15}$$

式中 δ_y——岩石极限抗压强度,MPa;

r——预裂孔半径,mm;

q——线装药密度,g/m。

该式适用范围是 $\delta_y=10\sim15$ MPa,$r=46\sim170$ mm。

(2)保证形成贯通相邻炮孔裂缝的线装药密度

$$q=1.54\delta_y^{0.63}a^{0.67} \tag{6-16}$$

式中 a——预裂孔间距,cm。

该式适用范围是 $\delta_y=10\sim150$ MPa,$r=40\sim170$ mm,$a=40\sim130$ cm。

5. 预裂孔孔深

预裂孔孔深的确定以不留根底和不破坏台阶底部岩体的完整性为原则,因此应根据具体工程的岩体性质等情况来确定。

6. 填塞长度

良好的填塞不但能充分利用炸药的爆炸能量,而且能减少爆破有害效应的产生。一般情况下,填塞长度与炮孔直径有关,通常取炮孔直径的12～20倍。

三、预裂爆破的质量标准及效果评价

1. 预裂爆破的质量标准

对于铁路、矿山、水利等露天石方开挖工程,预裂爆破的质量标准主要有以下几点:

(1)预裂缝缝口宽度不小于1 cm;

(2)预裂壁面上较完整地留下半个炮孔痕迹,药包附近岩体不出现严重的爆破裂隙;

(3)预裂壁面基本光滑、平整,不平整度(相邻钻孔之间的预裂壁面与钻孔轴线平面之间的线误差值)应不大于|±15|cm。

2. 预裂爆破效果及其评价

一般根据预裂缝的宽度、新壁面的平整程度、孔痕率以及减震效果等项指标来衡量预裂爆破的效果。具体是：

(1)岩体在预裂面上形成贯通裂缝，其地表裂缝宽度不应小于1 cm；

(2)预裂面保持平整，壁面不平度小于15 cm；

(3)孔痕率在硬岩中不少于80%，在软岩中不少于50%；

(4)减振效果应达到设计要求的百分率。

第五节　深孔爆破工程设计实例

本节以朔黄铁路某段路堑的深孔爆破为例，简要介绍深孔爆破工程的设计方法。

一、工程概况

朔黄铁路要通过一段平缓山坡，需爆破形成路堑，其典型横断面如图6—12所示。路基标高235.20 m，路基宽11.50 m，边坡1∶0.75，线路中心挖深约7.5 m。需爆除的岩体为风化片麻岩，f=8～9，地表岩石裸露，无地下水。爆区距离公路40 m，距离村庄100 m。要求确保人员和村庄、公路、施工设备的安全，注意保护边坡，爆破后岩块的最大边长在40 cm以下。

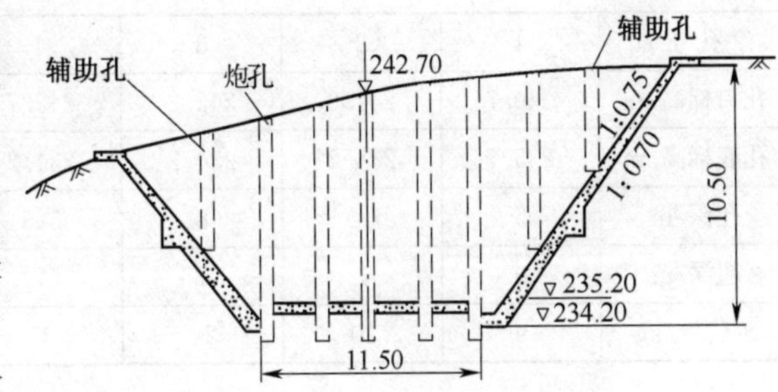

图6—12　路堑横断面图(单位：m)

二、爆破方案选择

本工程地形平缓，适宜深孔钻机移动，路堑挖深6～9 m，适合一般深孔钻机的钻孔施工。深孔爆破与浅孔爆破、硐室爆破相比，在施工安全、施工效率以及工序衔接等方面有很大优势，因此决定在本工程中采用深孔毫秒延时爆破。

三、设备选型

根据钻孔深度、地形地质等条件，选用CLQ-80A潜孔钻机。地面岩石裸露、平缓，适宜该钻机移动直接钻孔施工，台阶始端可由浅孔爆破形成初始台阶。

四、台阶要素与爆破参数的确定

(1)钻孔形式与布孔方式。根据挖深为6～9 m的地形条件，以路基标高为准，采用单层横向台阶法布置炮孔，垂直钻孔。对于需控制超挖、欠挖的边坡部分，采用辅助炮孔或浅孔爆破配合挖掘机械处理，不再进行预裂爆破。炮孔沿线路方向多排方格式布置，如图6—12所示。

(2)孔径为90 mm，孔深根据炮孔孔口标高确定。

(3)超钻根据表6—2取1.0 m。

(4)底盘抵抗线由式(6－1)计算约为3 m,由式(6－2)计算为2.5 m,由式(6－3)计算为3.5～8.1 m,由式(6－4)计算为 3.2～3.8 m。实际取2.5 m。

(5)为施工便利、高效,取统一的孔网参数。孔距根据路堑宽度取2.9 m,每排 5 孔;排距根据孔距取2.8 m;密集系数为 1.04。

(6)因环境条件不许有飞石,填塞长度取钻孔直径的 30～35 倍,即 3.0～3.5 m。

(7)单位耗药量由表 6－3 取0.59 kg/m^3,炸药为 2 号岩石乳化炸药。每孔装药量见表6－6。

(8)延时间隔时间按式(6－13)计算为36 ms,按(6－14)式计算为 22～29 ms,实际施工取50 ms。

五、药量计算

每孔装药量依照式(6－5)、式(6－6)计算。表 6－6 列出图 6－12 所示炮孔设计参数。

表 6－6 爆破设计参数简表

孔号	1	2	3	4	5	6	7	8
孔口标高/m	240.7	241.3	242.2	242.7	249.9	243.1	243.5	243.8
孔底标高/m	235.7	234.2	234.2	234.2	234.2	234.2	235.7	238.5
孔深/m	5	7.1	8	8.5	8.7	8.9	7.8	5.3
超深/m	0	1	1	1	1	1	0	0
装药量/kg	9	20	24	27	28	29	23	11

六、起爆网路设计

本设计采用孔内 9 段延期,孔外排间 3 段延期(第 1 排炮孔用瞬发导爆管雷管),复式串联的导爆管接力式毫秒延时起爆网路,进而达到排间 50 ms 延时的接力式起爆效果,如图 6－13 所示。孔内采用高段位雷管,主要是考虑在第 1 排药包起爆时,孔外网路应全部起爆或已传爆过去相当的距离,从而避免先起爆的药包爆破时对孔外起爆网路的损伤。孔外用低段位雷管接力捆联,可在保证各分段爆破产生的震动不会叠加的基础上缩短整个起爆的时间,使建(构)筑物承受的震动总延时减少。需要指出的是,布设毫秒延时起爆网路时,一定要选用质量稳定、延时误差较小的延时雷管,以避免由于雷管延时误差较大而引起的“跳段”现象。

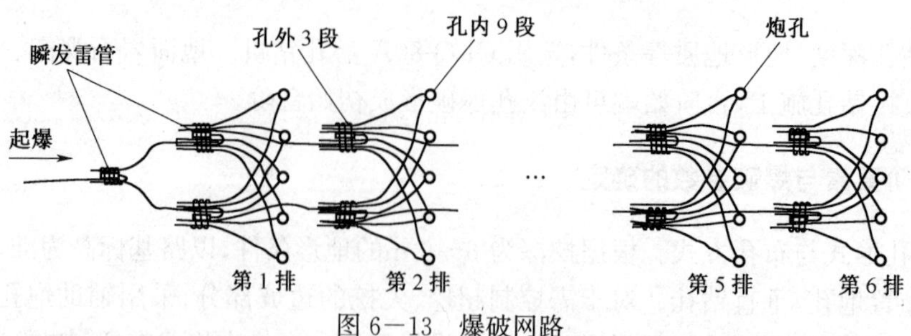

图 6－13 爆破网路

完整的爆破设计还应包括辅助炮孔设计参数、材料消耗、主要技术经济指标分析、安全警戒范围的确定,人员、设备的撤离方案等内容,鉴于篇幅所限,此处从略。

第六节 硐室爆破

采用集中或条形硐室装药爆破开挖岩土的作业称为硐室爆破(chamber blasting)。自20世纪50年代以来,我国已将硐室爆破技术广泛应用于矿山、交通、水利、水电、农田基本建设和建筑工程等领域,并成功地实施了多次万吨级的爆破。由于硐室爆破作业条件较差,前期投入较多、平均单位炸药消耗量高、爆破事故率也较高,并且还有可能造成次生灾害,所以,在目前机械化作业程度高(普遍采用机械钻孔、钻孔效率高)、施工技术先进的条件下,硐室爆破的实用性已经变得不太明显,并且随着环保意识的增强,硐室爆破的应用范围和爆破规模呈现越来越小的趋势。

一、硐室爆破的特点及安全要求

《爆破安全规程》将硐室爆破分为A、B、C、D四级。装药量$Q \geqslant 500$ t,属于A级;装药量$50\ t \leqslant Q < 500$ t,属于B级;装药量在$2.5\ t \leqslant Q < 50$ t,属于C级;装药量$Q < 2.5$ t,属于D级。

1. 硐室爆破的特点

(1)硐室爆破的优点

①爆破方量大,施工速度快。在土石方数量集中的工点,如铁路、公路的高填深挖路基、露天采矿的基建剥离和大规模的采石工程中,从导硐、药室开挖到装药爆破,能在短期内完成任务,对加快工程建设速度有重大作用。

②施工简单,适用性强。在交通不便、地形复杂的山区,特别是地势陡峻地段、工程量在几千立方米或几万立方米的土石方工程,硐室爆破使用设备少,施工准备工作量小,因此具有较强的适用性。

③经济效益显著。对于地形较陡、爆破开挖较深、岩石节理裂隙发育、整体性差的岩体,采用硐室爆破方法施工,人工开挖导硐和药室的费用大大低于深孔爆破的钻孔费用,因此可以获得显著的经济效益。

(2)硐室爆破的缺点

①人工开挖导硐和药室,工作条件差,劳动强度大;

②爆破块度不够均匀,容易产生大块,二次爆破工作量大;

③爆破作用和振动强度大,对边坡的稳定及周围建(构)筑物可能造成不良影响。

2. 硐室爆破安全要求

《爆破安全规程》(GB 6722—2014)对硐室爆破提出如下安全要求:

(1)爆破作业单位应有不少于一次同等级别的硐室爆破设计施工实践,爆破技术负责人应有不少于一次同等级别的硐室爆破工程的主要设计人员或施工负责人的经历。

(2)硐室爆破设计施工、安全评估和安全监理应重点考虑以下几个方面的安全问题:

①爆破对周围地质构造、边坡以及滚石等的影响;

②爆破对水文地质、溶洞、采空区的影响;

③爆破对周围建(构)筑物的影响;

④在狭窄沟谷进行硐室爆破时空气冲击波、气浪可能产生的安全问题;

⑤大量爆堆本身的稳定性;

⑥地下硐室爆破在地表可能形成的塌陷区；

⑦爆破产生的大量气体窜入地下采矿场和其他地下空间带来的安全问题；

⑧大量爆堆入水可能造成的环境破坏和安全问题。

二、 爆破类型选择与药包布置方式

1. 爆破类型选择

硐室爆破按爆破作用和药室形状可划分为：

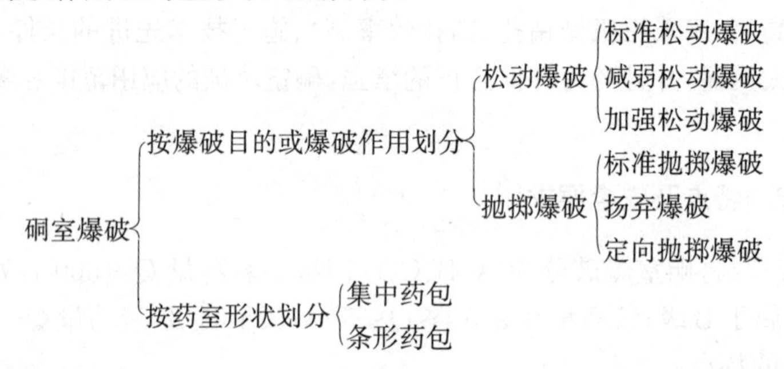

进行硐室爆破时，应根据爆区的地质地形条件、爆区所处的环境及爆破技术要求等因素确定爆破类型。主要爆破类型的适用条件如下。

(1)标准松动爆破

在节理裂隙发育、预计爆岩大块率较低的地方，可采用松动爆破。在爆岩可以靠重力作用滑移出爆破漏斗的陡坡地段，宜采用松动爆破。一般药包的最小抵抗线小于15～20 m。单位耗药量应在0.5 kg/m^{3}左右，爆堆集中，对爆区周围岩体破坏较小。

(2)加强松动爆破

加强松动爆破在矿山应用较为广泛，其单位耗药量可以达到0.8～1.0 kg/m^3。当药包的最小抵抗线大于15～20 m时，为了充分破碎矿岩和降低爆堆高度，一般采用加强松动爆破。

(3)抛掷爆破

根据爆破作用指数 n 的取值，抛掷爆破分为：加强抛掷爆破($n>1$)、标准抛掷爆破($n=1$)和减弱抛掷爆破($0.75<n<1$)。在工程实践中，根据地面坡度的不同，抛掷爆破的爆破作用指数 n 一般在1～1.5，抛掷率为60%左右。凡条件允许，布置抛掷药包能将部分岩石抛出爆区者，应考虑采用抛掷爆破方案。抛掷爆破对路堑边坡的稳定性有较大影响，因此，在较陡的地形条件下用加强松动爆破也能将大量岩石抛出时，就不应采用抛掷爆破。

(4)扬弃爆破

在平坦地面或坡度小于30°的地形条件下，将开挖的沟渠、路堑、河道等各种沟槽及基坑内的挖方部分或大部分扬弃到设计开挖范围以外，基本形成工程雏形的爆破方法，称为扬弃爆破。

扬弃爆破需要利用炸药能量将岩石向上抬起并扬弃出去，故其单位耗药量高，爆破作用指数大。扬弃爆破的抛掷率一般在80%左右。在平坦地面，当爆破作用指数 $n=2$ 时，抛掷率为83%，单位耗药量在1.4～2.2 kg/m^3。

(5)定向抛掷爆破

利用爆炸能量将大量土石方按照指定方向抛掷到一定位置并堆积成一定形状的爆破方

法，称为定向抛掷爆破。定向抛掷爆破减少了挖、装、运等工序，有着很高的生产效率。

2. 硐室爆破药包布置方式

(1)平坦地面扬弃爆破的药包布置

平坦地面的扬弃爆破，通常是指横向坡度小于30°的加强抛掷爆破，可用于溢洪道与沟渠的土石方开挖。根据开挖断面的深度和宽度之间的关系，可布置单排药包、单层多排药包或者两层多排药包等形式，见图6－14。根据铁路及公路爆破的经验，对于开挖断面底宽在8 m以内的单线路堑，或者岩石边坡为1∶0.5～1∶0.75、挖深在16 m以内的路堑，以及边坡为1∶1、挖深在20 m以内的路堑，均可布置单层药包。当挖深超过上述数据或者底宽小于8 m、挖深却大于10 m时，可布置两层药包。

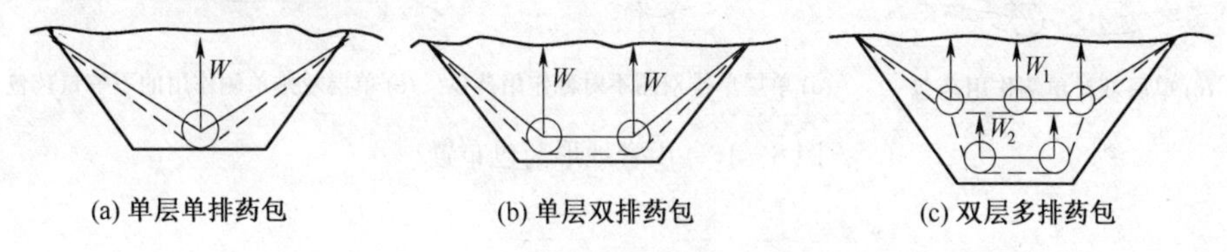

图6－14　平坦地面扬弃爆破药包布置

(2)斜坡地形的药包布置

当地形平缓、爆破高度较小、最小抵抗线与药包埋置深度之比$W/H=0.6$～0.8时，可布置单层单排或多排的单侧作用药包，如图6－15(a)、(b)所示。当地形陡，$W/H<0.6$时，可布置单排多层药包，如图6－15(c)所示。

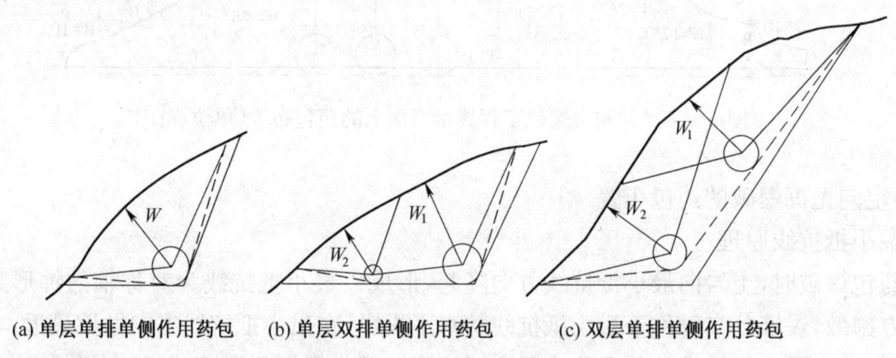

图6－15　斜坡地形药包布置

(3)山脊地形的药包布置

当山脊两侧地形坡度较陡时，可布置单排双侧作用药包，药包两侧的最小抵抗线应相等，如图6－16(a)所示。当地形下部坡度较缓时，可在主药包两侧布置辅助药包，如图6－16(b)所示，或者布置双排并列单侧作用药包，如图6－16(c)所示。当工程要求一侧松动、一侧抛掷(或一侧加强松动，一侧松动)时，可布置单排双侧不对称作用药包，如图6－16(d)所示，或布置双排单侧作用的不等量药包，如图6－16(e)所示。

(4)联合作用药包的布置

在一些露天剥离爆破或平整场地的爆破中，当爆破范围很大时，可把整个爆破范围分为几个爆区，在各个爆区内根据地质地形条件布置多层多排主药包和部分辅助药包。图6－17为贵州营盘坡山体松动爆破时西侧爆区一典型断面上的药包布置图，图中各种形式药包联合作用，达到松动石方、平整场地的目的。为了保证爆破效果，起爆顺序应仔细研究。

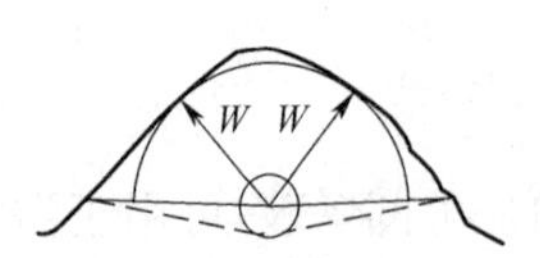

(a) 单层单排双侧作用药包

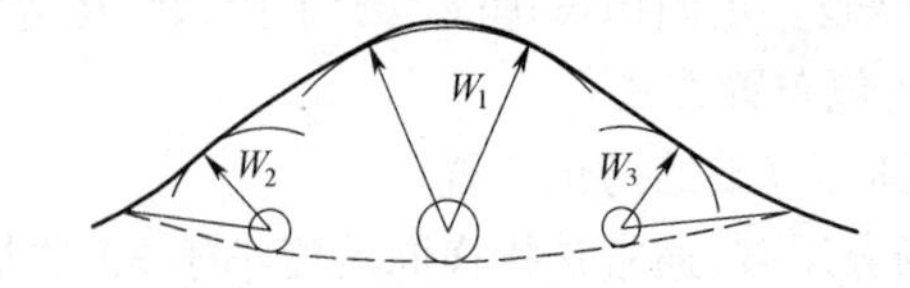

(b) 单层多排药包主药包双侧作用辅助药包单侧作用

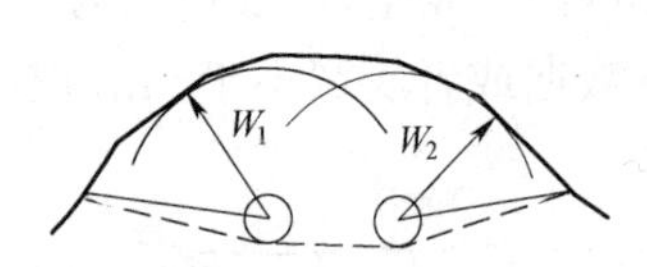

(c) 单层双排单侧作用药包

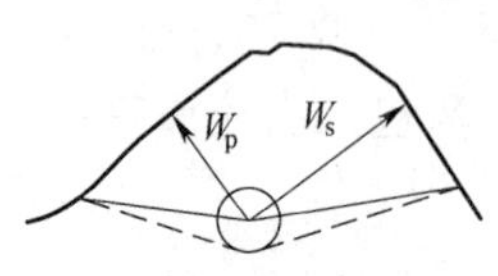

(d) 单层单排双侧不对称作用药包

(e) 单层双排单侧作用的不等量药包

图 6－16　山脊地形药包布置

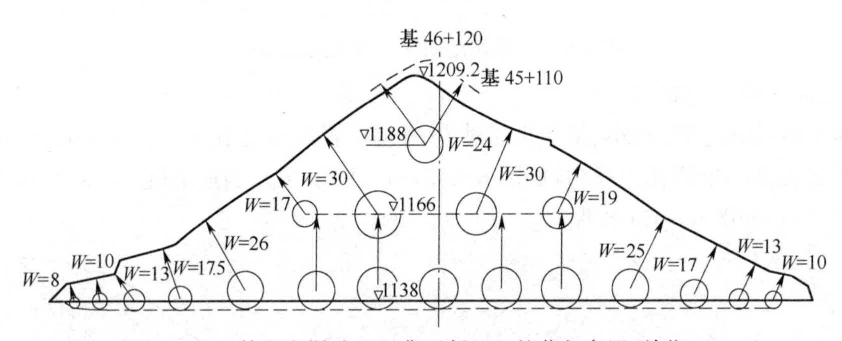

图 6－17　某硐室爆破工程典型断面上的药包布置(单位:m)

(5)定向抛掷爆破的药包布置

①最小抵抗线原理

单药包爆破时,土岩向最小抵抗线方向隆起,形成以最小抵抗线为对称轴的钟形鼓包,然后向四方抛散,爆堆分布对称于最小抵抗线的水平投影,在最小抵抗线方向抛掷最远。这种抛掷、堆积形式与最小抵抗线的关系称为最小抵抗线原理。根据此原理,工程上提出了"定向坑"或"定向中心"的设计方法,它是在自然的或者人为的凹面附近布置主药包,使主药包的最小抵抗线垂直于凹面,凹面的曲率中心就是定向中心,按这种形式布置药包,爆落土岩会朝着定向中心抛掷,并堆积在定向中心附近,获得定向抛掷和堆积的爆破效果。

图 6－18 是根据最小抵抗线原理设计的水平地面定向爆破药包布置图。Q_1 为辅助药包,其最小抵抗线为 W_1,爆破漏斗 AOB 为主药包 Q_2 的定向坑,主药包以 OB 为临空面,其最小抵抗线为 W_2,主药包的埋置深度为 H。为了保证爆破土岩沿 W_2 方向抛出,并获得最大的抛掷距离,一般主药包的埋置深度和最小抵抗线之间应满足 $H \geqslant (1.3 \sim 1.8)W_2$,且最小抵抗线 W_2 与水平面的夹角以 45°为宜。辅助药包一般提前于主药包 1～2 s爆破,以便形成定向坑,从而准确引导主药包的抛掷方向,实现定向抛掷爆破。

②群药包作用原理

两个或多个对称布置的等量药包爆破时,其中间的土岩一般不发生侧向抛散,而是沿着最

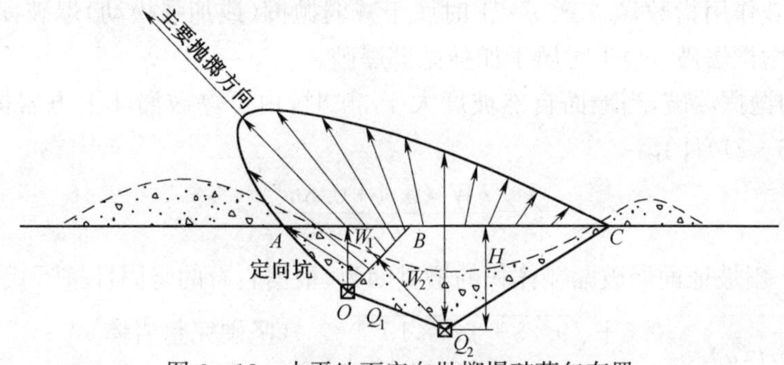

图 6－18　水平地面定向抛掷爆破药包布置

小抵抗线的方向抛出。利用这一规律，对称布置等量的群药包，可将大部分土岩抛掷到预定地点。图 6－19 是利用群药包作用原理实现大量土石方移挖作填的定向抛掷爆破示意图。

③重力作用原理

在陡峭、狭窄的山间，定向爆破可以不使用抛掷爆破方法，而是布置松动爆破药包，将山谷上部岩石炸开，靠重力作用使爆松的土岩滚落下来，形成堆石坝体。实践表明，用这种方法筑成的坝体不会抛散，经济效果较好。利用重力作用的爆破方法也称为崩塌爆破。图 6－20 是在山谷两侧布置松动爆破药包实现定向爆破筑坝的工程示意图。

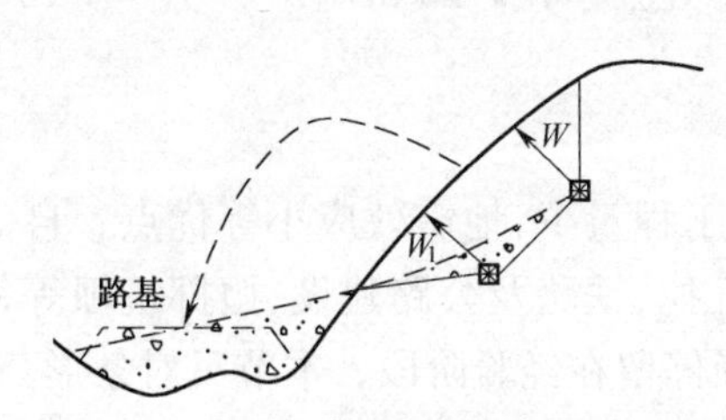

图 6－19　移挖作填定向爆破药包布置

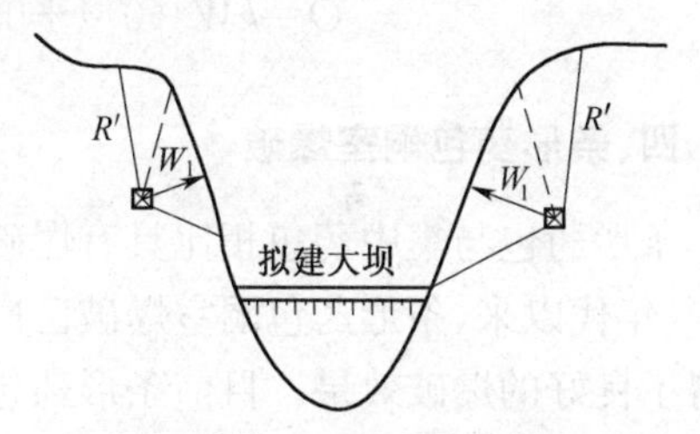

图 6－20　定向爆破筑坝药包布置

三、硐室爆破装药量计算

1. 松动爆破装药量计算方法

标准松动爆破的装药量计算公式为

$$Q=0.44kW^3 \tag{6-17}$$

式中　k——标准抛掷爆破的单位用药量系数，kg/m³；

W——最小抵抗线，m。

式(6－17)也称为正常松动药包的药量计算公式。在松动爆破中，药量大于这一标准称为加强松动药包，小于这一标准称为减弱松动药包。

多面临空和陡崖地形的崩塌爆破，装药量可按减弱松动爆破计算：

$$Q=(0.125\sim0.44)kW^3 \tag{6-18}$$

在比较完整的岩石或者矿山覆盖层剥离时，装药量可按加强松动爆破计算：

$$Q=(0.44\sim1.0)kW^3 \tag{6-19}$$

2. 抛掷爆破装药量计算

平坦地面和山脊地形的双侧作用药包，装药量按式(6－20)进行计算：

$$Q=kW^3(0.4+0.6n^3) \tag{6-20}$$

式中　n——爆破作用指数，$0.75<n<1$ 时属于减弱抛掷(或加强松动)爆破，$n=1$ 时属于标准抛掷爆破，$n>1$ 时属于加强抛掷爆破。

斜坡地面的抛掷爆破，当地面自然坡度大于 30°时，由于爆破漏斗上方岩体的滑塌作用，装药量可按式(6－21)计算：

$$Q=\frac{kW^3(0.4+0.6n^3)}{f(\alpha)} \tag{6-21}$$

式中　$f(\alpha)$——斜坡地面爆破漏斗体积的增量函数，根据岩石的坚固性按下式计算：

$$f(\alpha)=\begin{cases}0.5+\sqrt{0.25+4\alpha^3\times10^{-6}} & \text{(坚硬完整岩体)}\\0.5+\sqrt{0.25+10\alpha^3\times10^{-6}} & \text{(土、软岩或中硬岩)}\end{cases} \tag{6-22}$$

其中　α——地面坡度。

3. 扬弃爆破装药量计算

平坦地面或地面坡度小于 30°的扬弃爆破，装药量的计算仍使用式(6－20)。但有的文献提出，当 $W>15\sim20$ m时，应进行重力修正，即

$$Q=kW^3(0.4+0.6n^3)\sqrt{\frac{W}{15}} \quad \text{(岩石，}W>15\text{ m)} \tag{6-23}$$

$$Q=kW^3(0.4+0.6n^3)\sqrt{\frac{W}{20}} \quad \text{(土壤，}W>20\text{ m)} \tag{6-24}$$

四、条形药包硐室爆破

条形药包与集中药包相比具有爆破方量多、导硐工程量少、地震效应小等优点。自 20 世纪 60 年代以来，条形药包硐室爆破已广泛用于运河开挖、铁路及公路建设、抛掷筑坝等领域，取得了良好的爆破效果。目前条形药包的工程设计尚停留在经验阶段。本节只对条形药包硐室爆破技术作简要介绍。

在山体上，条形药包硐室的延伸方向大致与地形等高线的走向一致，一般呈直线段或折线段。同一条形药包不同点的最小抵抗线的差异应控制在±7%内。条形药包布置时，先在平面图上作垂直等高线的若干剖面，在每个剖面上由外向里或由里向外布置药包，使各剖面同层同排药包最小抵抗线相等；将各剖面的药包中心投到平面图上，再作出与各投影点相关最好的直线或简单折线，这些直线或折线就代表了条形药包的中心线。图 6－21 为某爆破工程一爆区内条形药包布置图。

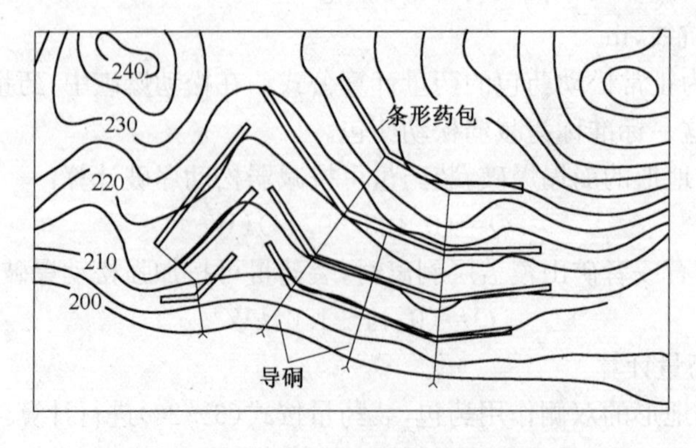

图 6－21　某工程条形药包平面布置图

1. 条形硐室药包装药量计算

条形药包装药量计算可按鲍列斯阔夫经验公式计算

$$q=\frac{(0.4+0.6n^3)}{0.55(n+1)}kW^2 \tag{6-25}$$

式中 q——条形药包单位长度装药量,kg/m。

其他符号的意义与集中药包装药量计算公式中的相同。

2. 条形药包的空腔比

条形药包的装药通常采用不耦合装药方法。在条形硐室内,药室直径与装药直径的比值称为条形药包的空腔比,药室与药包间所留的空隙能够延长爆炸产物在岩体内的作用时间,减少用于粉碎岩石的冲击波能量,因此条形药包空腔爆破具有爆破能量利用率高、抛掷效果好、块度均匀、边坡稳定等优点。条形药包的空腔比可在 2～9 之间选取,一般选用 4～5 工程效果较好。为了克服不耦合装药传爆时可能产生的沟槽效应,条形药包一般采用多点起爆。

五、硐室爆破施工

硐室爆破施工设计包括导硐、药室及装填设计,起爆网路设计等。

1. 导硐

联通地表与药室的井巷统称为导硐。

导硐一般分为平硐和竖井两类。平硐、竖井与药室之间用横巷相连。横巷与平硐、竖井相互垂直。

导硐类型的选择,主要依爆区的地形、地质、药包位置及施工条件等因素而定,一般多用平硐。在地形较缓或爆破规模较小时,可采用竖井。

平硐施工,出渣、支护方便,排水简单,施工速度快,缺点是填塞工作费时,填塞效果较差。竖井施工测量定位方便,填塞效果好,但出渣、排水和支护较困难,施工速度慢。

竖井超过7 m、平硐超过20 m,掘进时应采取机械通风。

布置导硐应注意以下几点:每个硐口所连通的药室数目不宜过多,导硐不宜过长,以利掘进、装药与填塞等工作。平硐应向硐口呈 3‰～5‰的下坡,以利排水和出渣。硐口不宜正对附近的重要建筑物。

硐室爆破导硐设计开挖断面不小于 1.5 m×1.8 m,小井不小于 1 m²,一般平硐坡度应大于 1%。

2. 药室

药室多采用正方形或长方形。当装药量较大、岩石又不稳定时,可用“T 字形”“十字形”或“回字形”药室,以防因跨度太大引起冒顶塌方。

药室的容积以能容纳全部药量为基础,可按下式计算:

$$V=\frac{Q}{\Delta}K_V \tag{6-26}$$

式中 V——药室容积,m³;

Q——药包质量,t;

Δ——炸药密度,t/m³;

K_V——药室扩大系数,与药室的支护方式及装药形式有关,可参见表 6-7。

表 6—7　药室扩大系数 K_V

药室支护情况	装药方法	K_V
不支护	粉状炸药松散装填	1.1
不支护	炸药成袋装填	1.3
用无底梁的棚子间隔支护	粉状炸药松散装填	1.3
全面支护	粉状炸药松散装填	1.45
用无底梁的棚子间隔支护	炸药成袋装填	1.6
全面支护	炸药成袋装填	1.8

3. 装药与填塞

装药前对有积水、滴水的药室采取排水、堵水措施，并做好炸药的防潮处理或使用抗水炸药。装药时，应将炸药成袋(包)地堆放整齐，并将威力较低的炸药放在药室周边，威力较高的炸药放置在起爆体的附近。

起爆体必须按设计要求放入药室，并用散装炸药将其周围的空隙填满，同时将起爆体的导线、导爆索或导爆管引出药室口，装入线槽。

装药完毕，药室口应用木板、油毡或厚塑料布封闭，用细粒料将其封堵严实，再用碎石充填，然后用装有土(砂、碎石)的编织袋或块石堆砌。

填塞工作开始前，应在导硐或竖井口附近备足填塞材料，并标明编号和数量。平硐填塞应在平硐内壁上标明填塞的位置和长度。

药室的填塞长度一般不小于横巷断面尺寸长边的 3～5 倍。填塞应从药室边部开始，在连接药室的横巷中进行。当横巷的长度小于设计填塞长度时，填塞位置应延伸至平硐或竖井中。地下水较大的药室，填塞时不得将水沟堵住。填塞过程中要注意保护爆破网路。

4. 起爆体与起爆网路

(1)起爆体

起爆体应装在木箱内，所装炸药不应超过20 kg。木箱的上盖应能活动以便装药，木箱一端开孔，从中引出导线或导爆索。起爆雷管或导爆索结应放在起爆体的中央，木箱中必须装满炸药，封闭严实，并将雷管和导爆索固定。

在电雷管起爆体装入药室前，应对其电阻值进行检测，并应在包装箱上写明导硐号、药室号、雷管段别、电阻值。同时，将导硐、药室内的一切电源切断，拆除导线，并检测杂散电流，确认安全后才准放入起爆体。

从起爆体中引出的导线、导爆索或导爆管应在药室内用塑料布包裹，以防止它们与含油相(铵油、乳化油)炸药接触。

(2)起爆网路

《爆破安全规程》(GB 6722—2014)规定：硐室爆破应采用复式起爆网路并作网路试验。电爆网路应设中间开关。

在硐室爆破中广泛采用的是双电爆网路，因为它便于在填塞过程中随时监测。另外，电爆与导爆索相结合的起爆网路也常被采用。在有雷击危险的爆破区，可以使用非电导爆管网路或者全导爆索网路。

在大爆破工程中，当起爆体个数较多时，可采用分区并联、区内串联的爆破网路；对于起爆体个数较少的工程，也可以采用串联爆破网路。

本 章 小 结

深孔爆破是工程爆破的一个重要施工方法，它机械化程度高，可与装运机械匹配施工，因此施工速度快、效率高、安全性好，适用于大量土石方开挖工程。深孔爆破方法已经成为我国露天爆破工程中使用最多的施工方法。

浅孔爆破机动性强，适用于各种地形条件，在露天小台阶采矿，贵重石材开采，沟槽开挖爆破，边坡危石处理，二次爆破中应用较多。

硐室爆破的装药形式分为集中药包和条形药包两种。由于硐室爆破作业条件较差，前期投入较多，单位炸药消耗量大，爆破事故率较高，目前硐室爆破的应用范围和爆破规模呈下降趋势。

毫秒延时爆破技术的发展为大量土石方工程爆破提供了有力的技术支持。毫秒延时爆破技术的关键是前段装药爆破为后段装药创造了自由面，不同段别爆落的岩石相互碰撞，促进岩石进一步破碎。毫秒延时爆破的应用降低了爆破振动、飞石、噪声等有害效应，为增大一次爆破的药量创造了条件。挤压爆破使爆下的岩块与渣堆进行碰撞，进一步对岩石破碎，降低了大块率，减少了爆破与挖运工序之间的相互影响。

复 习 题

1. 画图说明深孔爆破的台阶要素。
2. 什么是超钻，说明其在深孔爆破中的作用。
3. 垂直钻孔与倾斜钻孔各有何优缺点？
4. 深孔爆破的装药结构主要有哪几种？
5. 确定深孔台阶爆破的台阶高度应该满足什么要求？
6. 挤压爆破和毫秒延时爆破的原理是什么？
7. 绘图说明毫秒延时爆破有哪几种起爆形式和起爆顺序？
8. 预裂爆破的质量标准是什么？
9. 按照爆破作用硐室爆破分为几种类型？
10.《爆破安全规程》对硐室爆破的起爆网路有什么要求？
11. 某公路施工需爆破形成路堑。路基宽度 25 m，边坡 1∶0.75，挖深 7～9 m，地形平缓，爆区为石灰岩，$f=12$，地表岩石裸露，无地下水，非雨季施工。在距爆区 100 m 处有工厂。要求采用深孔爆破方法进行施工，试进行爆破设计。

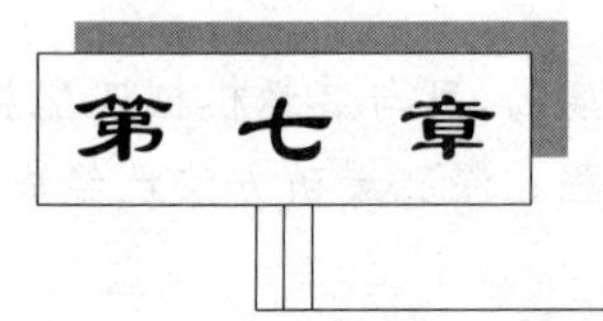

第七章 地下采场爆破

对于大多数地下金属、非金属矿山,爆破方法仍然是中硬以上矿石落矿最有效的手段。地下采场爆破的要求是爆破参数应与矿体赋存条件和采矿方法相适应。实践证明,多数地下矿山很难仅用单一的采场爆破方法回收全部资源。近年来,为了提高爆破能量利用率,降低爆破落矿的成本,炮孔直径和炮孔深度有不断增加的趋势。然而,在一定的矿床地质条件下,炮孔直径和炮孔深度有一个合理的范围。当矿体厚度小,围岩不稳固时,增大炮孔直径和炮孔深度对工作面的安全性不利,而且增加了矿石的损失与贫化。此时,采用小直径浅孔爆破,能获得良好的效果。本章按照炮孔直径和炮孔深度的不同,将金属、非金属地下采场爆破分为浅孔爆破、深孔爆破和大直径深孔爆破三类,分别加以介绍。

煤矿爆破对炸药和雷管等爆破器材的安全性能有着严格的要求。随着煤矿综采机械化水平的不断提高,我国重点煤矿爆破采煤方法(又称“炮采”)的产量已经下降到5%以下,本章不再介绍。

第一节 地下采场浅孔爆破

一、特点和适用条件

地下采场浅孔爆破的特点是回采工作面的自由面至少有两个,从一个自由面钻孔,向另一个自由面方向崩矿。此方法可较准确地控制爆破界限,有利于提高矿体与围岩接触面处矿石的回采率,降低贫化率,而且矿石破碎均匀,大块率低。采场浅孔爆破作业时,人员和设备均在顶板暴露面下,安全条件较差。由于炮孔直径和深度均较小,装药量小,炸药能量利用率较低,所以相对于深孔爆破,浅孔爆破炸药单耗高,单次爆破的落矿量少,产生粉尘较多,作业人员劳动强度大。

目前地下采场浅孔爆破主要用于厚度较小的矿体或矿岩不稳固采场的落矿,主要涉及到房柱法、全面法、留矿法、分层崩落法、分层充填法和进路充填法等采矿方法。此外,地下采场浅孔爆破还用于处理不规则矿体或主要采矿方法遗留的边角矿体。

二、炮孔布置

地下采场浅孔爆破按炮孔方向可分为水平炮孔和上向垂直(或倾斜)炮孔(图7—1,图7—2)。水平炮孔落矿可在矿体稳固性较差的场合应用,爆破后工作面顶板较平整。由于受钻凿作业高度的限制,此法在同一作业面能够钻凿、起爆的炮孔数量受限,一次爆破的矿石量较小。上向垂直(或倾斜)炮孔落矿适合在较稳固的矿体中采用,此法凿岩工作面长,允许同时爆破炮孔数多,落矿量大,但采场顶板不规整,易形成浮石。

除矿体稳固性因素外,在实际工程中的炮孔布置还应考虑矿体赋存条件。在开采缓倾斜薄矿体时,一般可采用水平炮孔单层回采;对缓倾斜中厚矿体,则可采用上向梯段或下向梯段工作面分层回采;对急倾斜矿体,可采用分层水平炮孔回采或上向垂直炮孔回采。

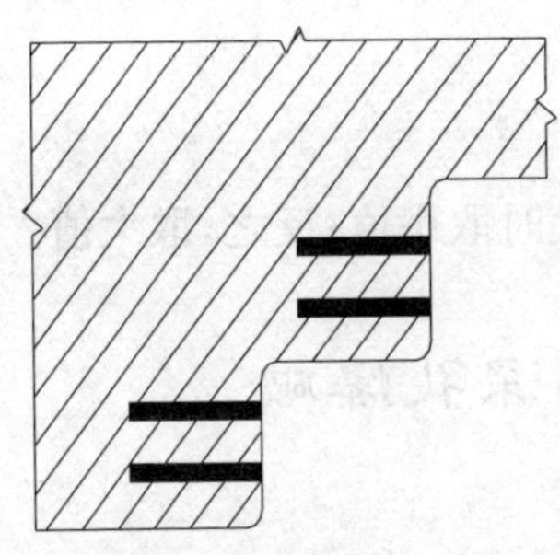

图 7－1　水平炮孔示意

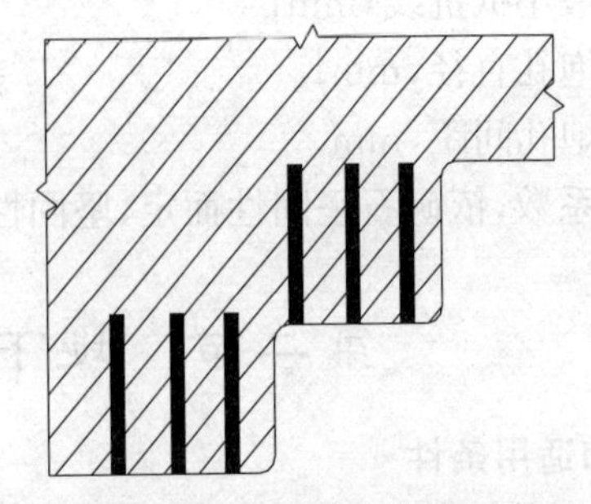

图 7－2　上向垂直炮孔示意

炮孔在工作面的布置有三角形排列和方形(矩形)排列，如图 7－3 所示。三角形排列时，炸药在矿体中的分布比较均匀，矿石破碎较好(一般不需要二次破碎)，故采用较多。方形(矩形)排列一般用于矿石比较坚硬、矿岩不易分离以及采幅较宽的矿体。

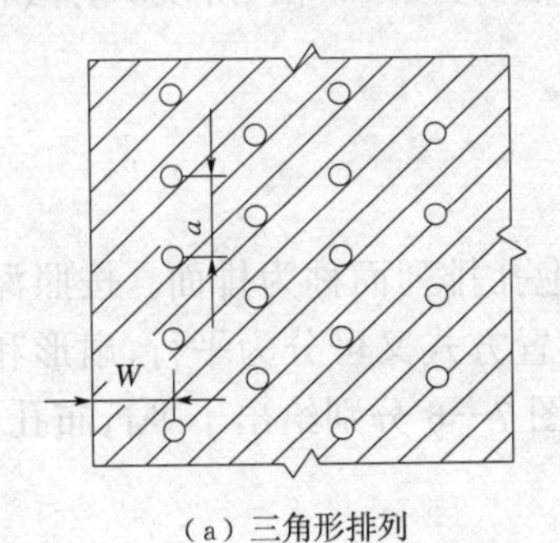

(a) 三角形排列

(b) 方形（矩形）排列

图 7－3　浅孔爆破的炮孔布置

W—最小抵抗线；a—孔距

三、爆破参数

1. 炮孔直径和炮孔深度

地下采场浅孔爆破的炮孔直径和炮孔深度除了与所用的钻凿机械有关外，还与矿体赋存条件有关。我国金属、非金属地下矿山浅孔爆破广泛采用 32 mm 直径药卷，对应炮孔直径为 38～42 mm。凿岩机械包括手持式或气腿式凿岩机，可钻凿水平或微倾斜炮孔，如 YT-23 和 YT-25 等；伸缩式凿岩机，可钻凿上向垂直炮孔，如 YSP-45 等。

对于极薄矿脉、稀有金属或贵金属矿脉，还可采用 25～28 mm 的小直径药卷进行爆破，其相应的炮孔直径为 30～40 mm。采用小直径药卷和小直径炮孔后，每个炮孔担负的爆破体积减小，要达到与大直径药卷和大直径炮孔同等的爆破规模，必然要增加布孔密度，降低采幅宽度，从而有利于降低矿石贫化损失。

炮孔深度的选取还应考虑矿体厚度及边界条件等因素，一般不大于 3 m。

2. 最小抵抗线和炮孔间距

最小抵抗线 W 和炮孔间距 a 可分别按照式(7－1)和式(7－2)选取：

$$W=(25\sim30)d \tag{7-1}$$

$$a=(1.0\sim1.5)W \tag{7-2}$$

式中 W——最小抵抗线,mm;

d——炮孔直径,mm;

a——炮孔间距,mm。

公式中的系数,依矿石坚固性而定,坚固性系数大时取小值;反之,取大值。

第二节 地下采场深孔爆破

一、特点和适用条件

地下采场深孔爆破与浅孔爆破法相比,具有每米炮孔的崩矿量大、一次爆破规模大、劳动生产率高、矿块回采速度快、开采强度高、爆破作业安全、成本低等优点,但深孔爆破产生大块较多,矿体与围岩接触面处矿石损失较大,矿石贫化率高。深孔爆破广泛用于较规整的厚矿体回采、矿柱回采和空区处理等,主要应用在阶段崩矿法、分段崩矿法、阶段矿房法和深孔留矿法等采矿方法中。

二、炮孔布置

在地下采场深孔爆破中,与爆破自由面平行的炮孔排列面称为排面。按照深孔的排面方向,可分为垂直、倾斜和水平三种布置方式。每种布置方式又可分为平行、扇形和束状三种布孔方式。以水平排面布置为例,图 7—4、图 7—5 和图 7—6 分别给出了平行布孔、扇形布孔和束状布孔形式。

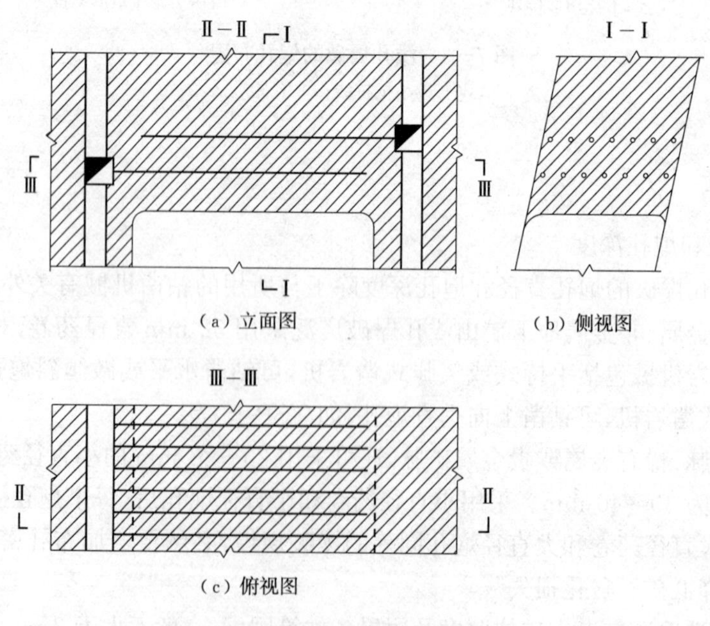

(a) 立面图 (b) 侧视图

(c) 俯视图

图 7—4 平行布孔形式

平行布孔是指在同一排面内炮孔互相平行,炮孔间距在炮孔的全长上均相等。平行布孔的优点是能充分利用炮孔长度,炸药分布均匀,矿石破碎效果较好。平行布孔的缺点是凿岩工程量大,凿岩设备需经常移动,辅助作业时间长。

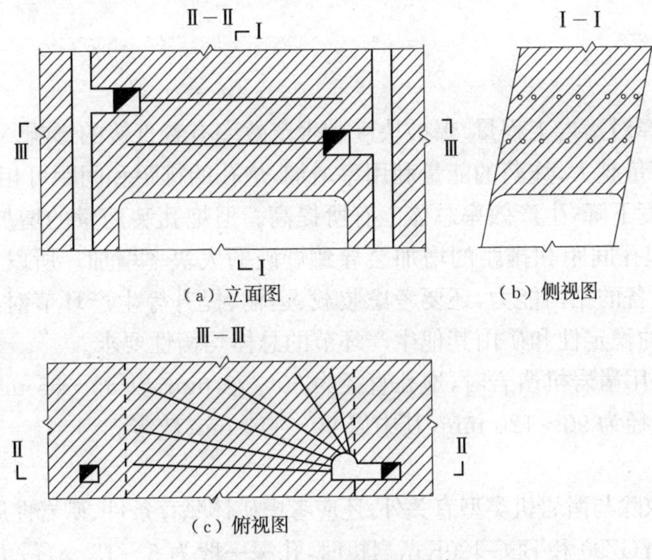

图 7－5　扇形布孔形式

扇形布孔是指在同一排面内，炮孔排列成放射状，炮孔间距自孔口到孔底逐渐增大。扇形布孔的优点是每个凿岩位置可钻凿一个排面的若干炮孔，且炮孔布置较为灵活。扇形炮孔呈放射状，孔口距小而孔底距大，因此扇形布孔的缺点是崩落矿石的块度不均匀，炮孔利用率较低，而且在爆落同等体积矿石的条件下，扇形布孔一般比平行布孔在钻凿炮孔总长度上增加40%～60%。尽管如此，随着高效凿岩设备的应用，炮孔钻凿效率显著提高，炮孔钻凿成本明显低于在岩（矿）石中掘进巷道的成本，使得扇形布孔在施工时间和费用上具有优势，因此应用更为广泛。

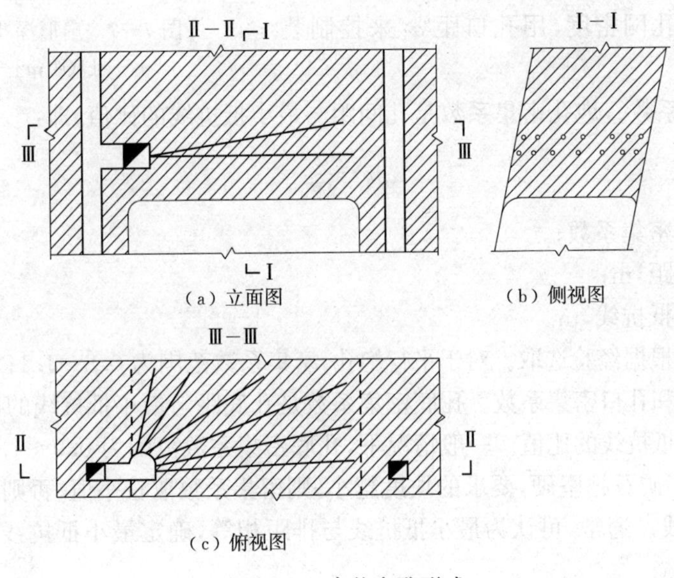

图 7－6　束状布孔形式

束状孔布置是指从一个凿岩硐室钻凿几排不同倾角的扇形炮孔。一般这种布孔形式用于崩落顶柱和间柱，很少用于矿房回采。

三、爆破参数

1. 炮孔直径

炮孔直径的选择对凿岩工程量、爆破块度和生产效率有着直接的影响。通常情况下,炮孔直径越大,单孔装药量越大,炸药的能量利用率增加,炮孔的排距和间距可相应增加,炮孔数量和钻凿炮孔的总长度下降,生产效率总体上有所提高。但炮孔装药量的增加会使爆破对围岩的损伤较为严重,炮孔间距和排距的增加会导致爆破的大块率增加。所以,在选取炮孔直径时,既要考虑凿岩设备的钻凿能力,还要考虑装载、运输、提升等生产环节对矿石块度的要求,同时满足采场围岩的稳定性和矿山其他生产环节的总体均衡性要求。

一般情况下,采用凿岩机凿岩时,炮孔直径为 50～75 mm,以 55～65 mm 为多;采用潜孔钻机凿岩时,炮孔直径为 90～120 mm,其中以 90～110 mm 较多。

2. 炮孔深度

炮孔深度的选取除与凿岩机类型有关外,还应考虑矿体赋存条件、矿岩性质和采矿方法等因素。如使用 YG-80、YGZ90 和 BBC-120F 凿岩机时,孔深一般为 5～15 m,最大孔深 25～30 m;使用 BA-100 和 YQ-100 潜孔钻机时,孔深一般为 5～30 m,最大孔深 40～50 m。

3. 炮孔间距、密集系数和最小抵抗线

(1)炮孔间距。平行排列炮孔的孔间距是指相邻两炮孔间的轴线距离。扇形炮孔排列时,孔间距分为孔底距和孔口距。如图 7－7 所示,孔底距 a_1 是指较浅的炮孔孔底至相邻炮孔轴线的垂直距离;孔口距 a_2 是指由填塞较长的炮孔装药处至相邻炮孔轴线的垂直距离。在设计和布置扇形炮孔排面时,用孔底距 a_1 来控制孔网密度,用孔口距 a_2 来控制装药量。

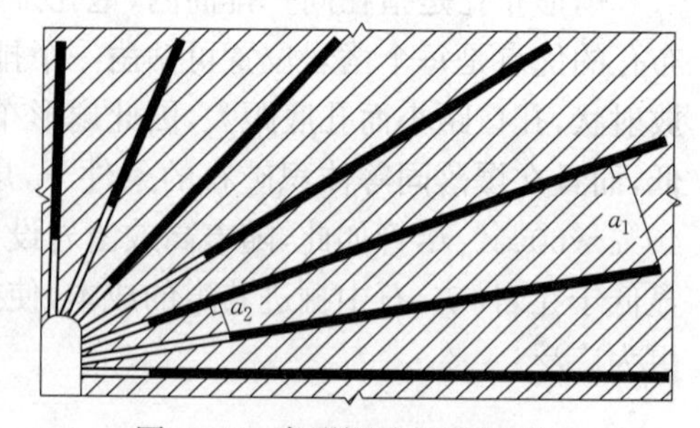

图 7－7 扇形深孔的孔间距

a_1—孔底距;a_2—孔口距

(2)炮孔密集系数。炮孔密集系数是孔间距与最小抵抗线的比值,即:

$$m=\frac{a}{W} \tag{7-3}$$

式中 m——炮孔密集系数;

a——孔间距,m;

W——最小抵抗线,m。

炮孔密集系数根据经验选取。对于平行炮孔,密集系数范围为 0.8～1.1;对于扇形炮孔,可分为孔底密集系数和孔口密集系数。孔底密集系数是孔底距与最小抵抗线的比值,孔口密集系数是孔口距与最小抵抗线的比值。一般情况下,孔底密集系数范围为 0.9～1.5,孔口密集系数范围为 0.4～0.7。矿石越坚硬,要求的块度越小,则密集系数取较小值;否则,取较大值。

(3)最小抵抗线。通常,可认为最小抵抗线与排距相等,确定最小抵抗线主要有以下 3 种方法。

①当平行布孔时,可按式(7－4)计算:

$$W=d\sqrt{\frac{7.85\Delta\tau}{mq}} \tag{7-4}$$

式中 d——炮孔直径，dm；

Δ——装药密度，kg/dm^3；

τ——装药系数，0.7～0.85；

q——炸药单耗，kg/m^3；

②根据最小抵抗线和孔径的比值选取：

当炸药单耗和炮孔密集系数一定时，最小抵抗线和孔径成正比。实际资料表明，最小抵抗线可按例要求选取。

坚硬矿石 $W=(25\sim30)d$ (7—5)

中等坚硬矿石 $W=(30\sim35)d$ (7—6)

较软矿石 $W=(35\sim40)d$ (7—7)

③根据矿山实际资料选取：

最小抵抗线数值可参照表7—1或采用工程类比法。

表7—1 最小抵抗线与炮孔直径关系

d/mm	W/m	d/mm	W/m
50～60	1.2～1.6	70～80	1.8～2.5
60～70	1.5～2.0	90～120	2.5～4.0

最小抵抗线W、炮孔密集系数m和孔间距a决定了炮孔的孔网密度，它们选取正确与否，直接关系到爆破效果的好坏。其中，最小抵抗线反映了排面间的孔网密度；孔间距反映了排面内的孔网密度；炮孔密集系数则反映了最小抵抗线与炮孔间距之间的关系。

确定W、m和a之间的关系也是布孔设计的关键。如图7—8所示，以上向扇形炮孔为例，简要说明布孔设计的步骤：①按最小抵抗线确定各炮孔排面的相对位置，绘制排面位置图和对应的剖面图，要求每排面炮孔一幅图；②先布设控制爆破规模及轮廓的炮孔，然后依据选定的炮孔密集系数，按孔底距或平均布置其他炮孔，可得每排面内的炮孔总数；③在图中标明各炮孔的孔深、倾角等参数。

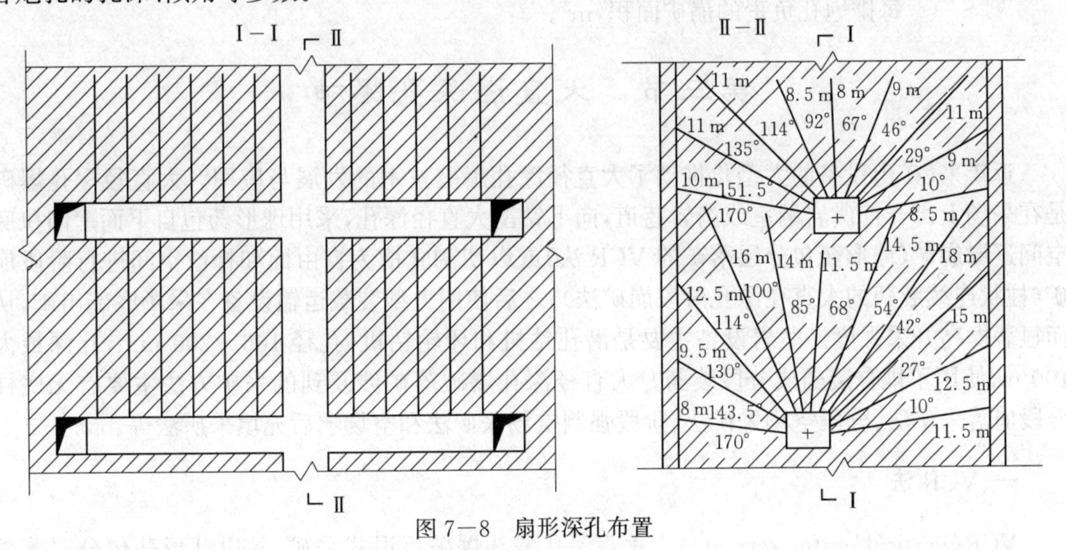

图7—8 扇形深孔布置

4. 炸药单耗

炸药单耗与所爆破岩石的坚硬程度、爆破部位岩层节理、裂隙的发育程度、爆破部位暴露面积和爆破部位自由面数量以及炸药的性能等因素有关。表 7－2 给出了 2 号岩石乳化炸药的地下采场深孔爆破炸药单耗。工程选取时,应根据围岩的实际情况进行针对性地调整。一般情况下,围岩越坚硬、整体性越好、爆破部位暴露面积越小、爆破部位的自由面数量越少,炸药的单耗就越高,从表 7－2 中取值时,则应取大值;相反则应取小值。

表 7－2 地下采场深孔爆破炸药单耗

岩石坚固性系数 f	3～5	5～8	8～12	12～16	＞16
爆破炸药单耗/kg・m^{-3}	0.2～0.35	0.35～0.5	0.5～0.8	0.8～1.1	1.1～1.5

5. 装药量

平行炮孔每孔装药量 Q 为:

$$Q=qaWL=qmW^2L \tag{7-8}$$

式中 L——深孔长度,m;

m——炮孔密集系数;

a——孔间距,m;

W——最小抵抗线,m;

q——炸药单耗,kg/m^3。

扇形炮孔每孔装药量因其孔深、孔间距均不相同,通常先求出每排面炮孔的装药量,然后按每排面炮孔的总长度和总填塞长度,求出每米炮孔的装药量,之后在炮孔布置剖面图上按照单个炮孔所承担崩矿面积的大小以及各炮孔爆破条件的难易程度进行分配。每排面炮孔的总装药量为:

$$Q_p=qWS \tag{7-9}$$

式中 Q_p——每排面炮孔的总装药量,kg;

q——炸药单耗,kg/m^3;

W——最小抵抗线,m;

S——每排炮孔负责的崩矿面积,m^2。

第三节 大直径深孔爆破

近年来,矿山设备的大型化推动了大直径深孔爆破技术的发展与应用。大直径深孔爆破是在采场上部开挖凿岩硐室或凿岩巷道,向下钻凿大直径深孔,采用球形药包自下而上向拉底空间逐层崩矿(球形药包分层落矿的 VCR 法)或以切割立槽为自由面和补偿空间进行阶段崩矿(柱状连续装药的大直径深孔阶段崩矿法),之后使用大型装载运输设备在采场底部出矿,从而显著提高开采强度。凿岩设备主要是潜孔钻机和牙轮钻机,孔径 106～200 mm,孔深最大 100 m,使用不耦合装药或分段装药。大直径深孔爆破落矿涉及到的采矿方法主要有无底柱分段崩落采矿法、分段空场采矿法、阶段强制空场采矿法和空场嗣后充填采矿法等。

一、VCR 法

VCR(vertical crater retreat),为垂直深孔漏斗爆破后退式采矿,是以球形药包分层落矿为主要工艺特点的地下大直径深孔爆破落矿法。VCR法采场设计一般是在回采矿块的顶部开挖凿岩硐室或凿岩巷道，矿块下部掘进拉底空间和底部出矿结构。由采场顶部的凿岩硐室或凿岩巷道向下钻凿大直径深孔直至底部拉底空间的顶板。在凿岩硐室进行装药作业，从大直径炮孔下端开始按设计的崩落分层高度逐层向上爆破崩矿。崩落的矿石由采场底部出矿结构通过高效率无轨出矿设备出矿。VCR法分段爆破崩矿示意图如图7－9所示。

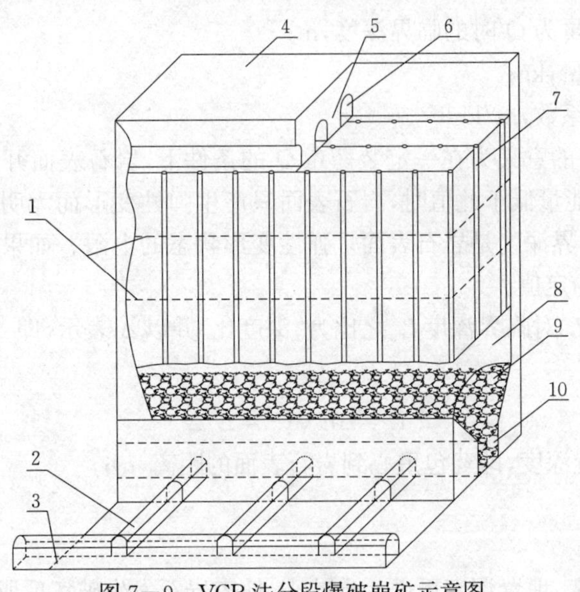

图7－9　VCR法分段爆破崩矿示意图

1—崩落分层；2—出矿巷道；3—下盘联络巷道；4—顶柱；5—间柱；6—凿岩巷道；7—大直径深孔；8—拉底空间；9—爆落的矿石；10—出矿堑沟

1. VCR法的特点

VCR法一般用于中厚以上的垂直矿体、倾角大于60°的急倾斜矿体和倾角大于60°的小矿块等的回采。炮孔一般垂直向下，也可钻大于60°的倾斜孔，在同一排面内的炮孔应互相平行，也即大直径炮孔的孔间距在炮孔全长上相等。VCR法炮孔两端是贯通的，因此炸药及起爆体的装填是这种爆破方法关键的作业环节，要用特殊装置将球状药包停留在预定的位置上。球状药包向下部自由空间爆破，形成倒置的漏斗爆破。

VCR法的优点是在凿岩硐室或凿岩巷道中作业，工作条件好；应用球形药包爆破，充分利用炸药能量，爆破效果好；不用掘进切割天井和开挖切割槽，切割工程量小；采用高效率凿岩和出矿设备，可提高装运效率，降低凿岩、爆破和装运成本。但其缺点也较为突出，主要有凿岩技术要求较高，钻凿大直径深孔的过程中需严格控制炮孔的偏斜；装药爆破作业工序复杂，难以实现机械设备装药，工人体力劳动强度大；矿层中如遇破碎带，穿过破碎带的深孔容易堵塞，处理困难；矿体形态变化较大时，矿石贫化损失大。

2. 利文斯顿爆破漏斗理论

利文斯顿爆破漏斗理论是以能量平衡为基础的岩石爆破破碎爆破漏斗理论。从爆破能量作用效果来看，药包埋设深度不变而增加药包质量，或者药包质量不变而减小埋深，能够得到相同的爆破效果。给定药包质量，而由足够深处由大到小改变埋深，可以得到弹性变形区、冲击破坏区、碎化破坏区和空气中爆炸区四个爆破区域，下面分别加以介绍：

(1)弹性变形区

地表下埋置很深药包的爆破,爆炸能量完全消耗于压缩(粉碎)区和弹性振动区,地表岩石不会遭到破坏。若药包的种类和质量不变,又设药包埋置深度为L,当L减小到某一临界值时,地表岩石开始发生明显破坏,脆性岩石片落,塑性岩石隆起,定义此时的药包埋置深度为临界深度L_n。

$$L_n = E\sqrt[3]{Q} \tag{7-10}$$

式中 L_n——药包质量为Q时的临界深度,m;

Q——药包质量,kg;

E——应变能系数,$m/kg^{1/3}$。

利文斯顿认为,E的意义为在一定装药量Q的条件下,岩石表面开始破裂时岩石吸收的最大爆破能量。爆破能量低于此值时,岩石表面只产生弹性变形而无明显破坏,超过此值时,则会发生破坏,也即临界深度是岩石表面呈弹性变形状态的上限。如果岩石和炸药的性质不变,则应变能系数E为定值。

又定义埋置深度L对临界深度L_n之比为"深度比"并以Δ表示,即$\Delta = L/L_n$,则公式(7—10)可写为:

$$L = \Delta E\sqrt[3]{Q} = L_n\Delta \tag{7-11}$$

式中 L——药包埋置深度,即药包重心到岩石表面的距离,m;

Δ——深度比。

(2)冲击破坏区

保持药包质量不变,埋置深度再进一步减小,地表岩石发生破坏后所形成爆破漏斗的体积不断增大。当爆破漏斗体积达到最大值,此时所对应的药包埋置深度称为最佳深度,用L_0表示。定义最佳深度比为$\Delta_0 = L_0/L_n$。通过爆破漏斗试验可求出E值及Δ_0值,则当现场所用药包质量Q为已知时,可求出最佳深度L_0,以此作为最小抵抗线进行爆破即可获得最佳爆破效果。L_0的表达式为:

$$L_0 = \Delta_0 E\sqrt[3]{Q} = L_n\Delta_0 \tag{7-12}$$

(3)碎化破坏区

药包由最佳深度上移,上部岩石阻力减小,爆破漏斗体积减小,爆破能部分用于破碎和抛掷,另一部分消耗于空气冲击波中。传播给大气的爆炸能开始超过岩石吸收的爆炸能时的埋置深度称为转折深度。

(4)空气中爆炸区

埋置深度小于转折深度时,岩石破碎、抛掷更强烈,爆炸能传给空气的比率大,岩石吸收的能量比率小,也即在此区域内爆炸能大部分消耗于空气冲击波。

在实际工程中,通常利用利文斯顿爆破漏斗理论进行爆破漏斗试验确定炸药单耗和用于确定VCR法爆破的最小抵抗线。

3. VCR法爆破参数

(1)炮孔直径。炮孔直径一般为160～165 mm,个别为110～150 mm。

(2)炮孔深度。炮孔深度为一个阶段的高度,一般为20～50 m,有的达到70 m。

(3)孔网参数。一般排距采用2～4 m,孔距2～3 m。

(4)最小抵抗线。最小抵抗线与药包最佳深度相等,一般为1.8～2.8 m。药包最佳深度因矿石性质不同而异，可根据小型爆破漏斗试验的结果，按照几何相似原理求得，并在工程实践中调整优化。

(5)单药包质量。采用球形药包(药包长径比不超过6)，质量20～37 kg，采用密度、爆速和炸药做功能力较高的乳化炸药。

(6)爆破分层。每次爆破分层的高度一般为3～4 m。爆破时为装药方便，提高装药效率，可采用单分层或多分层爆破，最后一组爆破高度为一般分层的2～3倍，采用自下而上的起爆顺序。单层爆破是每个炮孔只装一层药包，爆落一个分层的爆破。多层爆破是为了减少分层爆破的次数，每孔一次装填2～3层，按一定顺序起爆，爆落多个分层的爆破。随着矿体由下而上分层爆落，凿岩硐室和凿岩巷道下部的矿体逐渐变薄，为了确保设备和人员的安全，最后留设2～3倍分层高度的矿体一次爆破。

(7)炸药质量单耗。在中硬矿石条件下，一般平均为0.35～0.5 kg/t。炸药质量单耗即每爆落1t矿石所消耗的炸药质量。地下采场爆破较多地关注于单位质量炸药所能爆落的矿石质量，因此常采用炸药的质量单耗单位，其与炸药(体积)单耗之间可用原岩密度进行换算。

(8)起爆。一般用毫秒延时导爆管雷管配合导爆索起爆。同层药包可同时起爆，分层之间用50～100 ms延时起爆；为降低地震效应，也可采用同层毫秒延时起爆，先起爆中部，再顺序起爆边角炮孔，延迟时间25～50 ms。

二、大直径深孔阶段爆破

大直径深孔阶段爆破是在采场的上水平布置凿岩巷道或凿岩硐室，采场的下水平布置出矿结构和出矿巷道。首先在采场的局部面积形成竖向切割立槽，然后以切割立槽为自由面和补偿空间，进行大直径深孔的全阶段顺序爆破，崩落的矿石从采场下部的出矿结构和出矿巷道运出。大直径深孔阶段爆破崩矿采场示意图如图7－10所示。

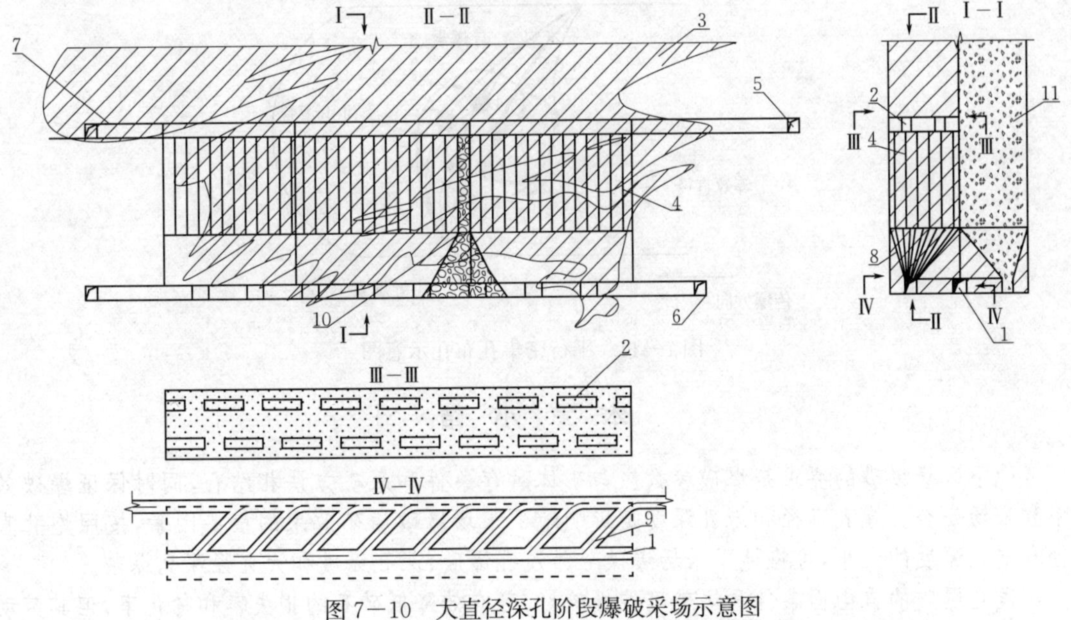

图7－10 大直径深孔阶段爆破采场示意图

1—出矿进路；2—凿岩巷道矿柱；3—矿体；4—炮孔；5—凿岩水平沿脉；6—出矿水平沿脉；7—凿岩巷道；8—集矿堑沟；9—出矿进路；10—切割立槽；11—胶结充填体

1. 大直径深孔阶段爆破的特点

大直径深孔阶段爆破可以认为是露天矿台阶崩落技术在地下开采中的应用，即采用大直径阶段深孔装药向采场中事先形成的竖向切割槽进行全阶段高度崩矿，崩落的矿石由采场下部的出矿系统运出。与 VCR 法比较，这一地下采场爆破方法具有更高的作业效率和采场生产能力，可大幅降低回采作业成本和进一步简化回采工艺。

2. 大直径深孔阶段爆破参数

(1)炮孔直径。炮孔直径一般采用 160～165 mm，个别为 110～150 mm。

(2)炮孔深度。炮孔深度为一个阶段的高度，一般为 20～50m，有的达到 70～100 m。

(3)孔网参数。一般排距 2.8～3.2 m，孔距 2.5～3.5 m。

(4)炸药单耗。炸药单耗一般为 0.35～0.45 kg/t。

三、平行密集深孔爆破

由于受井下应用条件的限制，165 mm 几乎是地下矿山采用大直径深孔采矿的通用孔径。然而，地下矿大直径深孔爆破只有当炮孔直径大到一定尺寸时才能体现出优势。基于此原因，国内部分科研院所提出了平行密集深孔爆破技术(也称为“束状孔爆破技术”，但需注意的是，国内有些矿山将在空间位置上呈放射状的深孔也称为束状孔，应加以区别，如本章第二节深孔布置形式中的束状布孔即为此种情况)。

平行密集孔可以直观地理解为数个平行深孔，当使其逐渐缩小到一个合适的距离时，将其同时起爆，对周围岩体的作用可视同为一个更大直径炮孔的爆破作用。平行密集孔的布孔示意图如图 7－11 所示。现阶段平行密集孔爆破技术还未大范围推广应用，故本章不做详细介绍。

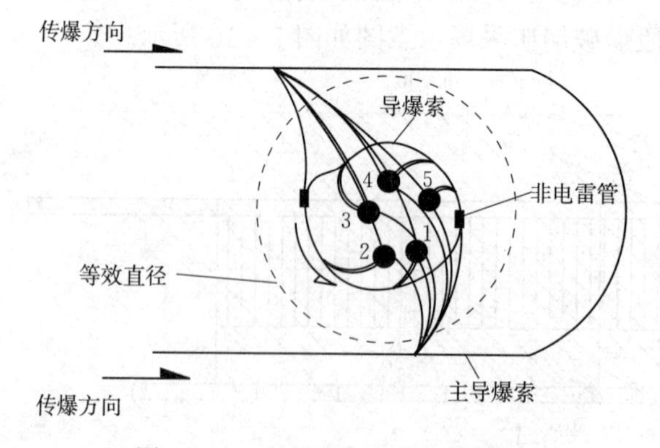

图 7－11　平行密集孔布孔示意图

本　章　小　结

地下采场爆破的要求是爆破参数应与矿体赋存条件和采矿方法相结合，同时保证爆破效率和采场安全。炮孔直径和炮孔深度是影响地下采场爆破崩矿效果的重要因素，按照炮孔直径和炮孔深度的大小，可将地下采场爆破分为浅孔爆破、深孔爆破和大直径深孔爆破。

浅孔爆破的自由面条件和爆破可控性较好，可有效降低矿石的损失率和贫化率，但其劳动消耗大，工作安全性较差，适用于特定采矿方法和处理特殊部位的不规则矿体或难采矿体。深孔爆破按其炮孔布置形式分为扇形孔、平行孔和束状孔，其中以扇形孔应用为多。深孔爆破的每米炮孔崩矿量较大，开采强度较高，适用于厚且规整的矿体回采。大直径深孔爆破针对于大规模开采和集中强化开采，现阶段应用较多的有 VCR 法和大直径深孔阶段爆破法，其回采工艺在大型设备配套的情况下，可以获得相当高的效率和采场生产能力。

复 习 题

1. 简述地下采场浅孔爆破的特点和适用条件。

2. 地下采场深孔爆破中扇形孔、平行孔的特点是什么？

3. 什么是炮孔密集系数？最小抵抗线、炮孔密集系数和孔间距是如何影响地下采场深孔爆破布孔和爆破效果的？

4. 什么是 VCR 法？其特点是什么？

5. 简述大直径深孔阶段爆破法与 VCR 法的区别。

第八章 拆除爆破

拆除爆破(demolition blasting)是采用控制有害效应的措施,按设计要求用爆破方法拆除建(构)筑物的作业。拆除爆破是控制爆破技术的一项分支。它根据拆除对象的结构特征,采用合理的爆破方法和爆破参数,使爆破对象破碎(fragmentation)、解体或坍塌(collapse),满足工地清理的要求。同时采取必要的防护措施,控制爆破飞石、冲击波和爆破震动等消极作用,保证爆点周围非爆破部分建(构)筑物、设备和人员安全。

使用爆破方法可以拆除各种类型的建(构)筑物、房屋基础和机器设备基础。目前,拆除爆破已经成为一项成熟的技术,在城市改造、工矿企业改扩建等方面发挥着重要作用。

拆除爆破技术含量高、风险性大。在拆除爆破中,拆除物有混凝土结构、钢筋混凝土结构、砖石砌体、岩石和灰土结构等。由于不同介质的可爆性差别很大,因此确定装药量需要丰富的经验。有些爆破工程需要一次起爆上千发甚至上万发雷管,因此对爆破网路的设计、爆破器材的质量和起爆方法的可靠性提出了严格的要求。制定高大建(构)筑物的爆破方案,需要爆破技术人员具备钢筋混凝土结构、砌体结构、材料力学、结构力学、爆炸力学等多方面的知识。拆除爆破是一种特殊行业,从业人员必须具备相应资质。

拆除爆破作业环境复杂、安全要求高。拆除对象一般位于居民区或厂矿区,周围有各种生产、生活设施。爆破时必须严格控制飞石、冲击波和震动的作用范围,确保周围人员、建筑物和设施的安全。另外,随着社会的发展,人们对生活环境和工作环境的要求愈来愈高,控制爆破噪声、爆破灰尘、爆破震动等消极方面对正常生产、生活的干扰,也将成为爆破工作者必须重视的一个课题。

拆除爆破工程按一次爆破药量、爆破环境复杂程度和爆破物特征分为A、B、C、D四个级别。

第一节 拆除爆破原理及药量计算

一、拆除爆破原理

1. 松动爆破原理

利用炮孔将炸药均匀地装填到拆除物内部,依靠群药包的共同作用使拆除物疏松、破碎或解体,这一原理称为松动爆破原理。根据介质的破碎程度,拆除爆破应该控制在装药内部作用、减弱松动或正常松动范围内。基础的拆除爆破一般利用的就是松动爆破原理。

2. 失稳破坏原理

利用爆破作用破坏建(构)筑物的承重部位,使之失去承载能力;建(构)筑物在自身重力作用下,沿设计方向倾倒或坍塌;伴随着倒塌过程,建(构)筑物各部分相互挤压、剪切,最后撞击地面而破坏。这一拆除原理称为建(构)筑物失稳破坏原理。失稳部位的爆破一般要达到介质破碎、疏松,部分碎块飞散(或逸出钢筋笼)的效果,因此属于加强松动或减弱抛掷爆破。在拆除爆破中,烟囱、水塔、框架及砖混结构等高大建(构)筑的整体拆除,主要利用的就是失稳破坏原理。

松动爆破原理和失稳破坏原理的区别在于:松动爆破是在整个拆除物内部均匀布置药包,利用群药包的共同作用破坏介质,爆破块度应满足清理要求。失稳破坏是在建(构)筑物的关键部位实施爆破,使其失稳倒塌,依靠建(构)筑物倒塌过程中的内力作用和触地撞击作用来破坏结构,爆破后结构应充分解体,构件大小适合于吊装运输。

二、拆除爆破应遵循的原则

1. 多打眼、少装药,适度破坏的设计原则

拆除爆破必须坚持"多打眼、少装药"原则,目的是把炸药均匀地放置到介质中,利用群药包的共同作用破坏介质,既保证爆破工作的安全,又使爆破后的介质块度适中,易于清理。一般的拆除爆破要做到"碎而不抛"。

2. 确保建(构)筑物准确倾倒或坍塌的施爆原则

在拆除爆破中,凡利用失稳破坏原理拆除的高大建(构)筑物,必须保证一次爆破成功。如果爆破后拆除物没有倒塌,必然成为危险建筑物,其倒塌的方向和时间将难以控制。如果爆破时拆除物的倒塌方向偏离了设计方向,有可能造成难以估量的损失。因此,在高大建筑物的拆除爆破中,必须认真研究建(构)筑物的结构特点,合理确定爆破方案、爆破参数、起爆顺序和间隔时差,正确设计、精心敷设爆破网路,确保建(构)筑物一次爆破成功。

3. 重点防护、加强警戒的安全原则

《爆破安全规程》规定:在有可能危及人员安全或使邻近建(构)筑物、重要设施受到损坏的场所进行拆除爆破时,必须对拆除物进行覆盖(cover)。覆盖材料应便于固定、不宜抛散和折断并能阻止细小碎块的穿透。在拆除物尺寸较小、附近有重要被保护目标、周围人员活动频繁条件下,应作多层覆盖。覆盖面积应大于炮孔的分布范围。在重点保护方向及飞散物抛出主要方向上,应设立屏障。当在危险区内有不能搬迁的重要设备时,应对这些设施进行覆盖防护。高大建筑物落地冲击地面的震动强度远比爆破震动大,因此应有缓冲的减震措施。

拆除爆破应采用封闭式施工,围挡爆破作业地段,设置明显的工作标志,并设警戒;在邻近交通要道和人行通道的方位或地段,应设置防护屏障。施工作业期间,严禁与爆破作业无关的人员进入现场。放炮前,处于爆破危险范围以内的人员必须撤至安全地点。人员撤离后,在未解除警戒前,任何人员不准再进入爆破警戒区。

三、拆除爆破单孔装药量计算

在拆除爆破中,目前主要采用炮孔深度小于2 m、最小抵抗线小于1 m的浅眼爆破。在拟破碎范围内通过合理布置群药包达到拆除爆破的预期效果。单孔装药量是拆除爆破中最主要的参数,它直接影响着爆破的效果。特别是在烟囱、水塔、楼房等高大建筑物的拆除爆破中,若药量过小,建筑物没有失稳倒塌,势必形成危险建筑物。相反,在拆除爆破中若药量过大,就会出现和普通爆破一样的大量飞石。因此必须慎重确定装药量。目前在拆除爆破中,大都采用经验公式来计算单孔装药量。本节只介绍体积公式。

在拆除爆破中计算各种不同条件下单孔装药量的公式如下:

$$Q=kWaH \tag{8-1}$$

$$Q=kabH \tag{8-2}$$

$$Q=kBaH \tag{8-3}$$

$$Q=k\pi W^2 l \tag{8-4}$$

式中 Q——单孔装药量,g;

W——最小抵抗线,m;

a——炮孔间距,m;

b——炮孔排距,m;

l——炮孔深度,m;

H——拆除物的拆除高度,m;

B——拆除物的宽度或厚度,$B=2W$,m;

k——单位用药量系数,g/m³。

以上装药量计算公式中,乘积 WaH、abH、BaH 和 $\pi W^2 l$ 为每个炮孔所担负的爆落介质的体积。式(8－1)是光面切割爆破或多排布孔中最外一排炮孔的装药量计算公式;式(8－2)是多排布孔、内部各排炮孔的装药量计算公式,这些炮孔只有一个临空面;式(8－3)是拆除物较薄、只在中间布置一排炮孔时的装药量计算公式;式(8－4)用于钻孔桩爆破,且只在桩头中心钻一个垂直炮孔时的装药量计算,这里 W 等于桩头半径。

拆除爆破装药量计算时,一般可参照表 8－1 选择单位用药量系数 k。在重要的爆破工程中,特别是在对拆除物的材质和配筋不了解的情况下,k 值可通过试爆确定。

表 8－1 单位用药量系数 k 及单位耗药量 q

爆破对象及材质		W/cm	k/g·m⁻³			q/g·m⁻³
			一个临空面	二个临空面	多个临空面	
混凝土圬工强度较低		35～50	160～200	130～160	110～130	100～120
混凝土圬工强度较高		35～50	200～240	160～200	130～160	120～155
混凝土桥墩及桥台		40～60	275～330	220～275	160～220	165～220
混凝土公路路面		45～50	330～385	—	—	220～310
钢筋混凝土桥墩台帽		35～40	480～550	385～480	—	310～400
钢筋混凝土铁路桥板梁		30～40	—	530～600	440～520	440～500
浆砌片石及料石		50～70	440～550	330～440	—	260～330
钻孔桩桩头	ϕ1.0 m	50	—	—	90～110	90～110
	ϕ0.8 m	40	—	—	110～130	110～130
	ϕ0.6 m	30	—	—	175～200	175～200
浆砌砖墙	厚约37 cm	18.5	1 320～1 540	1 100～1 320	—	935～1 100
	厚约50 cm	25	1 045～1 210	880～1 045	—	770～880
	厚约63 cm	31.5	770～880	660～770	—	550～660
	厚约75 cm	37.5	550～660	440～550	—	360～470
混凝土大块二次爆破	BaH=0.08～0.15 m³	—	—	—	200～270	140～200
	BaH=0.16～0.4 m³	—	—	—	130～165	90～110
	BaH>0.4 m³	—	—	—	90～110	55～75

在按表 8－1 选择单位用药系数 k 时，应注意以下适用条件：

(1)单位用药量系数 k 适用于二号岩石乳化炸药，使用其他品种炸药时，药量要进行换算。

(2)当炮孔周围的临空面增加时，单孔装药量应按每增加一个临空面装药量减少15％～20％计算。

(3)浆砌砖墙的 k 值是对承重墙体而言(包括墙体自重)，无压重时，应将 k 乘以 0.8。此外，表中的 k 值适用于水泥砂浆砌筑的砖墙，若为石灰砂浆砌筑时，应将 k 乘以 0.8。63 cm或75 cm厚的墙体，应取 $a=1.2W$；37 cm或50 cm厚的墙体，取 $a=1.5W$；炮孔排距均取(0.8～0.9)a。

(4)采用分层装药时，若以导爆索串联引爆各药包，单孔装药量应减少10％～15％，否则会出现飞石。

(5)按体积公式计算出单孔装药量后，还需求出爆破的总药量和预期爆落介质的体积，校核单位耗药量 q。若计算值 q 与表中数据相差较大，应调整 k 值，重新计算装药量。

第二节　基础拆除爆破

在拆除爆破中，对钢筋混凝土基础，只需将混凝土疏松破碎，使其脱离钢筋骨架；对素混凝土、砖砌体和浆砌片石等材料的基础，应尽量做到原地破碎，避免碎块飞散。

一、爆破参数选择

1. 最小抵抗线

最小抵抗线 W 应根据拆除物的材质、几何形状及尺寸，以及要求的爆破块度等因素综合确定。在拆除爆破中，当基础为大体积圬工(masonry)，并采用人工清渣时，破碎块度不宜过大，最小抵抗线可取下值：

混凝土或钢筋混凝土圬工 $W=35\sim50$ cm；

浆砌片石、料石圬工 $W=50\sim70$ cm。

混凝土爆破后，一般碎块的尺寸略大于 W，如果爆破后采用人工清理，应选取较小的 W。机械清运时，可选用较大的最小抵抗线。

2. 炮孔布置及间距、排距

炮孔分为垂直孔、水平孔和倾斜孔。只要施工条件允许，应采用垂直孔，因为其钻孔、装药和填塞较方便。相邻各排炮孔，可布置成井字形或梅花形。梅花形布孔有利于炮孔间介质的破碎。

炮孔的间距 a 和排距 b 选择是否合理，直接影响着爆破的效果。如果 a 和 b 过大，则相邻药包的共同作用减弱，爆破后会出现大块，给清理工作造成困难，有时还需进行二次爆破；若 a 和 b 过小，不仅增加了钻孔工作量，雷管消耗多，施工进度慢，而且太小的块度，也不便于清理。

一般 a 和 b 以及分层装药时药包之间的距离不宜小于20 cm，对不同建筑材料和结构物，炮孔的间距 a 可按下式选取：

混凝土或钢筋混凝土圬工 $a=(1.0\sim1.3)W$；

浆砌片石或料石基础 $a=(1.0\sim1.5)W$。

上述 a 值的上下限，应根据拆除物的具体情况而定。当拆除物强度较高、建筑质量较好时，a 可取小值；相反取大值。

多排炮孔一次起爆时，排距 b 应小于间距 a。根据材质情况和对爆破块度的要求，可取

$b=(0.6\sim0.9)a$,多排眼逐排分段起爆时,宜取 $b=(0.9\sim1.0)a$。

3. 炮孔直径和炮孔深度

在拆除爆破中,一般选择直径38~42 mm的钻头钻凿炮孔。当炮孔较深,须分层装药时,钻凿大直径炮孔有利于装药作业;当炮孔较浅时,可钻凿小直径炮孔。

合理的炮孔深度可避免出现冲炮(seam out)和坐底现象,使炸药能量得到充分利用。一般情况下应使炮孔深度 l 大于最小抵抗线 W,并使炮孔装药后的填塞长度大于或等于$(1.1\sim1.2)W$。加大炮孔深度,不但可以缩短每延米炮孔的平均钻孔时间,而且可以增加爆破方量,从而加快施工进度,节省爆破费用。

对于不同边界条件的拆除物,在保证 $l>W$ 的前提下,炮孔深度可按下述方法确定:

当拆除物底部是临空面时,取 $l\leqslant H-W$。

当设计爆裂面位于断裂面、伸缩缝或施工缝等部位时,取 $l=(0.7\sim0.8)H$。

当设计爆裂面位于变截面部位时,取 $l=(0.9\sim1.0)H$。

当设计爆裂面位于匀质、等截面的拆除物内部时,取 $l=1.0H$。

当拆除物为板式结构,且上下均有临空面时,取 $l=(0.6\sim0.65)\delta$;若仅一侧有临空面时,取 $l=(0.7\sim0.75)\delta$。

以上各式中 H 为拆除物的高度或设计爆落部分的高度,δ 为板体厚度。

4. 单位用药量系数

单位用药量系数 k 与拆除物的材质、强度、构造以及抵抗线的大小等因素有关。在基础爆破时,可参照表 8-1 确定单位用药量系数。

需要强调指出,在实际爆破工作中,拆除物的技术资料往往不全,或者拆除物已经过加固或改造。在这种情况下,运用建筑结构知识,分析其构造和配筋,并结合试爆,对于确定单位用药量系数是十分重要的。

5. 药包制作与分层装药(deck charge)

拆除爆破中药包的重量大小不一,最小的药包重量只有十几克,在爆破现场使用称量工具称量药包重量是十分麻烦的。药包制作的常用方法是:将一整卷炸药(重量150 g)等分成若干份,每份装上雷管,分别用纸筒或塑料布包裹结实,做成药包。为便于操作,药包的重量最好规格化,见表 8-2。尽管表中药包的设计重量与实际重量有几克的误差,但对于依靠群药包共同作用的拆除爆破,其精度完全可以满足工程要求。

表 8-2 拆除爆破常用药包规格

1卷炸药制作药包数量/个	10	7	6	5	4
设计药包重量/g	15	20	25	30	40

在较深的炮孔中,采用分层装药,能避免能量集中,防止出现飞石或大块,降低爆破振动。当炮孔深度 l 大于1.5 W时应分层装药。各层药包间距应满足20 cm$<a_1\leqslant W$(或 a、b)。

装药层数和药量的分配可根据炮孔深度与最小抵抗线的关系,按表 8-3 确定。为便于装药、填塞和联线,分层装药不宜超过四层,因此,确定炮孔深度 l 时,应考虑这一因素的影响。另外,在混凝土基础底部有钢筋网时,可在单孔药量不变的情况下,适当增加底层药包的重量。

表 8-3 分层装药与药量分配

炮孔深度	装药层数与药量分配			
	上层药包	第二层药包	第三层药包	第四层药包
l=(1.6～2.5)W	0.4Q	0.6Q		
l=(2.6～3.7)W	0.25Q	0.35Q	0.4Q	
l>3.7W	0.15Q	0.25Q	0.25Q	0.35Q

注:Q 为单孔装药量。

二、基础拆除爆破中的安全技术措施

1. 在基础周围开挖侧沟,为爆破创造临空面。一般情况下,房屋基础和机器基础位于地面之下。因此爆破前,在拆除物周围开挖侧沟,可以减小爆破振动,改善爆破效果。

2. 采取有效的防护(protection)措施。实践证明,在基础上面和侧面压盖或堆码两层土袋或砂袋,再用荆(竹)笆或其他柔性材料覆盖的防护方法,可以有效地控制飞石。防护工作中,应避免直接用刚性材料覆盖炮口,防止空气冲击波将覆盖体抛出,形成"飞石"。

3. 药量控制与防护工作并重。在拆除爆破中,若装药量达到了抛掷爆破的量级,则一般的防护措施是不能阻止飞石的。只有把装药量控制在松动爆破范围内,防护措施才能发挥有效作用。

第三节 烟囱、水塔的拆除爆破

在城市建设和厂矿企业技术改造中,经常要拆除一些废弃的烟囱和水塔。

烟囱的常见形式为圆筒形,其横截面自下而上呈收缩状,按材质可分为砖结构和钢筋混凝土结构两种,通常烟囱内部砌有一段内衬,内衬与烟囱的外壁之间有一定的间隙。水塔是一种高耸的塔状建筑物,塔身有砖结构和钢筋混凝土结构两种,顶部为钢筋混凝土罐。

一、烟囱、水塔的定向倾倒力学分析

图 8-1 为砖砌烟囱爆破时的横截面受力简图,α 为爆破切口对应的圆心角,阴影部分为筒体的保留截面。1-1 轴为保留截面的中性轴,2-2 轴为形心轴。烟囱、水塔等高耸构筑物定向爆破时,在构筑物倾倒一侧的底部炸开一个切口,把构筑物的重量转移到保留筒壁上。保留筒壁在重力的偏心作用下,中性轴内侧的砌体受压,外侧的砌体受拉。若爆破切口的形状和尺寸符合定向爆破的技术要求,即倾倒力矩大于筒体横截面的抵抗弯矩时,筒体外侧边缘的拉应力将达到砖砌体的抗拉极限,开始出现裂缝。随着构筑物的倾斜,裂缝将明显加宽并进一步向受压一侧延伸(中性轴内移),从而使受压区面积减小,受压边缘的压应变逐渐增大。最后当受压区边缘砖砌体达到其极限压应变时,砖砌体被压碎,保留筒体失去承载能力,构筑物沿设计方向迅速倒塌。

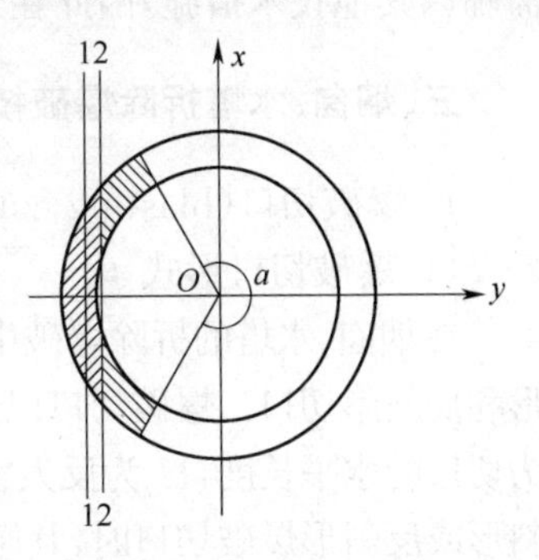

图 8-1 筒体受力分析

若爆破切口太大,受拉区和受压区将同时达到砌体的破坏应力,支撑筒体将迅速失去承载能力。此时,由于构筑物重心的位移太小,因此很可能发生构筑物的后坐和偏转,从而影响其倾倒方向的准确性。一般切口长度为1/2周长～2/3周长。

钢筋混凝土烟囱的定向倾倒,其前提是爆破缺口内的竖向钢筋失稳,失去承载能力。在此基础上,筒体保留截面上受拉区的钢筋屈服,随着钢筋屈服后的塑性伸长,混凝土中的裂缝逐渐加宽并进一步向受压区延伸,受压区面积减小,受压区边缘的压应变增大。最后当受压区钢筋混凝土的变形达到其极限压应变时,筒体失去承载能力,烟囱沿设计方向倾倒。

二、烟囱、水塔的爆破方式

爆破拆除烟囱、水塔这类高耸构筑物时,有“定向倒塌”、“折叠倒塌”和“原地坍塌”三种方式。

1. 定向倒塌

烟囱、水塔定向爆破时倒塌的范围与其本身的结构、刚度、风化破损程度以及爆破参数等多种因素有关。对于钢筋混凝土或者刚度较大的砖砌烟囱、水塔,其倒塌的水平距离约为高度的1.0～1.1倍;对于刚度较差的砖砌烟囱、水塔,其倒塌的水平距离相对较小,约等于0.5～0.8倍的构筑物高度,而其倒塌的横向宽度可达到爆破部位外径的2.8～3.0倍。因此,采用控制爆破方法定向拆除烟囱、水塔时,一般要求场地长度不小于构筑物高度的1.0～1.2倍,宽度不小于爆破部位外径的2.0～3.0倍。图8－2为烟囱定向爆破的示意图。

2. 折叠式倒塌

折叠式倒塌与定向倒塌的原理基本相同,除了在构筑物底部炸开一个切口以外,还需在此上部的适当部位炸开爆破切口,使构筑物从上部开始逐段朝相同或相反方向折叠,倒塌在原地附近。折叠式倒塌适用于周围场地狭窄,在任何方向都不具备定向倒塌条件的工程。

3. 原地坍塌

原地坍塌是在支承筒壁底部整个周长上炸开一个切口,依靠结构自重实现原地坍塌。它适用于构筑物高度不大,周围场地也比较小,落地易解体的砖结构烟囱或水塔。要求场地的水平距离不小于构筑物高度的1/6。

爆破切口

A A

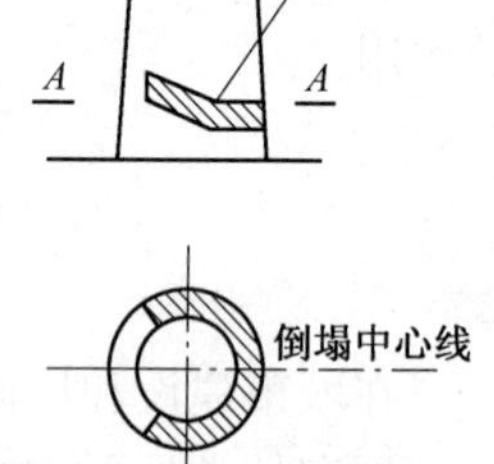

图8－2 烟囱爆破示意图

目前,采用定向倒塌和折叠倒塌方法拆除烟囱、水塔的技术比较成熟,在工程上应用得十分广泛。而采用原地坍塌方式拆除烟囱、水塔,有时会朝某个方向偏转,为保证其原地坍塌,还需辅以其他技术措施,因此在工程中较少采用。

三、烟囱、水塔拆除爆破技术设计

1. 爆破切口(blasting cutting)参数的确定

(1)爆破切口形式

在烟囱、水塔的拆除爆破中,有不同形式的爆破切口可供选择,如平形、类梯形、反人字形、斜形和反斜形切口。爆破切口以倒塌中心线为中心左右对称。图8－3中h为爆破切口的高度,L为切口的水平长度,H为反人字形、斜形和反斜形切口的矢高,α为其倾斜角度。采用反人字形、斜形或反斜形爆破切口时,其倾角α宜取35°～45°;斜形或反斜形爆破切口水平段的长度L'一般取切口全长的0.36～0.4倍;倾斜段的水平长度L''取切口全长的0.30～0.32倍。

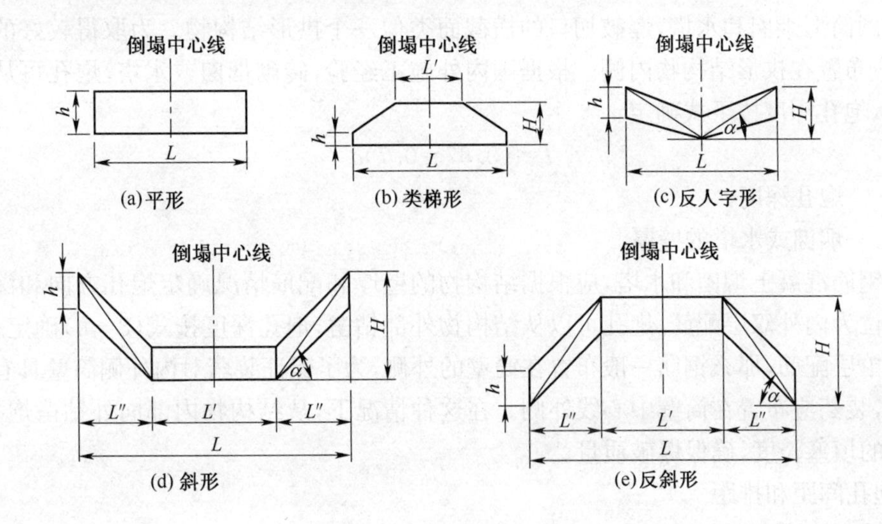

图 8－3　爆破切口类型

(2)爆破切口高度

爆破切口高度是保证定向倒塌的一个重要参数。切口高度过小，烟囱、水塔在倾倒过程中会出现偏转。切口高度适当大一些，可以提高烟囱和水塔定向倾倒的准确性。一般情况下，爆破切口的高度取 $h \geqslant (3.0 \sim 5.0)\delta$。

(3)爆破切口长度

爆破切口的长度对倒塌距离和方向有直接影响。爆破切口长，起支承作用的筒壁则短，若剩余筒壁承受不了上部烟囱的重量，在倾倒之初会过早压垮，发生后坐现象，严重时可能影响倒塌的准确性；爆破切口长度短，烟囱、水塔的刚性不易遭到破坏，倒塌时可能发生前冲现象，从而加大倒塌的长度。一般情况下，爆破切口长度应满足：

$$\frac{1}{2}s \leqslant L \leqslant \frac{2}{3}s \tag{8-5}$$

式中　s——烟囱或水塔爆破部位的外周长。

在工程中可根据结构物的高度、强度、刚度以及环境复杂程度等多种因素，慎重确定爆破切口长度。一般情况下，当结构物较高，重量较大，使用年限较长且风化严重时，爆破切口宜取小值；相反，当结构物较低，使用年限较短，质量尚好时，爆破切口宜取大值。爆破切口的长度也可以根据砌体结构或钢筋混凝土结构的强度理论，通过力学计算来确定。

(4)定向窗

为了确保烟囱、水塔能按设计方向倒塌，有时提前在爆破切口的两端用风镐或爆破方法各开挖出一个孔洞，这个孔洞叫做定向窗。定向窗的作用是将筒体保留部分与爆破部分隔开，使切口爆破时不会影响保留部分，以保证正确的倒塌方向。窗口的开挖应在切口爆破之前，窗口部位的钢筋要切断，墙体要挖透。三角形定向窗的底边长为 2～3 倍壁厚，高度一般与切口高度相同。

2. 爆破参数设计

(1)炮孔布置

炮孔布置在爆破切口范围内，所有炮孔应指向烟囱或水塔的中心。炮孔一般采用梅花状布置。如果烟囱内有耐火砖内衬时，为确保烟囱能按预定方向顺利倒塌，应提前拆除部分内衬，或在爆破烟囱的同时爆破耐火砖内衬，内衬的破坏长度一般为其周长的一半。

对于圆筒形烟囱和水塔，爆破切口的横截面类似一个拱形结构物。为取得较好的爆破效果，装药应布置在拱形结构物内侧。根据国内外施工经验，砖砌烟囱或水塔，炮孔可从结构物外部钻凿，炮孔深度按下式确定：

$$l=(0.67\sim0.7)\delta \tag{8-6}$$

式中 l——炮孔深度；

δ——烟囱或水塔的壁厚。

对于钢筋混凝土烟囱和水塔，应根据结构物的壁厚和配筋情况确定炮孔方向和深度。如果爆破部位为内外双层配筋，炮孔可以从结构物外部钻凿，炮孔深度按式(8－6)确定；如果爆破部位为单层配筋，那么钢筋一般布置在筒壁的外侧，为了保证装药对内外侧筒壁具有相同的破坏作用，装药应布置在筒壁中心线外侧。在这种情况下，从结构物内部向外钻凿炮孔，可以增加炮孔的填塞长度，确保爆破质量。

(2)炮孔间距和排距

炮孔间距 a 主要与炮孔深度 l 有关，应使 $a<l$，即：

对于砖结构 $a=(0.8\sim0.9)l$；

对于混凝土结构 $a=(0.85\sim0.95)l$。

在上述公式中，结构完好无损，炮孔间距可取小值；结构风化破损，炮孔间距可取大值。炮孔排距应小于炮孔间距，即 $b=0.85a$。

(3)单孔装药量计算

单孔装药量可按体积公式计算，即 $Q=kab\delta$。

爆破水泥砂浆砖砌烟囱或水塔时，单位用药量系数 k 按表 8－4 选取；爆破钢筋混凝土烟囱或水塔时，单位用药量系数 k 按表 8－5 选取。所用炸药均指 2 号岩石乳化炸药。若砖结构烟囱或水塔支承每间隔六行砖砌筑一道环形钢筋时，表 8－4 中的 k 值需增加20%～25%；每间隔十行砖砌筑一道环形钢筋时，k 值需增加15%～20%。使用 $\phi6$ 钢筋时增加少一些，使用 $\phi8$ 钢筋时增加多一些。

表 8－4 砖结构烟囱或水塔爆破时单位用药量系数 k 及单位耗药量 q

δ/cm	砖数/块	k/g·m^{-3}	q/g·m^{-3}
37	1.5	2 310～2 750	2 200～2 640
49	2.0	1 485～1 600	1 375～1 485
62	2.5	970～1 045	925～990
75	3.0	700～760	660～715
89	3.5	485～530	460～500
101	4.0	375～400	350～385
114	4.5	300～330	275～310

表 8－5 钢筋混凝土烟囱或水塔爆破单位用药量系数 k

δ/cm	钢筋网/层	k/g·m^{-3}	δ/cm	钢筋网/层	k/g·m^{-3}
20	1	1 980～2 420	60	2	725～800
30	1	1 650～1 980	70	2	530～580
40	2	1 100～1 320	80	2	450～495
50	2	990～1 100			

四、烟囱、水塔的爆破施工

烟囱、水塔多位于工业与民用建筑物密集的地方，为确保爆破时周围建筑物与人身安全，必须精心设计与施工，除严格执行控制爆破施工与安全的一般规定和技术要求外，还应特别注意下列有关问题：

(1)选择烟囱、水塔倒塌方向时，尽可能利用烟囱的烟道、水塔的通道作为爆破切口的一部分。如果烟道或通道位于结构的支承部位，应当用砖或其他材料与结构砌成一体，并保证足够的强度，以防烟囱、水塔爆破时出现后坐或偏转。

(2)烟囱、水塔已经偏斜时，设计倒塌方向应尽可能与偏斜方向一致，否则，应仔细测量烟囱、水塔的倾斜程度，然后通过力学计算确定爆破切口的位置和参数。

(3)烟囱、水塔采用折叠方法爆破时，一般应保证上下爆破切口形成的时间间隔不小于2 s，即当上截烟囱或水塔已准确定向后再爆破下部切口。为此，上下爆破切口应采用不同段别的秒延期雷管同时起爆。

(4)水塔爆破前应拆除其内部的管道和设施，减小附加重量或刚性支撑对水塔倒塌准确性的影响。

(5)采取可靠的技术措施杜绝瞎炮。

(6)烟囱、水塔的爆破单位耗药量较大，为防止飞石逸出，在爆破切口部位应作必要的防护。防护材料可以用荆笆、胶帘等。

(7)爆破前应准确掌握当时的风力和风向。当风向与倒塌方向一致时，对倒塌方向无不良影响；当风向与倒塌方向不一致且风力很大时，可能影响倒塌的准确性，应推迟爆破。

(8)当烟囱很高时，结构本身的自振以及外部风荷都会影响倒塌的准确性，因此应慎重决定爆破方案和爆破参数。

(9)烟囱、水塔等高耸构筑物倒塌触地造成的振动以及贱起的飞石不容忽视。经验表明，用装有粉煤灰或砂土的袋子在构筑物倒塌范围内堆码几道减震墙，对于降低振动强度和减少飞石具有较好的作用。

五、烟囱拆除爆破实例

1. 工程概况

某学校锅炉房烟囱为水泥砂浆砖砌结构，高25 m，烟囱下部(爆破部位)外径为3.41 m，壁厚62 cm。烟囱中的耐火砖内衬厚12 cm，外壁与内衬之间有10 cm的间隙。受地震影响，在烟囱高20 m处有三条45°角的错动裂纹。烟囱周围的环境比较复杂，东侧距锅炉房仅3 m，距教学楼23 m；西侧距一排南北向平房9 m；南侧距围墙57 m；北侧距平房50 m。根据爆点周围的环境与场地情况，为确保烟囱西侧9 m处平房的安全，烟囱定向倒塌中心线的方位确定为北东22°30′。

2. 爆破技术设计

(1)炮孔布置范围

为确保烟囱定向倾倒，在其爆破部位采用了斜形爆破切口，如图 8－4 所示，爆破切口高度 $h=120$ cm，倾角 $\alpha=45°$，切口矢高 $H=223$ cm，取切口的水平长度 $L=726$ cm，略大于烟囱爆破部位周长的 2/3，此爆破切口即为炮孔布置范围。烟囱爆破部位布置 5 排共计 89 个炮孔，其中最下一排炮孔距地面为 75 cm。

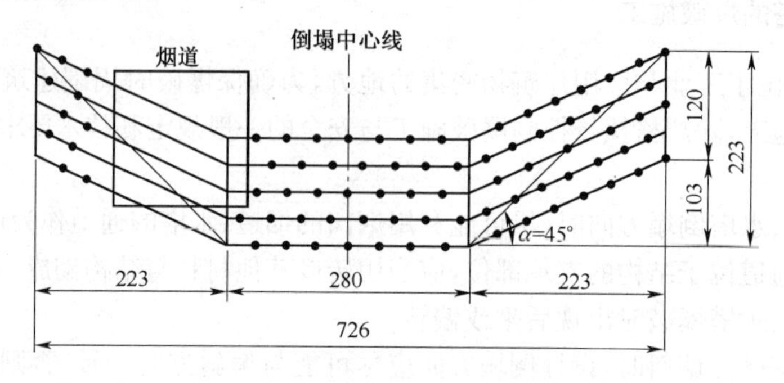

图 8－4 烟囱爆破炮孔布置(单位:cm)

(2)爆破参数

炮孔深度 $l=0.68\delta=0.68\times62\approx42$ cm

炮孔间距 $a=0.83l=0.83\times42\approx35$ cm

炮孔排距 $b=0.85a=0.85\times35\approx30$ cm

单位用药量系数 k 取1 000 g/m^3,单孔装药量

$$Q=kab\delta=1\ 000\times0.35\times0.3\times0.62\approx65\ g$$

(3)起爆网路

采用串并联电力起爆网路。为确保准爆,每个药包内安设两发电雷管,89 个药包共使用 178 发雷管。将每个药包中的两发电雷管分别串联到两组线路中,然后将两组线路并联,组成串并联电爆网路。用 GNDF-1200B 型高能发爆器起爆。

(4)爆破效果

爆破效果良好,周围建筑物安然无恙,玻璃均未损坏。据爆破后测量,烟囱沿设计方向准确倒塌,倒塌过程中出现了向后坐塌现象,沿倒塌中心线方向,堆积体最大塌散距离仅15 m,横向塌散宽度达9 m,堆积体高约3.5 m。

第四节 楼房拆除爆破

一、楼房爆破拆除的倒塌方式

楼房拆除主要有以下几种倒塌方式。

1. 定向倒塌

当楼房一侧具有不小于楼房高度 2/3 的空旷场地时,可以采用定向倒塌方案。定向倒塌一般是利用“爆高差”和“时间差”或者两者的结合来实现。图 8－5 中,h_1、h_2 和 h_3 为爆破部位,爆破后由于 $h_1>h_2>h_3$,楼房在重力作用下失稳,重心下沉的过程中向右侧偏移,最终向右侧倾倒。图 8－6 中,前排立柱上使用低段别雷管,后排立柱上使用高段别雷管,爆破时通过立柱的失稳顺序,控制楼房向右侧倾倒。

定向倒塌拆除,爆破工作量小,拆除效率高。实现定向倒塌拆除的关键在于合理地确定爆高和形成楼房倒塌的转动铰链。

2. 原地坍塌

在楼房周边场地有限或不允许楼房往侧向倾倒的情况下,可以选择原地坍塌方案。爆破前,

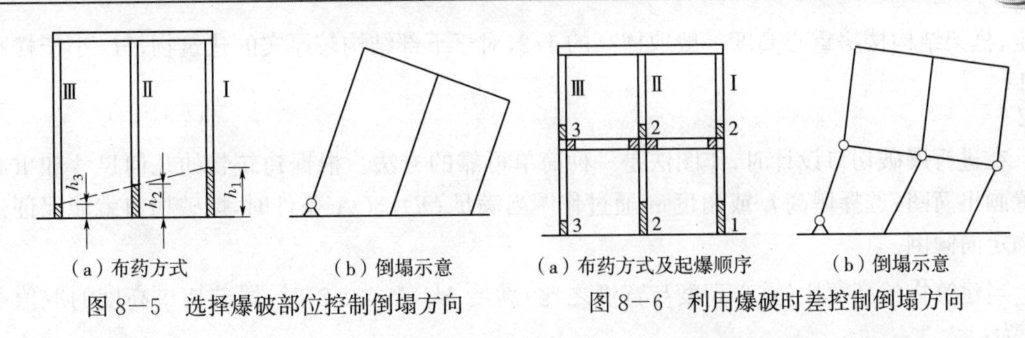

（a）布药方式　（b）倒塌示意

图 8—5 选择爆破部位控制倒塌方向

（a）布药方式及起爆顺序　（b）倒塌示意

图 8—6 利用爆破时差控制倒塌方向

需要预先拆除楼房底层或下部几层的隔断墙。然后通过对底层或下部几层楼房的承重墙或柱体的爆破，使楼房在自重作用下实现原地坍塌。

“内爆法”是一种高层建筑物拆除法，其拆除效果类似于原地倒塌。该法不要求建筑物的重心移出其原有的支撑面，它在建筑物底部与上部一些楼层实施爆破，彻底消除楼体底部的支撑，在起爆后楼体及部分楼层处于近乎“悬浮”的状态，完全依靠重力垂直向下塌落，并在不断加速的状态下冲击地面或下层的楼体结构，使楼体构件在冲击中相互碰撞、破碎、挤压、解体。

3. 逐跨坍塌

如果场地条件有限，同时对坍塌振动又有严格限制时，可以采用逐跨坍塌方案。

该方法是沿着楼体的长度方向通过相邻跨之间的起爆时间差使跨间楼板、梁产生剪切破坏，实现楼体逐跨连续坍塌。采用逐跨坍塌爆破，楼体塌落的时间较长，加之邻跨之间的相互牵扯作用，造成的触地振动较小。该方法爆前的预拆除工程量也较小。

4. 折叠倒塌

对高层建(构)筑实施分层“定向倒塌”爆破的拆除方法，称为折叠倒塌。折叠方式有：单向折叠、双向折叠、异向折叠、内向折叠等。折叠倒塌可缩短倾倒距离，降低触地振动，使建筑物充分解体。

二、定向倒塌条件分析及爆破参数计算

1. 建筑物定向倒塌条件

建筑物的定向倒塌是拆除爆破中最基本的方法。下面以高层建筑物定向倾倒为例说明建筑物倒塌的条件。

图 8—7 中，建筑物的宽度为 L，建筑物的重心为 C，重心高度为 H_c，爆破切口高度为 h，爆破切口所对的角度为 α。爆破后倒塌方向一侧的楼体失去支撑，整个建筑物将绕铰点 O 转动。建筑物重心 C 的转动半径是 OC，当爆破切口的上沿触地后，A 点旋转至 A'点，C 点旋转 α 角度后移动到 C'点，其在地面上的投影为 D 点。对于高层建筑的楼房，若爆破切口高度 h 或者角度 α 设计得当，可使 OD 大于 OA，此时建筑物的重心移到了支撑点以外，在重力倾覆力矩和建筑物转动惯性的作用下，建筑物顺利倒塌。

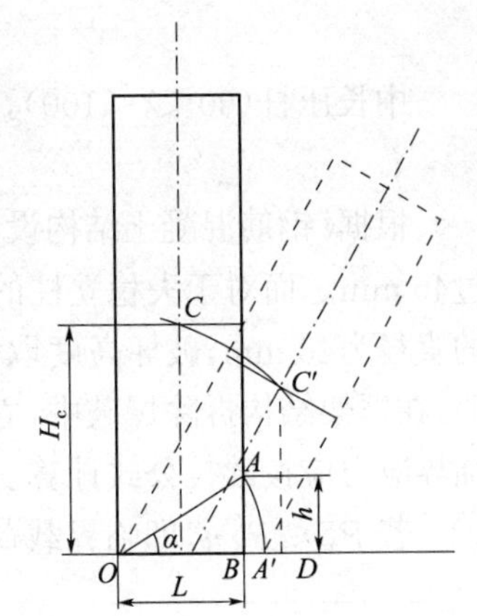

图 8—7 建筑物定向倾倒原理图

建筑物的高宽比决定了其倒塌的难易程度。高宽比越大定向倒塌就越容易实现。建筑物的重心高度应根据楼房结构

确定,框架结构楼房重心高度一般取楼高的 1/2,对于下部结构较厚实的建筑物,H_c 小于楼高的$\frac{1}{2}$。

在进行爆破切口设计时,作图法是一种简单可靠的方法。根据建筑物的几何尺寸和重心位置画出简图,选择爆高 h 或角度 α,通过作图当满足 $OD \geqslant OA$ 条件时,爆破切口就能保证建筑物定向倾倒。

当建筑物的高宽比(重心高度与宽度之比)满足 $H_c/L \geqslant \sqrt{2}$ 时,爆破切口高度的取值范围①为:

$$\frac{H_c-\sqrt{H_c^2-2L^2}}{2} \leqslant h \leqslant \frac{H_c}{2} \tag{8-7}$$

2. 框架结构立柱失稳条件

爆破切口的范围可能要涉及若干层楼房,对于爆破切口内各楼层的承重立柱,并不要求在整个立柱高度范围内布置炮孔实施爆破,立柱的爆高只要能保证立柱内的主筋失稳即可。下面讨论框架结构立柱失稳的条件及爆高的确定。

钢筋混凝土框架结构主要承重立柱的失稳,是整体框架倒塌的关键。用爆破方法将立柱基础以上一定高度范围内的混凝土充分破碎,使之脱离钢筋骨架,并使箍筋拉断,则孤立的纵向钢筋便不能组成整体抗弯截面;当破坏范围达到一定高度时,暴露出的钢筋将会以失稳形式屈服,导致承重立柱失去承重能力。

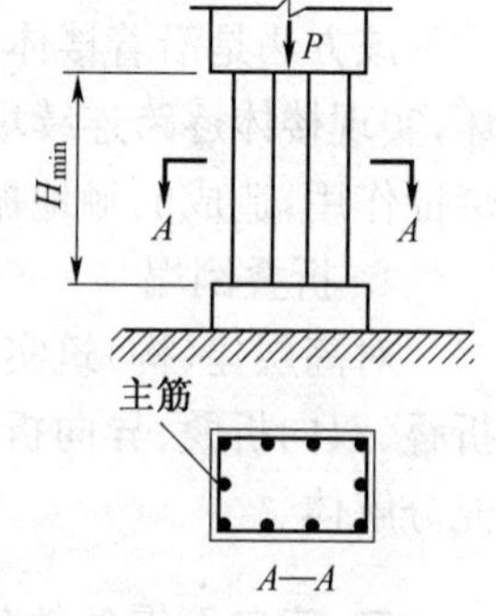

图 8-8　立柱失稳破坏高度

图 8-8 为立柱失稳的计算简图。P 为单根立柱承受的压力,设 n 为立柱中纵向钢筋的数量,计算失稳高度时,把立柱中单根纵筋视为一端自由、一端固定的压杆,其柔度可按下式计算:

$$\lambda=\frac{8h}{d} \tag{8-8}$$

对于普通钢材制成的钢筋,不同柔度压杆失稳的临界应力的计算方法如下:

细长压杆($\lambda \geqslant 100$),用欧拉公式计算临界载荷,即

$$P_m=\frac{\pi^2 EJ}{4h^2} \tag{8-9}$$

中长压杆($60<\lambda<100$),用直线公式计算临界应力,即

$$\sigma_m=a-b\lambda \tag{8-10}$$

根据《钢筋混凝土结构设计规范》可知,框架结构承重立柱纵向受力钢筋的直径,一般不超过40 mm。而对于失稳立柱的破坏高度,在实际爆破时一般均大于500 mm。假设立柱内钢筋的直径为40 mm,破坏高度取500 mm,根据式(8-8)可以求得其柔度 $\lambda \geqslant 100$。由此可以说明,在框架结构拆除爆破中,立柱内钢筋的破坏属于细长压杆失稳问题。因此,立柱中纵筋的临界应力应按欧拉公式计算。

若 $P_m \leqslant P/n$,即临界载荷小于或等于实际作用在各个纵筋上的载荷,承重立柱必然失稳

① 金骥良,顾毅成,史雅语编著,拆除爆破设计与施工,中国铁道出版社,第 107 页。

倒塌，此时，取最小破坏高度 $H_{min}=12.5d$ 即可。

若 $P_m>P/n$，即临界载荷大于或等于实际作用在各个主筋上的载荷时，可令 $P_m=P/n$，并由式(8－9)反求压杆长度，即最小破坏高度：

$$H_{min}=\frac{\pi}{2}\sqrt{\frac{EJn}{P}} \tag{8－11}$$

在实际工程中，为确保钢筋混凝土框架结构爆破时顺利坍塌或倒塌，钢筋混凝土承重立柱的爆破高度 H 宜按下列公式确定，即

$$H=K(B+H_{min}) \tag{8－12}$$

式中　B——立柱截面边长，m；

H_{min}——承重立柱底部最小破坏高度，m；

K——经验系数，$K=1.5\sim2.0$。

立柱节点形成铰链的爆破高度一般取：

$$H'=(1\sim1.5)B \tag{8－13}$$

3. 爆破参数的选择

(1)炮孔布置

钢筋混凝土承重立柱上的炮孔，可根据立柱截面的大小、形状和配筋情况布置。

在小截面钢筋混凝土立柱上可布置单排炮孔。在大截面钢筋混凝土立柱中，可布置两排或两排以上炮孔。对于偏心受压立柱，若立柱正面(短边方向)纵筋较密，难以钻孔，可在柱子的侧面(长边方向)布置炮孔。炮孔布置如图 8－9 所示。在钢筋混凝土立柱的爆破中，装药的最小抵抗线 $W=20\sim30$ cm，炮孔邻近系数不宜过大，一般取$a=(1.20\sim1.25)W$为宜。

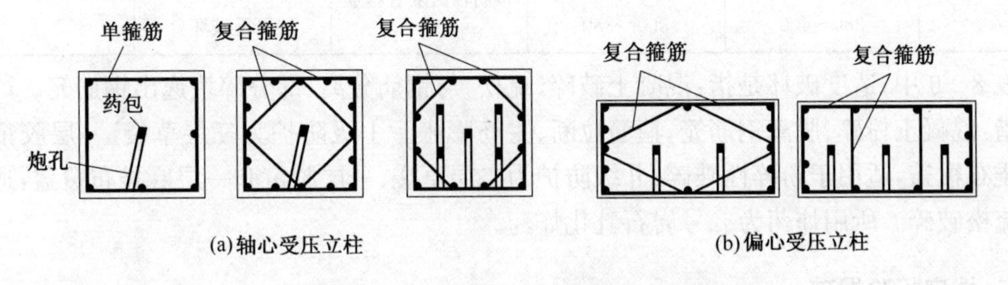

图 8－9　框架结构立柱爆破炮孔布置

(2)装药量计算

钢筋混凝土框架结构承重立柱爆破时，单孔装药量可按体积公式计算。在拆除爆破中，单位用药量系数随最小抵抗线的减小而增大，随配筋的增加而增大。计算时可根据最小抵抗线大小和配筋多少从表 8－6 中选取。单箍筋按普通配筋选取单位用药量系数；复合箍筋按配筋较密选择单位用药量系数。

表 8－6　钢筋混凝土梁、柱爆破单位用药量系数 k 及单位耗药量 q

W/cm	k/g·m^{-3}	q/g·m^{-3}	布筋情况	爆破效果	防护等级
10	1 150～1 300	1 100～1 250	正常布筋单箍筋	适度破坏	Ⅱ
	1 400～1 500	1 350～1 450		严重破坏	Ⅰ

续上表

W/cm	k/g·m^{-3}	q/g·m^{-3}	布筋情况	爆破效果	防护等级
15	500～600	480～540	正常布筋单箍筋	适度破坏	Ⅱ
	650～740	600～680		严重破坏	Ⅰ
20	380～420	360～400	正常布筋单箍筋	适度破坏	Ⅱ
	420～460	400～440		严重破坏	Ⅰ
30	300～340	280～320	正常布筋单箍筋	适度破坏	Ⅱ
	350～380	330～360		严重破坏	Ⅰ
	380～400	360～380	布筋较密复合箍筋	适度破坏	Ⅱ
	460～480	440～460		严重破坏	Ⅰ
40	260～280	240～260	正常布筋单箍筋	适度破坏	Ⅱ
	290～320	270～300		严重破坏	Ⅰ
	350～370	330～350	布筋较密复合箍筋	适度破坏	Ⅱ
	420～440	400～420		严重破坏	Ⅰ
50	220～240	200～220	正常布筋单箍筋	适度破坏	Ⅱ
	250～280	230～260		严重破坏	Ⅰ
	320～340	300～320	布筋较密复合箍筋	适度破坏	Ⅱ
	380～400	360～380		严重破坏	Ⅰ

表8－6中,适度破坏是指:混凝土破碎、疏松,与钢筋分离,部分碎块逸出钢筋笼。严重破坏是指:混凝土粉碎、脱离钢筋笼,箍筋拉断、主筋膨胀。Ⅰ级防护为三层草袋、一层胶帘和一层麻袋布覆盖,适用于粉碎性破碎;Ⅱ级防护为二层草袋、一层胶帘和一层麻袋布覆盖,适用于加强疏松破碎。所用炸药为二号岩石乳化炸药。

三、楼房拆除爆破

1. 砖混结构拆除爆破

砖混结构的楼房是指由砖和钢筋混凝土混合结构的建筑物。建筑物的承重构件主要是砖墙,也有部分钢筋混凝土抗震柱。这类建筑一般在7层以下。在城市改建工程中大量涉及。砖混结构楼房的拆除爆破大多采用逐跨塌落,也有采用原地坍塌的。当采用定向倾倒时,应注意保留部分的砖柱和墙体要有足够的支撑强度,他别是层数较多、较高的楼房,必须仔细验算,防止发生严重的后座现象。其爆破要点如下:

(1)为使楼房顺利倒塌,影响楼房坍塌的局部承重墙和隔断墙应预先拆除。

(2)楼梯间和现浇楼梯往往会影响楼房的倒向和解体,爆前应将楼梯逐段切断,并在相连墙体上布孔装药,与楼房一起爆破。

(3)砖混结构的住宅,卫生间和厨房开间小,整体性较好,爆破前应先做弱化处理。

2. 框架结构拆除爆破

框架结构是指由梁和柱以刚接或者铰接相连接而成构成承重体系的结构，即由梁和柱组成框架共同抵抗适用过程中出现的水平荷载和竖向荷载。

框架结构楼房层拆除爆破时必须将立柱一段高度内的混凝土进行充分爆破破碎，使它们和钢筋骨架脱离，使柱体上部失去支撑。爆破部位以上的建筑结构物在重力作用下失稳，在重力和重力倾覆力矩的作用下倒塌。如果后排立柱根部和前排柱同时或延期松动爆破，则建筑物整体将以其支撑点转动倒塌。

框架结构拆除爆破容易发生后座，应引起足够重视。如后排立柱不处理，爆破后楼房在重力弯矩的作用下，一楼和二楼之间的立柱会被折断造成一楼立柱后仰，产生很大后座；反之，如后排立柱处理过高，则不能形成很好的支撑，后造成楼房整体下坐，而失去"爆高差"，影响定向倒塌，许多爆而不倒的事故就是由此而造成的。因此框架结构的楼房爆破一定要重视后排转动铰点的处理。

3. 框剪结构拆除爆破

框架—剪力墙结构也称框剪结构，这种结构是在框架结构中布置一定数量的剪力墙，构成灵活自由的使用空间，满足不同建筑功能的要求，同样又有足够的剪力墙，有相当大的刚度。随着建筑结构抗震要求的提高，框架结构逐渐向框—剪结构过渡，特别是10层以上的建筑物，一般均使用剪力墙以增加结构的抗震性能。剪力墙的存在既增加了结构的坚固程度，也增加了爆破拆除的难度。

框剪结构的拆除爆破应注意对剪力墙的预处理和对剪力墙的钻孔爆破作业。厚度在20～25 cm左右的剪力墙属于薄板结构，可以用人工、机械或爆破方法局部拆除，当剪力墙厚度达到30～40 cm时，则需要采用钻爆法处理。

4. 框筒结构拆除爆破

把剪力墙布置成筒体，围成的竖向箱形截面的薄壁筒和密柱框架组成的竖向箱形截面，称为框架—筒体结构体系。框筒结构具有较高的抗侧移刚度，被广泛应用于超高层建筑。对于框—筒结构的建筑物，核心筒自成一体，整体性好，随着楼房的增高，如果不预处理，炸倒之后其整体性很好，爆后不会充分解体。如果核心筒体完整定向倾倒在地面上，会产生相当大的触地振动。框筒结构拆除时应注意以下问题：

(1)核心筒的预处理不管是用人工或爆破方式，都要比框架部分的处理高出一层到二层，以使其倾倒触地时能充分解体。

(2)当核心筒体位置在建筑物中间时，筒体重量大，若仅以后部框架立柱作为支点，则很容易造成后座，因此应预留筒体后墙体作为支撑，确保支点具有足够支撑力。

(3)如果核心筒在建筑物的外侧，且周边环境对触地振动要求较高，对筒体的爆破解体应予充分重视。

四、拆除爆破工程实例

1. 工程概况

某11层框剪结构大厦，东西长46 m，南北宽16 m。高46.8 m。待拆建筑物周围环境见图8—10。大楼周围的环境较为复杂，只有大楼东侧具备定向倒塌的场地条件。

大厦西北侧及东北侧两处局部为剪力墙结构，其余均为钢筋混凝土框架结构，楼板为现浇

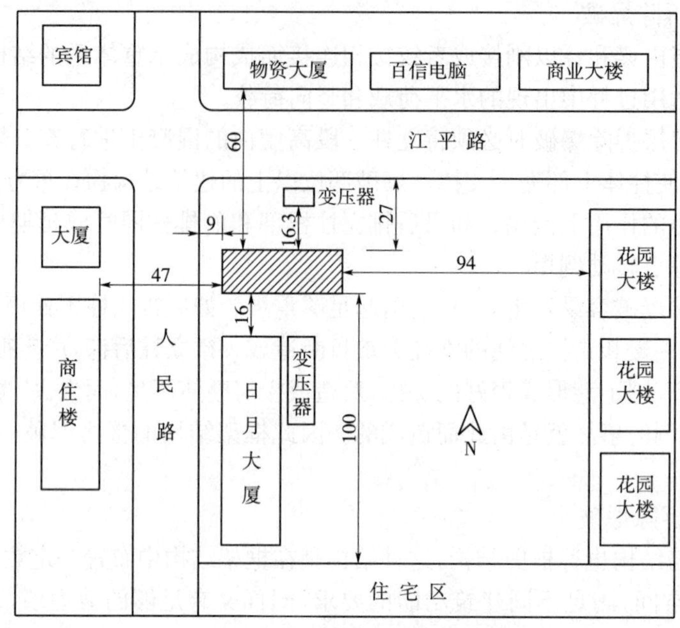

图 8－10　待拆建筑物周围环境

结构。东侧为外设电梯间，西侧为人梯间。混凝土标号为 C30。主楼内每层有 3 排 19 根承重立柱，其中 17 根立柱截面为 800×800(配筋为 2×5ϕ25＋2×3ϕ25)，2 根立柱截面为 600×600(配筋为 2×4ϕ20＋2×2ϕ20)。建筑物平、立面结构见图 8－11。

2. 爆破方案

根据场地条件，选择定向倒塌爆破方案，倒塌方向为大楼东侧，拟采取的措施是：

(1)沿大楼纵轴方向设置东高西低的爆破切口，使大楼朝东倒塌；

(2)对爆破切口范围内的全部剪力墙进行预处理，保留少数剪力墙与承重立柱一起爆破；

(3)爆破时对立柱和剪力墙运用不同的爆破时差确保形成足够的倾覆力矩。

3. 爆前预处理

爆破切口范围内的所有墙体及楼梯预先用机械和人工拆除。剪力墙和电梯间只保留墙角，与大楼一起爆破。对于楼梯，预先将楼梯两侧的墙体拆除，每一踏步在上下两处用风镐将混凝土拆除宽度不小于 30 cm。

4. 爆破切口及承重立柱爆高确定

(1)爆破切口

设计楼房沿东西向纵轴倒塌，整个楼房的高度与倒塌方向的长度相当，不符合高层建筑物定向倒塌高宽比的条件，所以不能按公式(8－7)计算爆破缺口高度。根据经验，确定采用阶梯形爆破切口，自东向西爆破切口高度依次递减，爆破楼层为 1～5 层。A、A'、B、C 轴线上的立柱爆破至 5 层，D、E 两轴线上的立柱爆破至四层，F 轴线上的立柱爆破至 2 层。

(2)承重立柱爆破高度确定

该楼房总质量 4 000 t，19 根承重立柱共有竖向钢筋 $n=19\times16=304$ 根，主筋直径 ϕ25 mm。钢筋的弹性模量取 2.0×10^5 N/mm^2。经计算钢筋的截面积为 4.91 cm^2，钢筋的截面惯性矩为 1.92 cm^4。

代入公式(8－10)，计算立柱的最小破坏高度：

$$H_{\min}=\frac{\pi}{2}\sqrt{\frac{EJn}{P}}=\frac{\pi}{2}\sqrt{\frac{2\times10^5\times1.94\times10^8\times304}{4\ 000\times10^6\times9.8}}=852\ (\text{mm})$$

经验系数 K 取 1.5,按公式(8—11),确定钢筋混凝土承重立柱的爆破高度:

$$H=K(B+H_{\min})=1.5\times(800+852)=2\ 478\ (\text{mm})$$

实际取立柱的爆破高度为 2.5 m。

5. 爆破参数

各类炮孔的爆破参数见表 8—7。

表 8—7　爆破参数表

部位	立柱编号	截面/cm	孔深 L/cm	孔距 a/cm	排距 b/cm	炮孔数/个	炸药单耗/kg·m^{-3}	单孔药量/g
1层	①②③A～F	80×80	53	30	15	17×10	1.2～1.5	250～300
	A-②′A′-③	60×60	35	30	10	2×10	1.2～1.5	130～150
	剪力墙	25×30	20	25	25	10×10	1.2～1.5	25～30
	剪力墙	40×50	25	25	30	10×10	1.2～1.5	60～75
2层	①②③A～E	80×80	50	30	15	14×8	1.0	210
	A-②′A′-③	60×60	35	30	10	2×8	1.0	110
	剪力墙	25×30	20	25	25	10×8	1.0	25
	剪力墙	40×50	25	25	30	10×8	1.0	60
3层	①②③A～D	80×80	50	30	15	12×8	1.0	210
	A－②′A′－③	60×60	35	30	10	2×8	1.0	110
	剪力墙	25×30	20	25	25	10×8	1.0	25
4层	①②③A～B	80×80	50	30	15	5×8	1.0	210
	A-②′A′-③	60×60	35	30	10	2×8	1.0	110
	剪力墙	25×30	20	25	25	10×8	1.0	25
5层	①A②A	60×60	35	30	10	2×8	0.8	88
	A-②′A′-③	60×60	35	30	10	2×8	0.8	88
	剪力墙	25×30	20	25	25	10×10	0.8	20
合计						1 142		158 000

6. 起爆网络

采用塑料导爆管雷管起爆系统,采用半秒延时起爆技术,1－7 响依次采用 HS－1、HS－2、HS－3、HS－4、HS－5、HS－6、HS－7 段半秒延期雷管。大楼各层立柱的爆破顺序见图 8—11。

7. 爆破效果

爆破后,定向准确,倒塌方向塌散距离约为 20 m,两侧塌散不超过 7 m,后座不超过 4 m。大楼解体充分,利于爆渣的清运。爆破前用 3 层草袋外加 3 层竹笆对爆破部位进行了覆盖防护,飞石最远距离未超过 30 m,周围玻璃及其他建筑物安然无恙,达到了预期的爆破效果。

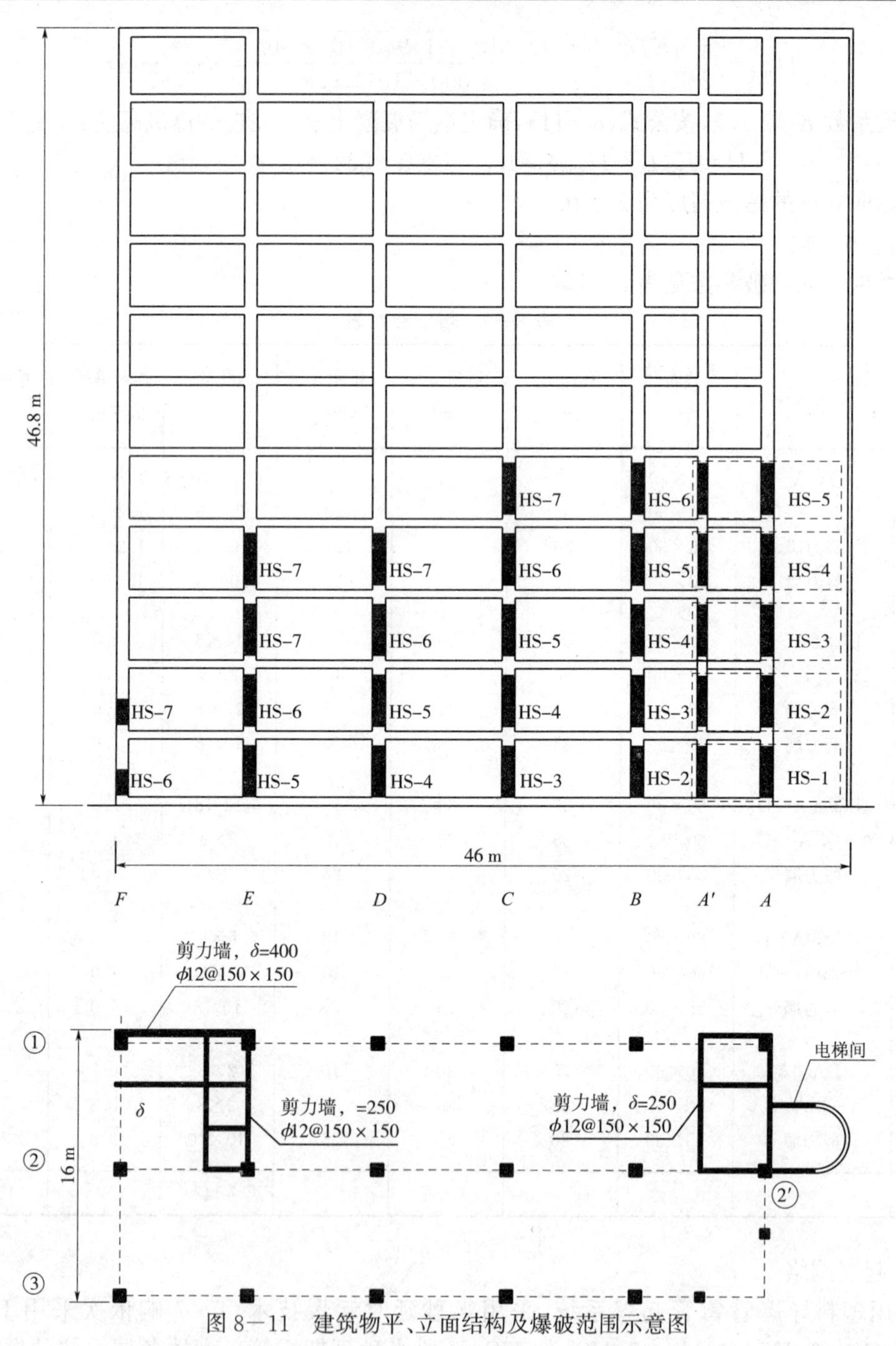

图 8－11 建筑物平、立面结构及爆破范围示意图

第五节 水压爆破

在容器状构筑物中注满水，将药包置于水中适当位置，利用水的不可压缩特性把炸药爆炸时产生的压力传递到构筑物上，使构筑物均匀受力而破碎，这种爆破方法叫做水压爆破（water pressure controlled blasting）。

水压爆破适用于水池、管道、碉堡等能够盛水的容器状构筑物。这类构筑物一般具有壁薄、面积大、内部配筋较密等特点，如采用普通的钻孔爆破方法拆除，工程量较大，也不安全。采用水压爆破，避免了钻凿炮孔，药包数量少，爆破网路简单。只要设计合理，爆破时可避免产生飞石，在振动、冲击波和噪声等方面都比钻孔爆破方法优越，是一种经济、安全、快速的拆除爆破方法。

一、水压爆破原理与药量计算

1. 水压爆破原理

炸药爆炸后，由于水的不可压缩性，构筑物的内壁首先受到由水传递的冲击波作用，强度达几十至几百兆帕，并且发生反射。构筑物的内壁在强载荷的作用下，发生变形和位移。当变形达到容器壁材料的极限抗拉强度时，构筑物产生破裂。随后，在爆炸高压气团作用下水球迅速向外膨胀，并将能量传递给构筑物四壁，形成一次突跃的加载，加剧构筑物的破坏。此后，具有残压的水流，从裂缝中向外溢出，并可裹携少量碎块形成飞石。

由此可知，水压爆破时构筑物主要受到两种载荷的作用：一是水中冲击波的作用；二是高压气团的膨胀作用。用于形成冲击波的能量约占全部炸药能量的40%，保留在高压气团中的能量约占总能量的40%，其余的能量消耗于热能之中。

2. 药量计算

国内外的学者根据理论研究和工程实践经验，从不同的角度提出了多种水压爆破的药量计算公式，在此只做简单介绍。

(1)圆筒形结构物

该公式也叫冲量准则公式，它把水压爆破产生的水中冲击波对圆筒的破坏看成是冲量作用的结果，以圆筒材料的极限抗拉强度作为破坏的强度判据，并运用结构在等效静载作用下产生的位移与冲量作用下产生的位移一样这一原理，建立计算药量的公式，经过简化以后得：

$$Q=K_0K(K_1\delta)^{1.6}R^{1.4} \tag{8-14}$$

式中　Q——水压爆破装药量，kg；

K_0——容器开、闭口系数，开口 $K_0=1.33\sim1.66$，闭口 $K_0=1$；

δ——结构物的壁厚，m；

R——圆筒形结构物的内半径，m；

K_1——结构物的坚固性系数，它与结构物的壁厚和内半径的比值有关，比值越大，说明结构物越坚固，K_1 可按下式计算

$$K_1=0.69\left(\frac{\delta}{R}-0.1\right)+1.02 \tag{8-15}$$

K——装药系数，与结构物的材质强度和要求的破碎程度有关。

当爆破对象为混凝土或者砖石结构时，装药系数可根据要求的破碎情况，选取 $K=1\sim3$。当爆破对象为钢筋混凝土时，装药系数根据要求的破碎程度和控制碎块飞散情况，分为三个等级：

①混凝土壁局部炸裂剥离，混凝土块未脱离钢筋，基本上无碎块飞散时，取 $K=2\sim3$；

②混凝土壁炸碎，部分混凝土块脱离钢筋，顶面部分钢筋断而不脱，碎块飞散距离约20 m，选取 $K=4\sim5$；

③混凝土壁炸飞，大部分块度均匀，少量大块脱离钢筋，主筋炸坏，箍筋炸断，选取 $K=$

6～7;这时水柱高度可达10～40 m,碎块飞散距离可达20～40 m,附近建筑物可能受到破坏,应事先采取防护措施。

(2)非圆筒形结构物

当结构物为非圆筒形时,采用等效内半径和等效壁厚按下式进行装药量计算,是一个简便实用的方法。

$$Q=K_0K(K_1\hat{\delta})^{1.6}(\hat{R})^{1.4} \tag{8-16}$$

式中 $\hat{R}$——非圆筒形结构物的等效内半径,m,其值为

$$\hat{R}=\sqrt{\frac{S_R}{\pi}} \tag{8-17}$$

其中 S_R——通过药包中心的结构物内部水平截面面积,m^2;

$\hat{\delta}$——非圆筒形结构物的等效壁厚,m,其值为

$$\hat{\delta}=\hat{R}\left[\sqrt{1+\frac{S_\delta}{S_R}}-1\right] \tag{8-18}$$

其中 S_δ——通过药包中心的结构物外壁的水平截面面积,m^2。

其余符号意义同前。

二、水压爆破的装药布置

装药量确定以后,装药布置是否合理,直接影响着水压爆破的效果。

当水中的药包爆炸时,结构物内壁上所承受的载荷分布是不均匀的。如图 8－12 所示,最大载荷位于药包中心同一水平面上的各点。随着距药包水平距离的增加,周壁上受到的爆炸载荷逐渐降低,水面处载荷为零。载荷的变化规律呈曲线形,在接近结构物底部时,载荷出现回升,但其值仍然小于最大载荷值。

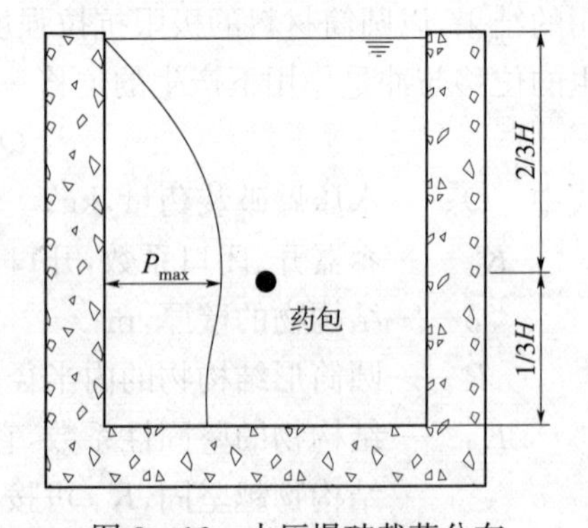

图 8－12 水压爆破载荷分布

结构物在承受爆炸载荷后顶部抵抗变形的阻力最小,随着深度的增加抵抗变形的阻力也增大,到达结构物底板时,抵抗变形的阻力最大。

根据爆炸载荷的分布和结构的变形特点,布置药包时可遵循如下原则。

1. 药包在结构物横截面中的位置

对于截面形状规则(如圆形或方形)壁厚相等的短筒形结构物,如果采用单药包时,药包应布置在结构物内水平截面的几何中心处。

同一容器两侧壁厚不同时,应布置偏炸药包,使药包靠近厚壁一侧。

2. 药包入水深度

药包入水深度是指药包中心至水面的垂直距离。当拆除物容器充满水时,药包一般放置在水面以下相当于水深的 2/3 处。容器不能充满水时,应保证药包入水深度不小于容器中心至容器壁的距离,并相应降低药包在水中的位置,直至放置在容器底部,这时与容器底面相连的基础,也将受到一定程度的破坏。

三、水压爆破施工

1. 炸药及起爆网路防水处理

水压爆破应选用抗水炸药，如水胶炸药乳化炸药等。如果采用铵梯炸药，应做好防水处理。药包可用塑料袋包装或其他容器盛放，装药密度要保证。药包在容器中可采用悬挂式或支架式固定，必要时可附加配重，以防药包悬浮或漂移。

水压爆破一般采用复式起爆网路。无论采用电力起爆还是采用非电起爆，爆破网路都要作好防水处理。

2. 施工注意事项

(1)确定方案时应调研是否具备水压爆破条件

设计前应检查结构物是否漏水，供水水源能否满足施工要求等。若爆破后可能造成水患，应慎重考虑。

(2)构筑物开口的处理

用水压爆破拆除构筑物，需要认真做好开口部位的封闭处理。封闭处理的方式很多，可把钢板锚固在构筑物壁面上，中间夹上橡皮密封垫，以防漏水；也可以用砖石砌筑、混凝土浇灌或用木板夹填黄泥及黏土封堵。无论采用什么方式，封闭处理的部位仍是结构的薄弱环节，还应采取必要的防护。实践表明，用编织袋填土堆码，并使堆码厚度大于构筑物壁厚，堆码面积大于开口面积，可以改善爆破效果，提高爆破的安全性。

(3)对不拆除部分的保护

对那些与拆除物相联但不拆除的结构，应事先将其联结部分切断。对同一容器(如管道)的不拆除部分，可采用填砂、预裂、加箍圈等方法加以保护。

(4)开挖临空面

水压爆破的构筑物，一般具有良好的临空面，但对地下工事，一定要在构筑物的外侧开挖好临空面，否则会影响爆破效果。

(5)大中型水压爆破工程注水量很大，爆破时水柱上冲，可能造成电力线路短路；水量外泄，可能泡软地基，妨碍后续工程施工等，因此采用水压爆破应考虑对环境的危害。

第六节　静态破碎方法

一、静态破碎法

静态破碎法是一种破碎(或切割)岩石和混凝土的非爆破方法。其特点是利用装在炮孔中的静态破碎剂的水化反应，使晶体变形，产生体积膨胀，从而缓慢地将膨胀压力施加给孔壁。当炮孔中的静态破碎剂发生作用时，炮孔周围的介质便产生周向的拉应力，若拉应力超过介质的抗拉强度时，炮孔之间产生裂隙，随着膨胀压力的增加，裂隙逐渐扩展成裂缝，继而导致物体破坏。

从作用原理来说，静态破碎法不属于爆破范畴。但它有许多优点：

(1)静态破碎剂不属于危险品，因而在购买、运输、保管和使用上不像使用炸药那样受到严格限制，尤其是在城市中使用更为方便。

(2)破碎过程安全，不存在工业炸药爆炸时产生的爆破震动、空气冲击波、飞石、噪声等危害。在环境特别复杂且无筋或配筋较少的基础拆除中可以发挥其优势。

(3)施工简单,不需要大规模的防护和警戒工作。

尽管静态破碎方法有很多优点,但是其破碎能力、破碎效果和经济效益都比不上爆破方法。特别是对于建(构)筑物的拆除,由于其作用时间长,建(构)筑物失稳的过程难以控制,应避免使用静态破碎方法。总之,静态破碎方法的优点,只有在不允许使用爆破方法的环境中,而且破碎方量不大时,才能显示出来。

二、静态破碎剂(silent crusher)

静态破碎剂是以氧化钙为主体原料,并配以其他有机和无机添加剂而制成的粉末状物质。它以浆体或锭剂(圆柱体、圆片、球体和多面体等)形式装入炮孔中,与水发生水化反应,生成新的固体物质,产生体积膨胀,以放射状向外扩展,当膨胀压力达到介质的抗拉强度时,使被拆除物体发生龟裂或破碎。

进行破碎作业时,主要的膨胀源是氧化钙。氧化钙是密度为3.32 g/cm³、熔点为25.72 ℃的等轴晶体,当与适量的水掺和后发生如下化学反应:

$$CaO+H_2O \longrightarrow Ca(OH)_2+6.5\times10^4\ J \quad (8-19)$$

氧化钙经水化作用后,首先生成细微的胶质状氢氧化钙,随着时间的推移它逐渐形成各向异性的六角形结晶。晶型的变化造成了晶体体积的膨胀。与此同时,每摩尔氢氧化钙释放出65.1 kJ的热量。因此,化学反应后,静态破碎剂的体积膨胀,温度升高,压力增大。如果外界对这种膨胀施以约束,就会产生压力。一般岩石的抗压强度为100～120 MPa,抗拉强度为3～13 MPa;混凝土的抗压强度为10～60 MPa,抗拉强度为1.5～5.9 MPa。当破碎剂在炮孔壁上产生的切向拉应力超过了脆性物体的抗拉强度时,物体便发生龟裂破碎。

国内已研制成功的普通型静态破碎剂有:JC-1 系列和 SCA 系列等。它们的适用温度见表 8-8。

表 8-8 静态破碎剂种类及其适用温度

种类	JC-1 系列				SCA 系列			
	Ⅰ	Ⅱ	Ⅲ	Ⅳ	Ⅰ	Ⅱ	Ⅲ	Ⅳ
使用温度/℃	>25	10～25	0～10	<0	20～35	10～25	5～15	−5～8
适用孔径/mm	15～50,常用为 38～42				30～50			

20 世纪 80 年代以来,静态破碎剂的性能有了很大改善。产品类型已由季节型(因环境温度不同分为夏、冬和春秋三种类型)发展为通用型(四季通用);破碎时间由12～24 h缩短为1～3 h;膨胀压力可达50 MPa,有的甚至更高。因此只要合理设计抵抗线、孔径、孔距等破碎参数,就能够满足各种岩石和混凝土拆除工程的需要。

三、施工方法

1. 孔网参数

使用静力破碎方法,必须根据混凝土内有无钢筋、钢筋排列情况,及岩石的性状、节理、破碎或切割的块度等因素确定孔网参数。岩石和素混凝土的眼距一般为25～40 cm,钢筋混凝土的眼距为15～25 cm,眼深为拆除物高度的0.8～1.0倍。

2. 静态破碎剂的用量

使用SCA(力士牌)静态破碎剂时,其用量可参照表8－9确定。使用其他品种时,可根据孔网参数进行估算。

表8－9　SCA用量表

拆除对象和破碎要求	SCA用量/(kg·m^{-3})
切割岩石	2～5
破碎岩石	10～15
破碎混凝土	8～10
破碎钢筋混凝土	15～25

3. 施工注意事项

(1)往炮孔中灌注浆体,必须充填密实。对于垂直孔可直接倾倒;对于水平孔或斜孔,应设法把浆体压入孔内,然后用塞子堵口。充填时,面部避免直接对准孔口。

(2)夏季充填完浆体后,孔口应适当覆盖,避免冲孔。冬季气温过低时,应采取保温或加温措施。

(3)施工时为确保安全,应带防护眼镜。破碎剂有一定的腐蚀性,粘到皮肤上后要立即用水冲洗。

本章小结

拆除爆破是控制爆破方法的一个分支。实现控制的关键技术在于单个药包重量的确定和一次起爆药量的控制。爆破中单个药包的重量,尤其是紧靠临空面的药包重量,对控制飞石至关重要。而一次起爆的药量则决定了爆破冲击波和爆破振动的强度,在环境复杂的条件下,应进行飞石、冲击波和爆破振动安全验算。

使用体积公式进行药量计算时,单位用药量系数是最重要的计算参数。必须根据拆除物的物理力学特征合理确定。在拆除物原始资料不详的情况下,可结合试爆确定。试爆应坚持"宁撬勿飞"的原则,也应体现群药包共同作用原理。

安全防护是拆除爆破控制飞石的重要手段之一,必须给予高度重视;而控制单位用药量系数和单位耗药量是保证拆除爆破安全的根本所在。

拆除爆破一次起爆的雷管数目多,爆破网路较为复杂。对爆破器材应进行严格筛选,爆破网路应精心设计、精心敷设。

拆除爆破作业常位于工矿区或城镇,必须按《爆破安全规程》的要求办理设计、施工审批手续,并且严格管理、使用火工品。严防火工品丢失或被盗。

复习题

1. 简要叙述单位用药量系数与最小抵抗线的关系。

2. 拆除爆破采用分层装药结构时,药量如何分配,装药深度如何确定?

3. 运用爆破坍塌的基本方式,设计框架结构"单向连续倒塌"和"双向交替折叠倒塌"等爆破方案。

4. 简述高耸构筑物定向爆破时筒体的受力破坏过程。

5. 简述拆除爆破中采取安全防护措施的意义和方法。

6. 烟囱定向爆破拆除设计:

某厂区内有一60 m高的钢筋混凝土烟囱,其环境如图8－13所示。烟囱底部外径5.4 m,内径4.4 m,上口外径2.1 m,内径1.6 m。试按以下大纲进行烟囱拆除爆破设计。

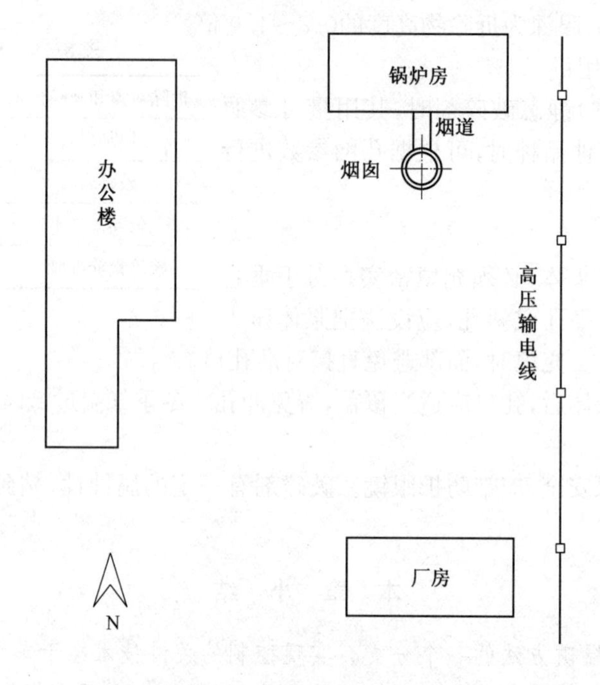

图 8—13　厂区环境平面图(1∶1000)

拆除爆破设计大纲

(1)工程概况:拆除物的状况,爆区周围环境,爆破拆除要求等。

(2)方案选择:对拆除方案和方法进行比较,论证其安全性和合理性。例如:烟囱定向爆破设计时,要选定正确的定向倾倒方向;爆破切口设计。

(3)爆破参数的确定:拆除范围和高度的确定与计算,结构稳定分析,药包参数及布置,起爆顺序和延期时间。

(4)装药:炸药品种选择,单位用药量系数和单孔装药量计算,装药方法及装填结构。

(5)爆破网路设计:起爆器材选择,起爆方法,起爆网路连接形式和方法。

(6)安全距离:计算爆破振动、坍塌影响范围的安全距离及警戒范围。

(7)安全防护措施:预估事故发生的可能性及其控制和处理方法。

设计附图:

(1)爆区周围环境平面图;

(2)拆除物平面和立面图;

(3)炮孔布置图,药包布置和装填结构图;

(4)起爆网路联线图;

(5)安全警戒范围图;

(6)安全防护与覆盖措施附图和文字说明。

第九章 爆破安全技术

1949 年 10 月以后，我国冶金、铁道、煤炭、化工、建材等部门长期执行各自系统的爆破安全暂行规程。在取得大量经验教训的基础上，国家标准局于 1987 年颁布了《爆破安全规程》(GB 6722—1986)，国家技术监督局于 1992 年颁布了《大爆破安全规程》(GB 13349—1992)和《拆除爆破安全规程》(GB 13533—1992)。这 3 个规程在我国的现代化建设过程中发挥了积极、重要的作用。随着工程爆破技术的迅猛发展，新技术、新成果及新的安全管理理念不断涌现，上述 3 个规程中的一些条文已无法适应新形势的要求。国家质量监督检验检疫总局于 2003 年颁布了《爆破安全规程》(GB 6722—2003)(以下简称《爆破安全规程》)，《爆破安全规程》对原有的 3 个规程进行了修改、补充和合并，使之更趋科学化，更加符合国情。2014 年 12 月 5 日，《爆破安全规程》(GB 6722—2014)发布，自 2015 年 7 月 1 日起实施。新规程的颁布实施，对提升爆破技术水平、规范爆破作业行为，减少爆破事故发生和推动爆破行业健康发展具有关键作用。《爆破安全规程》贯彻了国家的安全生产方针，是在我国境内一切从事民用爆破工作的人员、单位及其主管部门必须遵守的国家标准。

鉴于篇幅所限，本章仅对《爆破安全规程》中与工程爆破及工程爆破技术人员关系密切的一些技术问题进行讨论。

第一节 爆破作业的基本规定

工程爆破一般都会伴随有震动、飞散物、空气冲击波、噪声、有害气体与粉尘等多种有害效应。这些有害效应会对爆区周围人员、建(构)筑物和环境产生较大的影响。爆破作业是危险性很高的特种作业。爆破作业单位和爆破作业人员必须具备相应的资质，才能从事相应的工作。《民用爆炸物品安全管理条例》(国务院令第 466 号)规定，在城市、风景名胜区和重要工程设施附近实施爆破作业的，爆破作业单位应向爆破作业所在地区的市级人民政府公安机关提出申请，提交爆破作业单位许可证和具有相应资质的安全评估企业出具的爆破设计、施工方案评估报告。实施爆破作业时，应由具有相应资质的安全监理企业进行监理。

一、爆破工程分级管理

爆破工程按工程类别、一次爆破总药量、爆破环境复杂程度和爆破物特征，分 *A*、*B*、*C*、*D* 四个级别，实行分级管理。一般爆破、工程分级列于表 9－1。当工程环境复杂时，工程分级按下列规定予以调整：

1. 表中 *B*、*C*、*D* 级岩土爆破工程(不包括城镇浅孔爆破)遇到下列情况应相应提高一个工程级别：

(1)距爆区 1 000 m 范围内有国家一、二级文物或特别重要的建(构)筑物、设施；

(2)距爆区 500 m 范围内有国家三级文物、风景名胜区、重要的建(构)筑物、设施；

(3)距爆区 300 m 范围内有省级文物、医院、学校、居民楼、办公楼等重要保护对象。

2. 表中 B、C、D 级拆除爆破及城镇浅孔爆破工程，遇到下列情况应相应提高一个工程级别：

(1)距爆破拆除物或爆区 5 m 范围内有相邻建(构)筑物或需重点保护的地表、地下管线；

(2)爆破拆除物倒塌方向安全长度不够，需要折叠爆破时；

(3)爆破拆除物或爆区处于闹市区、风景名胜区时。

表 9—1　爆破工程分级

作业范围	爆破工程类别	一次使用药量 Q(t)或爆破结构高度 H(m)			
		A	B	C	D
岩土爆破	露天深孔爆破	$100 \leqslant Q$	$10 \leqslant Q < 100$	$0.5 \leqslant Q < 10$	$Q < 0.5$
	地下爆破	$50 \leqslant Q$	$5 \leqslant Q < 50$	$0.25 \leqslant Q < 5$	$Q < 0.25$
	复杂环境深孔爆破	$25 \leqslant Q$	$2.5 \leqslant Q < 20$	$0.125 \leqslant Q < 2.5$	$Q < 0.125$
	露天硐室爆破	$500 \leqslant Q$	$50 \leqslant Q < 500$	$2.5 \leqslant Q < 50$	$Q < 2.5$
	地下硐室爆破	$200 \leqslant Q$	$20 \leqslant Q < 200$	$1.0 \leqslant Q < 20$	$Q < 1.0$
	水下钻孔爆破	$10 \leqslant Q$	$1 \leqslant Q < 10$	$0.05 \leqslant Q < 1$	$Q < 0.05$
	水下炸礁、清淤、挤淤爆破	$20 \leqslant Q$	$2 \leqslant Q < 20$	$0.1 \leqslant Q < 2$	$Q < 0.1$
	城镇浅孔爆破	$0.5 \leqslant Q$	$0.2 \leqslant Q < 0.5$	$0.05 \leqslant Q < 0.2$	$Q < 0.05$
拆除爆破	楼房、厂房及水塔拆除爆破	$50 \leqslant H$	$30 \leqslant H < 50$	$20 \leqslant H < 30$	$H < 20$
		$0.5 \leqslant Q$	$0.2 \leqslant Q < 0.5$	$0.05 \leqslant Q < 0.2$	$Q < 0.05$
	围堰拆除爆破	$10 \leqslant Q$	$0.4 \leqslant Q < 10$	$1 \leqslant Q < 4$	$Q < 1$
特种爆破	单张复合板特种爆破	$0.4 \leqslant Q$	$0.2 \leqslant Q < 0.4$	$Q < 0.2$	

备注：(1)烟囱和冷却塔拆除爆破对应的高度分别乘以 2 和 1.5 的高度系数。

(2)其他特种爆破属于 D 级爆破。

二、爆破作业单位与爆破作业人员

1. 爆破作业单位

持有爆破作业单位许可证从事爆破作业的单位，分非营业性和营业性两类。非营业性爆破作业单位是指为本单位的合法生产活动需要，在限定区域内自行实施爆破作业的单位。营业性爆破作业单位是指具有独立法人资格，承接爆破作业项目设计施工、安全评估、安全监理的单位。

非营业性爆破作业单位不分级。

营业性爆破作业单位的资质等级由高到低分为：一级、二级、三级、四级，从业范围分为设计施工、安全评估、安全监理。资质等级与从业范围的对应关系见表 9—2。

表 9—2　营业性爆破作业单位资质等级与从业范围对应关系表

资质等级	A 级爆破作业项目	B 级爆破作业项目	C 级爆破作业项目	D 级爆破作业项目
一级	设计施工 安全评估 安全监理	设计施工 安全评估 安全监理	设计施工 安全评估 安全监理	设计施工 安全评估 安全监理

续上表

资质等级	A 级爆破作业项目	B 级爆破作业项目	C 级爆破作业项目	D 级爆破作业项目
二级	—	设计施工 安全评估 安全监理	设计施工 安全评估 安全监理	设计施工 安全评估 安全监理
三级	—	—	设计施工 安全监理	设计施工 安全监理
四级	—	—	—	设计施工

注：表中 A 级、B 级、C 级、D 级为《爆破安全规程》中规定的相应级别。

2. 爆破作业人员

爆破作业人员，指从事爆破作业的爆破工程技术人员、爆破员、安全员和保管员。

爆破员、安全员和保管员不分级。爆破工程技术人员分为高级/A、高级/B、中级/C 和初级/D，资格等级与作业范围对应关系见表 9－3。

表 9－3　爆破工程技术人员资格等级与作业范围对应关系表

资格等级	作业范围
高级/A	A 级及以下爆破作业项目
高级/B	B 级及以下爆破作业项目
中级/C	C 级及以下爆破作业项目
初级/D	D 级爆破作业项目

注：表中作业范围的 A 级、B 级、C 级、D 级为《爆破安全规程》中规定爆破工程的相应级别。

3. 岗位设置与职责

按照岗位职责分工不同，爆破作业单位应设置单位技术负责人、项目技术负责人、爆破员、安全员和保管员。技术负责人、项目技术负责人应由爆破工程技术人员担任，可以兼任。爆破员、安全员、保管员不得兼任。

(1)技术负责人的岗位职责包括：

①组织领导爆破作业技术工作；

②组织制定爆破作业安全管理制度和操作规程；

③组织爆破作业人员安全教育、法制教育和岗位技术培训；

④主持制定爆破作业设计施工方案、安全评估报告和安全监理报告。

(2)项目技术负责人的岗位职责包括：

①监督爆破作业人员按照爆破作业设计施工方案作业；

②组织处理盲炮或其他安全隐患；

③全面负责爆破作业项目的安全管理工作；

④负责爆破作业项目的总结工作。

(3)爆破员的岗位职责包括：

①保管所领取的民用爆炸物品；

②按照爆破作业设计施工方案，进行装药、联网、起爆等爆破作业；

③爆破后检查工作面，发现盲炮或其他安全隐患及时报告；

④在项目技术负责人的指导下,配合爆破工程技术人员处理盲炮或其他安全隐患;

⑤爆破作业结束后,将剩余的民用爆炸物品清退回库。

(4)安全员的岗位职责包括:

①监督爆破员按照操作规程作业,纠正违章作业;

②检查爆破作业现场安全管理情况,及时发现、处理、报告安全隐患;

③监督民用爆炸物品领取、发放、清退情况;

④制止无爆破作业资格的人员从事爆破作业。

(5) 保管员的岗位职责包括:

①验收、保管、发放、回收民用爆炸物品;

②如实记载收存、发放民用爆炸物品的品种、数量、编号及领取人员的姓名;

③发现、报告变质或过期的民用爆炸物品。

三、爆破安全评估与监理

1. 爆破安全评估

需经公安机关审批的爆破作业项目,提交申请前,都应进行安全评估。未经安全评估的爆破设计,任何单位不准审批或实施。

经安全评估审批通过的爆破设计,施工时不得任意更改。经安全评估否定的爆破设计,应重新设计,重新评估。施工中如发现实际情况与评估时提交的资料不符,并对安全有较大影响时,应补充必要的爆破对象和环境的勘察及测绘工作,及时修改原设计,重大修改部分应重新上报评估。

安全评估的内容应包括:

(1)爆破作业单位的资质是否符合规定。

(2)爆破作业项目的等级是否符合规定。

(3)设计所依据的资料是否完整。

(4)设计方法和设计参数是否合理。

(5)起爆网路是否可靠。

(6)设计选择方案是否可行。

(7)存在的有害效应及可能影响的范围是否全面。

(8)保证工程环境的安全措施是否可行。

(9)制定的应急预案是否适当。

2. 爆破工程安全监理

经公安机关审批的爆破作业项目,实施爆破作业时,应由具有相应资质的爆破作业单位进行安全监理。

爆破工程安全监理应编制监理方案,并按爆破工程进度和实施要求编制爆破工程安全监理细则,按照细则进行爆破工程安全监理。在爆破工程的各主要阶段竣工完成后,签署爆破工程安全监理意见。

爆破安全监理的内容包括:

(1)检查施工单位申报爆破作业的程序,对不符合批准程序的爆破工程,有权停止其爆破作业,并向业主和有关部门报告。

(2)监督施工企业按设计施工，审验从事爆破作业人员的资格，制止无证人员从事爆破作业。发现不适合继续从事爆破作业的人员，督促施工单位收回其安全作业证。

(3)监督施工单位不得使用过期、变质或在未经批准在工程中应用的爆破器材。监督检查爆破器材的使用、领取和清退制度。

(4)监督、检查施工单位执行《爆破安全规程》的情况，发现违章指挥和违章作业有权停止其爆破作业，并向业主和有关部门报告。

四、爆破作业环境

爆破前应对爆破作业环境(blasting circums tances)进行调查，了解爆区周围的自然条件和环境状况，对有可能危及安全的不利环境因素，采取必要的安全防范措施。爆破作业场所有下列情形之一时，不应进行爆破作业：

(1)岩体有冒顶或边坡滑落危险的。

(2)地下爆破作业区的炮烟浓度超过表9—9规定的。

(3)爆破会造成巷道涌水、堤坝漏水、河床严重阻塞、泉水变迁的。

(4)爆破可能危及建(构)筑物、公共设施或人员的安全而无有效防护措施的。

(5)硐室、炮孔温度异常的。

(6)作业通道不安全或堵塞的。

(7)支护规格与支护说明书的规定不符或工作面支护损坏的。

(8)距工作面20 m以内的风流中瓦斯含量达到或超过1%，或有瓦斯突出征兆的。

(9)危险区边界未设警戒的。

(10)光线不足，无照明或照明不符合规定的。

(11)未按《爆破安全规程》的要求做好准备工作的。

露天、水下爆破装药前，应与当地气象、水文部门联系，及时掌握气象、水文资料，遇以下特殊恶劣气候、水文情况时，应停止爆破作业，所有人员应立即撤到安全地点。

(1)热带风暴或台风即将来临时。

(2)雷电、暴雨雪来临时。

(3)大雾天气，能见度不超过100 m时。

(4)风力超过8级，浪高大于1.0 m时或水位暴涨暴落时。

采用电爆网路时，应对高压电、射频电等进行调查，对杂散电进行测试。发现存在危险时，应立即采取预防或排除措施。在残孔附近钻孔时应避免凿穿残留炮孔。在任何情况下不应打钻残孔。高温环境的爆破作业，应按《爆破安全规程》的规定执行。

第二节　爆破安全允许距离

爆破安全允许距离是指起爆装药时，人员或其他应保护对象与爆炸源之间必须保持的最小距离。确定爆破安全允许距离的目的是为了限制爆破有害效应对周围环境影响的程度，确保人员和建(构)筑物及其他应保护对象的安全。在爆破安全允许距离一定的条件下，可以反算齐发爆破的总装药量或延时爆破中最大一段的起爆药量，从而有效地控制爆破有害效应对周围环境的影响程度。

爆破有害效应包括爆破地震、冲击波、个别飞散物、毒气和爆破噪声等。由于各种有害效应随传播距离而衰减的规律不同,相应的爆破安全允许距离也不同。因此,应分别计算每种有害效应的安全允许距离,然后取其中的最大值作为确定警戒范围的依据。

一、爆破振动安全允许距离

爆破地震波的作用有可能引起地面或地下建筑物、构筑物的破裂、倒塌,或导致路堑边坡滑坡、隧道冒顶片帮等灾害的发生。评价各种爆破对不同类型建(构)筑物和其他保护对象的振动影响,应采用不同的安全判据和允许标准。

目前我国对地面建筑物的爆破振动(blast vibration)判据,是采用保护对象所在地质点的峰值振动速度(particle vibration velocity)和主振频率(main vibration frequency)。对地面建筑物、电站(厂)中心控制室设备、隧道与巷道、岩石高边坡和新浇大体积混凝土的爆破振动判据,采用保护对象所在地基础质点峰值振动速度和主频率。安全允许标准如表 9－4 所示。

表 9－4　爆破振动安全允许标准

序号	保护对象类别	安全允许质点振动速度/$cm \cdot s^{-1}$		
		$f \leqslant 10Hz$	$10Hz < f \leqslant 50Hz$	$f > 50Hz$
1	土窑洞、土坯房、毛石房屋	0.15～0.45	0.45～0.9	0.9～1.5
2	一般民用建筑物	1.5～2.0	2.0～2.5	2.5～3.0
3	工业和商业建筑物	2.5～3.5	3.5～4.5	4.2～5.0
4	一般古建筑与古迹	0.1～0.2	0.2～0.3	0.3～0.5
5	运行中的水电站及发电厂中心控制室设备	0.5～0.6	0.6～0.7	0.7～0.9
6	水工隧道	7～8	8～10	10～15
7	交通隧道	10～12	12～15	15～20
8	矿山巷道	15～18	18～25	20～30
9	永久性岩石高边坡	5～9	8～12	10～15
10	新浇大体积混凝土(C20) 龄期:初凝～3d 龄期:3d～7d 龄期:7d～28d	 1.5～2.0 3.0～4.0 7.0～8.0	 2.0～2.5 4.0～5.0 8.0～10.0	 2.5～3.0 5.0～7.0 10.0～12

爆破振动监测应同时测定质点振动相互垂直的三个分量。

注:①表中质点振动速度为三个分量中最大值,振动频率为主振频率;

②频率范围根据现场实测波形确定或按如下数据选取:硐室爆破 f 小于 20 Hz,露天深孔爆破 f 在 10～60 Hz,露天浅孔爆破 f 在 40～100 Hz,地下深孔爆破 f 在 30～60 Hz,地下浅孔爆破 f 在 60～300 Hz。

根据表 9－4 选取建筑物安全允许振速时,应综合考虑建筑物的重要性、建筑质量、新旧程度、自振频率、地基条件等因素。对于省级以上(含省级)重点保护古建筑与古迹的安全允许振速,应经专家论证后选取。在选取隧道、巷道安全允许振速时,应综合考虑构筑物的重要性、围岩状况、断面大小、深埋大小、爆源方向、地震振动频率等因素。对于非挡水新浇大体积混凝土的安全允许振速,可按表 9－4 给出的上限值选取。

在特殊建(构)筑物附近或爆破条件复杂地区进行爆破时,应进行必要的爆破振动监测或专门试验,以确保保护对象的安全。在复杂环境中多次进行爆破作业时,应从确保安全的单响药量开始,逐步增大到允许药量,并按允许药量控制一次爆破规模。图 9－1 为在某村测到的附近一采石场爆破引起的地面质点振动曲线。测点位于村中距采场 860 m,采石场采用深孔爆破。钻孔直径 90 mm,钻孔深度 30 m,炮孔数目 20 个,采用连续柱状装药,每孔装药量 40 kg。采用瞬发电雷管串联起爆。一次起爆药量 800 kg。测试数据表明,测点 X、Y、Z 三个垂直方向质点的最大振动速度分别为 0.52 cm/s,0.45 cm/s 和 0.42 cm/s,对应的主振频率分别为 10.78 Hz、10.55 Hz 和 17.32 Hz。三个方向振动速度的峰值分别超过、达到和接近了《爆破安全规程》关于土窑洞、土坯房、毛石房屋爆破振动安全允许标准 0.45～0.9 cm/s 的下限,因此应该采取有效措施降低爆破振动。

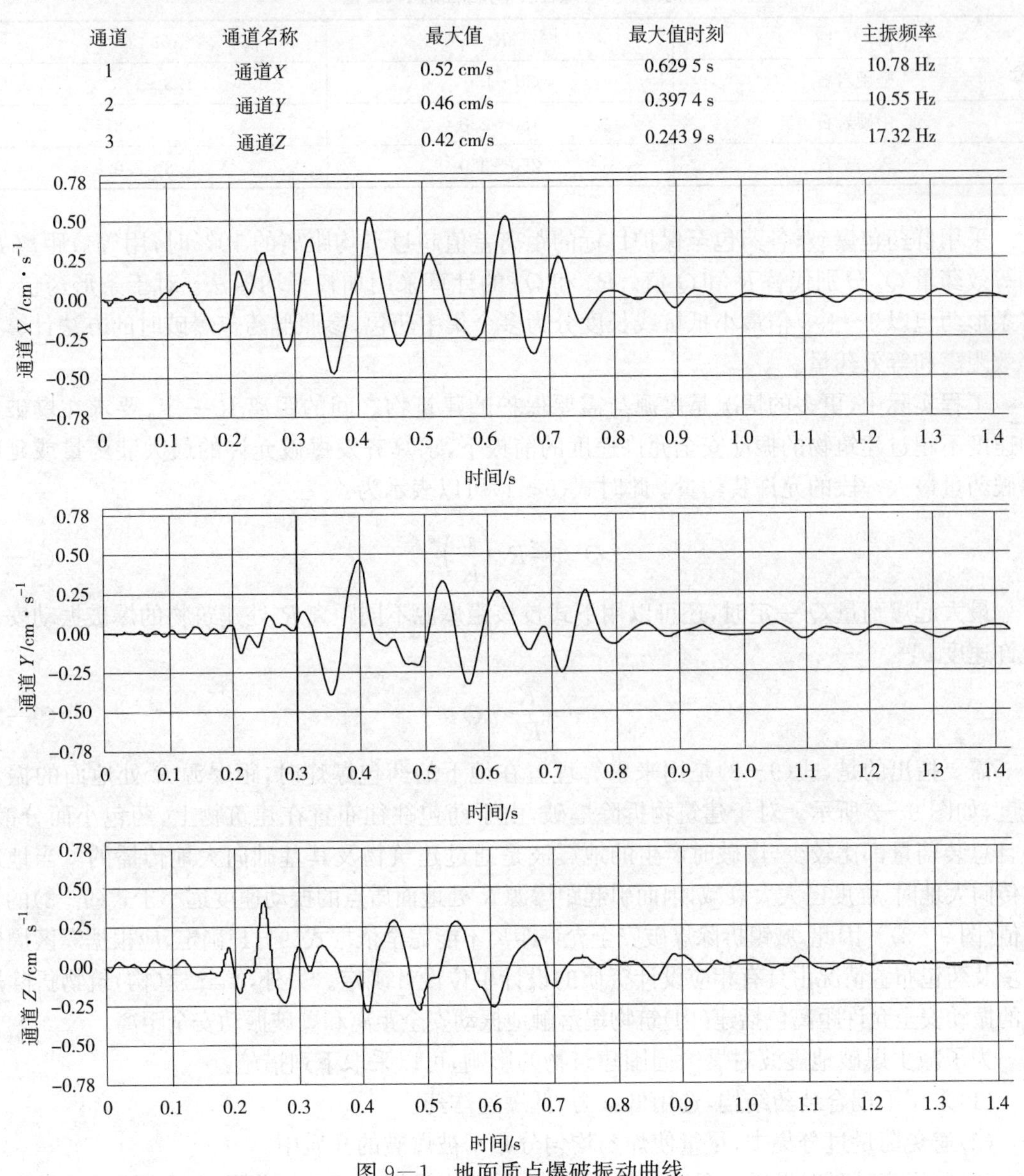

图 9－1 地面质点爆破振动曲线

从爆源到被保护物的距离应保证被保护物不受到爆破振动作用的破坏(产生裂纹)。这段距离称为爆破振动安全允许距离。爆破振动安全允许距离可按下式计算：

$$R=\left(\frac{K}{v}\right)^{\frac{1}{\alpha}}\cdot Q^{\frac{1}{3}} \tag{9-1}$$

式中 R——爆破振动安全允许距离,m；

Q——炸药量,齐发爆破为总药量,延时爆破为最大一段药量,kg；

v——保护对象所在地质点的振动安全允许速度,cm/s；

K、α——与爆破点至计算保护对象间的地形、地质条件有关的系数和衰减指数,可按表9－5选取,或通过现场试验确定。

表9－5 爆区不同岩性的K、α值

岩 性	K	α
坚硬岩石	50～150	1.3～1.5
中硬岩石	150～250	1.5～1.8
软 岩 石	250～350	1.8～2.0

采用群药包爆破,各药包至保护目标的距离差值超过平均距离的10%时,用等效距离R_e和等效药量Q_e分别代替R和Q值。R_e和Q_e的计算采用加权平均值法。对于条形药包,可将条形药包以1～1.5倍最小抵抗线长度分为多个集中药包,参照群药包爆破时的方法计算其等效距离和等效药量。

工程实际中,更多的情况是爆源与需要保护的建筑物之间的距离R一定,要求在爆破振动速度不超过建筑物的振动安全允许速度的前提下,求算齐发爆破允许的最大装药量或延时爆破药量最大一段的允许装药量。此时式(9－1)可以表示为：

$$Q_{max}=R^3\left(\frac{v}{K}\right)^{\frac{3}{\alpha}} \tag{9-2}$$

最大起爆药量Q一定时,还可以用下式校核距爆源不同距离R处建筑物的爆破振动安全允许速度v：

$$v=\frac{K}{R^{\alpha}}\cdot Q^{\frac{\alpha}{3}} \tag{9-3}$$

需要指出的是,式(9－3)是用来求算埋置在地下的药包爆炸时,距爆源R处地面的振动速度,如图9－2所示。对于建筑物拆除爆破,由于药包往往布置在建筑物上,药包小而分散,并且总装药量都比较少,爆破时产生的地震波是通过建筑物及其基础向大地传播的。当地震波传向大地时,强度已大大衰减,因而引起距爆源R处地面质点的振动速度远小于式(9－3)的计算值(图9－3)。因此,城镇拆除爆破安全允许距离不能完全依据式(9－1)确定,应根据爆区周围环境及药包布置情况由具有相应设计资质的设计单位设计确定。另外,高耸建(构)筑物拆除爆破的振动安全允许距离包括建(构)筑物塌落触地振动安全距离和爆破振动安全距离。

为了减少爆破地震波对爆区周围建筑物的影响,可以采取下列措施：

(1)采用不耦合装药结构,选用低威力、低爆速炸药。

(2)避免药量过分集中,尽量使炸药均匀分布于被爆破的介质中。

(3)采用毫秒延时爆破或秒延时爆破技术,限制齐发爆破的总炸药量或延时爆破药量最大一段的装药量。

(4)采取预裂爆破技术,或在爆源与需要保护的建筑物之间开挖减震沟槽。单排或多排的密集空孔也可以起到一定的减震作用。

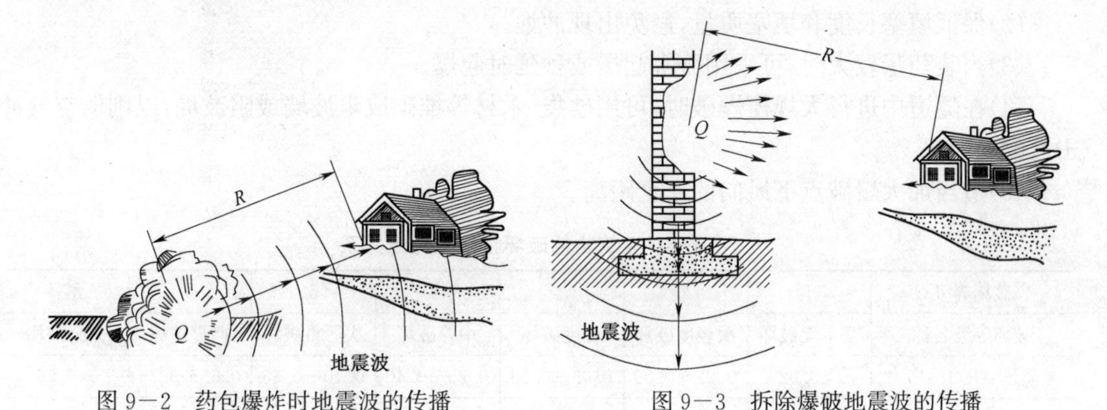

图 9-2 药包爆炸时地震波的传播　　　　图 9-3 拆除爆破地震波的传播

二、爆破冲击波安全允许距离

露天地表爆破一次爆破的炸药量不超过 20 kg 时,应按下式确定空气冲击波对在掩体内避炮作业人员的安全允许距离:

$$R_k = 25\sqrt[3]{Q} \tag{9-4}$$

式中 R_k—— 空气冲击波对掩体内人员的最小允许距离,m;

Q——一次爆破的炸药量,kg。秒延时爆破取最大分段药量计算,毫秒延时爆破按一次爆破的总药量计算。

爆炸加工或特殊工程需要在地表进行大药量爆炸时,应核算不同保护对象所承受的空气冲击波超压值,并确定相应的安全允许距离。在平坦地形条件下爆破时,可按下式计算超压:

$$\Delta P = 14\frac{Q}{R^3} + 4.3\frac{Q^{\frac{2}{3}}}{R^2} + 1.1\frac{Q^{\frac{1}{3}}}{R} \tag{9-5}$$

式中 ΔP——空气冲击波超压值,10^5 Pa;

Q——一次爆破的梯恩梯炸药当量,kg,秒延时爆破为最大一段药量,毫秒延时爆破为总药量;

R——装药至保护对象的距离,m。

空气冲击波超压的安全允许标准:对人员为 0.02×10^5 Pa;对建筑物按表 9-6 取值。空气冲击波安全允许距离,应根据保护对象、所用炸药品种、地形和气象条件由设计确定。

在地下爆破工程中,空气冲击波沿隧道、井巷传播时,比沿地面半无限空间的传播衰减要慢,故要求的安全允许距离也更大,具体的安全允许距离由设计确定。

水下裸露爆破,当覆盖水厚度小于 3 倍药包半径时,对水面以上人员或其他保护对象的空气冲击波安全允许距离的计算原则,与地面爆破时相同。

在水深不大于 30 m 的水域内进行水下爆破,水中冲击波的安全允许距离,应遵守《爆破安全规程》的具体规定。在水深大于 30 m 的水域内进行水下爆破时,水中冲击波安全允许距离,应通过实测和试验研究确定。在重要水工、港口设施附近及水产养殖场或其他复杂环境中进行水下爆破时,应通过测试和邀请专家研究确定安全允许距离。

为了预防空气冲击波的破坏作用,可采取以下措施:

(1)避免使用裸露药包爆破。

(2)保证填塞长度和填塞质量,避免出现冲炮。

(3)当装药量较大时,可采用分次起爆或秒延时起爆。

(4)在隧道中进行大规模爆破时,可用砂袋、木材等堆砌成阻波墙或阻波堤,以削弱空气冲击波的强度。

(5)适当加大爆破点下风向的安全距离。

表 9—6 建筑物的破坏程度与超压关系

破坏等级		1	2	3	4	5	6	7
破坏等级名称		基本无破坏	次轻度破坏	轻度破坏	中等破坏	次严重破坏	严重破坏	完全破坏
超压 $\Delta P/10^5 \mathrm{Pa}$		<0.02	0.02～0.09	0.09～0.25	0.25～0.40	0.40～0.55	0.55～0.76	>0.76
建筑物破坏程度	玻璃	偶然破坏	少部分破呈大块,大部分呈小块	大部分破成小块到粉碎	粉碎	—	—	—
	木门窗	无损坏	窗扇少量破坏	窗扇大量破坏,门扇、窗框破坏	窗扇掉落、内倒,窗框、门扇大量破坏	门、窗扇摧毁,窗框掉落	—	—
	砖外墙	无损坏	无损坏	出现小裂缝,宽度小于 5 mm,稍有倾斜	出现较大裂缝,缝宽5～50 mm,明显倾斜,砖跺出现小裂缝	出现大于 50 mm 的大裂缝,严重倾斜,砖跺出现较大裂缝	部分倒塌	大部分到全部倒塌
	木屋盖	无损坏	无损坏	木屋面板变形,偶见折裂	木屋面板、木檩条折裂,木屋架支座松动	木檩条折断,木屋架杆件偶见折断,支座错位	部分倒塌	全部倒塌
	瓦屋面	无损坏	少量移动	大量移动	大量移动到全部掀动	—	—	—
	钢筋混凝土屋盖	无损坏	无损坏	无损坏	出现小于 1 mm的小裂缝	出现 1～2 mm宽的裂缝,修复后可继续使用	出现大于 2 mm 的裂缝	承重砖墙全部倒塌,钢筋混凝土承重柱严重破坏
	顶棚	无损坏	抹灰少量掉落	抹灰大量掉落	木龙骨部分破坏下垂缝	塌落	—	—

续上表

破坏等级		1	2	3	4	5	6	7
破坏等级名称		基本无破坏	次轻度破坏	轻度破坏	中等破坏	次严重破坏	严重破坏	完全破坏
超压 $\Delta P/10^5$ Pa		<0.02	0.02～0.09	0.09～0.25	0.25～0.40	0.40～0.55	0.55～0.76	>0.76
建筑物破坏程度	内墙	无损坏	板条墙抹灰少量掉落	板条墙抹灰大量掉落	砖内墙出现小裂缝	砖内墙出现大裂缝	砖内墙出现严重裂缝至部分倒塌	砖内墙大部分倒塌
	钢筋混凝土柱	无损坏	无损坏	无损坏	无损坏	无破坏	有倾斜	有较大倾斜

三、个别飞散物安全允许距离

爆破飞散物系指爆破时被爆物体中脱离主爆堆而飞散较远的个别碎块。爆破飞散物的飞行方向无法准确预测，飞行距离难以准确计算，会给爆区附近的人员、建筑物及设备造成严重威胁，特别是露天硐室爆破和二次破碎爆破造成的事故更多，因此应加以严格控制和防范。爆破飞散物产生的原因主要有以下几个方面：

1. 爆破产生的多余爆生气体能量作用于个别碎石上，使其获得较大的动能而飞散。

2. 被爆介质不均匀，如有软弱面、混凝土浇筑结合面、石砌体砂浆结合面或地质构造面时，会沿着这些软弱部位产生飞散物。

3. 建(构)筑物内部的钢筋、金属梁和金属支撑等在建(构)筑物被爆倒塌过程中，受到挤压，积蓄大量势能。这些金属构件在脱离挤压作用的瞬间，释放出大量势能，将附着其上的混凝土碎块弹出，形成爆破飞散物。

4. 爆破作用指数或炸药单耗取得过大，最小抵抗线由于设计或施工的误差导致其实际值变小或方向改变等，也会产生飞散物。

5. 填塞长度小于最小抵抗线，或填塞质量不好，填塞物沿填塞通道飞出，形成飞散物。

6. 被爆的建(构)筑物构件在坍塌、倾倒过程中互相碰撞，特别是在接触到坚硬地面的瞬间，产生反弹，形成飞散物。

爆破产生个别飞散物的距离与爆破参数、填塞质量、地形、地质构造、气象(风向和风速)等因素有关。爆破时，个别飞散物对人员的安全距离不应小于表 9－7 的规定；对设备或建筑物的安全允许距离，应由设计确定。抛掷爆破时，个别飞散物对人员、设备和建筑物的安全允许距离，应由设计确定，并报单位总工程师批准。

应用表 9－7 时应注意，沿山坡爆破时，下坡方向的飞石安全允许距离应增大 50％。当爆破器具置于钻井内深度大于 50 m 时，安全允许距离可缩小至 20 m。

个别飞散物是露天爆破产生的主要有害效应之一。为防止人员或其他爆轰对象受到伤害，主要采取以下措施：

1. 采取控制爆破技术缩小危险区，合理确定爆破参数，特别注意最小抵抗线的实际长度和方向，避免出现大的施工误差。

2. 为必须在危险区内工作的人员设置掩体。

3. 使人员和可移动保护对象撤出飞散物影响区域。

表 9—7 爆破个别飞散物对人员的安全允许距离

爆破类型和方法		个别飞散物的最小安全允许距离/m
露天岩土爆破	浅孔爆破法破大块	300
	浅孔台阶爆破	200(复杂地质条件下或未形成台阶工作面时不小于 300)
	深孔台阶爆破	按设计,但不小于 200
	硐室爆破	按设计,但不小于 300
水下爆破	水深小于 1.5 m 水深大于 1.5 m	与露天岩土爆破相同由设计确定
破冰爆破	爆破薄冰凌	50
	爆破覆冰	100
	爆破阻塞的流冰	200
	爆破厚度>2.0m 的冰层或爆破阻塞流冰一次用药量超过 300kg	300
金属物爆破	在露天爆破场	1 500
	在装甲爆破坑中	150
	在厂区内的空场中	由设计确定
	爆破热凝结物和爆破压接	按设计,但不小于 30
	爆炸加工	由设计确定
拆除爆破、城镇浅孔爆破及复杂环境深孔爆破		由设计确定
地震勘探爆破	浅井或地表爆破	按设计,但不小于 100
	在深井中爆破	按设计,但不小于 30
沿山坡爆破时,下坡方向的个别飞散物安全允许距离应增大 50%。		

硐室爆破个别飞散物安全距离,可按式(9—6)计算:

$$R_f = 20K_f n^2 W \tag{9—6}$$

式中 R_f——爆破飞石安全距离,m;

K_f——安全系数,一般取 1.0～1.5;

n——爆破作用指数;

W——最小抵抗线,m。

应逐个药包进行计算,选取最大值为个别飞散物的安全距离。

第三节 盲炮的预防及处理

盲炮(misfire, unexploded charge))俗称为瞎炮,是指预期发生爆炸的炸药未发生爆炸的现象。炸药、雷管或其他火工品不能被引爆的现象称为拒爆(failure explosion)。

一、盲炮产生的原因

在炸药的起爆过程中,存在多种原因可以导致盲炮的产生。这些原因既可以是发爆器、导线、爆破网路连接元件等爆破器材不合格或使用不当引起的，也可以是雷管、炸药等含能材料过期、变质或失效造成的。下面按起爆方法来分析盲炮产生的原因。

1. 电力起爆产生盲炮

(1)电雷管的桥丝与脚线焊接不好，引火头与桥丝脱离，延时导火索未引燃起爆药等。

(2)雷管受潮或超过保存期，引火药或起爆药失效。

(3)同一网路中，采用不同厂家、不同批号和不同结构性能的雷管，或网路电阻配置不平衡，雷管电阻差太大，致使电流不平衡，从而每个雷管获得的电能有较大的差别，获得足够起爆电能的雷管首先起爆而炸断电路，造成其他雷管不能起爆。

(4) 电爆网路短路、断路、漏接、接地或连接错误。

(5) 起爆电源起爆能力不足，通过雷管的电流小于准爆电流。在水孔中，特别是溶有铵梯类炸药的水中线路接头绝缘不良造成电流分流或短路。

2. 导爆索起爆产生盲炮

(1)导爆索因质量问题或受潮变质，起爆能力不足。

(2)导爆索药芯渗入油类物质。

(3)导爆索连接时，搭接长度不够；传爆方向接反或连接错误；敷设中使导爆索受损；延时起爆时，先爆的药包或爆破飞散物炸(砸)断起爆网路。

3. 导爆管起爆系统拒爆产生盲炮

(1) 导爆管内药中有杂质，断药长度大于15 cm。

(2)导爆管与传爆管或毫秒雷管连接处卡口不严，异物(如水、泥砂、岩屑)进入导爆管；管壁破损；管径拉细；导爆管过分打结、对折。

(3)采用雷管或导爆索起爆导爆管时捆扎不牢；四通连接件内有水；防护覆盖的网路被破坏，或雷管聚能穴朝着导爆管的传爆方向。

(4)延时起爆时，先期爆破产生的爆破飞散物将尚未传爆的部分网路损坏。

二、盲炮的预防

1. 爆破器材要妥善保管，严格检验。禁止使用技术性能不符合要求的爆破器材。

2. 提高爆破设计质量。设计内容包括炮孔布置、起爆方式、延时时间、网路敷设、起爆电流、网路检测等。对于重要的爆破，应进行网路起爆模拟试验。

3. 提高爆破操作水平，保证施工质量。电力起爆要防止漏接、错接和折断脚线，网路接地电阻不得小于1×10^5 Ω，并要经常检查开关、插销和线路接头是否处于良好状态。

4. 在有水的工作面或水下爆破时，应采取可靠的防水措施，避免爆破器材受潮。必要时应对起爆器材进行水下防水试验，并在连接部位采取绝缘措施。

三、盲炮处理

1. 一般规定

(1)处理盲炮前应由爆破领导人定出警戒范围，并在该区域边界设置警戒。处理盲炮时无关人员不准许进入警戒区。

(2)应派有经验的爆破员处理盲炮。硐室爆破的盲炮处理应由爆破工程技术人员提出方案并经单位主要负责人批准。

(3)电力起爆发生盲炮时,应立即切断电源,及时将盲炮电路短路。

(4)导爆管起爆网路发生盲炮时,应首先检查导爆管是否有破损或断裂,发现有破损或断裂的应修复后重新起爆。

(5)不应拉出或掏出炮孔中的起爆药包。

(6)盲炮应在当班处理,当班不能处理或未处理完毕,应将盲炮情况(盲炮数目、炮孔方向、装药数量和起爆药包位置,处理方法和处理意见)在现场交接清楚,由下一班继续处理。

(7)盲炮处理后,应仔细检查爆堆,将残余的爆破器材收集起来销毁。在不能确认爆堆无残留的爆破器材之前,应采取预防措施。

(8)盲炮处理后应由处理者填写登记卡片或提交报告,说明产生盲炮的原因、处理的方法和结果、预防措施。

2. 裸露爆破的盲炮处理

(1)处理裸露爆破的盲炮时,可去掉部分封泥,安置新的起爆药包,加上封泥起爆。如发现炸药受潮变质,则应将变质炸药取出销毁,重新敷药起爆。

(2)处理水下裸露爆破和破冰爆破的盲炮时,可在盲炮附近另投入裸露药包诱爆,也可将药包回收销毁。

3. 浅孔爆破的盲炮处理

(1)经检查确认起爆网路完好时,可重新起爆。

(2)可打平行孔装药爆破,平行孔距盲炮不应小于0.3 m。为确定平行炮孔的方向,可从盲炮孔口掏出部分填塞物。

(3)可用木、竹或其他不产生火花的材料制成的工具,轻轻地将炮孔内填塞物掏出,用药包诱爆。

(4)可在安全地点用远距离操纵的风水喷管吹出盲炮填塞物及炸药,但应采取措施回收雷管。

(5)处理非抗水硝铵类炸药的盲炮时,可将填塞物掏出,再向孔内注水,使其失效,但应回收雷管。

4. 深孔爆破的盲炮处理

(1)爆破网路未受破坏,且最小抵抗线无变化者,可重新联线起爆。最小抵抗线有变化者,应验算安全允许距离,并加大警戒范围后,再联线起爆。

(2)可在距盲炮孔口不少于10倍炮孔直径处另打平行孔装药起爆。爆破参数由爆破工程技术人员确定并经爆破技术负责人批准。

(3)所用炸药为非抗水硝铵类炸药,且孔壁完好时,可取出部分填塞物向孔内灌水使之失效,然后做进一步处理。

5. 硐室爆破的盲炮处理

(1)如能找出起爆网路的电线、导爆索或导爆管,经检查正常仍能起爆者,应重新测量最小抵抗线,重划警戒范围,联线起爆。

(2)可沿竖井或平硐清除填塞物并重新敷设网路联线起爆,或取出炸药和起爆体。

第四节 电力起爆中早爆事故的产生与预防

爆炸材料(或炸药装药)比预期时间提前发生爆炸的现象称为早爆(premature explosion)。采用电力起爆时,由于起爆网路在空间形成了一定的闭合线路,如果电路中有电流通过就有可能导致早爆事故的发生。在电力起爆中引发早爆事故的因素主要有高压电、静电、雷电、射频电和杂散电流等。

一、高压电引起的早爆与预防

高压电在其输电线路、变压器和电器开关的附近，存在着一定强度的电磁场。如果在高压线路附近实施电爆，就可能在起爆网路中产生感应电流。当感应电流超过一定数值后，就可引起电雷管爆炸，造成早爆事故。电雷管爆区与高压线的安全允许距离如表 9－8 所示。

表 9－8 爆区与高压线的安全允许距离

电压/kV		3～6	10	20～50	50	110	220	400
安全允许距离/m	普通电雷管	20	50	100	100	—	—	—
	抗杂电雷管	—	—	—	—	10	10	16

为防止感应电流造成早爆事故，可采取以下措施：

(1)尽量采用非电起爆系统。

(2)当电爆网路平行于输电线路时，两者的距离应尽可能加大。

(3)两条母线、连接线等，应尽量靠近。

(4)人员撤离爆区前不要闭合网路及电雷管。

二、静电引起的早爆与预防

机械运输、化纤或绝缘物相互摩擦，压气装药、压气输料等都可产生静电。当静电积累到一定程度时，就可能引爆电雷管，造成早爆事故。实验证明，炮孔中的爆破线、炸药以及施工人员穿的化纤衣服都能积累静电，特别是使用装药器装药时，静电可达 20～30 kV。静电的积累还受喷药速度、空气相对湿度、岩石的导电性、装药器对地电阻、输药管材质等因素的影响。

为减少静电产生，爆破作业人员应穿不产生静电的工作服。对易产生静电的机械、设备等应与大地相接通，以疏导静电。选用抗静电雷管。对于压气装药孔底起爆，安全性技术指标应符合下列规定：

(1)输药管应采用专用的半导体软管，体积电阻应符合产品标准。

(2)装药系统的接地电阻不大于 1×10^{5} Ω。

(3)装药现场空气相对湿度不小于 80%。

(4)装药器的工作压力不大于 6×10^{5} Pa。

(5)炮孔内静电电压不应超过 1 500 V，在炸药和输药管类型改变后应重新测定静电电压。

三、射频电引起的早爆与预防

由广播电台、电视台、中继台、无线电通信台、转播台、雷达等发射的强大射频能，可在电爆网路中产生感应电流。当感应电流超过某一数值时，会引起早爆事故。在城市控制爆破中，采用电爆网路起爆时更应加以重视。应了解爆区附近有无射频能源。如果爆区附近存在射频能源，应查清发射机的功率和频率，并用射频电流表或检测灯进行检测。《爆破安全规程》对中长波电台(AM)，移动式调频(FM)发射机，甚高频(VHF)、超高频(UHF)电视发射机与爆区的安全允许距离都作了具体规定。

为了防止由于射频电引起早爆，可采取以下技术措施：

(1)电爆网路附近有高压输电线和电信发射台时，应对普通电雷管引火头进行模拟试验，否则，不允许使用。

(2)尽量缩小电爆网路导线圈定的闭合面积。

(3)电爆网路两根主线的间距应尽量靠近。

(4)手持式或其他移动式通信设备进入爆区时应事先关闭。应禁止流动射频源进入作业现场。已进入且不能撤离的射频源，装药开始前应暂停工作。

(5)在高压线射频电源安全允许距离之内，不应采用普通电雷管起爆。

四、杂散电流(stray current)引起的早爆与预防

所谓杂散电流是指由于泄漏或感应等原因流散在绝缘的导体系统外的电流。杂散电流一般是由于输电线路、电器设备绝缘不好或接地不良而在大地及地面的一些管网中形成的。在杂散电流中，由直流电力车牵引网路引起的直流杂散电流较大，在机车起动瞬间可达数十安培，风水管与钢轨间的杂散电流也可达到几安培。因此，在上述场合施工时，应对杂散电流进行检测。在杂散电流大于 30 mA 的工作面，不应采用普通电雷管起爆。

对杂散电流的预防可采用以下措施：一是减少杂散电流的来源，如对动力线加强绝缘，防止漏电。一切机电设备和金属管道应接地良好，采用绝缘道砟、焊接钢轨、疏干积水及增设回馈线等。二是采用抗杂散电雷管，或采用非电起爆系统。

五、雷电引起的早爆及其预防

由于雷电具有极高的能量，而且在闪电的一瞬间产生极强的电磁场，如果电爆网路遭到直接雷击或雷电的高强磁场的强烈感应，就极有可能发生早爆事故。雷电引起的早爆事故有直接雷击、电磁场感应和静电感应三种形式。

对雷电引起的早爆事故，可采用以下措施：

(1)采用非电起爆。

(2)装药、联线过程中遇有雷电、暴雨雪来临时，应停止爆破作业，所有人员应立即撤到安全地点。

第五节　爆破对环境有害影响的控制

工程爆破实施过程中，除了会产生爆破地震、飞石和空气冲击波等危害效应外，还会产生有害气体、粉尘和噪声，对周围环境会产生很多有害影响。水下爆破或在靠近水域实施的岩土爆破，还有可能形成涌浪。爆破作业实施之前，必须采取有效措施控制爆破对环境产生的有害影响。

一、有害气体

炸药在爆炸或燃烧后会生成 NO、NO_2、H_2S、SO_2、CO、CO_2 等有害气体，当这些有害气体的含量超过某一限值时，就会危害人的身体健康，甚至危及生命。因此，在爆破中，特别是在硐室爆破、隧道掘进爆破中，应对爆破有害气体予以足够的重视。地下爆破作业点的有害气体浓度不应超过表 9－9 的标准。

表 9－9 地下爆破作业点有害气体允许浓度

有害气体名称		CO	N_nO_m	SO_2	H_2S	NH_3	R_n
允许浓度	按体积计/%	0.002 40	0.000 25	0.000 50	0.000 66	0.004 00	3 700Bq/m³
	按质量计/mg·m⁻³	30	5	15	10	30	

炮烟监测应遵守下列规定：

(1)应按《工业炸药爆炸后有毒气体含量测定》(GB/T 18098—2000)规定的测定方法来监测爆破后有害气体的浓度。

(2)露天硐室爆破后，重新开始作业前，应检查工作面空气中的爆破有害气体浓度，且不应超过表 9－9 的规定值。爆后 24 h 内，应多次检查与爆区相邻的井、巷、硐内的有毒、有害物质浓度。

(3)地下爆破作业面炮烟浓度应每月测定一次。爆破炸药量增加或更换炸药品种时，应在爆破前后测定爆破有害气体浓度。

预防炮烟中毒应采取下列措施：

(1)使用合格炸药。

(2)做好爆破器材防水处理，确保装药和填塞质量，避免半爆和爆燃。

(3)井下爆破前后应加强通风，应采取措施向死角盲区引入风流。

二、防尘与预防粉尘爆炸

工程爆破形成的粉尘主要产生在以下几个方面：①炸药爆炸瞬间，炸药附近的被爆介质被粉碎成细小颗粒而形成粉尘。②被爆的建(构)筑物在破坏过程中相互冲击、碰撞，形成粉尘。③积存在建(构)筑物表面的粉尘、爆破预处理施工产生的粉尘。④被爆介质塌落触地产生的粉尘。

城镇拆除爆破工程中，在确保爆破作业安全的条件下宜采取以下措施，减少粉尘污染：

(1)适当预拆非承重墙，清理部分致尘构件与积尘。

(2)建筑物内部、外部洒水降尘。

(3)各层楼板及爆破部位设置塑料盛水袋。

(4)在被爆建(构)筑物内部和外部充填和覆盖活性泡沫。

在有煤尘、硫尘、硫化物粉尘的矿井中进行爆破作业，应遵守有关粉尘防爆的规定。

在面粉厂、亚麻厂等有粉尘爆炸危险的地点进行爆破时，离爆区 10m 范围内的空间和表面应作喷水降尘处理。

三、噪声控制

爆破产生的空气冲击波在传播过程中逐步衰减为爆破噪声。爆破噪声为间歇性脉冲噪声。噪声越强，对人的影响越大。当噪声超过 140 dB 时，会造成人的爆震性耳聋。在城镇爆破中，爆破产生的噪声应控制在 120 dB 以下。爆区周围有学校、医院、居民点时，应与各有关单位协商，实施定点、准时爆破。复杂环境条件下，噪声控制由安全评估确定。

城镇拆除及岩土爆破，宜采取以下措施控制噪声：

(1)严禁使用导爆索起爆网路,在地表空间不应有裸露导爆索。

(2)严格控制单位耗药量、单孔药量和一次起爆药量。

(3)实施毫秒延时爆破。

(4)保证填塞质量和长度。

(5)加强对爆破体的覆盖。

四、其他有害因素的控制

1. 涌浪控制

在靠近水域实施岩土爆破时,应调查岸滩的坡度、长度、坡底及水深情况;提出涌浪对岸边建筑物、设施以及水上船舶、设施的影响程度和范围,并于爆前会同各有关单位协商提出保证安全的措施。

2. 振动液化控制

在饱和砂(土)地基附近进行爆破作业时,应邀请专家评估爆破引起地基振动液化的可能性和危害程度;提出预防土层受爆破振动压密、孔隙水压力骤升的措施;评估因土体“液化”对建筑物及其基础产生的损害。

实施爆破前,应查明可能产生液化土层的分布范围,并采取相应的处理措施。如增加土体相对密度,降低浸润线,加强排水,减小饱和程度;控制爆破规模,降低爆破振动强度,增大振动频率,缩短振动持续时间。

3. 养殖业、水中生物保护

在靠近有养殖业水产资源的水域实施岩土爆破或水中爆破时,应事先评估爆破飞石、水中冲击波和涌浪对水中生物的影响,提出可行的安全保护措施。

(1)尽量减少向水域抛落爆岩总量和一次抛落量。需向水域大量抛入岩土时,应事先评估其对水中生态环境的影响,提出可行性报告,经环保和生物保护管理部门批准后,方可实施。

(2)水下爆破应控制一次起爆药量和采用削减水中冲击波的措施。

(3)起爆前应驱赶受影响水域内的水生物。

(4)受影响水域内有重点保护生物时,应与生物保护管理单位协商保护措施。

第六节　爆破器材的安全管理

爆破器材的安全管理,由拥有爆破器材单位的主要领导人负责,并组织制定爆破器材的发放、使用制度,安全管理制度和安全技术操作规程,建立岗位安全责任制,教育从业人员严格遵守各项制度。各级公安机关对管辖地区内的爆破器材的安全管理实施监督检查。

一、爆破器材的购买

(1)爆破器材应持证购买。

(2)经有关部门审查核发直供用户许可证的企业,可持证直接向民用爆破器材生产企业购买所需的爆破器材。

(3)没有取得直供用户许可证的企业,其所需爆破器材应由当地民用爆破器材经营机构供应。

二、爆破器材的运输

国家标准对爆破器材的运输有着严格的规定。其中，在爆破器材生产企业内部运输与外部运输的规定不尽相同。本书只涉及与爆破器材生产企业外部运输相关的一般规定。

1. 一般规定

(1)购买爆破器材的单位，应凭有效的爆破器材供销合同和申请表，向公安机关申领“爆炸物品运输证”。跨省、自治区、直辖市运输的向运达地区的市级人民政府公安机关申请。在本省、自治区、直辖市内运输的向运达地县级人民政府公安机关申请。凭证在有效期间内，按指定线路运输。

(2)爆破器材运达目的地后，收货单位应指派专人领取，认真检查爆破器材的包装、数量和质量。如果包装破损，数量与质量不符，应立即报告有关部门和当地县(市)公安局，并在有关代表参加下编制报告书，分送有关部门。

(3)不应用翻斗车、自卸汽车、拖车、自行车、摩托车和畜力车运输爆破器材。

(4)爆破器材运输车(船)应符合国家有关运输安全的技术要求，运输车(船)应结构可靠，机械电器性能良好，具有防盗、防火、防热、防雨、防潮和防静电等安全性能。

(5)装卸爆破器材，应遵守下列规定：

①认真检查运输工具的完好状况，清除运输工具内一切杂物。

②有专人在场监督。

③设置警卫，无关人员不允许在场。

④爆破器材和其他货物不应混装。

⑤雷管等起爆器材，不应与炸药在同时同地进行装卸。

⑥遇暴风雨或雷雨时，不应装卸爆破器材。

⑦装卸爆破器材的地点应远离人口稠密区，并设明显的标志，白天应悬挂红旗和警标，夜晚应有足够的照明并悬挂红灯。

⑧装卸搬运应轻拿轻放，装好、码平、卡牢、捆紧，不得摩擦、撞击、抛掷、翻滚、侧置及倒置爆破器材。

⑨装载爆破器材应做到不超高、不超宽、不超载。

⑩用起重机装卸爆破器材时，一次起吊质量不应超过设备能力的50%。

⑪分层装载爆破器材时，不应站在下层箱(袋)上装载另一层，雷管或硝化甘油类炸药分层装载时不应超过两层。

(6)爆破器材从生产厂运出或从总库向分库运送时，包装箱(袋)及铅封应保持完整无损。

(7)同车(船)运输两种以上的爆破器材时，应遵守表9-8的规定。

(8)在特殊情况下，经爆破工作领导人批准，起爆器材与炸药可以同车(船)装运，但其数量不应超过：炸药1 000 kg，雷管1 000发，导爆索2 000 m，导火索2 000 m。雷管应装在专用的保险箱里，箱子内壁应衬有软垫，箱子应紧固于运输工具的前部。炸药箱(袋)不应放在装雷管的保险箱上。

(9)待运雷管箱未装满雷管时，其空隙部分应用不产生静电的柔软材料塞满。

(10)装卸和运输爆破器材时，不应携带烟火和发火物品。

(11)装运爆破器材的车(船)，在行驶途中应遵守下列规定：

①押运人员应熟悉所运爆破器材性能。

②非押运人员不应乘坐。

③按指定路线行驶。

④车(船)用帆布覆盖,并设明显的标志。

⑤不准在人员聚集的地点、交叉路口、桥梁上(下)及火源附近停留;中途停留时,应有专人看管,不准吸烟、用火,开车(船)前应检查码放和捆绑有无异常。

⑥气温低于 10℃时运输易冻的硝化甘油炸药,或气温低−15℃时运输难冻的硝化甘油炸药时,应采取防冻措施。

⑦运输硝化甘油类炸药或雷管等感度高的爆破器材时,车厢和船舱底部应铺软垫。

⑧运输车(船)完成运输任务后应打扫干净,清出的药粉、药渣应运至指定地点,定期进行销毁。

(12)个人不应随身携带爆破器材搭乘公共交通工具,不允许在托运行李及邮寄包裹中夹带爆破器材。

2. 汽车运输

用汽车运输爆破器材,应遵守下列规定:

(1)车厢的黑色金属部分应用木板或胶皮衬垫(用木箱或纸箱包装者除外)。汽车排气管宜设在车前下侧,并应配带隔热和熄灭火星的装置。

(2)出车前,车库主任(或队长)应认真检查车辆状况,并在出车单上注明"该车检查合格,准许运输爆破器材"。

(3)由熟悉爆破器材性能,具有安全驾驶经验的司机驾驶。

(4)汽车行驶速度:能见度良好时应符合所行驶道路规定的车速下限,在扬尘、起雾、大雨、暴风雪天气时速度酌减。

(5) 在平坦道路上行驶时,前后两部汽车距离不应小于 50 m,上山或下山不小于 300 m。

(6)遇有雷雨时,车辆应停在远离建筑物的空旷地方。

(7)在雨天或冰雪路面上行驶时,应采取防滑安全措施。

(8)车上应配备消防器材,并按规定配挂明显的危险标志。

(9)在高速公路上运输爆破器材时,应按国家有关规定执行。

公路运输爆破器材时途中避免停留住宿。禁止在居民点、行人稠密的闹市区、名胜古迹、风景游览区、重要建筑设施等附近停留。确需停留住宿时必须报告投宿地公安机关。

3. 人工搬运

用人工搬运爆破器材时,应遵守下列规定:

(1)在夜间或井下,应随身携带完好的矿用蓄电池灯、安全灯或绝缘手电筒。

(2)不应一人同时携带雷管和炸药。雷管和炸药应分别放在专用背包(木箱)内,不应放在衣袋里。

(3)领到爆破器材后,应直接送到爆破地点,不应乱丢乱放。

(4)不应提前班次领取爆破器材,不应携带爆破器材在人群聚集的地方停留。

(5)一人一次运送的爆破器材数量不应超过以下规定:雷管,5 000 发;拆箱(袋)运搬炸药,20 kg;背运原包装炸药一箱(袋);挑运原包装炸药二箱(袋)。

(6)用手推车运输爆破器材时,载重量不应超过 300 kg。运输过程中应采取防滑、防摩擦和防止产生火花等安全措施。

当采用铁路运输、水路运输、道路运输或航空运输等不同的运输方式时，除应分别执行铁路部门、交通部门、国际民航组织理事会和我国有关航空运输危险品的有关规定外，还应严格执行《爆破安全规程》的具体规定。

三、爆破器材的储存

爆破器材应储存在专用的爆破器材库里。特殊情况下，应经主管部门审核并报当地县(市)公安机关批准，方准在库外存放。

贮存爆破器材的单位在设置爆破器材库时，应报主管部门批准，并报当地县(市)公安机关审查，同意后方可建库。库房建成并经验收合格发给“爆破器材储存许可证”后，方准储存爆破器材。任何单位和个人不应非法储存爆破器材。

爆破器材库应符合国家有关安全规范，配备符合要求的专职守卫人员和保管员，有较完善的防盗报警设施，具有健全的安全管理制度。

爆破器材宜单一品种专库存放。若受条件限制，同库存放不同品种的爆破器材时，应符合表9—10的规定。爆破器材库的储存量应符合《爆破安全规程》的规定。

《爆破安全规程》对爆破器材库的位置、结构和设施，对库房的照明、通信和防雷设施，对爆破器材的储存、收发与库房管理，对临时性爆破器材库和临时性存放爆破器材都做出了具体的规定，应严格执行。

表9—10　爆破器材同库存放的规定

	雷管类	黑火药	导火索	硝铵类炸药	属A1级单质炸药类	属A2级单质炸药类	射孔弹类	导爆索类
雷管类	○	×	×	×	×	×	×	×
黑火药	×	○	×	×	×	×	×	×
导火索	×	×	○	○	○	○	○	○
硝铵类炸药	×	×	○	○	○	○	○	○
属A1级单质炸药类	×	×	○	○	○	○	○	○
属A2级单质炸药类	×	×	○	○	○	○	○	○
射孔弹类	×	×	○	○	○	○	○	○
导爆索类	×	×	○	○	○	○	○	○

注：①○表示可同库存放，×表示不应同库存放。
②雷管类包括火雷管、电雷管、导爆管雷管。
③属A1级单质炸药类为黑索金、太安、奥克托金和以上述单质炸药为主要成分的混合炸药或炸药柱(块)。
④属A2级单质炸药类为梯恩梯和苦味酸及以梯恩梯为主要成分的混合炸药或炸药柱(块)。
⑤导爆索类包括各种导爆索和以导爆索为主要成分的产品，包括继爆管和爆裂管。
⑥硝铵类炸药，包括以硝酸铵为主要组分的各种民用炸药。

四、爆破器材的销毁

1. 爆破器材销毁的一般规定

(1)经过检验，确认失效及不符合技术条件要求或国家标准的爆破器材，都应销毁或再加工。乡镇管辖的小型矿场、采石场或小型爆破企业,对不合格的爆破器材,不应自行销毁或自行加工利用,应退回原发放单位按规定进行销毁或再加工。

(2)销毁爆破器材时,应登记造册并编写书面报告。报告中应说明被销毁爆破器材的名称、数量、销毁原因、销毁方法、销毁地点及时间,报上级主管部门批准。

(3)销毁工作应根据单位总工程师或爆破工作领导人的书面批示进行。销毁工作不应单人进行,操作人员应是专职人员并经专门培训。销毁后应有二名以上销毁人员签名,并建立台账及档案。

(4)销毁爆破器材时,不应在夜间、雨天、雾天和三级风以上的天气里进行。

(5)不能继续使用的剩余包装材料(箱、袋、盒和纸张),经检查确认没有雷管和残药后,可用焚烧法销毁。包装过硝化甘油类炸药有渗油痕迹的药箱(袋、盒),应予销毁。

(6)销毁爆破器材后,应对现场进行检查,如果发现有残存爆破器材,应收集起来,进行销毁。

(7)不应在阳光下曝晒爆破器材。

(8)销毁场地应选在安全偏僻地带,距周围建筑物不应小于 200 m,距铁路、公路不应小于 50 m。

2. 爆破器材的销毁方法

(1)销毁爆破器材可采用爆炸法、焚烧法、溶解法、化学分解法。

(2)用爆炸法或焚烧法销毁爆破器材时,应清除销毁场地周围半径 50 m 范围内的易燃物、杂草和碎石。

(3)用爆炸法或焚烧法销毁爆破器材时,应有坚固的掩蔽体,掩蔽体到爆破器材销毁场地的距离由设计确定。在没有人工或自然掩体的情况下,起爆前或点燃后,参加销毁的人员应远离危险区,此距离由设计确定。

(4)用爆炸法或焚烧法销毁爆破器材时,引爆前或点火前应发出声响警告信号。在野外销毁时还应在销毁场地四周安排警戒人员,控制所有可能进入的通道,不准非操作人员和车辆进入。

(5)只有确认雷管、导爆索、继爆管、起爆药柱、射孔弹、爆炸筒和炸药能完全爆炸时,才允许用爆炸法销毁。用爆炸法销毁爆破器材时应分段爆破,单响销毁量不应超过 20 kg 并应避免彼此间发生殉爆。

(6)用爆炸法销毁爆破器材时应按销毁设计书进行,设计书由单位主要负责人批准并报当地公安机关备案。

(7)如果把全部要销毁的爆破器材一次运到销毁场地,而又分批进行销毁,则应将待销毁的爆破器材放置在销毁场地上风向的掩体后面,其距离由设计确定。

(8)用爆炸法销毁爆破器材,应采用电雷管、导爆索或导爆管系统起爆。在特殊情况下,可以用火雷管起爆。导火索应有足够的长度,以确保全部从事销毁工作的人员能撤到安全地点。导火索应从下风向敷设到销毁地点,并将其拉直,覆盖砂土,以避免卷曲。雷管和继爆管应包装好再埋入土中销毁。

(9)用爆炸法销毁爆炸筒、射孔弹、起爆药柱和有爆炸危险的废弹壳时,应在深 2 m 以上的坑(或废巷道)内进行,并应在其上面覆盖一层松土。

(10)销毁爆破器材的起爆药包应用合格的爆破器材制作。

(11)销毁传爆性能不好的炸药时,可用增加起爆能的方法起爆。

(12)销毁燃烧不会引起爆炸的爆破器材时,可用焚烧法销毁。焚烧前,应仔细检查,严防其中混有雷管和其他起爆材料。

不应用焚烧法销毁雷管、继爆管、起爆药柱、射孔弹和爆炸筒。不同品种的爆破器材不应一起焚烧。

(13)应将待焚烧的爆破器材放在燃料堆上,每个燃料堆允许烧毁的爆破器材不应多于10 kg,药卷在燃料堆上应排列成行,互不接触。不应成箱成堆进行焚烧。

待焚烧的有烟或无烟火药应散放成长条状。其厚度不应大于10cm,条间距离不应小于5 m,各条宽度不应大于0.3 m。同时点燃的条数不应多于3条。

焚烧火药时,应防静电、电击引起火药意外燃烧。

(14)不应将爆破器材装在容器内焚烧。

(15)点火前,应从下风向敷设导火索和引燃物,只有在一切准备工作做完和全体工作人员进入安全区后,才准点火。

(16)燃料堆应具有足够的燃料,在焚烧过程中不准添加燃料。

(17)只有确认燃料堆已完全熄灭,才准走进焚烧场地检查。发现未完全燃烧的爆破器材,应从中取出,另行焚烧。焚烧场地完全冷却后,才准开始焚烧下一批爆破器材。

焚烧场地可用水冷却或用土掩埋,在确认无再燃烧的可能性时,才允许撤离场地。

(18)不抗水的硝铵类炸药和黑火药可用溶解法销毁。

在容器中溶解销毁爆破器材时,对不溶解的残渣应收集在一起,再用焚烧法或爆炸法销毁。不应直接将爆破器材直接丢入河塘江湖及下水道中溶解销毁,以防造成污染。

(19)采用化学分解法销毁爆破器材时,应使爆破器材达到完全分解,其溶液应经处理符合有关规定后,方可排放到下水道。

本 章 小 结

爆破工程分级是为了更好地对爆破设计施工和爆破作业人员进行管理,确保爆破工程的安全。不同级别的爆破工程应由具备相应资格的单位进行设计和施工,不同类型的爆破作业人员应符合相应的任职条件并履行相应的职责,从而降低爆破事故的发生概率,增强爆破作业的安全性。

在爆破中,由于伴随产生爆破地震、冲击波、个别飞散物、有害气体和爆破噪声,为了保护人员安全和建(构)筑物不被破坏,人员或其他应保护对象与爆炸源之间必须有一个最小的距离,此距离称为爆破安全允许距离。爆破、爆破器材销毁以及爆破器材库意外爆炸时,爆炸源与人员和其他保护对象之间的安全允许距离,应按爆破的各种有害效应(地震波、冲击波、个别飞散物等)分别核定,并取最大值。

爆破作业人员应该熟悉盲炮产生的原因及其预防措施。爆破工作领导人、爆破工程技术人员应该具备正确组织、指导处理盲炮的能力。

高压电、雷击、射频电、杂散电流和静电均有可能引起早爆事故。爆破产生的有害气体、粉尘和噪声直接影响爆区周围的生活环境。在地下和隧道中施工,如不注意通风和监测,容易造成有害气体中毒事故。

爆破工程技术人员应该熟悉爆破器材购买、运输、贮存及销毁环节的基本规定。

复 习 题

1. 爆破作业场所存在哪些情形时,不应进行爆破作业?

2. 遇到何种气候、水文情况时,应停止爆破作业,所有人员应立即撤到安全地点?

3. 什么是爆破安全允许距离?分析爆破安全允许距离与殉爆距离两个概念的区别。列出本教材给出的各安全允许距离计算公式,注明公式中各符号的含义及单位。

4. 爆破飞散物产生的原因有哪些?

5. 产生盲炮的原因有哪些?如何避免盲炮的产生?

6. 简述有关盲炮处理的一般规定。

7. 分别说明浅孔爆破、深孔爆破和硐室爆破的盲炮处理方法及应注意的问题。

8. 如何预防电力起爆中的早爆事故?

9. 拆除爆破中,控制粉尘及噪声污染的措施有哪些?

10. 人工搬运爆破器材应该遵守哪些规定?

11. 哪些爆破器材不应同库存放?

12. 爆破器材的销毁方法有哪些?应用这些方法销毁爆破器材时各应注意什么问题?

13. 某露天土石方工程,采用深孔爆破技术施工。现场勘察表明:爆区附近有一村庄,爆区周围 500 m 范围内均为中硬岩石。在距爆破点 120 m 处有一交通隧道。距爆区最近的钢筋混凝土结构房屋、砖结构房屋、毛石房屋与爆破点的距离分别是 280 m、310 m 和 350 m。试确定该土石方工程延时爆破最大一段的药量。

14. 在平坦、开阔地形条件下消毁过期炸药,一次消毁的炸药量为 2 级岩石炸药 20 kg。试用空气冲击波超压计算公式确定工作人员与爆破点的安全允许距离。

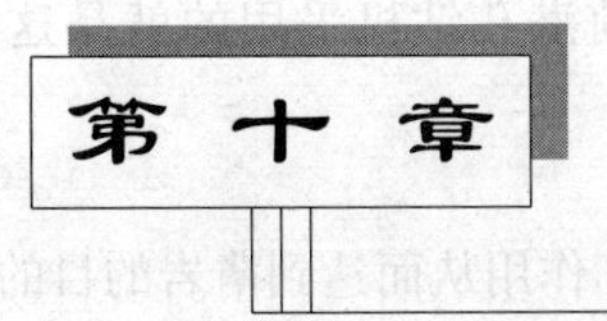

第十章 爆破施工机械

爆破施工机械(Blasting Machinery)是为了完成爆破作业而使用的具有机械化、自动化特征的专门设备。在爆破施工时采用专用的施工机械可以节省人力、物力,大大提高施工效率,有效降低作业成本,并取得良好的爆破效果。目前,国内的一些大型矿山基本实现了爆破施工全机械化覆盖。本章主要介绍用于凿岩钻孔、炮孔装药的专业施工机械。

第一节 凿岩机械分类及原理

凿岩机械是指在爆破作业中用于钻凿炮孔的机械,主要包括凿岩机、凿岩台车、钻机以及辅助凿岩设备等。在爆破施工中,凿岩机械用来向岩体中钻凿炮孔,为将炸药均匀分布到被爆破的岩体中创造条件。

一、凿岩机械分类

凿岩机械根据使用的动力可以分为气动(风动)、液压、电动、内燃和水压等几种形式。按行走方式分为轨轮式、履带式和轮胎式。按与凿岩机配套的辅助设备又可分为支腿式、钻架式和台车式。

二、机械凿岩原理

根据破岩机理和方式的不同,常见的凿岩类型主要有四种,分别是冲击式凿岩、旋转式凿岩、组合式凿岩、滚压式凿岩。

1. 冲击式凿岩

冲击式凿岩就是利用钎头的冲击力将岩石击碎。在机械作用下钎头冲击岩石,使得钎刃侵入岩石,将钎刃下方及旁侧的岩石破坏掉,形成一条凿沟,由此完成一次冲凿。而后钎头转动一个角度,进行下一次冲凿并形成凿沟。在冲凿第二条凿沟时,如果旋转角度合适且冲击力度足够,那么两条凿沟之间的扇形区域的岩体就会被剪切破坏掉。由此进行循环往复冲击,直至炮孔形成。此种凿岩方式适用于中硬及坚硬岩石,应用较为广泛,但效率较低,凿岩效率与机具功率成正比。

2. 旋转式凿岩

旋转式凿岩是通过旋转钎头连续切削岩石从而达到破岩并钻凿炮孔的方法。钎头受钎杆的轴向压力及旋转扭矩的作用,钎刃在轴向压力作用下被压入岩石,旋转扭矩给钎头提供了切削力,钎头在二者综合作用下以螺旋前进方式钻凿岩石。此种凿岩方式适用于软岩,在硬岩中几乎不用,但由于其施工简单方便,近些年适用于硬岩的旋转式凿岩机具正在积极地研发中。

3. 组合式凿岩

组合式凿岩是冲击式和旋转式凿岩的结合。组合式凿岩时,钎头同时将冲击作用力、轴压力以及旋转扭矩作用于岩石,这种凿岩方式集成了旋转式凿岩和冲击式凿岩的优点,适用范围广,凿岩效率高,可用于硬岩大孔径的炮孔钻凿作业。目前潜孔钻机采用的就是这种凿岩方式。

4. 滚压式凿岩

滚压式凿岩是靠机具的滚动对岩石产生冲击及剪切破坏作用从而达到凿岩的目的。滚压破岩时钻头受到轴压和旋转扭矩的作用,在轴压力下钻头截齿侵入岩石,并使得截齿下方及周围的岩石发生破坏,这与冲击式凿岩类似,而后旋转扭矩带动钻头使得牙轮旋转对岩石造成冲击滚压。滚压破岩主要应用于中硬及坚硬岩石,可根据岩性调整钻头齿形,从而实现高效破岩。这种破岩方式效率高、适应性强,具有广阔的发展前途,牙轮钻机采用的就是这种凿岩方式。

第二节 凿 岩 机

凿岩机(Rock Drill)是指主要采用冲击作用进行炮孔钻凿的施工机具,常用于浅孔爆破、建筑物拆除爆破、隧巷掘进、二次破碎等。凿岩机属于轻便型凿岩机具,其种类较多,不同类型的凿岩机可依据推进方式、动力系统、钻孔直径等进行分类。根据动力系统的不同,可以划分为风动凿岩机、液压凿岩机、电动凿岩机、内燃凿岩机。目前以风动凿岩机应用最为广泛,液压凿岩机的应用正逐步上升,而电动凿岩机与内燃凿岩机的使用条件受限,用量相对较少。

凿岩机以冲击式为主,主要由操纵、冲击、转钎、排粉等机构组成。凿岩机是依靠机体内部的冲击机构产生的冲击动力,通过钎杆传递冲击能量至钎头,钎刃凿击炮孔底部岩石,如图10—1所示。第一次冲击后在炮孔底部形成一条凿痕 $A-A'$,随后回转机构使得钻头旋转一定的角度 α 再次进行冲击并形成第二条凿痕 $B-B'$,若角度合适且凿岩冲击力度足够,则在两条凿痕较小夹角所对应的区域岩石就会被破碎,随后岩屑被压缩空气或水由孔底冲出孔外,这样冲击、转动、再冲击、排粉的过程不断循环,直至炮孔钻凿完成。常见凿岩机的类型及特点见表10—1。

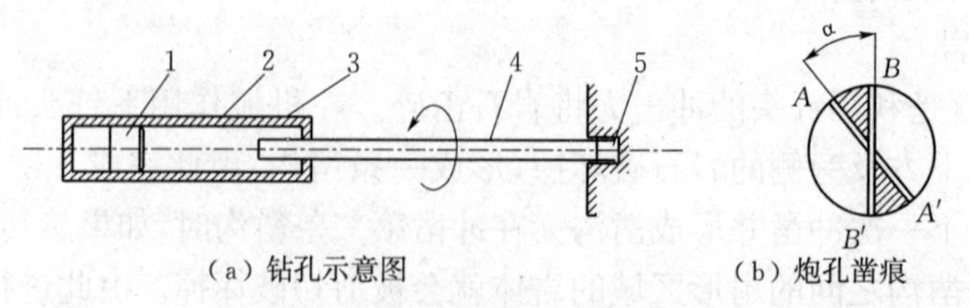

(a) 钻孔示意图　　(b) 炮孔凿痕

图10—1　凿岩机工作原理图

1—活塞;2—缸体;3—凿岩机;4—钎杆;5—钻头

表10—1　常见凿岩机的分类及特点

类别	风动凿岩机	液压凿岩机	电动凿岩机	内燃凿岩机
动力源	压缩空气	高压液体	电力	燃油
类型	手持式 气腿式 向上式 导轨式	支腿式 轻型导轨式 重型导轨式	手持式 支腿式 导轨式	手持式

续上表

类别	风动凿岩机	液压凿岩机	电动凿岩机	内燃凿岩机
特点	结构简单，适用性强，应用广泛；制造容易，成本低，维修使用方便；总效率低，需要压气设备；噪声大	凿岩速度快，为同级风动凿岩机的2～3倍；总效率高，可达40%以上。动力消耗少，为同级风动凿岩机的1/4～1/3；动力单一，无需压气设备；噪声较小；无排气污染。但结构复杂，成本高，对维修使用的要求高	总效率高，可达60%～70%，动力消耗少，为同级风动凿岩机的1/10；动力单一，配套简单，噪声和振动小。回转式适用性较差、用于f≤10的岩石。有瓦斯煤尘爆炸的矿井，配用隔爆电动机	重量轻，携带方便，适用于流动性工程和山地无风、水、电的地区作业。不隔爆，有油烟污染，不适用于煤矿井下使用

一、风动凿岩机

风动凿岩机是以压缩空气为动力的凿岩机具，是目前我国凿岩机具使用量最大的一种凿岩机械，其种类繁多，可供选择范围广，适用于各类岩石的钻孔要求。

1. 风动凿岩机分类

以支撑方式划分凿岩机的类型有：手持式凿岩机、气腿式凿岩机、伸缩式(上向式)凿岩机、导轨式凿岩机。一般手持式和气腿式凿岩机机构简单、维修方便、重量轻、扭矩较大、凿岩效率高；控制系统集中，操作方便；采用风水联动湿式凿岩，支撑气腿可快速缩回。适用于矿山井巷掘进、铁路、水利等石方工程，因此，在动力输送方便的地方是钻孔机械的首选。

手持式凿岩机的重量较轻，一般在25 kg以下，工作时需手持以及人工支撑，且可以打各种下向和近水平的炮孔。这种类型的凿岩机主要靠人力操作，劳动强度大，冲击能和扭矩较小，凿岩速度慢，地下矿山很少单独使用。此类的凿岩机有Y3、Y26等型号。

气腿式凿岩机是将气腿安装于凿岩主机上构成的，气腿起支撑和推进作用，可以减轻操作者的劳动强度，凿岩效率比手持式的高，可钻凿深度为2～5 m、直径34～42 mm的水平或倾斜炮孔，为矿山广泛使用。如YT23、YT24、YT28、YTP26等型号均属此类凿岩机。

伸缩式凿岩机与气腿式凿岩机类似，均由气腿和主机构成，但伸缩式凿岩机的气腿与主机在同一纵轴线上，并连成一体，专用于打60°～90°的上向炮孔，因此又称为“上向式凿岩机”，主要用于采场和天井中凿岩作业。一般重量为40 kg左右，钻孔深度为2～5 m，孔径为36～48 mm。YSP45型凿岩机属此类。

导轨式凿岩机机器重量较大(一般为35～100 kg)，一般安装在凿岩钻车或柱架的导轨上工作。它可打水平和各个方向的炮孔，孔径为40～80 mm，孔深一般在5～10 m以上，最深可达20 m。YG40、YG80、YGZ70、YGZ90等型号属于此类。

2. 风动凿岩机的构造

风动凿岩机的类型很多，但主机构造大致相同。以YT23气腿式凿岩机为例，其主机主要由柄体、缸体和机头三部分通过螺栓固装在一起组成。在柄体上，有把手、水针、操纵阀、水阀、换向阀、调压阀、进风管、水管接头和气腿快速退回扳机等零部件；缸体由缸体外壳、棘轮、螺旋杆、阀柜、阀、阀套、活塞导向套、消音罩等零部件组成;机头由钎卡、转动套、钎套和机头外壳组成,其结构如图 10－2 所示。

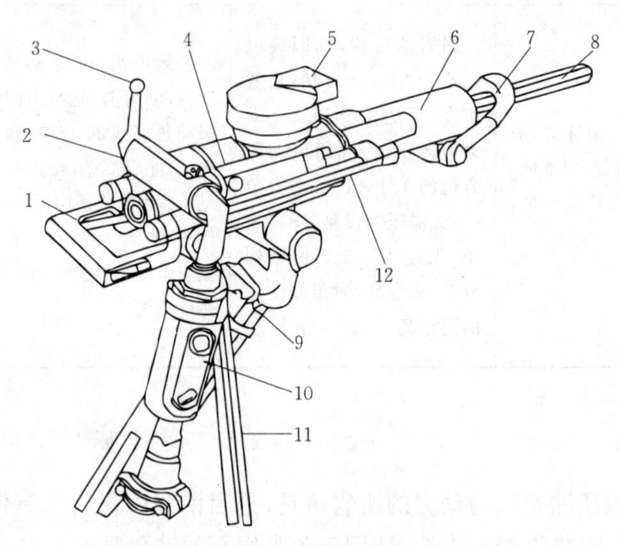

图 10－2　YT23 型气腿式凿岩机结构

1—手把;2—柄体;3—操纵手柄;4—气缸;5—消音罩;6—机头;7—钎卡;8—钎杆;9—气腿;10—自动注油器;11—水管;12—连接螺栓

3. 风动凿岩机工作原理

风动凿岩机的凿岩原理属于冲击式凿岩。在进行凿岩工作时,通过配气机构使高压气体交替作用于活塞两端形成压差,从而推动活塞往复运动,使得钎头不断冲击孔内岩石。每冲击一次后钎杆旋转一定角度,然后继续冲击,每旋转一次,钎头移动到新的位置,从而均匀的钻凿孔内岩石。岩石受到冲击产生的岩屑需及时排出炮孔,由此风动凿岩机需设置冲击机构、旋转机构、排粉系统,从而完成不间断的冲击、旋转以及排粉等工作,同时为了使凿岩工作更加流畅,凿岩机还需配设润滑系统以及操纵系统。

二、液压凿岩机

从 20 世纪 60 年代初起,国内外开始发展以液压为动力的凿岩机。这种凿岩机具有钻孔快、效率高、能量利用率高、零件寿命长、振动和噪声小、不产生油雾等许多优点,是凿岩机发展的方向。

液压凿岩机一般由冲击机构、转钎机构、推进机构、排粉机构和操纵机构组成。

(1)冲击机构。主要包括活塞,缸体和配油机构,其工作原理与风动凿岩机相似,即通过配油机构,使高压油交替作用于活塞两端,并形成压差,迫使活塞在缸体内作往复运动,完成冲击钎子和破碎岩石的目的,且通过改变供油压力或活塞冲程可调节活塞的冲击动能。配油机构分有阀式和无阀式两类,其中有阀式的配油阀又分独立的配油滑阀、套筒式配油阀、旋转式配油阀三种。常见的配油机构为柱状网式。

(2)转钎机构。转钎机构大多为外回转,很少采用内回转。外回转由液压马达驱动,经一组齿轮变速后带动钎子回转。通过改变供油量可调节液压马达的输出功率,实现更好的凿岩效果。

(3)推进机构。液压凿岩机多为导轨式凿岩设备,使用时需安装在凿岩台车上,通过台车的导轨和推进器实现推进。

(4)排粉机构。液压凿岩机可用压气、水或气水混合物排粉,常用压力高、流量大的水冲洗。供水方式有中心供水和旁侧供水两种,液压凿岩机一般采用旁侧供水,其排粉原理与风动凿岩机湿式降尘相同。

(5)操纵机构。由液压系统实现机器的操纵,系统包括冲击回路、推进回路和转钎回路。回路中设有蓄能器、调速阀、减压阀和手动换向阀。冲击回路的蓄能器可缓和液压冲击,吸收和补偿由于活塞往复变速运动产生的流量脉动。转钎回路的调速阀调节液压马达的转速和扭矩。推进回路的减压阀用以调节凿岩机的轴推力以 Atlas Copco 公司生产的 COP 1238 型液压凿岩机为例,其机构如图 10—3 所示。

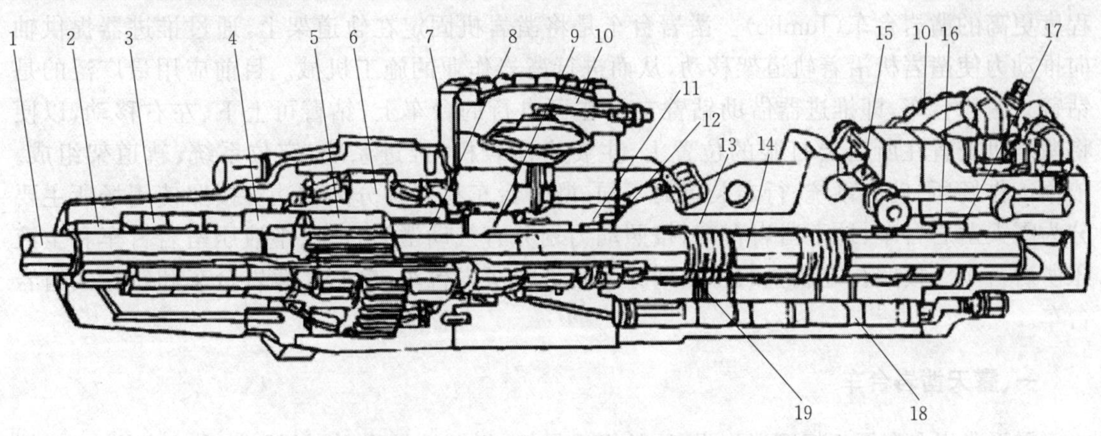

图 10—3　COP 1238 型液压凿岩机结构图

1—钎尾;2—耐磨衬套;3—供水装置;4—止动环;5—传动套;6—齿轮套;7—单向阀;8—转钎套筒衬套;9—缓冲活塞;10—缓冲蓄能器;11—密封套;12—活塞前导向套;13—缸体;14—活塞;15—阀芯;16—活塞后导向套;17—密封套;18—行程调节柱塞;19—油路控制孔道

三、电动凿岩机

电动凿岩机是将电能转化为冲击动能的一种凿岩机械。根据不同的结构形式,电动凿岩机主要有偏心块式、活塞压气式、凸轮弹簧式、离心锤式等。这些凿岩机都以电能为动力,此外,还有以电磁能为动力的电磁式凿岩机,目前常用的只有偏心块式和活塞压气式两种。

与其他类型的凿岩机相比,电动凿岩机的电能利用率高,使用方便,且噪声低,工作面环境较好,维修管理方便。但其缺点也非常明显,主要表现在钻孔速度低,工作效率低,机器易发热,寿命短,能耗不能调节。由此,仅少数企业使用电动凿岩机。

国内的主要有 YDT30A 型新型电动凿岩机、YDT30 型多功能电动凿岩机组、YDTJ1 型机动凿岩车、YDT26 型电液凿岩机组等。

四、内燃凿岩机

内燃凿岩机是一种以燃油燃烧为动力,由小型汽油发动机、压气机、凿岩机组合而成的一种手持式凿岩机械。工作时主要是利用发动机的汽油机燃烧室可燃气体的爆炸压力,推动发动机活塞和凿岩机冲击活塞作反方向运动,从而带动钎杆冲击岩石,同时在转钎机构的带动下，可实现冲击式凿岩。内燃凿岩机外壳用轻铝合金铸造，重量轻、携带方便，因此适用于无电源、无空压机设备的地区和流动性较大的临时工程。作业时，由本身产生的压缩空气吹洗炮孔里的岩粉，可钻凿垂直向下或水平方向的岩石炮孔。垂直向下钻孔深度可达 6m。该机可在－40℃～＋40℃气候条件下工作。由于内燃凿岩机在使用过程中产生大量的有害废气，对环境造成污染，因此，在地下矿山禁止使用内燃凿岩机。

第三节　凿 岩 台 车

为提高钻孔机械化程度，与巷道掘进机械化作业线设备配套，从 20 世纪 60 年代初起，我国开始了凿岩台车的研制。目前国内部分矿山已经逐步淘汰了凿岩机，转而使用机械化程度更高的凿岩台车(Jumbo)。凿岩台车是将凿岩机固定在轨道架上，通过推进器提供轴向推动力使凿岩机沿着轨道架移动，从而进行凿岩作业的施工机械。目前应用最广泛的是钻臂式凿岩台车，即推进器借助钻臂支承在可自行的台车上，钻臂可上下、左右移动，以便将凿岩机安置在所需要打眼的位置上，主要由凿岩机、推进系统、定位系统、轨道架组成。依据工作场所、动力系统、行走装置的不同，凿岩台车有多种分类方法。按照使用场所主要分为露天凿岩台车、地下凿岩台车；按照动力划分有气动凿岩台车、半液压凿岩台车和全液压凿岩台车。按照行走装置的特点划分为履带式凿岩台车、轮胎式凿岩台车和轨轮式凿岩台车。

一、露天凿岩台车

露天凿岩台车属于轻型凿岩设备，整机质量轻，机动性较强，能耗低，钻孔速度快，可根据需要快速地调节钻孔角度，角度调整范围较大。露天凿岩台车爬坡能力较强，最大可达 30°，可用于各种复杂地形。

露天凿岩台车主要适用于硬岩和中硬岩的钻孔作业，钻孔直径一般为 40～100 mm，最大可达 150 mm。在采石场、小型矿山以及道路施工、土建工程等中小型凿岩爆破工程，凿岩台车可作为主要的钻孔设备。此外，露天凿岩台车还可用于钻凿各种方位的预裂孔、锚索孔、灌浆孔等。

二、地下凿岩台车

地下凿岩台车按照工作性质主要分为采矿式凿岩台车、掘进式凿岩台车、锚杆式凿岩台车。其中采矿式凿岩台车是回采落矿进行钻凿炮孔的主要设备，可多钻臂同时凿岩，采用轨轮、轮胎或履带式行走机构，主要动力为风动、液压或燃油，可钻凿 38～64 mm 炮孔，主要适用于矿块、巷道、隧道、涵洞等地下工程爆破施工时的炮孔钻进工作。掘进式凿岩台车适用范围最广，工作面面积达到一定程度后均可使用，如地下硐室、矿山巷道、隧道的掘进。除此之外，有些掘进式凿岩台车可用作采矿炮孔以及锚杆孔的钻凿，可安装单钻臂或双钻臂同时凿岩，主要为轮胎式行走机构，驱动动力主要为风动，特别适用于矿山井下采场、大型硐室、(中)深孔的钻凿工作，可钻凿 51～115 mm 孔径的炮孔。锚杆式凿岩台车主要为单钻臂凿岩，有轮轨式、轮胎式两种行走机构。它的主要动力为风动或电动，适用于巷道、硐室的锚杆眼的钻凿作业，同时可用于安装锚杆。Atlas Copco 公司生产的几种典型的凿岩台车型号见表 10－2。

表 10－2 几种凿岩台车型号及参数

	掘进凿岩台车			采矿凿岩台车			锚杆台车	
型号	BOOM E1 C	BOOM 282	BOOM M2C	Simba 1250	Simba 1345	Simba M4C	Boltec 235	Boltec EC
装配凿岩机	COP 1838、COP 2238	COP 1638、COP 1838	COP 1638、COP 1838、COP 2238	COP 1838ME	COP 1838ME	COP 1838ME	COP 1132	COP 1132、COP 1435
最小钻孔孔径/mm	45	45	45	51～89	51～89	51～89(102)	—	—
推进梁系列	BMH 6800	BMH 2800	BMH 2800	BMH 200	BMH 200	BMH 200	—	—
钻臂型号	BUT 45 M	BUT 28	BUT 35	RHS 17	RHS 17	RHS 17	BUT 35HBE	BUT 45M
钻臂数	1	2	2	1	1	1	1	1
最大钻孔深度/mm	6 140	4 625	4 668	32 000	32 000	32 000	—	—
空压机型号	GAR 5 液压驱动螺杆式空压机	LE 7 电驱动式空压机	GAR 5 液压驱动螺杆式空压机	LE 7 电驱动式空压机	LE 7 电驱动式空压机	GA 5 螺杆式空压机	LE 7 电驱动式空压机	GAR 5 液压驱动螺杆式空压机
最大排气量 l/min	26 l/min	12.5 l/min	26 l/min	12	12	20	12.5	20
总装机功率 kW	83	125	158	65	70	118	66	83
长/mm	14 459 含推进梁	11 830 含推进梁	13 873 含推进梁	6 580/6 880/7 180 行车长度	8 209/8 486/8 763 行车长度	10 500 行车长度	6 192 不含钻臂	8 191 不含钻臂
宽/mm	2 550	1 990	2 245	2 060/2 380	1 950	2 350	1 930	2 501
高/mm	3 179	3 050	3 044	2 660/2 770/2 810	3 180	2 875	2 300	3 098
最大行走速度/$km \cdot h^{-1}$	15	13	14	10	10	15	14	15
总重/kg	25 000～34 000	18 300	21 500～25 600	12 500	15 000	17 800	17 500	27 000
锚杆长度/mm	—	—	—	—	—	—	1.5～2.4	1.5～6.0

地下凿岩台车可钻凿一定角度、孔位和孔深的炮孔，钻凿精度、钻孔质量、钻孔效率均较高，适合于钻凿大直径的中深孔、深孔。作业时，操作人员一人可同时控制多台凿岩台车，可实现远距离操控，工作条件较好，安全系数较高。

三、液压凿岩台车

液压凿岩台车主要使用液压凿岩机进行凿岩作业，是一种机、电、液为一体的技术密集型装备，具有节能、高效、低成本、作业条件好的优点，在露天和地下工程应用广泛，有着良好的发展前景。液压凿岩台车钻凿孔径为 35～130 mm，最大可达到 150 mm。

液压凿岩台车主要由凿岩机、推进器、钻壁、行走机构、液压系统、供气系统、电气系统、供水系统等部分组成。其中凿岩机主要为液压凿岩机，有中高压和中低压两种系统压力，其中中高压为 17～27 MPa，低于 17 MPa 的为中低压。以 CGJ－2Y 型全液压凿岩台车为例，其各部分结构如图 10－4 所示。

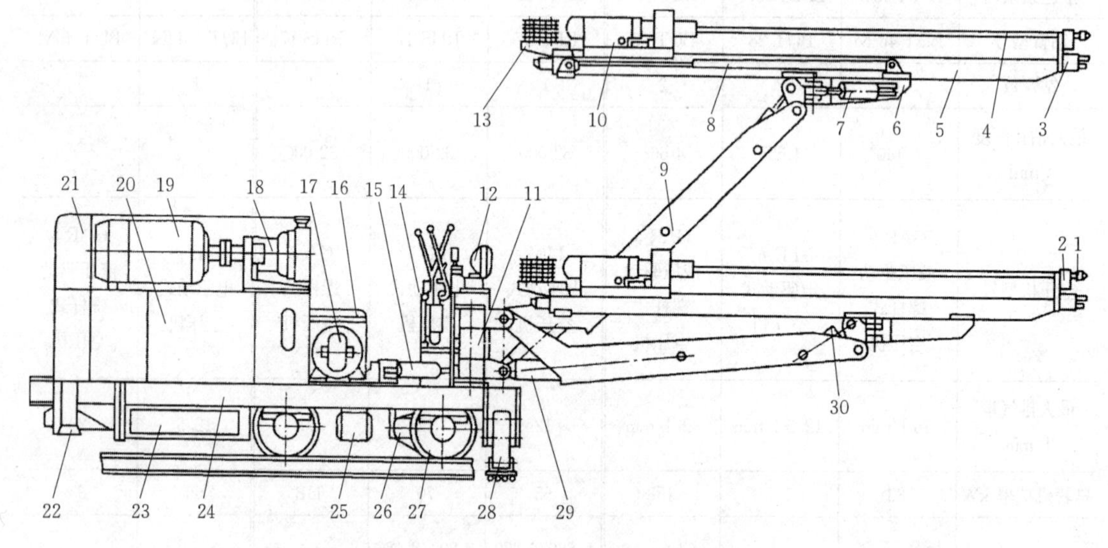

图 10－4　CGJ－2Y 型全液压凿岩台车

1—钎头；2—托钎器；3—顶尖；4—钎具；5—推进器；6—托架；7—摆角缸；8—补偿缸；9—钻臂；10—凿岩机；11—转柱；12—照明灯；13—绕管器；14—操作台；15—摆臂缸；16—坐椅；17—转钎油泵；18—冲击油泵；19—电动机；20—油箱；21—电器箱；22—后稳车支腿；23—冷却器；24—车体；25—滤油器；26—行走装置；27—车轮；28—前稳车支腿；29—支臂缸；30—仰俯角缸

第四节　伞 形 钻 架

伞形钻架(Vertical Shaft Drill，以下简称伞钻)是将凿岩机固定在伞形钻架上，通过推进器提供轴向推动力使凿岩机沿着轨道架移动，从而进行凿岩作业的一种钻具。由于伞钻钻架类似于雨伞骨架，因而将其形象的称为“伞钻”。在立井施工中伞钻是非常普遍的凿岩机具，主要适用于圆形断面的立井炮孔钻凿作业。伞钻操作灵活、定位精确，可节省施工辅助费用，有效提高钻进速度和钻孔深度。伞钻主要由中央立柱、支撑臂、动臂、凿岩机、液压系统、推进系统等组成。伞钻的凿岩原理和凿岩机及凿岩台车类似，不同的是伞钻可装载多个凿岩机。在钻凿工序开始前，伞钻支撑臂、动臂打开，根据设计需求控制凿岩机精确定位到炮孔轴线上，进而进行炮孔钻凿工作。当炮孔钻凿完毕，则可收拢伞钻并提至井口，根据凿岩机的不同主要分为风动式和液压式。

一、风动式伞钻

风动式伞钻以压缩空气为动力，液压传动，配备风动凿岩机进行炮孔钻凿，是目前我国竖井掘进所采用的主要钻孔机械。风动式伞钻又以 FJD 系列伞钻为主，主要由中央立柱、支撑臂、动臂、操纵阀、液压与风动系统等组成，其结构如图 10－5 所示。目前我国主要使用的 FJD－6、FJD－9 型号伞钻的主要参数见表 10－3。

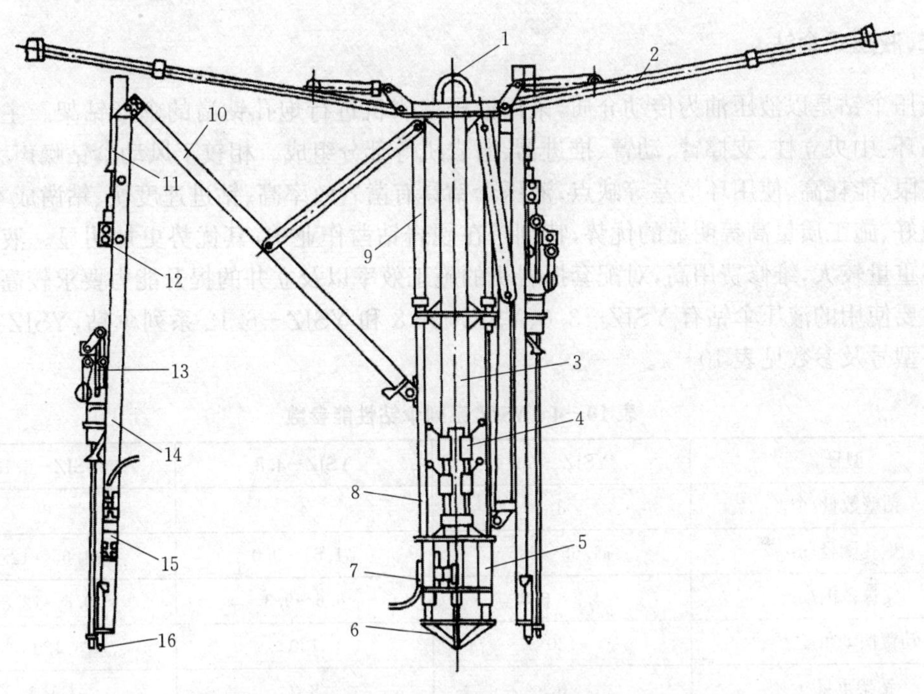

图 10－5　FJD 系列伞形钻架

1—吊环；2—支撑臂；3—中央立柱；4—液压阀；5—调高器；6—底座；7—风马达及油缸；8—滑道；9—动臂油缸；10—动臂；11—升降油缸；12—推进风马达；13—凿岩机；14—滑轨；15—操作阀组；16—活顶尖

表 10－3　FJD－6、FJD－9 型伞钻主要参数

型号	FJD－6	FJD－6A	FJD－9	FJD－9A
适用井筒直径/m	5.0～6.0	5.5～8.0	5.0～8.0	5.5～8.0
支撑臂数量/个	3	3	3	3
支撑范围/m	ϕ5.0～6.8	ϕ5.1～9.6	ϕ5.0～9.6	ϕ5.5～9.6
动臂数量/个	6	6	9	9
钻孔范围/m	ϕ1.34～6.80	ϕ1.34～6.80	ϕ1.54～8.60	ϕ1.54～8.60
推进行程/m	3.0	4.2	4.0	4.2
凿岩机型号	YGZ－70	YGZ－70，YGXC－55	YGZ－70	YGZ－70
使用风压/MPa	0.5～0.6	0.5～0.6	0.5～0.7	0.5～0.7
使用水压/MPa	0.4～0.5	0.4～0.5	0.3～0.5	0.3～0.5

续上表

型号	FJD－6	FJD－6A	FJD－9	FJD－9A
总耗风量/$m^2 \cdot min^{-1}$	50	50	90	100
收拢后外形尺寸 m	ϕ1.5×4.5	ϕ1.65×7.2	ϕ1.6×5.0	ϕ1.75×7.63
总重量/t	5.3	7.5	8.5	10.5

二、液压式伞钻

液压伞钻是以液压油为传动介质，采用液压凿岩机进行炮孔钻凿的伞形钻架。主要由钢丝绳吊环、中央立柱、支撑臂、动臂、推进器、凿岩机等部分组成。相较于风动伞钻噪声大、钻进能力有限、能耗高、使用环境差等缺点，液压伞钻具有凿岩效率高、钻进速度快、钻凿成本低、工作环境好、施工质量高等明显的优势，特别是在硬岩钻凿作业中，其优势更加明显。液压伞钻的整体重量较大，维修费用高，对配套抓岩机的施工效率以及立井的提升能力要求较高。目前我国主要使用的液压伞钻有 YSJZ－3.6、YSJZ－4.8 和 YSJZ－6.12 系列伞钻，YSJZ 系列伞钻主要型号及参数见表 10－4。

表 10－4　YSJZ 系列伞钻性能参数

型号	YSJZ－3.6	YSJZ－4.8	YSJZ－6.12
钻壁数量/个	3	4	6
炮孔圈径/m	ϕ1.65～6.5	ϕ1.65～9.0	ϕ1.65～12.0
支撑范围/m	4.2～6.8	6.6～9.3	9.6～12.8
动臂摆动角度/°	130	120	120
钻架重量/t	6	8.2	11.5
钻孔深度/m	4.2	5.1	5.1

第五节　潜孔钻机

潜孔钻机(Down the Hole Hammer)是将冲击器紧连钻头并随之潜入孔内用来提供冲击动力的一种钻孔机械，主要由钻头、冲击器、钻杆、回转供风机构、推进机构、钻架、行走机构等组成。以 KQ－200 型潜孔钻机为例，其结构如图 10－6 所示。

潜孔钻机冲击凿岩的主要动力是压缩空气，其凿岩原理与风动凿岩机类似，不同的是产生冲击动力的冲击器是安装在钻杆前部，紧邻钻头，随着钻孔的深入继而潜入孔内，凿岩原理如图 10－7 所示。凿岩作业开始后，推进机构施予钻杆一定的推力，可使得钻机以一定的轴向应力持续钻进，保证钻头与孔底岩石的接触。回转供风系统提供扭矩，使钻头保持旋转，同时向孔内提供压缩空气，一方面给冲击器提供动力，使得活塞做往复运动，从而使钻头不断的冲击岩石，用以破岩，另一方面吹出的压缩空气可用于排除岩屑。

潜孔钻机使用的冲击器是随着钻头潜入孔内，冲击器的活塞直接作用于钻头且不需要通过钻杆传递，因此能量利用率较高，凿岩噪声相对较小，钻杆寿命较长。由于凿岩速度主要与

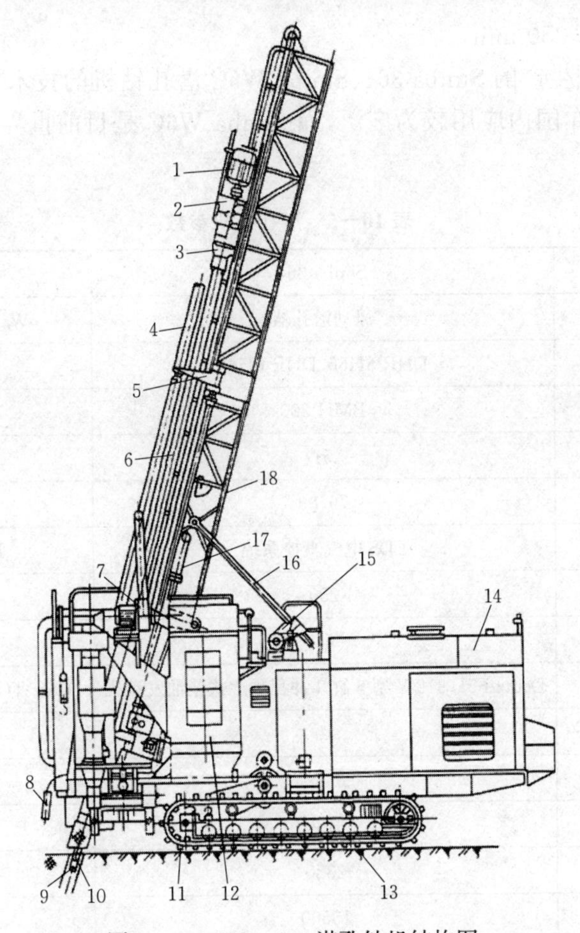

图 10－6　KQ－200 潜孔钻机结构图

1—回转电动机；2—回转减速器；3—供风回转器；4—副钻杆；5—送杆器；6—主钻杆；7—离心通风机；8—手动按钮；9—钻头；10—冲击器；11—行走驱动轮；12—干式除尘器；13—履带；14—机械间；15—钻架起落机构；16—齿条；17—调压装置；18—钻架

孔径有关，孔径越小凿岩速度越低，反之越高，因此潜孔钻机主要用于较大直径和较深炮孔的钻凿。适宜的钻孔孔径为 80～200 mm，孔径越大动力消耗越多，凿岩成本也就越高。垂直向下钻孔时钻孔准确度较高，由于推进机构提供的轴压不大，钻孔偏斜量较小。水平钻孔时，在钻头自重作用下钻孔会出现“下坠”现象。

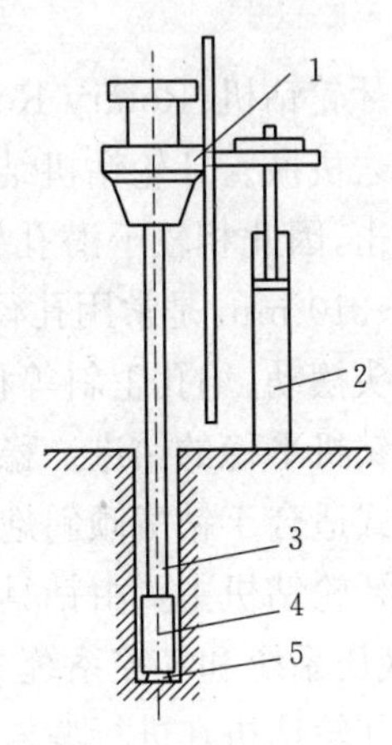

图 10－7　潜孔钻工作原理图

1—回转供风机构；2—推进机构；3—钻杆；4—冲击机构；5—钻头

潜孔钻机分类方式有多种，按照使用地点分为露天潜孔钻机和地下潜孔钻机；按照行走机构的不同分为自行式潜孔钻机和非自行式潜孔钻机，其中自行式潜孔钻机又分轮胎式和履带式，非自行式潜孔钻机又分支架式和简便式；按照使用的动力气压分为低气压潜孔钻机（≤0.7 MPa）、中气压潜孔钻机（0.7～1.4 MPa）和高气压潜孔钻机（1.7～2.5 MPa）；按照钻机重量及钻孔直径分为轻型潜孔钻机（≤5t，≤100 mm）、中型潜孔钻机（10～15 t，120～180 mm）、重型潜孔钻机（25～30 t，160～250 mm）和特重型潜孔钻机(≥40 t,≥250 mm)。

Atlas Copco公司生产的Simba 364、Simba W6C潜孔钻机的技术参数见表10－5,其中Simba 364潜孔钻机在国内应用较为广泛,而Simba W6C是目前世界较为先进的一款潜孔钻机。

表10－5 潜孔钻机参数

型号	Simba 364	Simba W6C
潜孔器类型	风动潜孔器	Wassara水压驱动潜孔器
回转单元型号	DHR 6H56、DHR 6H68	DHR 6W
推进梁系列	BMH 200	BMH 200
最大钻孔深度/m	51	63
钻管直径/mm	76、89	102
控制系统	EDS电气直控系统	RCS台车控制系统
液压系统最大压力/bar	250	250
总装机功率/kW	65	193
发动机	Deutz F5L 912W型5缸4冲程预燃式柴油发动机	Deutz TCD 2013L06 2V柴油发动机
最大行走速度/km·h^{-1}	10	15
长度/mm	8362	12100
高度/mm	3180	3500
宽度/mm	2380	2600
总重量/kg	15500	28500

第六节 牙轮钻机

牙轮钻机(Rotary Rock Drill)是采用牙轮钻头作为凿岩工具,以滚压方式破岩的一种大型凿岩机械。牙轮钻机结构与潜孔钻机类似,主要区别在于凿岩钻具及破岩原理。牙轮钻无需冲击,因此相较于潜孔钻少了冲击设备。牙轮钻的孔径较大,一般为95～380 mm,其中200～310 mm是常用孔径。由于钻孔直径较大,在复杂地形下进行钻凿作业时容易发生钻杆及钻头摆动、炮孔歪斜等状况。根据我国的钻孔实践经验,需要给牙轮钻机安装稳杆器,从而保证钻机平稳的钻进。稳杆器有辐条式和滚轮式两种,其中辐条式适合用于钻凿垂直炮孔,而滚轮式适合于钻凿倾斜炮孔。

牙轮钻机主要由钻具(钻头、钻杆、稳杆器)、钻架、回转机构、传动机构、行走机构、排渣系统、液压系统和气控系统等组成。以KY－310型牙轮钻机为例,其结构如图10－8所示。

牙轮钻机在进行凿岩工作时,加压、回转机构通过钻杆对钻头施加足够大的轴向压力和扭矩,钻齿在轴压作用下压入岩石,此时钻齿对岩石的作用包含了静压力以及一定的动压力。在扭矩的作用下,钻头持续旋转,钻齿交替接触岩石,从而使得钻头持续的“啃食”岩石,同时压缩空气从回转中空管,经钻杆、稳杆器,从钻头喷出,将岩渣吹出孔外,进行排渣工作。钻孔、排渣

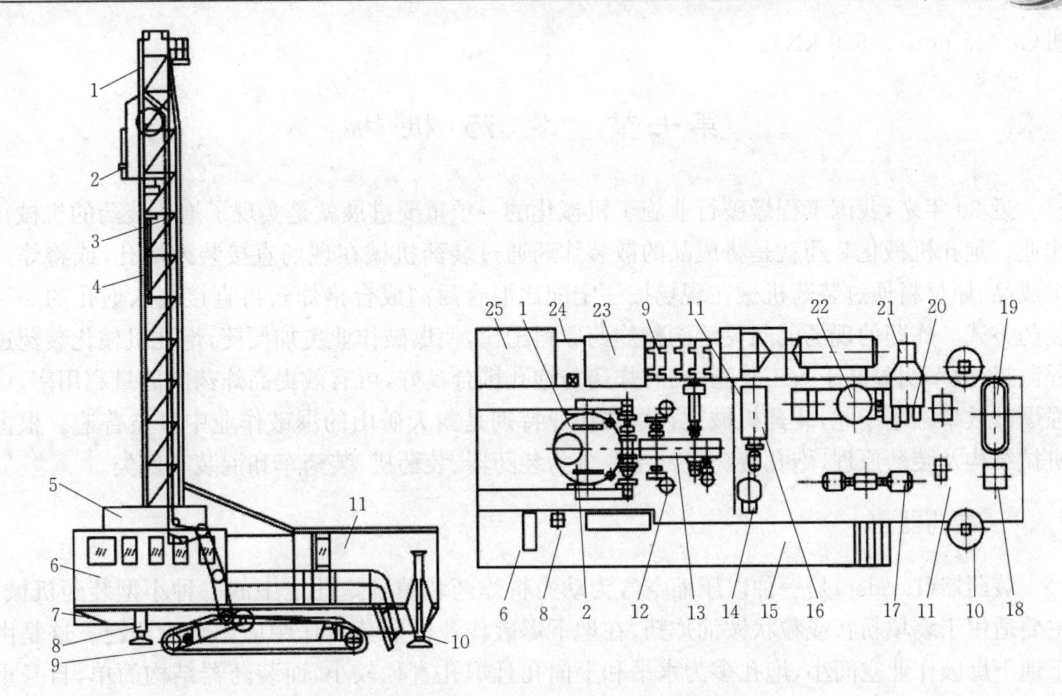

图 10－8 KY－310 型牙轮钻机总体结构图

1—钻架；2—回转机构；3—加压提升机构；4—钻具；5—空气增压净化调节装置；6—司机室；7—机架；8、10—后、前千斤顶；9—履带行走机构；11—机械间；12—起落钻架油缸；13—主传动机构；14—干油润滑系统；15、24—右、左走台；16—液压系统；17—直流发电机组；18—高压开关柜；19—变压器；20—压气控制系统；21—空气增压净化装置；22—压气排碴系统；23—湿式除尘装置；25—干式除尘系统

持续进行，直至完成炮孔的钻凿工作。牙轮钻工作原理如图 10－9 所示。

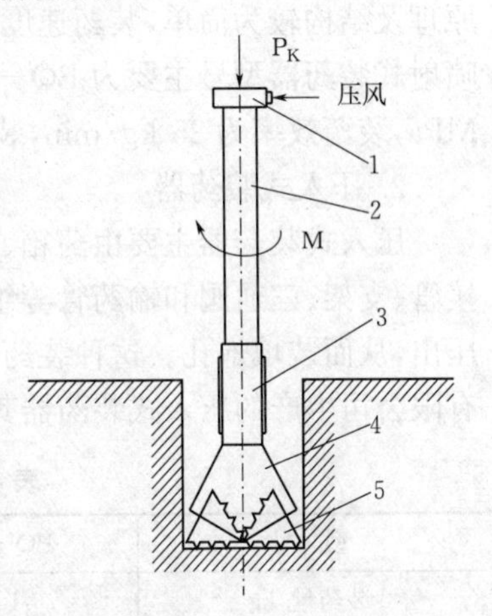

图 10－9 牙轮钻工作原理图

1—回转供风系统；2—钻杆；3—稳杆器；4—钻头；5—牙轮；M—回转力矩；PK—轴压力

牙轮钻机是一种机械化、自动化程度很高的大型凿岩设备，是当今最先进的凿岩机械。虽然其造价较为昂贵，但由于其适用于各种硬度的岩石，且凿岩效率高，综合成本低，是大型露天矿山主要的凿岩装备。

牙轮钻机的分类：(1)按照回转及加压方式分为卡盘式、转盘式、滑架式，其中滑架式的传动系统相对简单，结构坚固，工作效率高，已经替代或淘汰了其他两种类型的牙轮钻机，是目前使用最广泛的类型。(2)按照动力源分为电力牙轮钻机、柴油机牙轮钻机，其中电力牙轮钻机结构简单，维修、调控方便，是中、大型矿山普遍采用的一类，而以柴油为动力的钻机能耗较大，效率较低，但其适用性强，一般用于小型以及新建露天矿山。(3)按行走方式分为履带式和轮胎式。履带式牙轮钻机具有结构坚固、适用地形条件广泛的特点；轮胎式的主要优点在于移动方便、迅速，相对灵活，但只适用于小型钻机，钻凿能力较小。(4)按照钻孔直径和轴压主要分为小型牙轮钻机(≤150 mm，≤200 kN)、中型牙轮钻机(150～280 mm，200～400 kN)、大型牙轮钻机(280～380 mm，400～550 kN)和特大型牙轮钻机(>445 mm,>650 kN)。

第七节　装 药 机 械

近30年来,我国工程爆破行业施工机械化的一项重要进展就是实现了炮孔装药的机械化作业。炮孔机械化装药就是将成品的散装炸药通过装药机械在现场直接装入炮孔,或将炸药半成品、原材料通过装药机械在现场按一定配比混合后制成合格炸药再直接装入炮孔的一种装药方式。炸药的现场混制灵活调整炸药原料配比,使爆破作业更加便捷,炮孔机械化装药过程流畅,效率明显高于人工装药,同时炸药与炮孔耦合良好,可有效提高炸药的能量利用率,增强爆破效果。基于此,装药机械化在爆破作业特别是露天矿山的爆破作业中日益普遍。根据机械结构及装药原理,炮孔装药机械主要分为装药器、装药机、装药车和混装车四类。

一、装药器

装药器(Loader)是一种以压缩空气为动力将炸药装填到炮孔之中的一种小型装药机械,主要适用于装填粉状或粒状铵油炸药,在地下爆破作业的装药工作中应用较为广泛。这是由于地下爆破作业空间小,炮孔多为水平和上向孔且炮孔直径较小,而装药器结构简单,自身重量轻,易于操作。根据作用原理装药器主要分为喷射式、压入式和联合式三种类型。

1. 喷射式装药器

喷射式装药器主要由药箱、喷射室、喷嘴、气体开闭杆、气阀、装药管等组成,利用高压气体在喷射室内形成负压,将散装炸药吸入装药管并利用高压气体将炸药吹入炮孔。这种装药器原理及结构较为简单,装药速度快,气体高压要求较高,同时可使得装药密实。我国所使用的喷射式装药器型号主要为BQ-20A,其自重8 kg,载药量为20 kg,工作气压为0.35~0.36 MPa,装药效率为25 kg/min,装药密度为0.95~1.0 kg/cm^3。

2. 压入式装药器

压入式装药器主要由药箱、球阀、格筛、排气开关、球阀调节开关、压力计、压力计开关、连接管、支架、三通阀和输药管等组成。通过在密封的药箱中施加高压气体,将炸药沿着装药管压出,从而装填炮孔。这种装药器装药方便,手持负荷较小,易于操作,我国山西惠丰特种汽车有限公司生产的压入式装药器其型号及参数见表10-6。

表10-6　几种压入式装药器的性能参数

型　号	BQ-100	BQ-50	BQF-100	BQF-50
装药量/kg	100	50	100	50
药筒容积/dm^3	130	65	150	75
工作风压/MPa	0.25~0.4	0.25~0.4	0.25~0.4	0.25~0.4
承受最大风压/MPa	0.7	0.7	0.7	0.7
使用输药软管内径/mm	25、32	25、32	25、32	25、32
外形尺寸:长×宽×高/mm	676×676×1 350	750×750×1 100	980×760×1 265	700×700×1 100
自重/kg	65	55	85	66
有无搅拌	无	无	有	有

3. 联合式装药器

联合式装药器主要由药箱、装料漏斗、安全阀、压气给气阀、压气分配阀、关闭阀、连接管、底座、喷嘴、装药软管、关闭椎体和三通阀等组成。联合式装药器是在综合喷射式装药器和压入式装药器的特点的基础上制作而成的一种既有喷射作用又有压入作用的装药器。这种装药器具有前 2 种装药器的优点，装药效率可达 60 kg/min，且不容易发生堵孔现象，适合于装填倾斜角度较大的上向炮孔及大直径深孔。

二、装药机

装药机(Charging Machine)是采用泵送装置进行现场混制并装填炸药的小型装药机械，主要适用于混装乳化炸药，是介于装药器和混装车之间的一种现场混装设备。装药机在采石场、地下矿、露天矿、水电工程、公路、铁路隧道工程均有良好的应用。由于是现场混装乳化炸药，因此适合于各种不同条件炮孔的炸药装填工作。机体主要由基质料箱、泵体和自动送管机构三部分构成，根据所搭载的运输设备的不同，装药机主要有矿车式、车载式、铰接车式和便携式四种。

装药机的原理较为简单，它是将敏化液及乳胶基质带入作业现场，通过泵送装置按照一定的比例将二者吸入混合并通过阀门和管道输入炮孔，从而完成炸药装填作业。目前，应用最为广泛的是中金拓极采矿服务有限公司设计生产的装药机，主要技术参数见表 10－7 所示。

表 10－7　几种装药机的性能参数

设备型号	设备容量/kg	装药效率/kg·min^{-1}	装药管直径/mm	供气压力/MPa	最高安全温度/℃	外形尺寸：长×宽×高/mm
Target－T	1 000	35	25.4	0.22～0.4	136	4 820×1 760×2 270
Target－M (Tramcar)	200～1 500/35	35～75/15	25.4	0.22～0.4	136	—
Target－M (Portable)	150	15	25.4	0.22～0.4	136	1 700×960×1 250

三、装药车

装药车(Charging Truck)是运输散装炸药并能于爆破作业现场进行炮孔装填的特种车辆，在露天及地下工程爆破均有应用。其主要功能是将地面炸药制备车间已经制备好的炸药(如铵油炸药、乳化炸药)装入装药车的料仓内，装药车驶入作业现场并完成装药任务。由于装药车只负责炸药的运输和装填，因此其工作原理简单，操作方便。在实际应用中，为了提高炸药的装填速度，一般利用压缩空气，将炸药“吹入”炮孔之中。装药车的构造和原理与装药器基本类似，不同之处在于装药车的体积和炸药装载量都较大，在炸药输送中采用螺旋推进器，辅以高压气体，从而提高了装药效率，有效降低了炸药堵塞现象。

由于地下装药车需要满足施工现场对车辆体积、装药直径方面的限制性要求，进入 21 世纪后才有了一定的发展。而露天装药车起步相对较早，技术也较为成熟，但由于装药车需配备地面炸药制备车间，运输的是混装完成的成品炸药，在作业现场不能根据实际情况调整炸药配比，不够灵活。对于采区附近有炸药厂或炸药制备车间的企业，采用装药车较为方便。

四、混装车

混装车是一种集炸药运输、制备及现场装填于一体的特种车辆。使用混装车时,将不同炸药原料或炸药半成品装入一台装药车的不同料仓内,由装药车运输到爆破现场,而后根据需求按一定比例在现场混制成为炸药并直接装填到炮孔之中。混装车集输送、混和、装药于一体,是一种比较方便、安全、高效的炸药装药设备。混装车与装药车的主要区别在于运输物不同,混装车运输的是炸药原料或半成品,而装药车运输的则为成品炸药。混装车具有现场制备炸药的功能,装药车则不具备该功能。目前,根据炸药种类的不同,混装车主要分为:现场混装粒状铵油炸药车、现场混装重铵油炸药车和现场混装乳化炸药车。

1. 现场混装粒状铵油炸药车

主要由汽车底盘、动力输出系统、干料箱、燃油箱、输送螺旋和电气装置等组成。现场混装粒状铵油炸药车可在现场混制多孔粒状铵油炸药,主要用于露天矿山干孔装填炸药,采用测斜螺旋输药系统,效率高。中金拓极采矿服务有限公司设计生产的 CDAH 系列混装车具有炸药密度调节功能,装药效率最高可达 750 kg/min,主要技术参数见表 10.8。

2. 现场混装重铵油炸药车

主要由汽车底盘、动力输出系统、螺旋输送系统、软管卷筒、干料箱、乳化液箱、电气控制系统、液压控制系统、燃油系统等组成。现场混装重铵油炸药车集原料的运输、混制、装填为一体,可在现场混制纯乳化炸药、各种配比的重铵油炸药、铵油炸药,适用于露天矿山的含水炮孔和干孔装药,这种车为多功能车,具有良好的料仓配置性能。中金拓极采矿服务有限公司生产的 CDRAH 系列混装车可以现场混装乳化炸药、(多爆速)铵油炸药、(多爆速)重铵油炸药或者(多爆速)重乳化炸药,总装载量 15 t,装药效率最高可达 750 kg/min,主要技术参数见表 10.8。

3. 现场混装乳化炸药车

主要由汽车底盘、动力输出系统、液压系统、电气控制系统、乳化系统、水箱、干料配料系统、软管卷筒等组成。现场混装乳化炸药车各个料箱内分别盛装水相、油相、敏化剂并在车上制成乳胶基质,即乳化、敏化和装填均在车上进行。该种混装车特别适用于露天矿山的含水炮孔作业,是目前主流的混装炸药车。中金拓极采矿服务有限公司设计生产的 CDRH 型现场混装乳化炸药车的装药量为 15 t,装药效率最高可达 500 kg/min,主要技术参数见表 10—8,车体结构如图 10—10 所示。

表 10—8 各系列混装车性能参数

型号	CDAH	CDRAH	CDRH
装药量/t	15	15	15
装药效率/kg · min^{-1}	50~750	750	35~500
炸药密度可调范围/g · cm^{-3}	0.3~0.8	0.3~1.25	0.8~1.25
混装炸药爆速范围/m · s^{-1}	1 600~3 400	1 600~5 200	1 600~5 200
适应装填孔径/mm	≥80	89~310	≥80
适宜环境温度/℃	−40~+40	−40~+40	−40~+40
外形尺寸:长×宽×高/mm	10 090×2 480×3 600	11 300×2 500×3 600	9 460×2 480×3 600

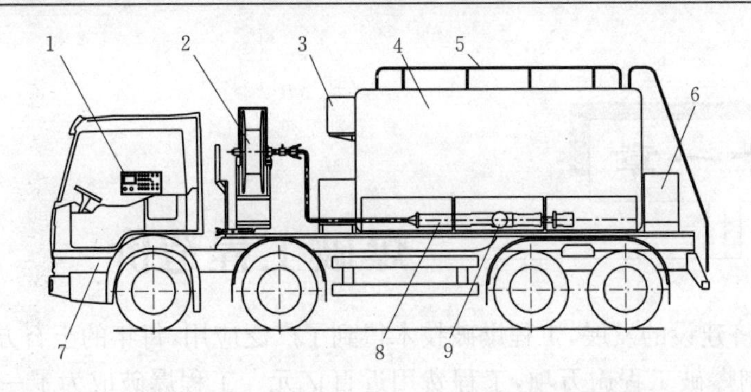

图 10－10　CDRH 型现场混装乳化炸药车结构图

1—电气操作盒；2—盘管机；3—敏化液箱；4—基质料箱；5—护栏；6—水箱；7—汽车底盘；8—乳胶基质泵；9—敏化液泵

本 章 小 结

爆破施工机械是降低工人劳动强度、提高爆破效率、改善爆破效果的重要装备。随着我国劳动力成本的逐年提高，爆破施工机械将在竞争强度越来越高的工程爆破行业发挥前所未有的重要作用。作为爆破工程师，了解和掌握常见爆破施工机械的特点、作用原理及适用条件对正确预估工程成本、选择合理的爆破方案具有十分重要的意义。

本章重点介绍了目前爆破施工过程中在凿岩、炮孔装药两个主要环节上常用的凿岩机、凿岩台车、伞钻、潜孔钻机、牙轮钻机和主要的装药机械。其中，凿岩机械的产品品种、型号较为丰富，技术也比较成熟，基本能够满足各种爆破作业的要求；由于装药机械涉及到炸药配方设计、原料运输、现场混合制造、炸药输送及可靠起爆等多个环节，对机械运行的安全要求十分苛刻，因此设备的品种、类型尚不能满足爆破施工作业的迅猛要求，还有很大的提高、改进和完善的空间。学习过程中，应注意了解这些机械的结构特点和作用原理，要熟悉其适用条件。随着爆破器材和爆破施工技术的发展和进步，工程爆破行业必将会出现更多更先进、机械化程度更高、科技含量更强的施工机械，爆破技术人员也应在使用这些机械的过程中注意发现其存在的问题，积极提出改进建议和要求，促进爆破施工机械的发展和提高。

复 习 题

1. 简述凿岩机械的分类。
2. 简述凿岩机的凿岩原理。
3. 根据不同的动力系统，凿岩机可以分为哪几种类型？
4. 简述风动凿岩机的特点。
5. 液压凿岩机由哪些机构组成？
6. 简述潜孔钻机工作原理并绘图说明。
7. 牙轮钻机是如何分类的？
8. 装药机械是如何分类的？
9. 何谓炸药混装车？炸药混装车主要有哪些类型？
10. 简述炸药装药车与炸药混装车的主要区别。

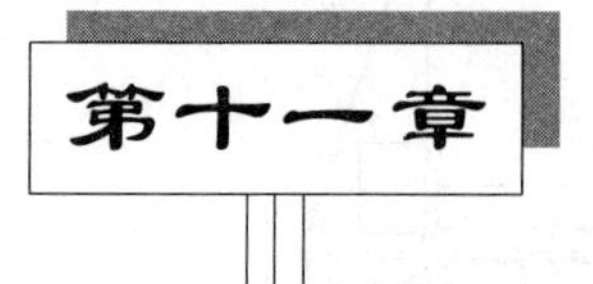

爆破工程造价

随着我国经济建设的发展，工程爆破技术得到了广泛应用，每年的土石方爆破量达数千万立方米，各种控制爆破工程逾万项，工程费用近百亿元。工程爆破成为了一个非常活跃的行业，市场竞争日趋激烈。为规范市场行为，合理确定工程造价，中央及地方有关机构通过编制预算定额(budget quota)，发布文件，规定了建设工程各种费用的取费办法、利润标准及纳税标准。本章简要介绍如何利用这些规定，合理计算爆破工程造价。

第一节　确定爆破工程造价的依据

一、爆破工程造价

爆破工程是基本建设项目的一个组成部分。依照国家工程预算制度，确定该类工程造价的依据为中央及地方有关机构编制的预算定额及中国人民建设银行和建设部有关工程费用项目组成规定的文件。

工程造价——根据设计文件，按照定额、单价，通过编制工程预算的程序，为每项建筑安装工程确定的全部建设费用。

爆破工程造价——根据爆破设计文件，按照有关爆破的定额、单价，通过编制工程预算的程序，为爆破工程确定的全部费用。

工程造价是招投标工程、评价和选择设计方案、进行工程结算、进行组织管理的重要依据。

定额、单价、编制工程预算的程序为确定工程造价的三个要素。单价指材料的市场价格，一般以政府部门颁布的《季度限价》等资料为确定依据，也可由市场询价确定。编制工程预算程序与其他工程相同。本节重点介绍爆破预算定额。

二、爆破预算定额

预算定额是指在正常的施工技术和组织条件下，规定完成一定计量单位的分部分项工程或结构所必需的人工、材料、机械以及资金合理消耗的数量标准。预算定额是用科学的态度和实际情况相结合的办法，按正常施工条件，规定某些数据，使工程有一个统一的造价和核算尺度，把工程资源的消耗量控制在一个合理的水平上，是对工程实行计划管理和经济监督的有效工具。

预算定额由国家或其授权机关组织编制、审批并颁发执行，是基本建设中的一项重要技术经济法规。其中，《爆破工程消耗量定额》(GYD-102—2008)(以下简称 GYD－102 定额)是由住房城乡建设部委托行业协会组织编制的全国统一的爆破工程专用定额。由中国工程爆破协会与中国有色金属工业总公司工程建设定额站编制，由国家住房城乡建设部批准，于 2009 年开始在全国范围内实行。另外，还有《全国统一建筑工程基础定额》(GJD 101—1995)及各部委、各省建设厅等部门的预算定额及编制规定等。

爆破工程属于特种技术工程，除了要执行住房城乡建设部发布的《建筑安装工程费用项目组成》规定中措施项目外，还应列入的措施项目有爆破安全防护措施、爆破工程设计与评审、安全评估、监理和监测等，在此统称为“爆破措施工程”，其费用即爆破措施工程费用，列入直接费。

各部、委和总公司发布的工程建设预算定额中所列的爆破工程定额子项中也有爆破工程专业定额，如冶金、煤炭等系统的露天矿开采台阶爆破预算定额。

在《中华人民共和国铁道部铁路工程预算定额》中，涉及爆破工程的有：

①路基工程：小炮爆破；潜孔钻爆破；大量松动爆破；清理石质塌方。

②桥涵工程：人工挖基坑土、石方，人工挖（爆）机械吊运土、石方，挖孔桩，凿除混凝土、钢筋混凝土，拆除砌石及石笼。

③隧道工程：单线隧道开挖，双线隧道开挖，平行导坑开挖，斜井开挖，明洞暗挖土石方，拱上及拱下开挖，拆除圬工。

由各省、自治区、直辖市建委（建设厅）发布的建设工程定额、基建定额中，也都有与爆破工程相关的内容。

在综合性定额中，爆破工程作为某单位工程（在铁路预算编制中称为个别预算）的分部分项工程而存在，在设计单位的设计概预算及施工单位的施工图概预算中，依照建设方指定的预算定额进行套用，计算直接费。爆破工程单项承包、发包则参照该预算定额，但通常不单独做预算书，爆破施工单位做施工预算，进行内部核算。

第二节　爆破工程造价计算

一、工程造价计算内容

根据《建设工程工程量清单计价规范》（GB 50500—2003），工程造价包括以下内容：

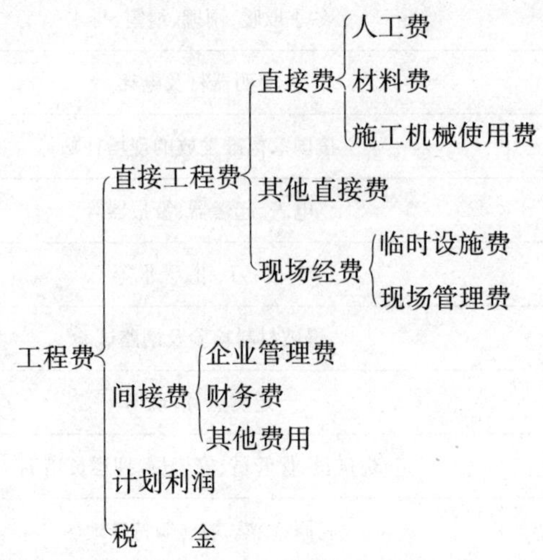

建筑安装工程费由直接工程费、间接费、计划利润、税金等 4 个部分组成。爆破工程是建筑安装工程的一个组成部分，执行该文件。

1. 直接工程费

直接工程费由直接费、其他直接费、现场经费组成。

(1)直接费是指在施工过程中耗费的构成工程实体和有助于工程形成的各项费用,包括人工费、材料费、施工机械使用费。

①人工费是指直接为从事工程施工的生产工人开支的各项费用,包括基本工资、工资性补贴、生产工人辅助工资、职工福利费和劳动保护费。

GYD－102 定额中,综合工日＝(劳动定额基本用工＋辅助用工)×(1＋人工幅度差),辅助用工按基本用工的 0～5%计,人工幅度差率取 10%。

②材料费是指施工过程中耗用的构成工程实体的原材料、辅助材料、构配件、零件、半成品的费用和周转使用材料的摊销(或租赁)费用,包括材料原价、供销部门手续费、包装费、装卸运输及途耗费、采购及保管费。爆破用材料费价格通常采用工地仓库出库价,即"工地价"。

③施工机械使用费是指使用施工机械作业所发生的机械使用费以及机械安装、拆卸和进出场费用,包括折旧费、大修费、经修费、安拆费及场外运输费、燃料动力费、人工费、运输机械养路费、车船使用税及保险费。GYD－102 定额考虑了配套机械相互影响的时间损失、工作量不饱满的时间损失、临时停水停电影响的时间、维修及工种交叉影响的时间间歇等形成的机械幅度差。

(2)其他直接费是指直接费以外施工过程中发生的其他费用,包括冬季施工增加费、夜间施工增加费、二次搬运费、仪器仪表使用费、生产工具使用费、检验试验费、特殊工种培训费、工程定位复测交桩清场费、特殊地区施工增加费、爆破特殊费用。其他直接费以工料机总费为基数乘以建设单位指定的预算定额中给出的费率进行计算。其参考费率见表 11－1。

表 11－1　其他直接费参考费率

名　　称	内　　容	费率/%
冬雨季施工增加费	冬季取暖、雨棚、清雪、排水	2～7.5
夜间施工增加费	照明器材及电耗	1.0
流动施工津贴	按国家标准发放的现场补贴	2～6
仪器仪表使用费	电表、起爆器、警报器等	0.5
生产工具使用费	棍、刀、钳、天平等	0.5
检验及试验费	爆破材料检验及网路试验	1～2
工程定位复测、现场清理费	定测点、清现场	0.5～1.0
特殊工种培训费	爆破员、保管员、安全员、押运员培训	0.5
特殊地区增加费	高原、沙漠、城区等特殊地区	1～5
预算包干费	1 000 元内设计变更,不超过 1%工程量的塌方,不超过4 h的停水、停电造成的月不超过 2 天的误工损失	2
二次搬运费		1

续上表

名　称	内　容	费率/%
爆破措施工程费	安全防护	①
	工程设计与评审	②
	安全评估	③
	专项监理	④

注:(1)爆破安全防护计费是根据批准的施工方案及防护手段,参照工程所在地一般采用的方法及使用的材料,按实计算。

(2)爆破工程设计费与评审费。一般露天爆破,按爆破项目直接费的3%～5%计费;拆除爆破按爆破项目直接费的10%以内计取费,且A级工程乘以系数1.1;硐室爆破需要进行地形测量、地质素描、断面及抵抗线复测等,按爆破直接费的10%以内计费。

(3)爆破安全评估费。取费原则以能支持进行评估发生的费用为基础费用,计费标准以爆破工程直接费为基础,直接费10万元以内的评估费以5%计取;10～100万元的以3%～5%计取;100～500万元的以3%计取;500万元以上的工程根据工程的性质、难度计费,费率不超过1%。A级爆破工程取费增加难度系数1.1。

(4)爆破工程专项监理。以爆破项目直接费为计算基础,10万元以内的项目计取10%以上;10～100万元的项目计取5%～10%;100～500万元的计取3%～5%;500万元以上的工程计取3%以下。A级爆破工程取费增加难度系数1.1。

还应列入的爆破特殊措施费还有:爆破安全防护措施、爆破工程设计与评审、安全评估、临视和监测等,在此称为"爆破措施工程"。爆破措施工程费用列入直接费,前面已述相关费率。

(3)现场经费是指施工准备、组织施工生产和管理所需的费用,包括临时设施费、现场管理费。

$$现场经费=(直接费+其他直接费)\times现场费用费率$$

现场费用参考费率见表11－2。

表11－2　现场费用的参考费率

名　称	内　容	费率/%
临时设施费	三通一平、临建搭修及摊销费	3.4～8.5
现场管理费		16.76～23.77
其中:现场人员费	工资、工资性补贴、福利、劳保	1.0～2.63
办公费	现场办公用品、生活用品及会议费	0.1～0.3
差旅费	现场职工差旅、交通、探亲,及交通工具的燃料、养路费、修理费等	0.46～1.4
工具、用具使用费	测量、消防交通用具等使用费	0.1～0.24
保险费	财产、车辆、人员保险	5～7
安全警戒费	安全、保卫人员撤退,安全调查	5
环保费	施工现场交纳排污、环保等费用	0.1～0.2
不可预见费	爆破事故处理费用	5～7

2. 间接费

间接费由企业管理费、财务费及其他费用组成。

(1)企业管理费是指施工企业为组织施工生产经营活动所发生的管理费用。企业管理费参考费率见表11－3。

表 11－3　企业管理费参考费率

名　　称	内　　容	费率/%
管理人员费	工资、工资性补贴及福利费	1.0～2.63
交通差旅费	差旅及交通工具燃油、养路、修理费	0.46～1.4
办公费	文具、会议及水、电、煤等生活用品	0.1～0.3
固定资产折旧修理	房屋、设备、仪器折旧、修理	1.03～2.79
工具、用具使用费	家具、工具、试验、消防、交通工具摊销及修理	0.1～0.24
职工教育经费	职工培训，按工资总额的1.5%提取	0.3
劳动保险费	离退休金、价格补贴、医疗费、抚恤费等	1.0～1.5
养老保险及待业保险	养老金积累及待业，计提待业保险费	0.2～0.3
工会经费	按职工工资总额的2%提取工会经费	0.4
保险费	企业财产、管理用车辆保险	0.1
税　金	房产税、车船使用税、土地使用税、印花税等	0.1
其　他	技术转让、技术开发、业务招待、排污、绿化，广告、公证、法律顾问、审计、咨询等费用	0.67～1.82

(2)财务费是企业为筹集资金而发生的各项费用，费率为2%～3%。

(3)其他费用中的定额测定费费率为0.17%～0.2%，上级管理费费率为2.42%～3.23%。

$$间接费=(直接费+其他直接费)\times 间接费费率$$

3. 计划利润

计划利润是指按照国家有关规定，施工企业应取得的计入建筑安装工程造价中的利润。按国家计委、财政部、中国人民建设银行计施〔1987〕1806号文及计施〔1988〕474号文的规定，利润率计取标准：甲类(二级以上)施工企业为7%(其中包括3.5%的技术装备基金)，乙类企业为2.5%。

4. 税金

税金是指按国家税法规定应计入建筑安装工程造价内的营业税、城市维护建设税及教育费附加税。税金计取方法为：施工单位在编制预算时，应按其基地所在地(即纳税人所在地)计算税金，即应按下列公式计算含税单位预算价值和应纳税款：

$$C=\frac{A}{1-(3\%+3\%\times D+3\%\times 3\%)}$$

式中　C——含税单位预算价值，$C=A+$税金；

A——不含税单位预算价值，$A=$直接工程费+间接费+计划利润；

D——城市维护建设税，以营业额税额为计税基数，其税率随纳税人所在地不同而异，即市区按7%，县城、镇按5%，不在市区、县城或镇者按1%计列。

应纳税款的计算方法如下：

$$营业税=C\times 3\%$$

$$城市维护建设税=C\times 3\%\times D$$

$$教育费附加税=C\times 3\%\times 3\%$$

二、编制工程造价应具备的基础资料

(1)根据设计方案，汇总各类工程的工程数量，不能有遗漏。

(2)确定编制方法、预算定额及补充预算定额。

(3)确定工资及津贴标准。

(4)采用各种外来材料的标准料价、当地料的调查料价及分析料价。

(5)所使用的各种机械台班单价。

(6)运输单价、工地小搬运单价及材料管理费。

(7)工程用水、用电的综合分析单价。

(8)确定冬、雨季施工的工程量、期限及费率，以及影响预算编制的各有关系数。

(9)确定爆破特殊费用。

三、工程造价计算方法

爆破工程预算编制一般采用地区单价分析法。地区单价分析法内容细致，项目具体，条件符合实际，计算比较准确，便于基层开展核算，因此是编制预算的常用方法。

定额一般都附有定额编制采用的价格表，并由此确定出基价。该价格与实际施工时价有差异。地区定额单价法要求按时价进行调整，算出符合当时当地实际的预算单价。

地区定额单价法编制单位工程预算计算程序如表 11－4。依照表中要求，逐项计算填表，即可确定爆破工程造价。

表 11－4　地区定额单价法编制单位工程预算计算程序表

<table>
<tr><th>序号</th><th colspan="3">名　称</th><th>计　算　式</th></tr>
<tr><td>1</td><td rowspan="9">直接工程费</td><td rowspan="4">直接费</td><td>人工费</td><td rowspan="3">按设计工程量、企业定额或预算定额及编制期的工程所在地价格水平计算，即：
工料机费用总和＝Σ(分部(项)工程设计数量×地区定额单价)</td></tr>
<tr><td>2</td><td>材料费</td></tr>
<tr><td>3</td><td>施工机械使用费</td></tr>
<tr><td>4</td><td>小　计</td><td>(1)＋(2)＋(3)</td></tr>
<tr><td>5</td><td colspan="2">其他直接费</td><td>[(1)＋(2)＋(3)]×费率或[(1)＋(3)]×费率或(1)×费率</td></tr>
<tr><td>6</td><td rowspan="3">现场经费</td><td>临时设施费</td><td>[(4)＋(5)]×费率</td></tr>
<tr><td>7</td><td>现场管理费</td><td>[(4)＋(5)]×费率或(1)×费率</td></tr>
<tr><td>8</td><td>小　计</td><td>(6)＋(7)</td></tr>
<tr><td>9</td><td colspan="2">合　计</td><td>(4)＋(5)＋(8)</td></tr>
<tr><td>10</td><td rowspan="4">间接费</td><td colspan="2">企业管理费</td><td>[(4)＋(5)]×费率或(1)×费率</td></tr>
<tr><td>11</td><td colspan="2">财务费用</td><td>[(4)＋(5)]×费率</td></tr>
<tr><td>12</td><td colspan="2">其他费用</td><td>[(4)＋(5)]×费率</td></tr>
<tr><td>13</td><td colspan="2">小　计</td><td>(10)＋(11)＋(12)</td></tr>
<tr><td>14</td><td colspan="3">计划利润</td><td>[(9)＋(13)]×费率</td></tr>
<tr><td>15</td><td colspan="3">税　金</td><td>$C\times(3\%+3\%\times D+3\%\times 3\%)$</td></tr>
<tr><td>16</td><td colspan="3">爆破工程费</td><td>(9)＋(13)＋(14)＋(15)</td></tr>
</table>

四、爆破工程预算电算化

爆破工程预算编制的计算量很大，为此编制有(GYD－102)配套软件，可使用该软件辅助进行预算编制。

第三节 案例分析

以某塔吊混凝土基础的爆破拆除工程为例进行造价分析。

某建筑工地的塔吊基础为高3.0 m、直径5 m的圆台状钢筋混凝土结构，含筋率3.0 kg/m^3，基础位于地面以下+0.00 m～−3.00 m。新建的9层钢筋混凝土框架结构楼距离基础5 m。要求爆破振动速度小于5 cm/s。

甲方要求:(1)爆破破碎该基础并将石渣清出基坑,保证周围安全。

(2)应用地区定额单价法编制单位工程预算,完成单位工程预算表。

一、收集编制工程造价应具备的基础资料

(1)根据设计方案,汇总各类工程的工程数量,不能有遗漏。

①土方开挖。开挖基础周围的土方,形成临空面,为基础的爆破创造条件。土方开挖数量为26 m^3。

②控制爆破。破碎钢筋混凝土基础方量为58.9 m^3,采用钻孔控制爆破。

③石渣清运出基坑。碴量为88.3 m^3。(取碎胀系数为1.5)

该案例中为分析明晰,不分析①、③项的造价,仅单纯分析爆破工程造价。

(2)确定编制方法、预算定额及补充预算定额。本例为城镇控制爆破,采用GYD−102定额。根据定额手册,查得符合该爆破工程条件的部分,参见表11−5。

表11−5 GYD−102定额第二章基础拆除爆破工程定额项目表

(工作内容:布孔、钻孔、装药、填塞、联线、覆盖、起爆、检查、处理盲炮、二次破碎)

计量单位:10 m^3

定额编号					2−7
项目名称					钢筋混凝土
					0.80 m
基价/元					1 601.84
其中	人工费/元				355.10
	材料费/元				542.37
	机械费/元				704.37
名称		单位	单价	代码	数量
人工	综合工日	工日	21.34	1	16.640
材料	导爆管雷管(8号)	个	1.15	13	50.370
	电雷管(8号)	个	0.59	14	5.040
	铵梯炸药(2号)	kg	3.55	11	6.240
	合金钻头 ϕ38 mm	个	28.00	15	3.160
	六角空心钢24	kg	5.9	18	4.898
	高压风管1″×18×6	m	34.02	21	0.526
	高压水管	m	14.45	22	0.860

续上表

名称		单位	单价	代码	数量
人工	综合工日	工日	21.34	1	16.640
材料	水	m^3	0.45	31	10.224
	胶质导线(1.5 mm)	m	0.85	23	50.000
	编织袋	条	1.20	28	52.000
	荆笆(1.9 m×1.0 m)	块	19.00	26	6.500
	钢板(2 mm)	kg	3.85	25	15.000
	其他材料(4%)	元	1.00	1 040	20.86
机械	凿岩机(7655 型)	台班	17.51	51	4.780
	空气压缩机(9 m^3/min)	台班	309.79	55	1.912
	磨钎机(M-1 型)	台班	71.77	54	0.395

(3)确定工资及津贴标准。施工现场在某市，综合工日单价为 21.34 元/工日。

(4)各种外来材料的标准料价，当地料的调查料价及分析料价。经查阅《定额与信息》等资料，确定所用材料价格见表 11－6。

表 11－6　材料价格表

材料名称及规格	单位	单价	分析单价
导爆管雷管(8 号)	个	1.15	1.20
电雷管(8 号)	个	0.59	0.63
铵梯炸药(2 号)	kg	3.55	5.80
合金钻头 ϕ38 mm	个	28.00	28.00
六角空心钢 24	kg	5.9	5.9
高压风管 1″×18×6	m	34.02	34.02
高压水管	m	14.45	14.45
水	m^3	0.45	0.45
胶质导线(1.5 mm)	m	1.10	1.10
编织袋	条	1.20	1.20
荆笆(1.9 m×1.0 m)	块	19.00	19.00
钢板(2 mm)	kg	3.85	3.85
其他材料(4%)	元	1.00	1.00

(5)所使用的各种机械台班单价，见表 11－7。

表 11－7　机械台班价格表

机械名称及规格	单位	单价	分析单价
凿岩机(7655 型)	台班	17.51	17.51
空气压缩机(9 m^3/min)	台班	309.79	309.79
磨钎机(M-1 型)	台班	71.77	71.77

(6)运输单价、工地小搬运单价及材料管理费。该工程可不计此费用。

(7)工程用水、用电的综合分析单价。

(8)确定冬、雨季施工的工程量、期限及费率,以及影响预算编制的各有关系数。施工在5月份,不计冬、雨季施工费用。

(9)确定爆破特殊费用。该工程中可能发生的爆破特殊费用有爆破方案审批费、测振费,可列入直接费。依照规定缴纳合同款的2%作为爆破方案审批费,本次测振费用400元。

二、确定各项费率标准

依照表11—5需确定的各项费率有:其他直接费费率、现场经费费率、企业管理费费率、财务费用费率、计划利润费率、税金标准等。

(1)其他直接费费率见表11—8。其中爆破措施费用为:爆破设计评审费=直接费×费率=1 601.84×5.89×5%=470(元);安全评估费=直接费×费率=1 601.84×5.89×5%=470(元),合计940元。

表11—8 其他直接费费率

名 称	费 率/%	名 称	费 率/%
冬雨季施工增加费	—	特殊工种培训费	0.5
夜间施工增加费	—	特殊地区增加费	—
流动施工津贴	2	预算包干费	2
仪器仪表使用费	0.5	二次搬运费	1
生产工具使用费	0.5	爆破措施费用	940元
检验及试验费	1	其他直接费合计	7.5

(2)现场经费费率见表11—9。

表11—9 现场经费费率

名 称	费 率/%	名 称	费 率/%
临时设施费	5	工具用具使用费	0.2
现场管理费	20.4(包括以下各项费率)	保险费	6
其中:现场人员费	2	安全警戒费	5
办公费	0.2	环保费	—
差旅费	1	不可预见费	6

(3)企业管理费费率为7.9%,财务费取费率为2%,其他间接费为定额测定费费率0.1%,上级管理费费率为3%。

(4)计划利润。施工企业为乙类企业,计划利润率为2.5%。

(5)税金。依照公式计算,工程预算价值$C=A/[1-(3\%+3\%\times D+3\%\times 3\%)]$。

应纳税款为营业税:$C\times 3\%$;城市维护建设税:$C\times 3\%\times D$;教育附加税:$C\times 3\%\times 3\%$。

三、单位工程预算表

将以上各项数据应用表11—4进行综合计算,得出单位工程预算表,详见表11—10。考虑该章主要讨论爆破预算工程预算,关于土方开挖及渣土清理部分的计算从简。经计算得到:该工程造价为18 844.86元。

表 11—10 单位工程预算表

	工程项目			塔吊基础破碎									合计	
	工程细目			混凝土基础爆破			土方开挖			石渣清理				
	定额单位			10 m³										
	工程数量			58.9 m³			26 m³			88.3 m³				
	定额表号			2—7										
	工、料、机名称	单位	单价	定额	数量	金额/元	定额	数量	金额/元	定额	数量	金额/元	数量	金额/元
人工	人工	工日	21.34	16.640	98.01	2 091.53			520.00			1 766.00		2 491.53
材料	导爆管雷管(8号)	个	1.20	50.370	296.68	356.02								
	电雷管(8号)	个	0.63	5.040	29.69	18.70								
	铵梯炸药(2号)	kg	5.80	6.240	36.75	213.15								
	合金钻头(ϕ38 mm)	个	28.00	3.160	18.61	521.08								
	六角空心钢24	kg	5.9	4.898	28.85	170.22								
	高压风管(1″×18×6)	m	34.02	0.526	3.10	105.46								
	高压水管	m	14.45	0.860	5.07	73.26								
	水	m³	0.45	10.224	60.22	27.10								
	胶质导线(1.5 mm)	m	1.10	50.000	294.5	323.95								
	编织袋	条	1.20	52.000	306.28	367.54								
	荆笆(1.9 m×1.0 m)	块	19.00	6.500	38.29	727.51								
	钢板(2 m)	kg	3.85	15.000	88.35	340.15								
	其他材料(4%)	元	1.00	20.86	122.87	122.87								
	工程细目			混凝土基础爆破			土方开挖			石渣清理			合计	
	工、料、机名称	单位	单价	定额	数量	金额/元	定额	数量	金额/元	定额	数量	金额/元	数量	金额/元
机械	凿岩机(7655型)	台班	17.51	4.780	28.15	492.91								
	空气压缩机(9 m³/min)	台班	309.79	1.912	11.26	3 488.76								
	磨钎机(M—1型)	台班	71.77	0.395	2.33	167.22								
基价		元		1 631.143			200.00			200.00				
工、料、机合计/元		元		9 607.43			520.00			1 766.00			11 893.43	
其他直接费		%		7.5									720.56	
现场经费		%		25.4			25.4			25.4			3 203.95	
间接工程费		%		13			13			13			1 639.82	
直接工程费与间接费合计		元		14 293.94			719.68			2 444.14			17 457.76	
计划利润		元		357.35			17.99			61.10			436.44	
税金		元		500.00			25.17			85.50			610.66	
工程费		元		15 151.28			762.85			2 590.73			18 504.86	
工程费用:人工费 4 377.53 元,材料费 3 367.01 元,机械费 4 148.89 元														

本 章 小 结

本章简述了爆破工程预算的特点,介绍了运用《爆破工程消耗量定额》(GYD—102—2008),采用地区定额单价法编制单位工程预算的基本方法。在完成了工程概预算课程及本课程的学习任务后,学生能够借助有关定额资料,编制单位爆破工程预算,确定常见爆破工程的工程造价。

复 习 题

1. 爆破工程造价的定义、作用是什么?
2. 确定土石方爆破工程造价需准备什么资料?
3. 爆破措施费有哪些?

附录 1 常用爆破术语汉英对照

A

安定性　stability
安定性试验　stability test
安全电流　safety current
安全电流试验　safety current test
安全距离　safety distance
安全性　safety property
铵沥蜡炸药　AN-asphalt-wax explosive
铵松蜡炸药　AN-rosin-wax explosive
铵梯炸药　ammonite
铵油炸药　ammonium nitrate fuel oil mixture，ANFO explosive
铵油炸药装药器　ANFO loader
奥克托今　Octogen

B

8 号雷管　No.8 detonator
半秒延期雷管　half-second delay detonator
帮眼　wall hole
爆发点　ignition point
爆轰　detonation
爆轰波　detonation wave
爆轰温度　detonation temperature
爆轰压力　detonation pressure
爆轰中断　break away of detonation
爆破，放炮　shot
爆破，爆炸　blast，blasting
爆破地震　blast seism，ground vibration，caused by explosion
爆破电桥　circuit tester
爆破剂　blasting agent
爆破进尺　blasting depth
爆破理论　theory of blasting
爆破漏斗　crater
爆破漏斗半径　crater radius
爆破漏斗试验　crater test
爆破落煤　coal blasting
爆破母线　shot firing cable
爆破器材　blasting supplies，blasting materials and accessanies
爆破切口　blasting cutting
爆破施工机械　blasting machinery
爆破松动的岩石　loose part of rock
爆破网路，点火电路　firing circuit
爆破有害效应　adverse effects of blasting
爆破员　shot firer
爆破员许可证　blasters′ permit
爆破噪音　noise of blasting
爆破振动　blast vibration，concussion of blasting
爆破主线　leading wire
爆破作业环境　blasting circumstances
爆破作业人员　personals engaged in blasting operations，blasting personnel
爆破作用指数　crater index
爆破作用指数函数　function of crater index
爆燃　deflagration
爆热　heat of explosion
爆容　specific volume
爆生气体　explosion gas
爆速　detonation velocity
爆速试验　detonation velocity test
爆温　explosion temperature
爆焰　explosion flash，flame of shot
爆炸　explosion

爆炸成形　explosive forming
爆炸焊接　explosive welding
爆炸加工　explosive working
爆炸连接　explosive jointing
爆炸切割　explosive cutting
爆炸物　explosive substances
爆炸镶衬　explosive lining
爆炸效应　explosion effect
爆炸压接　explosive jointing
爆炸压力　explosion pressure
爆炸压缩,爆炸压实　explosive compaction
爆炸硬化　explosive hardning
被发药包,被发装药　accepter charge, receptor charge
被筒炸药　sheathed explosives
泵入式装药车　pump truck
比容　specific volume
标准装药　normal charge
冰凌爆破　ice jams blasting
并串联　parallel-series connection
并联　parallel connection
不发火　no-fire
不规则炮孔　ravelly hole
不耦合系数　decoupling index
不耦合效应　decoupling effect
不耦和系数　decoupling index
不完全爆炸　uncomplete explosion

C

C-J面　Chapman-Jouguet plane
采掘爆破　exploitation blasting
采煤爆破　coal blasting
采石爆破　quarry blasting
残孔,失效炮孔　failed hole
残药　remaining
层理　bedding, lamination
拆除爆破　explosive demolition, demolition blasting
铲装机　shovel loader
超前孔　guide hole
超前钻孔 pilot hole
超挖,超爆　out break, overbreak
超钻,钻孔加深　subdrilling
城市土木工程爆破　urbane civil engineering blasting
冲击波　shock wave
冲击波感度　sensitivity to shock wave, gap sensitivity
冲击波破坏理论　shock wave failure theory
冲击地压　rock burst
冲击式凿岩机　percussion drill
冲击效应　shock effect
初始冲能　initial impulse
传爆序列　high explosive train
传爆药　booster
串并联　series-in parallel connection
串段　delay irregularity, series connection
串联起爆电流　series firing current
串联起爆试验　series firing test
垂直楔形掏槽　vertical wedge cut
磁电雷管　magnetic detonation detonator

D

大爆破　large scale blasting
代那买特　dynamite
单段爆破药量　charge amount per delay interval
单排孔爆破　single row shot
单体炸药　explosive compound, single-compound explosive
单线隧道　single-track tunnel
弹道摆试验　ballistic mortar test
弹道臼炮试验　ballistic pendulum test
当量型炸药　equivalent to sheathed explosive, Eg. S. explosive
导爆管　nonel tube, nonel detonating fuse
导爆管雷管　nonel detonator
导爆索　detonating fuse, detonating cord

导爆索起爆 detonating fuse blasting
导洞 pilot tunnel,guide adit
导火索 blasting fuse, safety fuse
导火索点火管 fuse lighter
导火索起爆 cap and fuse blasting
导坑开挖法 drift method
导向孔 pilot hole,guide hole
倒台阶式回采 inverted steps stoping
道特里什么爆速测定法 Dautriche detonation velocity test method
低密度代那买特 light dynamite
低速爆轰 low velocity detonation
底部装药 base charge
抵抗线 burden
地下爆破 underground blasting
地震探矿用电雷管 seismograph electric detonator
地震探矿用炸药 seismograph explosives
点火 lighting
点火冲量 ignition impulse
点火能量 exciting energy,ignition energy
点火器材 igniter
点火温度 ignition point
点燃性能 ignition capacity
电点火 electric firing
电雷管 electric blasting cap, electric detonator
电力起爆 electrical blasting
电路检测仪 circuit tester
电容式发爆器 condenser type blasting machine
电引火头 fusehead
叠氮化铅 lead azide
顶板 roof
顶板炮孔,上向炮孔 roof hole
定向爆破 directional blasting
动效应 dynamic effect
硐室 chamber
硐室爆破 chamber blasting, coyote blasting
填塞 tamping
短台阶开挖法 short bench cut method
段差 time lag
段数 number of delay
断层 fault
断火 disruption in combustion
钝感 low sensitive
多孔粒状硝铵 ammonium nitrate prill
躲炮，躲避 retreat

E

二次爆破,解炮 secondary blasting
二硝基重氮酚 Diazodinitrophenol

F

发爆器 blasting machine,exploder
发火 fire,firing
发火点 ignition temperature
发火电流 firing current
发火试验 firing test
反向起爆 bottom priming, indirect priming,inverse initiation
防潮剂 moisture proof agent
防护 protection
防护措施 protective measures
防水药包 water-proof charge
放炮 firing,initiating
放炮工 shot firer
飞石 flyrocks,scattering stone
非电起爆系统 non-electric initiation system
废弃雷管 disposal cap
分层装药 deck charge
分段爆破 stage blasting
分段装药 deck charge, deck loading
粉尘爆炸 dust explosion
粉状代那买特 powdery dynamite
粉状炸药 powdery explosives
浮石 loose part of rock,fragmentation rock

辅助炮孔 raker hole
辅助掏槽孔 cut spreader hole
辅助眼 reliever
复式掏槽 double cut
复线 double line
复杂环境深孔爆破 deep-hole blasting in complicated surroundings
覆盖 cover
覆盖层 overburden
覆土爆破 mudcap blasting, plaster shooting

G

感度 sensitivity
钢钎 jumper
高安全度炸药 high safety explosives
高能导爆索 high energy detonating cord
高温爆破 blasting in high temperature material
高温炮孔爆破 hot holes blasting
工业电雷管 electric detonator
工业火雷管 flash detonator, plain detonator
工业炸药 industrial explosive, commercial explosive
工作面,开挖面 face, working place
沟槽效应 channel effect
孤石爆破 boulder blasting
管道效应 pipe effect, channel effect
光面爆破 smooth blasting

H

含水炸药 water-based explosive, water-containing explosive
毫秒爆破 MS blasting
毫秒继爆管 MS connector
毫秒延期电雷管 millisecond delay electric blasting cap
毫秒延期雷管 millisecond (MS) delay detonator
赫斯猛度试验 Hess brisance test
黑火药 black powder
黑索今 Hexogen
横洞 wing
糊炮 concussion, mudcap blasting
缓冲爆破 buffer blasting, cushion blasting
缓冲效应 cushion effect
缓燃导火索 slow burning fuse
混合炸药 explosive mixture
混装车 mixing truck
火雷管 plain detonator
火焰感度 sensitivity to flame
火药 powder

J

激发时间 excitation time
吉里那特(炸药) gelignite
即发爆破 instantaneous shot
极限直径 limiting diameter
极限装药量 charge limited
集中装药 concentrated charge
继爆管 detonating relay
挤压爆破 buffer blasting
架式凿岩机 drifter
间隔装药 deck charge, deck loading
剪切破坏理论 shear failure theory
浆状炸药 slurry explosives, slurries
交错排列钻孔 staggered drilling
交联剂 crosslinking agent
胶凝剂 gelling agent, thicking agent
胶质代那买特 gelatine dynamite
脚线 leg wire
节理 joint
结块 caking
解炮 boulder blasting
金属爆破 blasting in metals, metal blasting
进尺 advance

井下爆破 underground blasting
井下瓦斯检测仪 gas detector for mine gas
井巷掘进爆破 development blasting, exploitation blasting
警告导火索 warning fuse
静电感度 sensitivity to initiation by electrostatic discharge
静电感度试验 electrostatic sensitivity test
静态破碎剂 non-explosive demolition agent, silent crusher
静效应 static effect
臼炮试验 mortar test
拒爆 failure explosion
聚能爆破 cumulative blasting, blasting with cavity charge
聚能装药 shaped charge
掘进爆破 heading blasting
掘进工作面 heading
掘土爆破 digging blasting

K

卡口,将雷管夹紧在导火索上 crimping
卡斯特猛度试验 Kast brisance test
开孔,开钻 collaring a hole
开挖方法 excavation method
抗冻剂 antifreezing agent
抗静电电雷管 anti-static electric detonator, electrostatic resistant detonator
抗水剂 water resisting agent, water resistance
抗杂散电流电雷管 anti-stray current electric detonator
可靠性 reliability
可燃剂 combustible material
空孔掏槽 baby cut
空炮孔 burn hole
空眼 buster hole, burn hole
孔底装药 base charge
控制爆破 controlled blasting
块度 breakage
矿尘爆炸 mineral dust explosion
矿井瓦斯 mine gas

L

拉槽 kerf
拉槽爆破 kerf blasting
雷管 detonator, blasting cap
雷管钝感,雷管不起爆性 cap insensitivity
雷管感度 cap sensitivity
雷管卡口器,雷管钳 cap crimper
雷管起爆感度 priming sensitivity by cap
离子交换型炸药 ion-exchange explosive
联线,接线 wiring
烈性炸药 high explosives, disruptive explosives
临界距离 critical distance
临界密度 critical density
临界药量 charge limited
临界直径 critical diameter
临空孔 free hole
溜井爆破 chute blasting
漏斗掏槽 crater cut
露天爆破 outside blast
露天浅孔爆破 surface short—hole blasting
露天炸药 explosive for open-pit operation
履带式钻车 crawler drill
轮胎钻车 wagon drill
螺旋掏槽 spiral cut, screw cut
落锤 drop ball
落锤试验 fall hammer test, falling weight test

M

盲炮 misfire, unexploded charrge
煤尘爆炸 coal dust explosion
煤尘试验 coal dust test
煤矿硝铵类炸药 coal mining ammonium nitrate explosives

煤矿许用电雷管　permissible electric detonator
煤矿许用炸药　permissible explosive, permitted explosive
猛度　brisance
猛炸药　high explosive
密度调节剂　density modifier
棉线导火线　safety fuse with cotton fiber covering
秒延期雷管　second delay detonator
敏化剂　sensitizer
摩擦感度　friction sensitivity
摩擦感度试验　friction sensitivity test

N

耐热炸药　heat-proof explosives
耐温电雷管　high temperature resistant electric detonator
耐温耐压电雷管　high temperature-pressure resistant electric detonator
耐压电雷管　high pressure resistant electric detonator
诺曼效应　Neumann effect

O

耦合效应　coupling effect

P

排除盲炮爆破　withdrawal blasting
炮根,残炮,炮窝　bootleg, socket, butt
炮棍　stemmer,tamping rod ,tamping stick
炮孔间距　spacing
炮孔利用率　efficiency of borehole
炮孔排列　drilling pattern
炮孔深度,孔深　hole depth
炮孔直径　borehole diameter
炮孔组　round
炮泥,填炮泥　stemming
炮泥充填器　tamper
炮烟　blasting fume,fumes
炮孔　borehole
炮孔布置　hole placement, drilling pattern
平行掏槽　parallel cut
破坏范围　crushed region
破乳　emulsion breakdown
破碎　fragmentation

Q

齐发爆破　simultaneous blasting
起爆　ignition,initiating
起爆反应时间　reaction time
起爆感度　priming sensitivity, sensitivity to initiation
起爆具　primer
起爆能力　initiation power
起爆器材　initiating(or priming)materials and accessanies,initiating supplies
起爆顺序　ignition order
起爆网络　fining circuit,initiating circuit
起爆药　initiating explosive, primary explosive
起爆药卷　primer cartridge ,capped cartridge
弃渣,石渣　rock pile,waste rock muck
钎子　jumper
铅板试验　lead plate test
潜孔钻机　down the hole hammer
铅铸试验　lead block test
铅柱压缩试验　lead cylinder compression test
浅孔爆破　short hole type blasting
欠挖　underbreak
堑沟爆破　ditch blasting
切割索　linear shaped charge
轻型凿岩机　jack hammer
清渣,出渣　mucking
球形药包　ball charge
全断面掘进,全断面隧道爆破　full-size tunneling shot

全断面掘进炮孔组 full face round
全断面开挖法 full face method

R

燃烧 combustion
燃烧时间 burning time
燃烧速度 rate of burning
热感度 sensitivity to heat
热感度试验 heat sensitivity test
乳化剂 emulsifying agent
乳化炸药 emulsion
弱装药,欠装 underload

S

三角掏槽 triangle cut
散装 bulk loading
散装炸药 bulk explosive
扇形掏槽 fan cut
伞形钻架 vertical shaft drill
上部装药 top charge
蛇穴爆破 snake hole blasting
射击感度试验 bullet impact test ,shooting test
深孔爆破 long hole blasting
渗油 exudation
手持式风钻 hand hammer
手持式凿岩机 jack hammer
受爆性能 recepting behavior
双螺旋掏槽 double spiral cut
双线隧道 double track tunnel
水胶炸药 water-gel explosives
水下爆破 blasting in water,underwater blasting
水压爆破 water pressure blasting
瞬发爆破 instantaneous blasting,instantaneous shot
瞬发电雷管 instantaneous electric detonator
速燃 quick burning
速燃导火索 quick burning fuse
塑料导火线 safety fuse with plastic covering
隧道 tunnel
隧道掘进爆破 tunneling blasting

T

台阶爆破 bench cut blasting
台阶法 bench cut
台阶开挖法 bench cut method
太安 Pentaerythritol tetranitrate,PETV
太乳炸药 PETN-latex flexible explosive
掏槽 cut
掏槽眼 cut hole
特劳茨铅扩大试验 trauzl′s lead block (expansion)
特屈儿 Tetryl
梯恩梯 2,4,6-Trinitrotoluene
天井炮孔组 raise round
填塞系数 coefficient of tamping
挑顶 ripping
铁路隧道 railway tunnel
筒形掏槽 cylinder cut
透火 fire-transmitting through outer sheath of the fuse
土石方爆破 digging blasting

V

V形掏槽 V cut,V-cut

W

瓦斯,沼气 damp,fire damp
瓦斯爆炸 fire-damp explosion
瓦斯抽放 gas drainage
瓦斯检测 gas detect
瓦斯检测仪 gas detector
瓦斯煤矿 gas colliery
瓦斯喷出 bleed of gas,blow of gas
瓦斯试验 gas test
瓦斯突出 gas outburst

外来电　extraneous electricity
完全爆轰　complete detonation
威力　strength
稳定爆速　stationary detonation velocity
圬工　masonry
无起爆药雷管　nonprimary detonator
无线起爆　wireless blasting
误爆，意外自爆　sudden spontaneous firing

X

吸湿性　hygroscopicity
熄爆　extinguishment in detonation
熄火　extinguish
瞎火　dud
现场混制炸药　on-site explosive mixing
相溶性　compatibility
向上掘进炮孔组　raise round
向下掘进炮孔组　sinking round
巷道　drift
巷道断面　cross section of heading
巷道试验　gallery test
消焰剂　flame coolant，cooling agent cooling salt
硝化甘油炸药　nitroglycerine explosive，dynamite
硝酸铵　ammonium nitrate
楔形掏槽　angle(d) cut
斜眼掏槽　incline cut，oblique cut
信号导火索　pilot fuse
旋转冲击式钻机　rotary percussion drill
殉爆　sympathetic detonation
殉爆感度，殉爆能力　flash-over capability
殉爆距离　transmission distance，gap distance
殉爆试验　gap test

Y

车轮钻机　rotary rock drill
压死　dead pressed
烟火药　pyrotechnic composition
延长药包　extended charge
延期爆破　delay blasting
延期导火索　fuse for delay element
延期电雷管　delay electric detonator
延期药　delay composition
延期元件　delay element
延时爆破　delay blasting
岩爆，岩石突出　bump，rock burst
岩洞　pocket
岩粉　rock dust，stone dust
岩石夹层　horse
岩石抗力系数　coefficient of tamping
岩石强度　strength of rock，resistability of rock
岩石炸药　rock explosive
岩屑，钻屑　drill cuttings，cuttings
氧化剂　oxidizer，oxidizing agent
氧平衡　oxygen balance
药包　charge
药壶　pocket
药壶爆破　springing shot，pocket shot
药卷　cartridge
药卷长度　cartridge length
药卷密度　cartridge density
药卷直径　cartridge diameter
药卷重量　cartridge weight
药量　charge quantity，quantity of explosives
药量计算系数　coefficient for counting charge
药室　chamber
药束爆破　confined blasting
液压凿岩机　hydraulic rock drill
应力波　stress wave
有毒气体　poisonous gas，toxic gas
有害气体　harmful gas
有线起爆　wire blasting
预裂爆破　presplitting blasting，preshearing

预算定额　budget quota
预装药　percharge

Z

杂散电流　stray current，leakage current
杂散电流测定仪　stray current detector，leakage current detector
凿井炮孔组　shaft sinking round，sinking round
凿岩，钻孔　drilling
凿岩机　rock drill
凿岩台车　drill carriage
早爆　premature explosion
炸高，聚能装药安置高度　stand-off
炸药　explosive
炸药(换算)系数　coefficient of explosive
炸药保管员　explosives staff
炸药库　magazine
炸药密度　density of explosive
炸药消耗　consumption of explosives
炸药销毁　disposal of explosives
炸药作业员合格证书　certificate for operating explosives
沼气　bio-gas，methane gas
振动频率　vibration frequency
振动速度　particle vibration velocity
震动爆破　vibration blasting
正向起爆　collar priming，direct priming
支腿钻机　leg drill
直眼掏槽　burn cut，burn-out cut，cylinder cut
中空孔　pilot hole
中心起爆　center priming
中心掏槽　center cut
重型凿岩机　drifter
周边爆破　contour（perimeter）blasting，perimeter blasting
周边炮孔　contour（perimeter）hole
周边眼　perimeter hole
周边眼的密集系数　intensive coefficient of perimeter hole
主发药包　donor charge
主拉应力破坏理论　failure theory of principal
主振频率　main vibration frequency
主装药　main charge
注水爆破　infusion blasting
柱状药包　column charge
装雷管，做炮头　making-up a primer
装药　charge，loading
装药量　charge quantity
装药密度　loading density
装药炮孔，爆破孔　shot hole
装药车　charging truck
装药机　charging machine
装药器　loader
装有导火索雷管　capped fuse
装载机　shovel loader
撞击感度　impact sensitivity，sensitivity to impact
撞击感度试验　impact sensitivity test
锥形掏槽　pyramid cut
自然爆炸　spontaneous explosion
自然分解　spontaneous decomposition
自由面　free surface
钻爆法　drilling and blasting method
钻杆　rod steel，drill rod
钻机　drilling machine
钻孔爆破　drilling-and-blasting
钻孔速度　drilling speed
钻孔台车　drill carriage，drill jumbo，jumbo
钻头　drill bit，rock bit
最大不发火电流　maximum nonfiring current
最大装药量　maximum
最佳装药量　optimum charge
最小抵抗线　minimum burden
最小发火电流　minimum firing current
做功能力　strength，power
做功效应　working effect

附录 2　实验指导书

实验 1：常用起爆器材辨识实验

实验学时：2 学时

实验类型：操作性实验

实验要求：必修

一、实验目的

通过本实验，使学生了解导火索、导爆索、导爆管、继爆管等索状起爆器材的结构和工作原理，了解火雷管、电雷管、导爆管雷管的结构和工作原理，了解发爆器的正确使用方法和导爆管的起爆机理。掌握上述起爆器材的正确使用方法。能够通过外观正确区分瞬发雷管、毫秒延期雷管和秒延期雷管。能够独立制作简易导爆管激发针，完成使用发爆器激发导爆管的实验。

二、实验内容

观察常用起爆器材模型，了解其工作原理。组装电雷管、导爆管雷管。完成使用发爆器激发导爆管的实验。对实验过程进行简要描述，对实验现象进行分析。

三、实验原理、方法和手段

本实验主要应用实验模型，采用实验观察和实际操作相结合的方法，加深对常见起爆器材的认识。

四、实验组织运行要求

采用集中授课，分组实验的形式。3～4 名学生一组，每组一个实验器材盒。由指导教师集中讲解实验用爆破器材，学生在实验台上逐一对照、辨识和操作，并完成实验记录。

五、实验器材

导火索、导爆索、导爆管、继爆管、模型火雷管、模型电雷管、模型导爆管雷管、电引火头，激发针、单通、反射四通、铁箍、铅质延期体、雷管壳，加强帽、发爆器、干电池、导线、绝缘胶布等。

六、实验步骤

1. 学生在指导教师的带领下，按照以下顺序逐一完成起爆器材的辨识和操作。

(1)导火索、火雷管、加强帽。

(2)电引火头＋火雷管＋铁箍的组装关系。

(3)铅质延期体与延期电雷管的关系。

(4)导火索、导爆管的燃烧实验。

(5)导爆管及导爆管雷管的使用注意事项。

(6)导爆管＋单通＋火雷管＋铁箍的组装关系。

(7)反射四通的使用方法。

(8)导爆索与导火索、导爆管、继爆管的区别。

(9)使用导爆索应注意的问题。

(10)发爆器的使用方法。简易激发针的制作。

(11)发爆器＋激发针＋导爆管的起爆实验。

2. 实验记录。

学生应在完成实验的同时,观察和记录实验现象,回答以下问题:

实验项目名称:__________　时间:________　地点________　小组成员:________

器材名称	数量	器材名称	数量

(1)火雷管由______、主装药、______和加强帽组成。其中主装药为__________;______加强帽的作用是____________。

(2)导火索是______色,起爆后因沥青层的融化外渗而呈______色。

(3)导爆管雷管的组装关系是________________________

3. 实验现象分析。

(1)判断导爆管是否已经起爆的简易方法及其实验现象。

(2)导爆管燃烧现象描述。

(3)发爆器起爆导爆管的实验现象。

(4)其他引起实验人员注意的现象。

4. 完成并提交实验报告。

七、思考题

1. 绘制一种延期电雷管的平面剖视图(注意:不是教材中的立体结构图),说明其作用原理。

2. 按感度递减、输出能量递增的次序而排列的一系列爆炸元件的组合体称为传爆序列。归纳总结火雷管、电雷管、导爆索和导爆管四种起爆法的传爆序列分别是什么?

3. 在导爆索和导爆管爆破网络中,对用来起爆网络的雷管聚能穴的朝向有何要求?试分析其原因。

4. 根据所学索类起爆器材性能及特征填充下表。

性能特征 索类名称	采用药芯	外径	外观颜色	传递能量形式	传递能量速度	自身靠…引爆	可以用来引爆…
普通导火索							
普通导爆索							
塑料导爆管							

八、实验报告

实验报告主要由实验目的、主要实验步骤、实验现象记录和实验分析等部分组成。

1. 实验现象记录

学生开始实验时,应该将记录本放在近旁,将实验中所做的操作步骤、顺序、观察到的现象和所测得的数据及相关条件如实地记录下来。

内容应包括实验项目名称、实验时间和地点、小组成员姓名、实验器材名称和数量、起爆效果、实验现象等。

实验记录中应有指导教师或研究生的签名。

2. 实验分析

包括对实验中的特殊现象、实验操作的成败、实验的关键点等内容进行整理、解释、分析总结,回答思考题,提出实验结论或提出自己的看法等。

九、其他说明

1. 本实验采用专供教学实验使用的模型电雷管。模型电雷管具有与真品电雷管相同的外形尺寸和电性能参数,内仅装引火药头,无起爆药和猛炸药,不具有爆炸危险性。实验过程中禁止用发爆器或手机电池起爆模型电雷管或引火药头。

2. 注意爆破器材的保护,严禁私自将爆破器材带离实验室。

3. 未经指导教师允许,严禁私自拆解、切割、点燃或起爆实验器材。

4. 电引火头易脱落,不要用手抠、摸引火药。

5. 导爆管燃烧实验时注意保护试验台,防止燃烧物滴落污损试验台。

6. 实验操作及安全事项严格执行《爆破安全规程》(GB 6722—2014)的具体规定。

7. 实验过程中注意保持实验室卫生清洁,实验结束后应清点实验器材并整理实验室卫生,经实验指导教师同意后再离开实验室。

8. 全部实验结束后要将所有发爆器中的电池取出。

9. 助教研究生负责对实验教学过程拍照、留存影像记录,填写相应实验记录表格,做好实验记录。

实验 2:导爆管爆破网路联结实验

实验学时:2 学时

实验类型:设计性实验

实验要求:必修

假设有某拆除爆破工程,在 3 根砼柱上分别钻凿 2 个炮孔,每个炮孔内各装 2 发瞬发导爆管雷管。现有以下器材供选择:模型火雷管、单通、铁箍、反射四通、导爆管、绝缘胶布、发爆器、漆包线、干电池等。试设计起爆网络并自行组装导爆管雷管完成拆除爆破起爆网路的起爆实验。

一、实验目的

通过本实验,使学生了解导爆管雷管的结构,掌握瞬发导爆管雷管的组装方法,掌握发爆器配起爆针起爆导爆管网路的方法,了解提高导爆管爆破网路起爆可靠性的途径,能够正确设计、联结和检查导爆管起爆网路,能够可靠起爆自行设计的导爆管网路,为今后实际应用导爆管起爆网路奠定基础。

二、实验内容

对于给定的模拟炮孔的数量,设计出符合要求的导爆管爆破网路,提出实验所需的起爆器材种类和数量,提出具体的实验步骤、联线方式、检测方法、数据记录表格和安全注意事项。对实测数据进行校核,对实验现象进行分析。

三、实验原理、方法和手段

本实验主要应用爆轰波传爆和反射原理,采用给定元件组装瞬发导爆管雷管,应用反射四通、导爆管等联结起爆网路,通过实际引爆模型雷管的方法检验实验设计的可靠性。

四、实验组织运行要求

根据实验条件和可供选择起爆器材的种类和数量,由学生自主选择实验条件,提出实验所需器材种类和数量。

五、实验条件

模型火雷管、激发针、发爆器、干电池、导线、绝缘胶布等。

六、实验步骤

1. 采用集中授课形式公布可供选择起爆器材的种类和数量。
2. 学生自主选择实验条件。
3. 实验预习和实验设计。
4. 提交实验方案。实验方案应提出具体的实验目的,针对给定模拟炮孔的数量,设计出符合要求的导爆管爆破网路,提出实验所需起爆器材的种类和数量,提出具体的实验步骤、联线方式、检测方法、数据记录表格和安全注意事项。经审查合格后,按需领取实验器材。

5. 依据实验方案进行网路联结。

6. 网路联接完毕,一切准备就绪后,通知实验指导教师。在指导教师(或研究生)在场的情况下,起爆导爆管网路。

7. 检查网路起爆情况,校核雷管起爆数量,分析实验现象。

8. 搜集并上交实验用单通、反射四通、激发针、绝缘胶布等可重复利用的材料。

9. 打扫实验场地的卫生,将实验垃圾集中处理。

10. 完成并提交实验报告。

七、思考题

1. 采用何种方法确定模型导爆管雷管是否被引爆?

2. 提高导爆管起爆网路可靠性的主要途径有哪些?在你设计的网路中是如何体现的?过多地使用反射四通有什么弊端?

3. 如何判断导爆管是否已经使用(起爆)过了?

八、实验报告

实验报告由实验预习报告、实验记录和实验分析三部分组成。

1. 实验预习报告

内容包括实验原理、导爆管雷管结构、激发针及发爆器的使用方法、爆破安全规程的相关条款。

提交实验方案。实验方案应针对给定模拟炮孔的数量,提出几套符合要求的导爆管起爆网路并进行对比分析,确定实验采用的爆破网路,提出实验所需起爆器材的种类和数量,提出具体的实验步骤、联线方式、检测方法、数据记录表格和安全注意事项,形成实验操作提纲。

2. 实验记录

实验时,应该将记录本放在近旁,将实验中所做的每一步操作、观察到的现象和所测得的数据及相关条件如实地记录下来。

内容应包括实验项目名称、实验时间和地点、小组成员姓名、实验仪器设备的型号和数量、实验耗材品种和数量、起爆时间、起爆效果、实验现象等。

实验记录中应有指导教师(或研究生)的签名。

3. 实验分析

包括对实验中的特殊现象、实验操作的成败、实验的关键点等内容进行整理、解释、分析总结,回答思考题,提出实验结论或提出自己的看法等。

九、其他说明

起爆瞬间,导爆管会发出刺耳的响声,导爆管雷管端会迸发出火花。实验起爆时,所有人员应撤至距爆破网路 5 m 范围以外。

助教研究生负责对实验教学过程拍照、留存影像记录,填写相应实验记录表格,做好实验记录。

附录3　铁路隧道围岩分级(TB 10003—2016)

围岩级别	围岩主要工程地质条件		围岩开挖后的稳定状态(小跨度)	围岩基本质量指标 *BQ*	围岩弹性纵波速度 v_p(km/s)
	主要工程地质特征	结构特征和完整状态			
Ⅰ	极硬岩(单轴饱和抗压强度 *R*c＞60MPa):受地质构造影响轻微,节理不发育,无软弱面(或夹层);层状岩层为巨厚层或厚层,层间结合良好,岩体完整	呈巨块状整体结构	围岩稳定,无坍塌,可能产生岩爆	＞550	*A*:＞5.3
Ⅱ	硬质岩(*R*c＞30MPa):受地质构造影响较重,节理较发育,有少量软弱面(或夹层)和贯通微张节理,但其产状及组合关系不致产生滑动;层状岩层为中厚层或厚层,层间结合一般,很少有分离现象,或为硬质岩石偶夹软质岩石	呈巨块状或大块状结构	暴露时间长,可能会出现局部小坍塌,侧壁稳定,层间结合差的平缓层岩顶板易坍塌	550～451	*A*:4.5～5.3 *B*:＞5.3 *C*:＞5.0
Ⅲ	硬质岩(*R*c＞30MPa):受地质构造影响严重,节理发育,有层状软弱面(或夹层),但其产状及组合关系尚不致产生滑动;层状岩层为薄层或中层,层间结合差,多有分离现象;硬、软质岩石互层	呈块(石)碎(石)状镶嵌结构	拱部无支护时可产生小坍塌,侧壁基本稳定,爆破振动过大易塌	450～351	*A*:4.0～4.5 *B*:4.3～5.3 *C*:3.5～5.0 *D*:＞4.0
	较软岩(*R*c＝15～30MPa):受地质构造影响轻微,节理不发育;层状岩层为厚层、巨厚层,层间结合良好或一般	呈大块状结构			
Ⅳ	硬质岩(*R*c＞30MPa):受地质构造影响极其严重,节理很发育;层状软弱面(或夹层)已基本破坏	呈碎石状压碎结构	拱部无支护时,可产生较大的坍塌,侧壁有时失去稳定	350～251	*A*:3.0～4.0 *B*:3.3～4.3 *C*:3.0～3.5 *D*:3.0～4.0 *E*:2.0～3.0
	软质岩(*R*c≈5～15MPa):受地质构造影响较重或严重,节理较发育或发育	呈块(石)碎(石)状镶嵌结构			

续上表

围岩级别	围岩主要工程地质条件		围岩开挖后的稳定状态(小跨度)	围岩基本质量指标 *BQ*	围岩弹性纵波速度 v_p(km/s)
	主要工程地质特征	结构特征和完整状态			
Ⅳ	土体:1.具压密或成岩作用的粘性土、粉土及砂类土 黄土(Q_1、Q_2); 3.一般钙质、铁质胶结的碎石土、卵石土、大块石土	1和2呈大块状压密结构,3呈巨块状整体结构	拱部无支护时,可产生较大的坍塌,侧壁有时失去稳定	350~251	*A*:3.0~4.0 *B*:3.3~4.3 *C*:3.0~3.5 *D*:3.0~4.0 *E*:2.0~3.0
Ⅴ	岩体:较软岩、岩体破碎;软岩、岩体较破坏至破碎;全部极软岩及全部极破碎岩(包括受构造影响严重的破碎带)	呈角砾碎石状松散结构	围岩易坍塌,处理不当会出现大坍塌,侧壁经常出现小坍塌;浅埋时易出现地表下沉(陷)或塌至地表	≤250	*A*:2.0~3.0 *B*:2.0~3.3 *C*:2.0~3.0 *D*:1.5~3.0 *E*:1.0~2.0
	土体:一般第四系坚硬、硬塑粘性土,稍密及以上、稍湿或潮湿的碎石土、卵石土、圆砾土、角砾土、粉土及黄土(Q_3、Q_4)	非黏性土呈松散结构,黏性土及黄土呈松软结构			
Ⅵ	岩体:受构造影响严重呈碎石、角砾及粉末泥土状的富水断层带,富水破碎的绿泥石或炭质千枚岩	黏性土呈易蠕动的松软结构,砂性土呈潮湿松散结构	围岩极易变形坍塌,有水时土砾常与水一齐涌出;浅埋时易塌至地表	—	<1.0(饱和状态的土<1.5)
	土体:软塑状黏性土,饱和的粉土、砂类土等,风积沙,严重湿陷性黄土				

注:1 弹性纵波速度中 *A*、*B*、*C*、*D* 系指岩系类型,详见附录B;

2. 关于隧道围岩分级的基本因素和围岩基本分级及其修正,可按本规范附录B的方法确定;

3. 围岩分级宜采用定性分级与定量分级相结合的方法,综合分析确定围岩类别;

4. 强膨胀岩(土)、第三系富水软胶结砂泥岩、岩体强度应力应小于0.15的极高地应力软岩等,属于特殊围岩(T),相应工程措施应进行针对性的特殊设计。

附录 4　土壤及岩石(普氏)分类表

定额分类	普式分类	土壤及岩石名称	天然湿度下平均容重/$kg \cdot m^{-3}$	极限压碎强度/MPa	用轻型钻孔机钻进1 m耗时/min	开挖方法及工具	坚固系数 f
一、二类土壤	Ⅰ	砂	1 500			用尖锹开挖	0.5～0.6
		砂壤土	1 600				
		腐殖土	1 200				
		泥炭	600				
	Ⅱ	轻壤土和黄土类土	1 600			用锹开挖并少数用镐开挖	0.6～0.8
		潮湿而松散的黄土，软的盐渍土和碱土	1 600				
		平均15 mm以内的松散而软的砾石	1 700				
		含有草根的密实腐殖土	1 400				
		含有直径在30 mm以内根类的泥炭和腐殖土	1 100				
		掺有卵石、碎石和石屑的砂和腐殖土	1 650				
		含有卵石或碎石杂质的胶结成块的填土	1 750				
		含有卵石、碎石和建筑碎料杂质的砂壤土	1 900				
三类土壤	Ⅲ	肥黏土其中包括石炭纪、侏罗纪的黏土和冰黏土	1 800			用尖锹并同时用镐开挖(30%)	0.81～1.0
		重壤土、粗砾石，粒径为15～40 mm的碎石和卵石	1 750				
		干黄土和掺有碎石或卵石的自然含水率黄土	1 790				
		含有直径大于30 mm根类的腐殖土或泥炭	1 400				
		掺有碎石或卵石和建筑碎料的土壤	1 900				
四类土壤	Ⅳ	土含碎石重黏土，其中包括侏罗纪和石炭纪的硬黏土	1 950			用尖锹并同时用镐和撬棍开挖(30%)	1.0～1.5
		含有碎石、卵石、建筑碎料和重达25 kg的顽石(总体积10%以内)等杂质的硬黏土和重壤土	1 950				
		冰碛黏土，含有质量在50 kg以内的巨砾，其含量为总体积10%以内	2 000				
		泥板岩	2 000				
		不含或含有质量达10 kg的顽石	1 950				
松石	Ⅴ	含有质量在50 kg以内的巨砾(占体积10%以上)的冰碛石	2 100	＜20	＜3.5	部分用手凿工具，部分用爆破来开挖	1.5～2.0
		矽藻岩和软白垩岩	1 800				
		胶结力弱的砾岩	1 900				
		各种不坚实的片岩	2 600				
		石膏	2 200				
次坚石	Ⅵ	凝灰岩和浮石	1 100	20～40	3.5	用风镐和爆破方法开挖	2～4
		松软多孔和裂隙严重的石灰岩和泥质石灰岩	1 200				
		中等硬度的片岩	2 700				
		中等硬度的泥灰岩	2 300				
	Ⅶ	石灰质胶结的带有卵石和沉积岩的砾石	2 200	40～60	6.0	用爆破方法开挖	4～6
		风化的和有大裂缝的黏土质砂岩	2 000				
		坚实的泥板岩	2 800				
		坚实泥灰岩	2 500				
	Ⅷ	花岗质砾岩	2 300	60～80	8.5	用爆破方法开挖	6～8
		泥灰质石灰岩	2 300				
		黏土质砂岩	2 200				
		砂质云片岩	2 300				
		硬石膏	2 900				

续上表

定额分类	普式分类	土壤及岩石名称	天然湿度下平均容重/kg·m^{-3}	极限压碎强度/MPa	用轻型钻孔机钻进1 m耗时/min	开挖方法及工具	坚固系数 f
普坚石	Ⅸ	强风化的软弱的花岗岩、片麻岩和正长岩	2 500	80～100	11.5	用爆破方法开挖	8～10
		滑石化的蛇纹岩	2 400				
		致密的石灰岩	2 500				
		含有卵石、沉积岩的碴质胶结的砾岩	2 500				
		砂岩	2 500				
		砂质石灰质片岩	2 500				
		菱镁矿	3 000				
	Ⅹ	白云石	2 700	100～120	15.0	用爆破方法开挖	10～12
		坚固的石灰岩	2 700				
		大理岩	2 700				
		石灰质胶结的致密砾石	2 600				
		坚固砂质片岩	2 600				
特坚石	Ⅺ	粗粒花岗岩	2 800	120～140	18.5	用爆破方法开挖	12～14
		非常坚硬的白云岩	2 900				
		蛇纹岩	2 600				
		石灰质胶结的含有火成岩之卵石的砾岩	2 800				
		石英胶结的坚固砂岩	2 700				
		粗粒正长岩	2 700				
	Ⅻ	具有风化痕迹的安山岩和玄武岩	2 700	140～160	22.0	用爆破方法开挖	14～16
		片麻岩	2 600				
		非常坚固的石灰岩	2 900				
		硅质胶结的含有火成岩之卵石的砾岩	2 900				
		粗面岩	2 600				
	XIII	中粒花岗岩	3 100	160～180	27.5	用爆破方法开挖	16～18
		坚固的片麻岩	2 800				
		辉绿岩	2 700				
		玢岩	2 500				
		坚固的粗面岩	2 800				
		中粒正长岩	2 800				
	XIV	非常坚硬的细粒花岗岩	3 300	180～200	32.5	用爆破方法开挖	18～20
		花岗片麻岩	2 900				
		闪长岩	2 900				
		高硬度的石灰岩	3 100				
		坚固的玢岩	2 700				
	XV	安山岩、玄武岩、坚固的角页岩	3 100	200～250	46.0	用爆破方法开挖	20～25
		高硬度的辉绿岩和闪长岩	2 900				
		坚固的辉长岩和石英岩	2 800				
	XVI	拉长玄武岩和橄榄玄武岩	3 300	大于250	大于60	用爆破方法开挖	大于25
		特别坚固的辉长辉绿岩、石英岩和玢岩	3 000				

参 考 文 献

[1] 惠君明,陈天云．炸药爆炸理论．南京:江苏科学技术出版社,1995.

[2] 奚长顺．影响2号岩石粉状铵梯炸药爆速的因素分析．爆破器材,1995,24(2):6-7.

[3] 吕春绪,刘祖亮,倪欧琪,等．工业炸药．北京:兵器工业出版社,1994.

[4] 木村真．爆破术语手册．王中黔,刘殿中,译．北京:煤炭工业出版社,1991.

[5] 汪旭光．乳化炸药,北京:冶金工业出版社,1993.

[6] 吕春绪．我国工业炸药现状与发展．爆破器材,1995,24(4):5—9.

[7] Carlos Lopez Jimeno，Emilio Lopez Jimeno, Francisco Javier Ayala Carcedo. Drilling And Blasting of Rocks. Netherlands：A. A. Balkema Publishers，1995.

[8] 王文龙．钻眼爆破．北京:煤炭工业出版社,1984.

[9] 田雨馥．中国民用爆破器材应用手册．北京:煤炭工业出版社,1997.

[10] 杨永琦．矿山爆破技术与安全．北京:煤炭工业出版社,1991.

[11] 娄德兰．导爆管起爆技术．北京:中国铁道出版社,1995.

[12] 夏兆铭．耐温高强度塑料导爆管和30段高精度毫秒导爆管雷管．爆破器材,1992,21(1):20-24.

[13] 李谷贻,廖先葵．YY-11型导爆管．爆破器材,1992,21(2):19—21.

[14] 杨桐,胡学先．无起爆药雷管的发火可靠度．爆破器材,1994,23(6):21—24.

[15] 王海亮．空气缓冲爆破拆除箱型板梁．爆破(增刊),1998,15(64):63—66.

[16] 杨年华．条形药包爆破现状与展望．爆炸与冲击，1994,14(3):242—248.

[17] 马乃耀,王中黔,史雅语,等．爆破施工技术．北京:中国铁道出版社,1985.

[18] 管伯伦．爆破工程．北京:冶金工业出版社,1993.

[19] 刘殿中,杨仕春．工程爆破实用手册．2版．北京:冶金工业出版社,2003.

[20] 钮强．岩石爆破机理．沈阳:东北工学院出版社,1990.

[21] 齐景岳,刘正雄,等．隧道爆破现代技术．北京:中国铁道出版社,1995.

[22] 钟桂彤．铁路隧道．北京:中国铁道出版社,1993.

[23] 陈豪雄,殷杰．铁路隧道．北京:中国铁道出版社,1995.

[24] 铁道部第二工程局．隧道(铁路工程施工技术手册)．北京:中国铁道出版社,1995.

[25] 卿光全．铁路瓦斯隧道爆破施工技术．爆破,1993,10(4):12—14.

[26] 冯叔瑜,吕毅,杨杰昌,等．城市控制爆破．2版．北京:中国铁道出版社,1996.

[27] 王鸿渠．多边界石方爆破工程．北京:人民交通出版社,1994.

[28] 黄绍钧．工程爆破设计．北京:兵器工业出版社,1996.

[29] 何广沂．松动控制爆破技术．北京:中国铁道出版社,1995.

[30] 高尔新,杨仁树．爆破工程．徐州:中国矿业大学出版社,1999.

[31] 张忠国,赖真义,张忠发．建筑力学．北京:科学技术文献出版社,1997.

[32] 谢泰极．铁路复线施工的控制爆破．工程科技．成都:铁道部第二工程局．1996.

[33] 冯叔瑜,杨杰昌,等．衡广铁路复线工程运输繁忙地段石方爆破技术．工程爆破文集(第四辑)．北京:冶金工业出版社,1993.

[34] 冯俊德．宝成电化复线石方控爆工点柔性支护体系的设计与施工．第五届铁路工程爆破学术会议论文集．1996.

[35] 李元福,李明道．控制爆破技术在铁路运营隧道改扩建中的应用．第五届铁路工程爆破学术会议论文集．1996.

[36] 何广沂．大量石方松动控制爆破新技术．北京:中国铁道出版社,1995.

[37] 金骥良．黑石关旧铁路桥的拆除爆破．工程爆破文集(第四辑)．北京:冶金工业出版社,1993.

[38] 龙维其．特种爆破技术．北京:冶金工业出版社,1993.

[39] 郑大榕．浅谈电化复线施工中的控制爆破．第五届铁路工程爆破学术会议论文集．1996.

[40] 刘宏刚．石方爆破的飞石控制．科技通讯．太原:铁道部第三工程局,1996.

[41] 中国力学学会工程爆破专业委员会．爆破员读本．北京:冶金工业出版社,1992.

[42] 段晓晨,扈振衣,钟金堂．铁路工程定额与概预算．北京:中国铁道出版社,1995.

[43] 张其中．爆破安全法规标准选编．北京:中国标准出版社,1993.

[44] 中国工程爆破协会,中国有色金属工业总公司工程建设定额站．爆破工程消耗量定额(GYD102—2008)．北京:中国计划出版社,1998.

[45] 陈成宗,何发亮．隧道工程地质与声波探测技术．成都:西南交通大学出版社,2005.

[46] 汪旭光,于亚伦,刘殿中．爆破安全规程实施手册．北京:人民交通出版社,2004.

[47] 于亚伦．工程爆破理论与技术．北京:冶金工业出版社,2004.

[48] 佟铮,马万珍,曹玉生．爆破与爆炸技术．北京:中国人民公安大学出版社,2001.

[49] 刘星,徐栋,颜景龙．几种典型电子雷管简介．火工品,2003.4:35～38.

[50] 吴新霞,赵根,王文辉,等．数码雷管起爆系统及雷管性能测试．爆破,2006,23(4):93～96.

[51] 中国工程爆破协会,广东宏大爆破股份有限公司,浙江省高能爆破工程有限公司,等．爆破安全规程(GB 6722—2014)．北京:中国标准出版社,2015.

[52] 新时代民爆(辽宁)股份有限公司,辽宁华丰民用化工发展有限公司,北京安联国科科技咨询有限公司．工业电雷管(GB 8031—2015)．北京:中国标准出版社,2015.

[53] 中国兵器工业标准化研究所,南京理工大学,西安近代化学研究所．民用爆破器材本语(GB/T 14659—2015)．北京:中国标准出版社,2015.

[54] 国家安全生产监督管理总局,国家煤矿安全监察局,防治煤与瓦斯突出规定．北京:煤炭工业出版社,2009.

[55] 汪旭光．爆破设计与施工．北京:冶金工业出版社,2012.

[56] 金骥良,顾毅成,史雅语．拆除爆破设计与施工．北京:中国铁道出版社,2004.

[57] 中华人民共和国住房和城乡建设部,中华人民共和国财政部．建筑安装工程费用项目组成(建标〔2013〕44号)．北京:中国标准出版社,2013.

[58] 中国铁路工程设计研究院．铁路工程预算定额(TZJ. 2000—2017)．北京:中国铁道出版社,2017.

[59] 王书安,朱丛国,郑伟．液压凿岩的动力特征分析研究．凿岩机械气动工具,2013(01):33－37.

[60] 林义忠,黄光永,唐忠盛,等．液压凿岩机主要研究现状概述．液压气动与密封,2014,34(02):1－4.

[61] 杨光照,邹学新,李云涛．凿岩台车的研发情况与发展趋势．中国重型装备,2009(1):47－49.

[62] 无水凿岩机械气动工具研究所．凿岩机械与气动工具产品型号编制方法(JB/T 1590－2010),北京:中国质检出版社,2010.

[63] 李亚丽．全液压伞钻结构及液压系统设计研究．徐州:中国矿业大学,2014

[64] 郝树林．我国潜孔钻具的现状与发展．矿业研究与开发,2006(S1):103－104.

[65] 甘海仁,杨永顺,李永星．我国凿岩机械现状．凿岩机械气动工具,2006(01):16－28.

[66] 赵昱东．井下用铵油炸药装药机械现状和发展．爆破器材,1990(05):24－28.

[67] 王运敏．现代采矿手册(上册)．北京:冶金工业出版社,2011.

[68] 汪旭光．爆破手册．北京:冶金工业出版社,2010.

[69] 谢世俊．金属矿床地下开采．北京:冶金工业出版社,2006.

[70] 王青,任凤玉．采矿学．北京:冶金工业出版社,2011.

[71] 孙忠铭,刘庆林,余斌,等．地下金属矿山大直径深孔采矿技术[M]．北京:冶金工业出版社,2014.

常用工程爆破器材

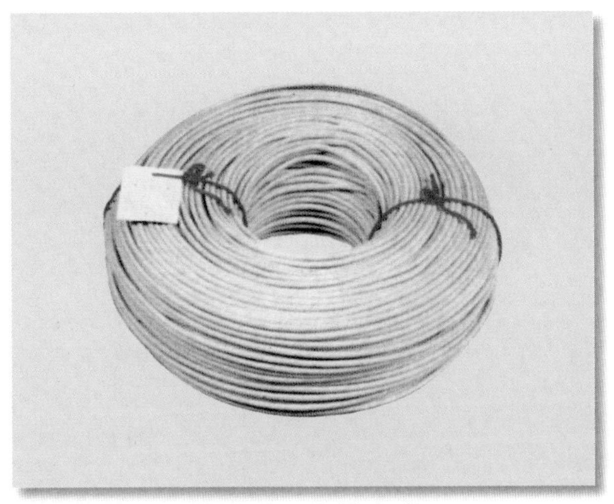

普通型工业导火索

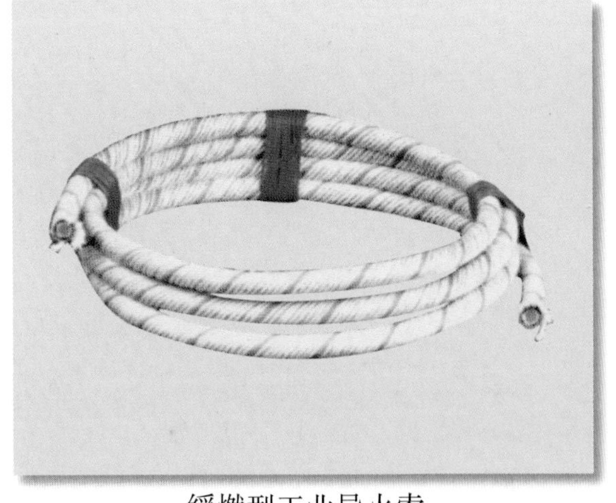

缓燃型工业导火索

普通导爆索

金属导爆索（铅锑合金外壳）

（本照片由西安庆华电器制造厂提供）

柔性切割索

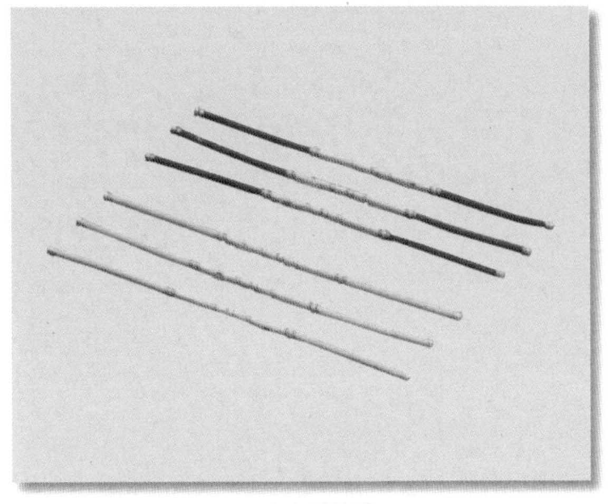

双向继爆管

（本照片由辽宁华丰化工厂提供）

塑料导爆管

变色导爆管起爆前后对比
（本照片由南京理工大学化工厂提供）

鳞片状梯恩梯

梯恩梯药块

黑索今
（本照片由安徽雷鸣科化股份有限公司提供）

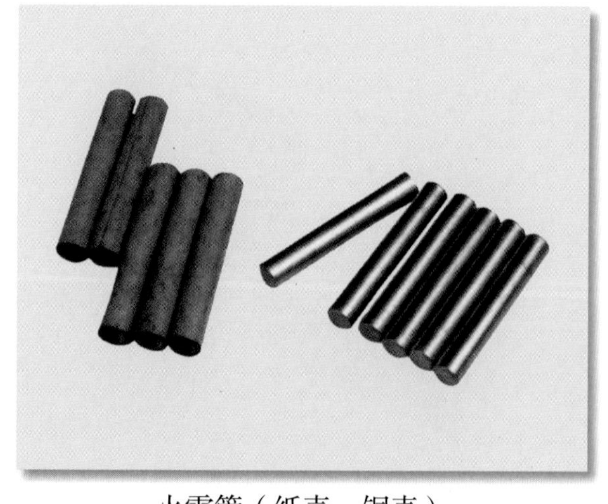

火雷管（纸壳、铜壳）

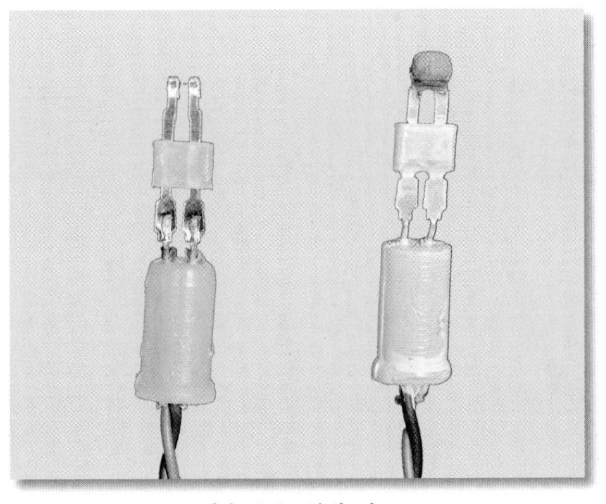

桥丝和引火头

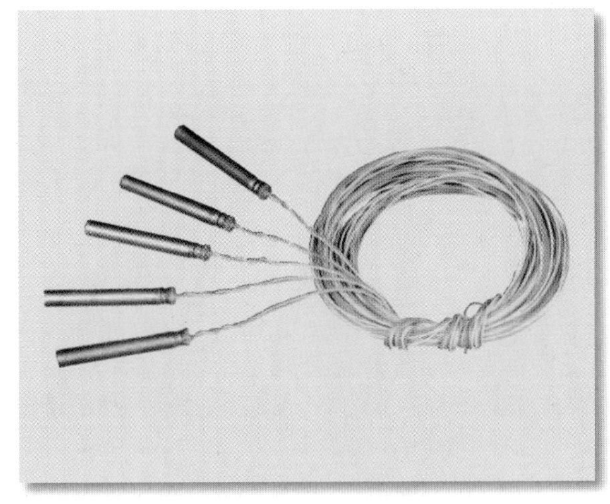

瞬发电雷管（铜壳）

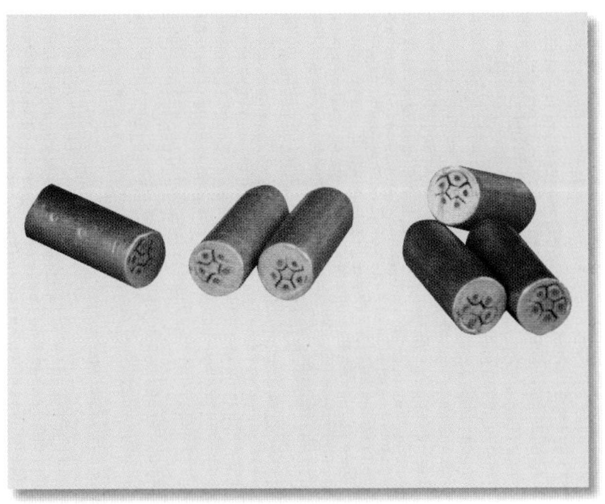

五芯铅质延期体

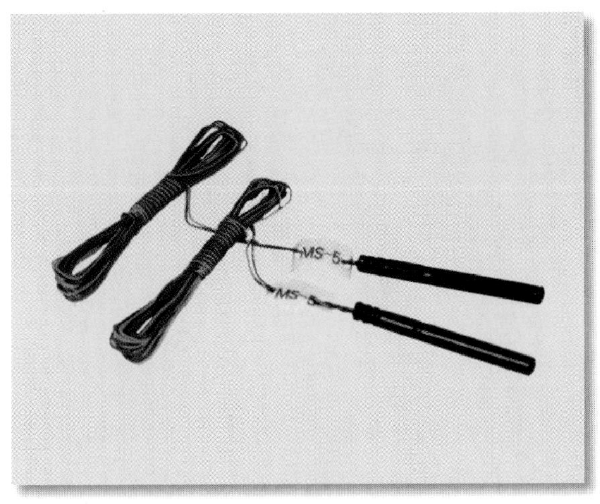

毫秒延期电雷管（铁壳）

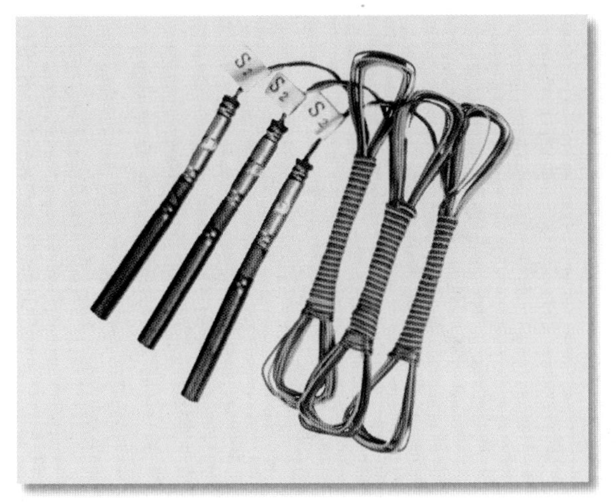

导火索式秒延期电雷管

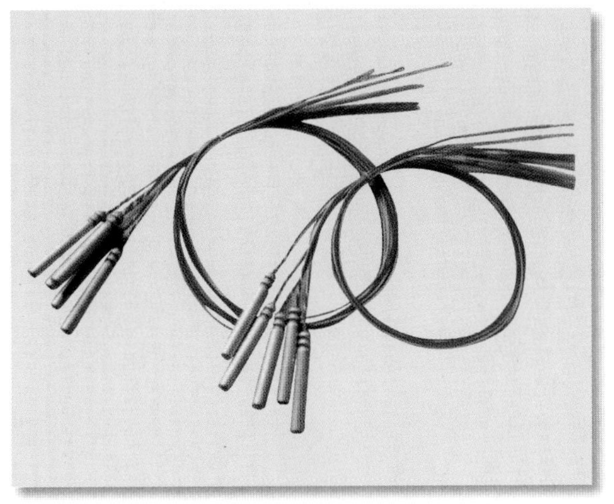

高钝感毫秒电雷管
（本照片由辽宁华丰化工厂提供）

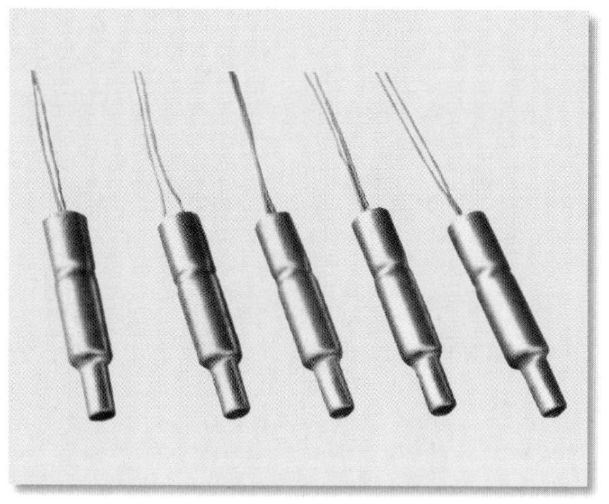

耐温安全电雷管
（本照片由辽宁华丰化工厂提供）

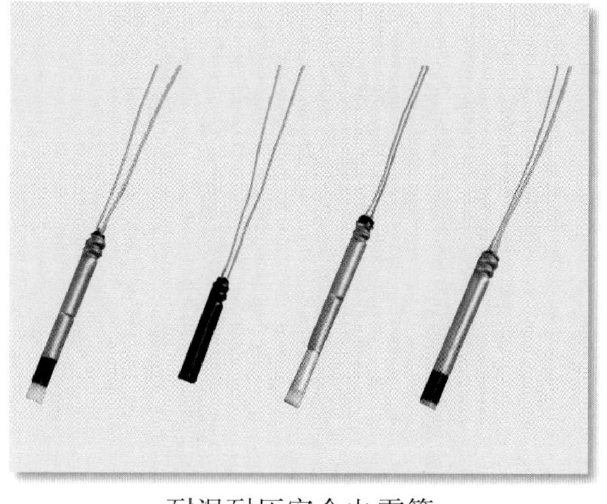

耐温耐压安全电雷管
（本照片由辽宁华丰化工厂提供）

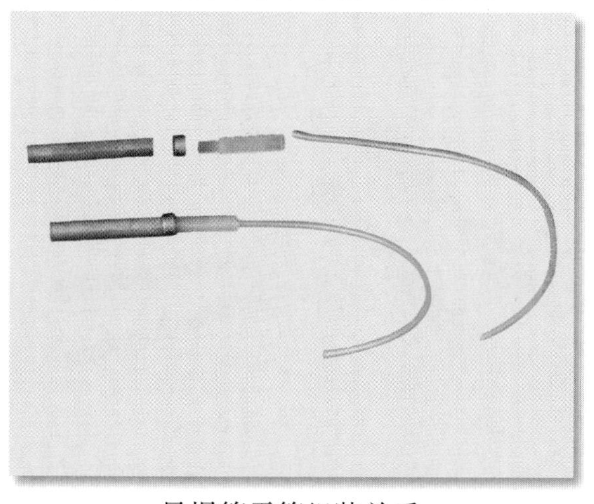

导爆管雷管组装关系

导爆管雷管手动收口器
（本照片由南京理工大学化工厂提供）

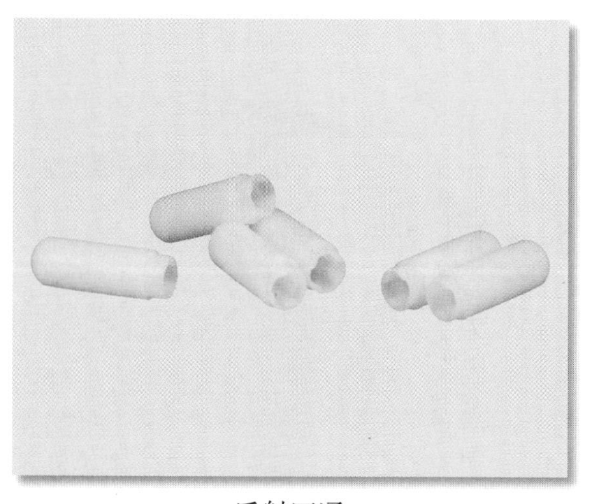

反射四通

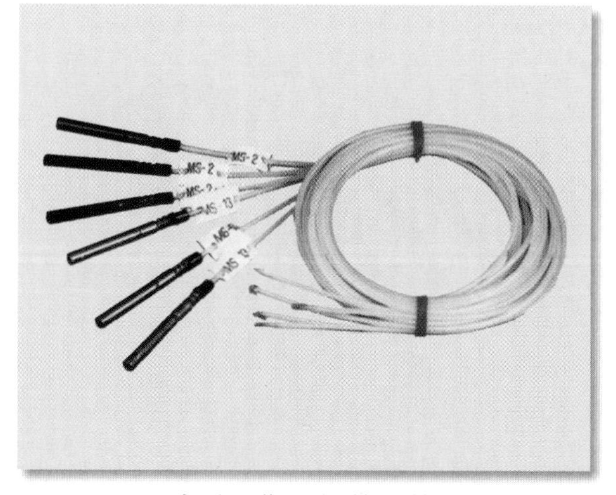

毫秒延期导爆管雷管

2号岩石铵梯炸药

黏稠剂和粘性粒状铵油炸药
（本照片由山西江阳化工厂提供）

乳化炸药药卷
（本照片由澳瑞凯澳大利亚有限公司提供）

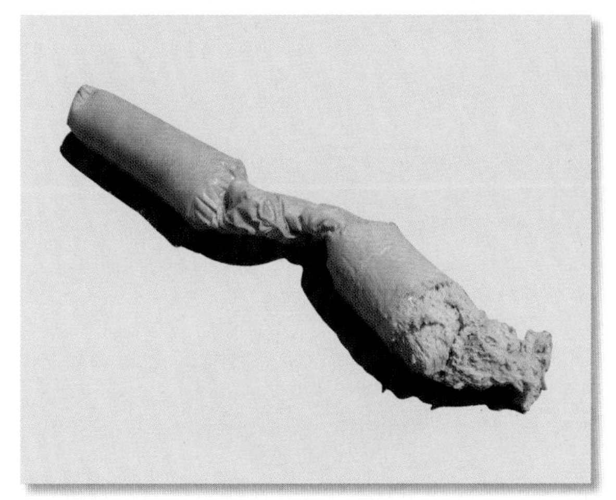

乳化炸药形态

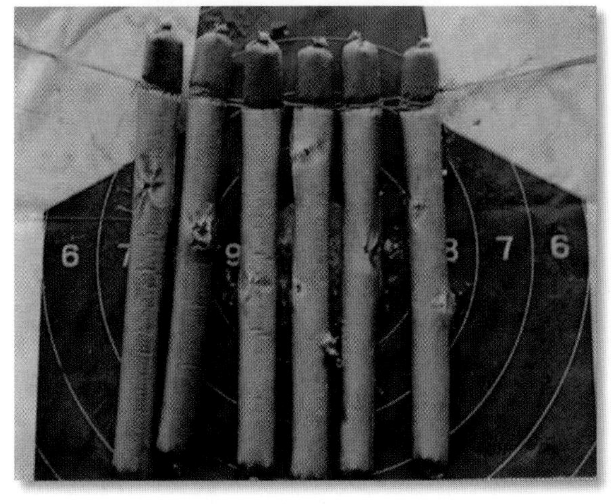

水胶炸药的枪击试验
（本照片由安徽雷鸣科化股份有限公司提供）

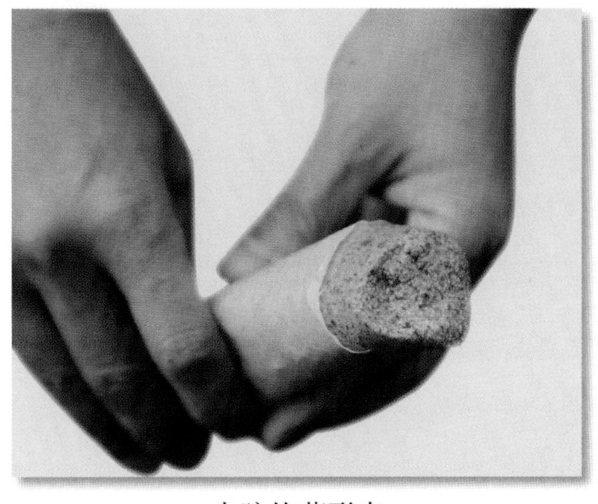

水胶炸药形态
（本照片由安徽雷鸣科化股份有限公司提供）

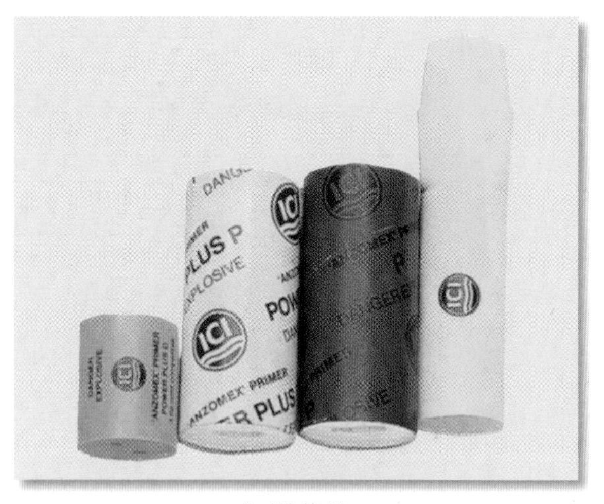

起爆药柱
（本照片由澳瑞凯澳大利亚有限公司提供）

乳化炸药混装车
（本照片由中金拓极采矿服务有限公司提供）

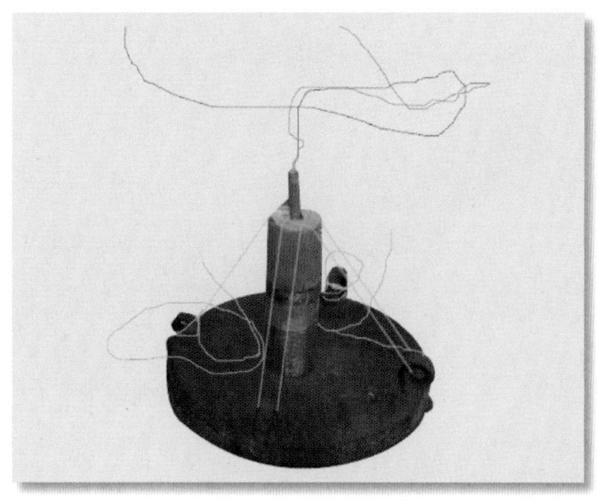

铅柱压缩实验装置
（本照片由安徽雷鸣科化股份有限公司提供）

铅柱压缩实验前后对比
（本照片由安徽雷鸣科化股份有限公司提供）

煤矿安全型发爆器
（本照片由渭南煤矿专用设备厂提供）

爆破漏斗教学实验